JN000958

令和元年

牛乳乳製品統計
大臣官房統計部

令和 3 年 2 月

農林水産省

目　　次

利用者のために

1 調査の目的

牛乳乳製品統計調査は、牛乳及び乳製品の生産、出荷及び在庫等に関する実態を明らかにし、畜産行政の資料を整備することを目的とする。

2 調査の根拠

本調査は、統計法（平成19年法律第53号）第9条第1項に基づく総務大臣の承認を受けて実施した基幹統計調査である。

3 調査機関

本調査は、農林水産省大臣官房統計部及び農林水産大臣が委託した民間事業者（以下「民間事業者」という。）を通じて実施した。

4 調査の体系

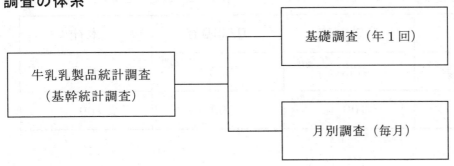

5 調査の範囲

日本標準産業分類に掲げる次の産業に属する事業所のうち牛乳処理場及び乳製品工場（以下「処理場・工場」という。）並びにこれらを管理する本店又は主たる事務所（以下「本社」という。）とする。

注：　本調査で分類させる処理場・工場と日本標準産業分類の対応は次表のとおり。

調査の分類	日本標準産業分類上の分類
処理場・工場	09　食料品製造業 　091　畜産食料品製造業 　　0913　処理牛乳・乳飲料製造業 　　0914　乳製品製造業（処理牛乳、乳飲料を除く）

6 調査の対象

事業所母集団データベースから処理場・工場に該当する事業所を抽出し、都道府県又は保健所等から収集した休廃業等の状況を反映させた情報を母集団とする。

(1)　基礎調査

令和元年12月31日現在で稼働している全国の全ての処理場・工場

ただし、アイスクリームのみを製造する乳製品工場のうち、年間製造量が5万リットルに満たない工場並びに乳飲料、はっ酵乳及び乳酸菌飲料のみを製造する牛乳処理場のうち、生乳を処理しない工場は調査の対象から除外した。

(2)　月別調査
　　ア　全ての乳製品工場
　　イ　前年（平成30年）の基礎調査結果における12月の月間受乳量が300トン以上
　　　の牛乳処理場
　　ウ　前年（平成30年）の基礎調査結果における12月の月間受乳量が300トン未満
　　　であって、かつ、県外から生乳を受乳又は、県外へ飲用牛乳等を出荷（出荷予
　　　定を含む。）している牛乳処理場
　　エ　ア〜ウの処理場・工場における12月の月間受乳量が、基礎調査対象工場の都
　　　道府県別の12月の月間受乳量の80％に満たない場合について、カバレッジが80
　　　％を超えるまでの牛乳処理場
　　オ　全粉乳、脱脂粉乳、バター及びホエイパウダーの在庫量を一括管理している
　　　本社

7　調査対象処理場・工場数

基礎調査及び月別調査の調査対象処理場・工場数は次表のとおりである。

	基礎調査	月別調査	本社
調査対象数	563 事業所	353 事業所	15 社
回収率	100 ％	100 ％	100 ％

8　調査期間

　　令和元年（1月〜12月）の1年間を調査期間とし、基礎調査は12月31日現在、月
別調査は毎月末日現在で実施した。

9　調査事項
(1)　基礎調査
　　経営組織、常用従業者数、生乳の送受乳量及び用途別処理量、牛乳等の種類別
　生産量、飲用牛乳等の県外出荷の有無及び容器容量別生産量、生産能力、乳製品
　の種類別生産量及び年末在庫量
(2)　月別調査
　　生乳の集乳地域別受乳量及び仕向け地域別送乳量、生乳の用途別処理量、牛乳
　等の種類別生産量、飲用牛乳等の仕向け地域別出荷量、乳製品の種類別生産量及
　び月末在庫量

10　調査方法
(1)　基礎調査
　　民間事業者が調査対象処理場・工場に郵送により調査票を配布・回収する自計
　調査又は政府統計共同利用システムオンライン調査システム（以下「オンライン
　調査システム」という。）により調査対象処理場・工場が入力した電子調査票を
　民間事業者がオンラインにより回収する自計調査として実施した。

(2)　月別調査
　　民間事業者が調査対象処理場・工場に郵送により調査票を配布・回収する自計
　調査又はオンライン調査システムにより調査対象処理場・工場が入力した電子調

査票を民間事業者がオンラインにより回収する自計調査として実施した。

11 集計方法
本調査の集計は、農林水産省大臣官房統計部において行った。
(1) 基礎調査
都道府県別の数値は、各都道府県の調査対象処理場・工場の調査結果を合計して算出し、全国計は都道府県ごとの計を合計して算出した。
(2) 月別調査
ア 「牛乳等向け処理量」、「牛乳等向けのうち、業務用向け処理量」、「欠減」、「牛乳生産量」、「牛乳のうち、業務用生産量」、「牛乳のうち、学校給食用生産量」、「加工乳・成分調整牛乳生産量」、「加工乳・成分調整牛乳のうち、業務用生産量」、「加工乳・成分調整牛乳のうち、成分調整牛乳生産量」、「乳飲料生産量」、「はっ酵乳生産量」及び「乳酸菌飲料生産量」の各項目の都道府県計値は、次の方法により、月別調査対象処理場・工場の調査値と月別調査対象処理場・工場以外の推計値を合計して算出した。

$$T = T_1 + T_2$$

$\left\{\begin{array}{l} T \quad : 推計対象項目の推計値 \\ T_1 : 月別調査対象処理場・工場に係る調査結果の合計 \\ T_2 : 月別調査対象処理場・工場以外に係る推計値 \end{array}\right.$

$$T_2 = \frac{X}{Y} y$$

$\left\{\begin{array}{l} X : 月別調査対象処理場・工場に係る月別調査の調査結果の合計 \\ Y : 月別調査対象処理場・工場に係る基礎調査の調査結果の合計 \\ y : 月別調査対象処理場・工場以外に係る基礎調査の調査結果の合計 \end{array}\right.$

また、全国計は、各都道府県の計を合計して算出した。
イ ア以外の項目
各都道府県の計は、月別調査対象処理場・工場の調査結果を合計して算出し、全国計は各都道府県の計を合計して算出した。
ウ 処理場・工場の新設又は季節操業があった場合は、6(2)の基準に照らして調査の対象に該当するものを調査対象処理場・工場とし、廃業又は操業期間の終了をもって調査中止とした。

12 目標精度
本調査は、基礎調査及び乳製品工場に対する月別調査にあっては全数調査、牛乳処理場に対する月別調査にあっては一定規模以上の処理場に対する月別調査結果と基礎調査結果から全体を推計しており、目標精度は設定していない。

13 用語の解説
本調査における品目の定義は、次のとおりである。

生乳	搾乳したままの人の手を加えない牛の乳をいう。
生乳生産量	初乳（分娩後5日内の乳）を除く生乳の総量をいう。

処理場・工場に出荷された生乳の数量及び生産者の自家飲用や子牛ほ乳用などの出荷されない生乳の数量を含めた。

なお、生産者が疾病、薬剤投与等により生乳を廃棄した場合は、生産量に含めない。

| 牛乳等 | 飲用牛乳等に乳飲料、はっ酵乳及び乳酸菌飲料を加えたものを総称して牛乳等という。 |

飲用牛乳等に乳飲料、はっ酵乳及び乳酸菌飲料を加えたものを総称して牛乳等という。

「乳及び乳製品の成分規格等に関する省令」（昭和26年厚生省令第52号。以下「乳等省令」という。）では、乳飲料、はっ酵乳及び乳酸菌飲料は乳製品に分類しているが、これらは製造過程及び施設が飲用牛乳等と同一又は類似しており、流通も同一であることから、本調査では牛乳等として分類した。

飲用牛乳等

直接飲用に供する目的又はこれを原料とした食品の製造若しくは加工の用に供する目的で販売する牛乳、成分調整牛乳及び加工乳をいう。

牛乳

生乳以外のものを混入することなく、直接飲用又はこれを原料とした食品の製造若しくは加工の用に供する目的で販売する牛の乳で、乳等省令に沿って製造されたものをいう（以下の加工乳からアイスクリームまでについても同様に、乳等省令に沿って製造されたものとする。）。

なお、本調査では、ロングライフミルク（ＬＬ牛乳）及び特別牛乳は牛乳に含まれる。

加工乳

生乳、牛乳又は特別牛乳若しくはこれらを原料として製造した食品を加工したもの（成分調整牛乳、はっ酵乳及び乳酸菌飲料を除く。）をいう。

成分調整牛乳

生乳から乳脂肪分その他の成分の一部を除去したものをいう。

業務用

牛乳、成分調整牛乳及び加工乳のうち、直接飲用に仕向けられたものを除き、製菓用や飲料用等の食品原料用（製造・加工用）として仕向けられたものをいう。

学校給食用

牛乳のうち、学校給食用（幼稚園の給食用は除く。）のものをいう。

乳飲料

生乳、牛乳又は特別牛乳若しくはこれらを原料として製造した食品を主要原料とした飲料をいう。

はっ酵乳

乳又はこれと同等以上の無脂乳固形分を含む乳等を乳酸菌又は酵母ではっ酵させ、糊状若しくは液状にしたもの又はこれらを凍結したものをいう。

なお、本調査での乳とは、乳等省令で定める乳から生山羊

乳、殺菌山羊乳及び生めん羊乳を除いたものをいう。

| 乳酸菌飲料 | 乳等（乳及び乳製品並びにこれらを主原料とする食品をいう。）を乳酸菌若しくは酵母ではっ酵させたものを加工し、又は主要原料とした飲料（はっ酵乳を除く。）をいう。 |

乳製品 　　粉乳、バター、クリーム、チーズ、れん乳及びアイスクリーム等をいい、本調査では全粉乳、脱脂粉乳、調製粉乳、ホエイパウダー、バター、クリーム、チーズ、加糖れん乳、無糖れん乳、脱脂加糖れん乳及びアイスクリームを調査した。

乳製品生産量 　　製菓、製パン、飲料等の原料や家庭用として販売する目的で生産した乳製品の量をいう。
　　なお、他の工場で完成品となったものを単に詰め替えたものは含めない。

全粉乳 　　生乳、牛乳又は特別牛乳からほとんど全ての水分を除去し、粉末状にしたものをいう。

脱脂粉乳 　　生乳、牛乳又は特別牛乳の乳脂肪分を除去したものからほとんど全ての水分を除去し、粉末状にしたものをいう。

調製粉乳 　　生乳、牛乳又は特別牛乳若しくはこれらを原料として製造した食品を加工し、又は主要原料とし、これに乳幼児に必要な栄養素を加え粉末状にしたものをいう。

ホエイパウダー 　　乳を乳酸菌で発酵させ、又は乳に酵素若しくは酸を加えてできた乳清からほとんど全ての水分を除去し、粉末状にしたものをいう。
　　本調査では、ホエイパウダーの総量に加えて、タンパク質含有量25％未満のもの及び同25％以上45％未満のものを調査した。

バター 　　生乳、牛乳又は特別牛乳から得られた脂肪粒を練圧したものをいう。

クリーム 　　生乳、牛乳又は特別牛乳から乳脂肪分以外の成分を除去したものをいう。
　　なお、平成28年12月の調査までは、「クリームを生産する目的で脂肪分離したもの」に限定して調査していたところであるが、29年1月以降は、バター、チーズを製造する過程で製造されるクリーム及び飲用牛乳等の脂肪調整用の抽出クリームのうち、製菓、製パン、飲料等の原料や家庭用として販売するものを含めて、クリームとして調査した。

脱脂濃縮乳	生乳、牛乳又は特別牛乳から乳脂肪分を除去し濃縮したものをいう。
濃縮乳	生乳、牛乳又は特別牛乳を濃縮したものをいう。
チーズ	ナチュラルチーズ及びプロセスチーズをいう。 ナチュラルチーズとは、次のものをいう。 1　乳、バターミルク、クリーム又はこれらを混合したもののほとんどの全て又は一部のタンパク質を酵素、その他の凝固剤により凝固させた凝乳から乳清の一部を除去したもの又はこれらを熟成したもの 2　1に掲げるもののほか、乳等を原料として、タンパク質の凝固作用を含む製造技術を用いて製造したものであって、1と同様の化学的、物理的及び官能的特性を有するもの プロセスチーズとは、ナチュラルチーズを粉砕し、加熱溶融し、乳化したものをいう。 なお、本調査では、同一工場内で製造するプロセスチーズに仕向けた原料用ナチュラルチーズは除いた。
直接消費用 ナチュラルチーズ	業務用（菓子原料用等）又は家庭用として直接販売されるナチュラルチーズをいい、チーズの内訳として調査した。
加糖れん乳	生乳、牛乳又は特別牛乳にしょ糖を加えて濃縮したものをいう。
無糖れん乳	濃縮乳（生乳、牛乳又は特別牛乳を濃縮したもの）であって直接飲用に供する目的で販売するものをいう。
脱脂加糖れん乳	生乳、牛乳又は特別牛乳の乳脂肪分を除去したものにしょ糖を加えて濃縮したものをいう。
アイスクリーム	乳若しくはこれらを原料として製造した食品を加工し、又は主要原料としたものを凍結させたものであって、乳固形分3.0％以上を含むアイスクリーム類のうち、本調査では、乳脂肪分8％以上のハードアイスクリームを対象として調査した。
乳製品在庫量	調査月の月末時点で、まだ出荷されていない乳製品の在庫量をいい、他社から買い受けたもの、輸入したもの及び農畜産業振興機構が放出したカレントアクセス分を買い受けたものを含めた。 なお、本調査では、全粉乳、脱脂粉乳、ホエイパウダー及びバターについて在庫量を把握し、脱脂粉乳、ホエイパウダー及びバターについては国産及び輸入に区分した。 全粉乳、脱脂粉乳、ホエイパウダー及びバターのいずれか

を生産又は委託生産している事業者が保有しているものを在庫量として計上した。

注：カレントアクセスとは

ウルグアイ・ラウンドで関税化した乳製品については、最低限のアクセス機会の提供が義務づけられることになり、基準期間（1986〜1988年）の輸入数量を維持することが合意された。これをカレントアクセスという。

具体的には、バター及び脱脂粉乳について、基準期間における平均輸入量13万7,000トン（生乳換算）を輸入することが義務づけられている。

ただし、輸入品目について、バターにするか、脱脂粉乳にするか、双方の組み合わせにするかはわが国の判断に委ねられている。

生乳の移出（入）量	処理場・工場が県外の生産者・集乳所又は処理場・工場から生乳を受乳した量を移入量といい、生産者・集乳所又は処理場・工場が県外の処理場・工場へ生乳を送乳した量を移出量という。 生乳の都道府県間の移出（入）量を把握することによって、都道府県別の生乳の生産量及び処理量を明らかにする。
生乳処理量	牛乳等及び乳製品を製造するために仕向けた生乳の量等をいう。
牛乳等向け	牛乳等に仕向けたものをいう。
業務用向け	牛乳等向けのうち、製菓用や飲料用等の食品原料用（製造・加工用）の牛乳、成分調整牛乳及び加工乳として仕向けたものをいう。
乳製品向け	生乳のまま乳製品に仕向けたものをいう。
チーズ向け	乳製品向けのうち、チーズを製造するために仕向けたものをいう。 なお、「クリーム」の調査定義の変更により、平成29年1月以降は、チーズを製造する過程で生産されたクリームに仕向けられた生乳を「チーズ向け」に含めていない。
クリーム向け	乳製品向けのうち、クリームを製造するために仕向けたものをいう。 なお、平成29年1月以降は、バター、チーズ等を製造する過程で製造されるクリーム及び飲用牛乳等の脂肪調整用の抽出クリームに仕向けた生乳についても、クリーム向けに仕向けた生乳として扱い、「クリーム向け」に含めた。

脱脂濃縮乳向け	乳製品向けのうち、脱脂濃縮乳を製造するために仕向けたものをいう。
濃縮乳向け	乳製品向けのうち、濃縮乳を製造するために仕向けたものをいう。
その他	輸送や牛乳乳製品の製造工程で減耗したもの等をいう。 なお、自家飲用及び子牛のほ乳用等で処理したものもここに含めた。
欠減	その他のうち、輸送や牛乳乳製品の製造工程で減耗したものをいう。
常用従業者数	役員、正社員、準社員、派遣、アルバイト、パート等に関わりなく、12月31日現在で、次の①～④のいずれかに該当する者をいう。 ①　期限を定めず雇用している者 ②　1ヶ月以上の期間を定めて雇用している者 ③　人材派遣会社からの派遣従業者、親企業等からの出向従業者等で、上記①、②に該当する者 ④　重役、理事などの役員又は事業主の家族のうち、常時勤務している者
ガラスびん	着色していない透明なガラス瓶であって、口径26mm以上のものをいう。
紙製容器	防水加工を施したポリエチレン等の合成樹脂を用いる加工紙によって製造された容器（合成樹脂加工紙製容器包装）であって、テトラパック（三角形・小型）、ツーパック（直方体・小型）及びピュアパック（直方体屋根付き・大型）をいう。
生産能力	処理場・工場における、各品目別の、単位時間（1時間）当たり又はバット（バターチャーン、チーズバット、濃縮機）当たりの最大生産可能量をいい、各製造工程中でボトルネックとなる工程の生産（処理）能力を調査した。 具体的には、飲用牛乳等及びはっ酵乳は充てん機、粉乳は乾燥機、クリームはクリームセパレーター（分離機）、バターはバターチャーン、チーズはチーズバット、れん乳は濃縮機、等である。
飲用牛乳等出荷（入荷）量	処理場・工場が県外の処理場・工場及び卸・小売業へ飲用牛乳等を出荷した量を出荷量といい、県外の処理場・工場から飲用牛乳等を入荷した量を入荷量という。
乳製品工場	乳製品を製造する施設をいう。ただし、乳製品工場のうち、アイスクリームのみを製造する工場で年間製造量が5万リッ

| 牛乳処理場 | 生乳又は牛乳を処理して牛乳等を製造する施設であって、乳製品工場以外のものをいう。 |

トルに満たないものは除いた。

14 統計表の見方等

(1) 統計表の地域区分

　本統計表で用いる全国農業地域及び地方農政局の区分は、次のとおりである。

ア　全国農業地域

全国農業地域名	細　分	所属都道府県名
北　海　道	－	北海道
東　　　北	－	青森、岩手、宮城、秋田、山形、福島
北　　　陸	－	新潟、富山、石川、福井
関　東　・　東　山	北関東	茨城、栃木、群馬
	南関東	埼玉、千葉、東京、神奈川
	東　山	山梨、長野
東　　　海	－	岐阜、静岡、愛知、三重
近　　　畿	－	滋賀、京都、大阪、兵庫、奈良、和歌山
中　　　国	－	鳥取、島根、岡山、広島、山口
四　　　国	－	徳島、香川、愛媛、高知
九　　　州	－	福岡、佐賀、長崎、熊本、大分、宮崎、鹿児島
沖　　　縄	－	沖縄

注：　統計表中の「関東」とは、上記区分の「関東・東山」地域の細分にある「北関東」及び「南関東」を合わせたものである。

イ　地方農政局

地方農政局名	所属都府県名
東　北　農　政　局	アの東北の所属都道府県と同じ
関　東　農　政　局	茨城、栃木、群馬、埼玉、千葉、東京、神奈川、山梨、長野、静岡
北　陸　農　政　局	アの北陸の所属都道府県と同じ
東　海　農　政　局	岐阜、愛知、三重
近　畿　農　政　局	アの近畿の所属都道府県と同じ
中国四国農政局	鳥取、島根、岡山、広島、山口、徳島、香川、愛媛、高知
九　州　農　政　局	アの九州の所属都道府県と同じ

注：　東北農政局、北陸農政局、近畿農政局及び九州農政局の結果については、全国農業地域における各地域の結果と同じであることから、統計表章はしていない。

(2) 統計数値については、表示単位未満を四捨五入したため、合計値と内訳が一致しない場合がある。

(3) 統計表に用いた記号
　　統計表に用いた記号は、次のとおりである。
　　　「0.0」：単位に満たないもの（例：0.04%→0.0%）
　　　「　－　」：事実のないもの
　　　「　…　」：事実不詳又は調査を欠くもの
　　　「　x　」：個人又は法人その他の団体に関する秘密を保護するため、統計数
　　　　　　　　　値を公表しないもの
　　　「　△　」：負数又は減少したもの
　　　「nc」：計算不能

(4) 秘匿措置
　　　統計調査結果について、調査対象処理場・工場数が2以下の場合には、個人又
　　は法人その他の団体に関する調査結果の秘密保護の観点から、当該結果を「x」
　　表示とする秘匿措置を施している。
　　　なお、全体（計）からの差引きにより、秘匿措置を講じた当該結果が推定でき
　　る場合には、本来秘匿措置を施す必要のない箇所についても「x」表示とし
　　ている。

(5) この統計表に掲載された数値を他に転載する場合は、「牛乳乳製品統計」（農
　　林水産省）による旨を記載してください。

15　ホームページ掲載案内
　　　本調査の累年データについては、農林水産省のホームページ中の「統計情報」の
　　分野別分類「作付面積・生産量、被害、家畜の頭数など」の「牛乳乳製品統計調査」
　　で御覧いただけます。
　　　【 https://www.maff.go.jp/j/tokei/kouhyou/gyunyu/index.html#l 】

16　お問合せ先
　　農林水産省　大臣官房統計部
　　　　生産流通消費統計課消費統計室　食品産業動向班
　　　　　　　　　電話　（代　表）　　03-3502-8111　内線3717
　　　　　　　　　　　　（直　通）　　03-3591-0783
　　　　　　　　　ＦＡＸ　　　　　　03-3502-3634

※ 本調査に関するご意見・ご要望は、上記問い合わせ先のほか、農林水産省ホーム
　ページでも受け付けております。
　　【 https://www.contactus.maff.go.jp/j/form/tokei/kikaku/160815.html 】

I　調査結果の概要

1 生乳生産量と用途別処理量

(1) 生乳生産量
― 生乳の生産量は0.3%増加 ―

生乳の生産量は731万3,530tで、前年に比べ2万4,303t（0.3%）増加した。

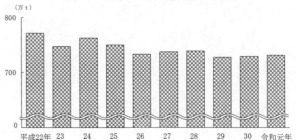

図1 生乳の生産量の推移（全国）

表1 生乳の生産量（全国、北海道・都府県別）

年 次	生 乳 生 産 量			対 前 年 比		
	全国	北海道	都府県	全国	北海道	都府県
	t	t	t	%	%	%
平成30年	7,289,227	3,965,193	3,324,034	100.2	101.9	98.2
令和元年	7,313,530	4,048,197	3,265,333	100.3	102.1	98.2

図2 生乳の生産量の推移（全国）（月別）

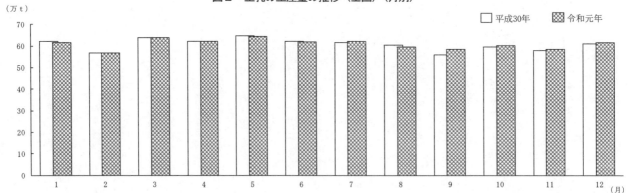

(2) 全国農業地域別生乳生産量
― 北海道の生乳生産量シェアは55.4% ―

生乳の生産量を全国農業地域別にみると、北海道が404万8,197t（全国に占める割合55.4%）で最も多く、次いで関東が99万1,738t（同13.6%）、九州が61万4,605t（同8.4%）の順となっている。

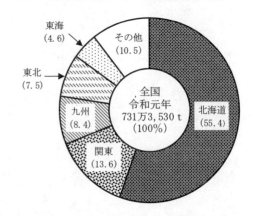

図3 生乳生産量シェア（全国農業地域別）

表2 生乳の生産量（全国農業地域別）

単位：t

年 次	全国	北海道	東北	北陸	関東	東山	東海	近畿	中国	四国	九州	沖縄
平成30年	7,289,227	3,965,193	556,714	79,301	1,012,647	110,965	345,716	163,192	288,914	116,136	626,603	23,846
令和元年	7,313,530	4,048,197	548,641	75,347	991,738	107,128	339,838	158,520	293,199	113,137	614,605	23,180
対前年比（%）	100.3	102.1	98.5	95.0	97.9	96.5	98.3	97.1	101.5	97.4	98.1	97.2

(3) 用途別処理量
－ 牛乳等向けは前年並み、乳製品向けは0.8％増加 －

　生乳の処理量を用途別にみると、牛乳等向け処理量は399万9,655ｔで前年並み、乳製品向け処理量は326万9,669ｔで、前年に比べ2万6,394ｔ（0.8％）増加した。

図4　牛乳等向け及び乳製品向け処理量の推移（全国）

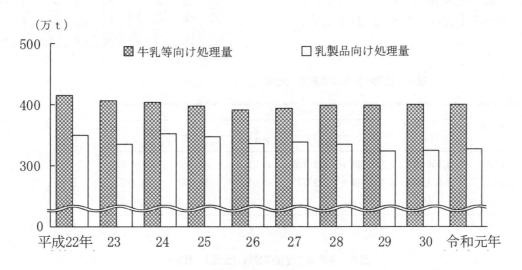

表3　生乳の用途別処理量（全国）

単位：t

年　次	生乳生産量	用　途　別　処　理　量				
		牛乳等向け		乳製品向け	その他	
			業務用向け			欠減
平成30年	7,289,227	3,999,805	350,351	3,243,275	46,147	9,918
令和元年	7,313,530	3,999,655	346,127	3,269,669	44,206	10,258
対前年比（％）	100.3	100.0	98.8	100.8	95.8	103.4

2　牛乳等生産量

(1)　飲用牛乳等生産量
　―　牛乳の生産量は0.6%増加　―

　飲用牛乳等の生産量をみると、牛乳の
生産量は316万464klで、前年に比べ1
万8,776kl（0.6%）増加し、加工乳・成
分調整牛乳の生産量は41万1,079klで、
前年に比べ3,252kl（0.8%）減少した。

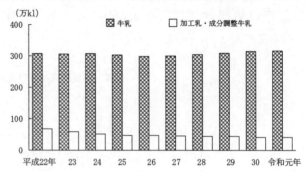

図5　牛乳及び加工乳・成分調整牛乳の生産量の推移（全国）

表4　飲用牛乳等の生産量（全国）

単位：kl

年　次	飲用牛乳等					
	計	牛乳		加工乳・成分調整牛乳		
			業務用		業務用	成分調整牛乳
平成30年	3,556,019	3,141,688	326,726	414,331	49,866	317,415
令和元年	3,571,543	3,160,464	322,321	411,079	58,478	288,215
対前年比（%）	100.4	100.6	98.7	99.2	117.3	90.8

図6　牛乳の生産量の推移（全国）（月別）

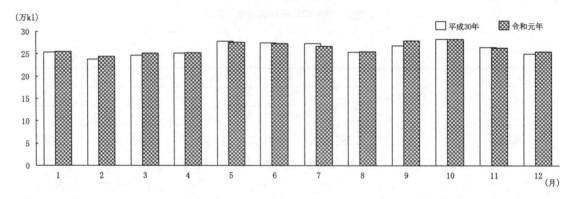

(2)　全国農業地域別飲用牛乳等生産量
　―　関東の飲用牛乳等生産量シェアは30.2%　―

　飲用牛乳等の生産量を全国農業地域別にみると、関
東が107万9,126kl（全国に占める割合30.2%）で最
も多く、次いで北海道が54万6,980kl（同15.3%）、
近畿が38万9,919kl（同10.9%）の順となっている。

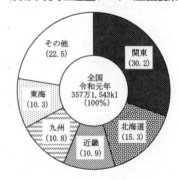

図7　飲用牛乳等生産量シェア（全国農業地域別）

表5　飲用牛乳等生産量（全国農業地域別）

単位：kl

年　次	全国	北海道	東北	北陸	関東	東山	東海	近畿	中国	四国	九州	沖縄
平成30年	3,556,019	553,875	247,141	81,410	1,056,671	119,936	354,262	394,306	261,106	80,378	380,314	26,620
令和元年	3,571,543	546,980	241,314	77,129	1,079,126	116,235	366,343	389,919	261,675	81,348	386,049	25,425
対前年比（%）	100.4	98.8	97.6	94.7	102.1	96.9	103.4	98.9	100.2	101.2	101.5	95.5

(3) 乳飲料、はっ酵乳及び乳酸菌飲料の生産量
－ はっ酵乳の生産量は3.6%減少 －

乳飲料の生産量は112万7,879kl、はっ酵乳の生産量は102万9,592kl、乳酸菌飲料の生産量は11万5,992klで、前年に比べそれぞれ1,493kl（0.1%）、3万8,228kl（3.6%）、9,571kl（7.6%）減少した。

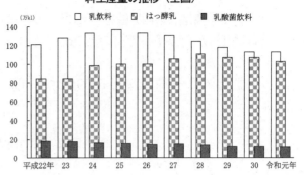

図8 乳飲料、はっ酵乳及び乳酸菌飲料生産量の推移（全国）

表6 乳飲料、はっ酵乳及び乳酸菌飲料の生産量（全国）

単位：kl

年　次	乳飲料	はっ酵乳	乳酸菌飲料
平成30年	1,129,372	1,067,820	125,563
令和元年	1,127,879	1,029,592	115,992
対前年比（%）	99.9	96.4	92.4

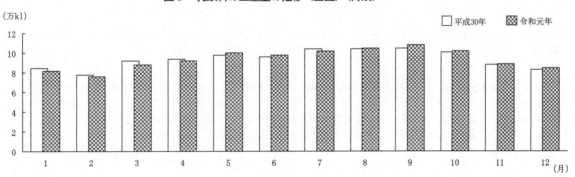

図9 乳飲料の生産量の推移（全国）（月別）

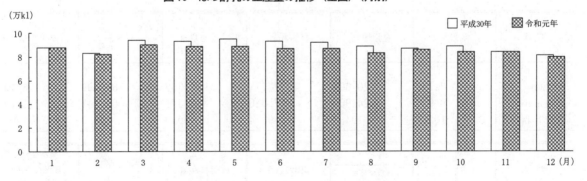

図10 はっ酵乳の生産量の推移（全国）（月別）

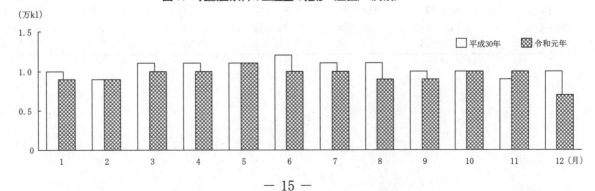

図11 乳酸菌飲料の生産量の推移（全国）（月別）

3 乳製品生産量
－ チーズの生産量は0.6%減少 －

　主な乳製品の生産量をみると、脱脂粉乳は12万4,900 t、バターは6万2,441 t、クリームは11万6,297 tで、前年に比べそれぞれ4,896 t（4.1%）、2,942 t（4.9%）、107 t（0.1%）増加した。

　また、チーズは15万5,991 tで、前年に比べ1,007 t（0.6%）減少した。

図12　主要乳製品の生産量の推移（全国）

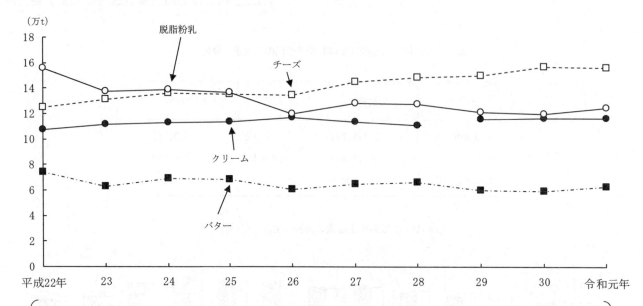

　クリームの生産量について、平成28年12月の調査までは、「クリームを生産する目的で脂肪分離したもの」に限定していたところであるが、29年1月以降は、バター、チーズを製造する過程で製造されるクリーム及び飲用牛乳等の脂肪調整用の抽出クリームのうち、製菓、製パン、飲料等の原料や家庭用として販売するものを含めている。
　このため、28年以前と29年とでは、数値の連続性が保てないことに留意されたい。

表7　乳製品の生産量（全国）

年　次	全粉乳	脱脂粉乳	調製粉乳	ホエイパウダー	バター	クリーム
	t	t	t	t	t	t
平成30年	9,795	120,004	27,771	19,367	59,499	116,190
令和元年	9,994	124,900	27,336	19,371	62,441	116,297
対前年比（%）	102.0	104.1	98.4	100.0	104.9	100.1

年　次	チーズ	直接消費用ナチュラルチーズ	加糖れん乳	無糖れん乳	脱脂加糖れん乳	乳脂肪分8%以上のアイスクリーム
	t	t	t	t	t	kl
平成30年	156,998	24,147	32,412	461	3,845	148,253
令和元年	155,991	24,989	34,203	419	3,831	146,909
対前年比（%）	99.4	103.5	105.5	90.9	99.6	99.1

図13 脱脂粉乳の生産量の推移（全国）（月別）

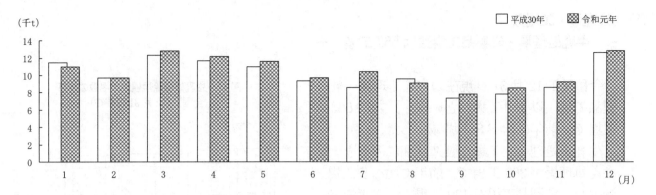

図14 バターの生産量の推移（全国）（月別）

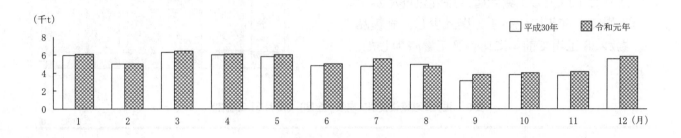

図15 クリームの生産量の推移（全国）（月別）

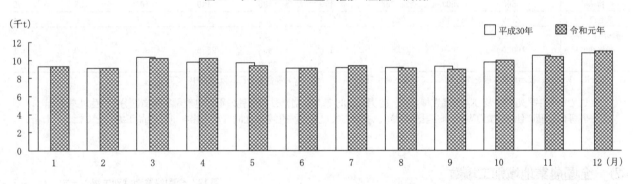

図16 チーズの生産量の推移（全国）（月別）

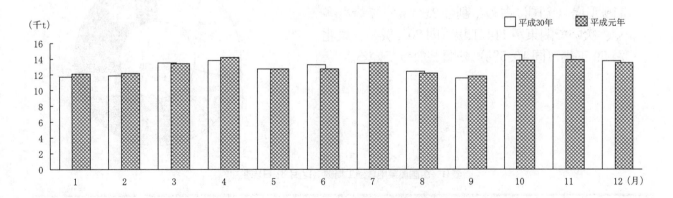

4 牛乳処理場及び乳製品工場数

(1) 処理場・工場数
― 牛乳処理場・乳製品工場数は563工場 ―

　令和元年12月31日現在の牛乳処理場・乳製品工場（以下「工場」という。）数は563工場で、前年に比べ8工場減少した。

　生乳を処理した工場を製造種別にみると、牛乳処理場が368工場で、前年に比べ5工場減少し、乳製品工場が139工場で、7工場減少した。

　また、生乳処理量規模別にみると、1日当たり2t以上の工場数は、牛乳処理場が195工場で、前年に比べ1工場減少し、乳製品工場が38工場で前年に比べ2工場減少した。

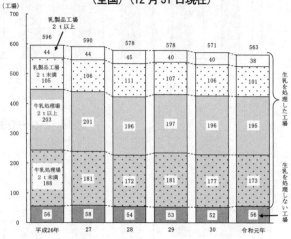

図17　生乳処理量規模別工場数の推移（全国）（12月31日現在）

表8　生乳処理量規模別工場数（全国）（12月31日現在）

単位：工場

| 区分 | 合計 | 生乳を処理した工場 | | | | | | | | 生乳を処理しない工場 |
| | | 計 | 牛乳処理場 | | | 乳製品工場 | | | |
			小計	2t未満	2t以上	小計	2t未満	2t以上	
平成30年	571	519	373	177	196	146	106	40	52
令和元年	563	507	368	173	195	139	101	38	56
対前年差	△ 8	△ 12	△ 5	△ 4	△ 1	△ 7	△ 5	△ 2	4
構成割合（％）									
平成30年	100.0	90.9	65.3	31.0	34.3	25.6	18.6	7.0	9.1
令和元年	100.0	90.1	65.4	30.7	34.6	24.7	17.9	6.7	9.9

注：割合については、表示単位未満を四捨五入しているため、計と内訳が一致しない場合がある（図18において同じ）。

　ここでいう牛乳処理場及び乳製品工場とは、12月における1日当たりの生乳の平均処理量を基に区分し、生乳を主として牛乳等の生産に仕向けた工場を「牛乳処理場」、主として乳製品の生産に仕向けた工場を「乳製品工場」とした。

(2) 全国農業地域別工場数
― 北海道の工場シェアは21.1% ―

　全国農業地域別の工場数をみると、北海道が119工場（全国に占める割合21.1%）で最も多く、次いで関東が114工場（同20.2%）、東北が59工場（同10.5%）の順となっている。

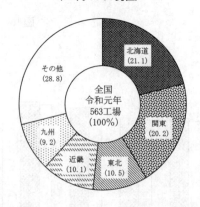

図18　全国農業地域別工場シェア（12月31日現在）

表9　全国農業地域別工場数（12月31日現在）

単位：工場

年次	全国	北海道	東北	北陸	関東	東山	東海	近畿	中国	四国	九州	沖縄
平成30年	571	118	62	36	115	31	50	55	35	9	53	7
令和元年	563	119	59	33	114	30	50	57	33	9	52	7
対前年差	△ 8	1	△ 3	△ 3	△ 1	△ 1	0	2	△ 2	0	△ 1	0

(3)　製造品目別処理場・工場数
－　牛乳を製造した工場は 364 工場　－

　　令和元年 1 月から 12 月に飲用牛乳等を製造した工場数は 366 工場で、このうち牛乳を製造した工場数は 364 工場であった。
　　また、加工乳・成分調整牛乳を製造した工場数は 106 工場であり、はっ酵乳、乳飲料、乳酸菌飲料を製造した工場数は、それぞれ 262 工場、211 工場、37 工場であった。
　　乳製品を製造した工場数は 322 工場で、このうちチーズを製造した工場数は 177 工場、乳脂肪分 8 ％以上のアイスクリームを製造した工場数は 122 工場であった。

表 10　牛乳等を製造した工場数（全国）（12 月 31 日現在）

単位：工場

年　次	飲用牛乳等				加工乳・成分調整牛乳			乳飲料	はっ酵乳	乳酸菌飲料
	計	牛　乳	業務用	学校給食用		業務用	成分調整牛乳			
平成30年	373	371	156	195	109	15	61	216	257	38
令和元年	366	364	162	194	106	15	60	211	262	37
対前年差	△ 7	△ 7	6	△ 1	△ 3	0	△ 1	△ 5	5	△ 1

注：内訳は各製品を製造した工場数であり、内訳と合計は一致しない（表 11 において同じ。）。

表 11　乳製品を製造した工場数（全国）（12 月 31 日現在）

単位：工場

年　次	乳　製　品											
	計	粉　乳			バター	クリーム	チーズ	直接消費用ナチュラルチーズ	れ ん 乳			乳脂肪分8％以上のアイスクリーム
		全粉乳	脱脂粉乳	調製粉乳					加糖れん乳	無糖れん乳	脱脂加糖れん乳	
平成30年	319	9	26	5	71	77	175	154	21	3	11	126
令和元年	322	9	26	5	70	75	177	157	22	3	10	122
対前年差	3	0	0	0	△ 1	△ 2	2	3	1	0	△ 1	△ 4

Ⅱ　統　計　表

1　生乳生産量及び用途別処理量（全国農業地域別・処理内訳）（月別）

全国農業地域・用途別処理内訳		年　　計				1　月	2	3
		実　数	用途別割合	地域別割合	対前年比			
		t	%	%	%	t	t	t
全国								
生乳生産量	(1)	7,313,530	－	100.0	100.3	615,920	567,072	639,316
処理量	(2)	7,313,530	100.0	100.0	100.3	615,920	567,072	639,316
牛乳等向け	(3)	3,999,655	54.7	100.0	100.0	325,861	305,411	321,843
うち、業務用向け	(4)	346,127	4.7	100.0	98.8	28,509	26,369	28,162
乳製品向け	(5)	3,269,669	44.7	100.0	100.8	286,198	258,297	313,859
うち、チーズ向け	(6)	425,778	5.8	100.0	98.7	37,684	35,716	39,351
クリーム向け	(7)	710,369	9.7	100.0	92.3	56,646	55,195	62,981
脱脂濃縮乳向け	(8)	550,379	7.5	100.0	101.3	46,022	42,034	48,250
濃縮乳向け	(9)	6,999	0.1	100.0	88.7	496	443	694
その他	(10)	44,206	0.6	100.0	95.8	3,861	3,364	3,614
うち、欠減	(11)	10,258	0.1	100.0	103.4	866	769	817
北海道								
生乳生産量	(12)	4,048,197	－	55.4	102.1	334,675	306,252	342,922
処理量	(13)	3,518,650	100.0	48.1	101.2	298,708	275,281	316,072
牛乳等向け	(14)	556,498	15.8	13.9	100.3	45,038	42,315	45,282
うち、業務用向け	(15)	74,069	2.1	21.4	100.8	6,102	5,697	6,790
乳製品向け	(16)	2,939,035	83.5	89.9	101.4	251,662	231,367	268,803
うち、チーズ向け	(17)	419,702	11.9	98.6	98.7	37,202	35,227	38,815
クリーム向け	(18)	631,305	17.9	88.9	92.4	49,988	49,006	55,973
脱脂濃縮乳向け	(19)	545,635	15.5	99.1	101.2	45,654	41,732	47,791
濃縮乳向け	(20)	6,639	0.2	94.9	88.3	466	413	664
その他	(21)	23,117	0.7	52.3	98.8	2,008	1,599	1,987
うち、欠減	(22)	554	－	5.4	54.7	53	44	67
東北								
生乳生産量	(23)	548,641	－	7.5	98.5	46,865	43,039	48,670
処理量	(24)	378,418	100.0	5.2	98.5	33,888	29,326	34,883
牛乳等向け	(25)	290,549	76.8	7.3	98.1	24,106	22,618	23,591
うち、業務用向け	(26)	24,342	6.4	7.0	103.3	1,994	1,697	1,989
乳製品向け	(27)	84,817	22.4	2.6	100.4	9,501	6,423	11,048
うち、チーズ向け	(28)	1,882	0.5	0.4	92.0	155	162	173
クリーム向け	(29)	7,853	2.1	1.1	113.1	507	656	621
脱脂濃縮乳向け	(30)	644	0.2	0.1	111.0	41	55	65
濃縮乳向け	(31)	－	－	－	nc	－	－	－
その他	(32)	3,052	0.8	6.9	83.2	281	285	244
うち、欠減	(33)	376	0.1	3.7	118.6	28	32	34
北陸								
生乳生産量	(34)	75,347	－	1.0	95.0	6,627	6,078	6,795
処理量	(35)	92,694	100.0	1.3	94.9	8,287	7,697	7,736
牛乳等向け	(36)	89,606	96.7	2.2	94.5	8,015	7,499	7,431
うち、業務用向け	(37)	6,403	6.9	1.8	116.4	472	521	461
乳製品向け	(38)	2,493	2.7	0.1	112.1	222	153	257
うち、チーズ向け	(39)	78	0.1	－	105.4	6	6	7
クリーム向け	(40)	1,488	1.6	0.2	101.2	108	106	125
脱脂濃縮乳向け	(41)	73	0.1	－	429.4	12	－	13
濃縮乳向け	(42)	－	－	－	－	－	－	－
その他	(43)	595	0.6	1.3	95.7	50	45	48
うち、欠減	(44)	298	0.3	2.9	156.8	15	10	19
関東								
生乳生産量	(45)	991,738	－	13.6	97.9	85,305	79,199	90,616
処理量	(46)	1,340,890	100.0	18.3	100.1	110,644	103,104	114,545
牛乳等向け	(47)	1,246,596	93.0	31.2	100.8	102,140	95,572	101,241
うち、業務用向け	(48)	103,856	7.7	30.0	93.8	9,341	8,396	8,936
乳製品向け	(49)	86,061	6.4	2.6	92.0	7,796	6,868	12,657
うち、チーズ向け	(50)	481	－	0.1	105.5	34	38	42
クリーム向け	(51)	29,145	2.2	4.1	86.9	2,609	2,340	2,545
脱脂濃縮乳向け	(52)	－	－	－	nc	－	－	－
濃縮乳向け	(53)	－	－	－	nc	－	－	－
その他	(54)	8,233	0.6	18.6	94.8	708	664	647
うち、欠減	(55)	4,145	0.3	40.4	106.6	358	314	340
東山								
生乳生産量	(56)	107,128	－	1.5	96.5	9,372	8,473	9,428
処理量	(57)	131,949	100.0	1.8	96.7	11,091	10,425	11,070
牛乳等向け	(58)	126,815	96.1	3.2	96.1	10,709	10,038	10,607
うち、業務用向け	(59)	5,718	4.3	1.7	104.5	517	469	537
乳製品向け	(60)	3,840	2.9	0.1	126.6	274	260	343
うち、チーズ向け	(61)	1,288	1.0	0.3	95.6	99	103	122
クリーム向け	(62)	1,285	1.0	0.2	304.5	100	88	117
脱脂濃縮乳向け	(63)	－	－	－	nc	－	－	－
濃縮乳向け	(64)	－	－	－	nc	－	－	－
その他	(65)	1,294	1.0	2.9	95.4	108	127	120
うち、欠減	(66)	834	0.6	8.1	105.3	67	86	85

4	5	6	7	8	9	10	11	12	
t	t	t	t	t	t	t	t	t	
622,418	644,183	618,867	623,259	595,598	583,513	601,947	585,432	616,005	(1)
622,418	644,183	618,867	623,259	595,598	583,513	601,947	585,432	616,005	(2)
323,425	347,893	349,677	339,492	331,514	349,598	356,019	331,531	317,391	(3)
29,797	28,954	28,020	25,650	28,271	30,432	32,097	30,123	29,743	(4)
295,369	292,634	265,471	280,019	260,327	230,154	242,190	250,143	295,008	(5)
35,441	37,843	36,006	34,646	33,723	32,322	32,925	33,837	36,284	(6)
61,223	57,728	56,864	59,524	57,115	56,008	60,328	62,228	64,529	(7)
46,664	46,955	46,541	48,398	47,634	45,235	45,697	43,550	43,399	(8)
702	733	539	546	521	568	632	603	522	(9)
3,624	3,656	3,719	3,748	3,757	3,761	3,738	3,758	3,606	(10)
825	856	869	892	906	909	884	906	759	(11)
334,214	351,640	345,473	352,983	340,827	331,221	337,759	326,976	343,255	(12)
304,148	312,216	292,645	303,969	287,852	269,405	279,297	276,720	302,337	(13)
43,147	45,764	45,866	48,300	48,350	51,233	52,059	45,337	43,807	(14)
6,437	6,719	6,442	5,925	5,875	6,227	6,637	5,675	5,543	(15)
259,037	264,475	244,843	253,725	237,555	216,225	225,297	229,449	256,597	(16)
34,902	37,318	35,486	34,132	33,201	31,828	32,413	33,354	35,824	(17)
54,348	50,972	50,642	52,985	50,612	49,968	54,221	55,771	56,819	(18)
46,150	46,482	46,174	48,005	47,198	44,920	45,352	43,146	43,031	(19)
672	703	509	516	491	538	602	573	492	(20)
1,964	1,977	1,936	1,944	1,947	1,947	1,941	1,934	1,933	(21)
42	54	41	43	51	39	42	37	41	(22)
46,589	48,019	45,641	46,392	44,511	44,076	45,130	43,628	46,081	(23)
33,343	33,071	31,235	30,657	29,907	28,930	29,732	28,968	34,478	(24)
23,467	25,155	25,074	23,970	24,425	25,803	25,381	23,307	23,652	(25)
1,998	2,094	1,910	1,743	2,071	2,586	2,248	1,904	2,108	(26)
9,636	7,679	5,911	6,435	5,235	2,876	4,094	5,406	10,573	(27)
146	178	173	158	147	156	173	139	122	(28)
553	585	524	622	558	631	662	677	1,257	(29)
41	58	55	54	52	42	64	81	36	(30)
-	-	-	-	-	-	-	-	-	(31)
240	237	250	252	247	251	257	255	253	(32)
30	27	30	32	27	31	37	35	33	(33)
6,731	6,829	6,323	6,212	5,800	5,833	6,053	5,883	6,183	(34)
7,705	8,166	8,193	7,812	7,281	7,784	7,465	7,378	7,190	(35)
7,366	7,916	7,996	7,522	7,004	7,574	7,269	7,169	6,845	(36)
558	452	451	284	693	645	581	653	632	(37)
265	196	159	253	210	159	159	169	291	(38)
7	6	6	7	6	6	6	7	8	(39)
124	135	119	126	125	121	120	118	161	(40)
15	20	-	-	1	2	2	1	7	(41)
-	-	-	-	-	-	-	-	-	(42)
74	54	38	37	67	51	37	40	54	(43)
45	25	18	17	47	31	17	20	34	(44)
88,669	89,495	83,781	82,771	76,197	75,444	79,813	78,244	82,204	(45)
112,027	118,101	117,017	113,555	108,674	112,133	113,203	109,705	108,182	(46)
102,833	110,220	111,103	104,532	101,286	107,185	108,557	103,777	98,150	(47)
8,872	8,470	8,484	7,473	8,380	8,895	9,030	9,067	8,512	(48)
8,571	7,226	5,207	8,288	6,716	4,216	3,952	5,171	9,393	(49)
45	42	37	42	42	41	40	43	35	(50)
2,448	2,463	2,296	2,406	2,464	2,507	2,251	2,304	2,512	(51)
-	-	-	-	-	-	-	-	-	(52)
-	-	-	-	-	-	-	-	-	(53)
623	655	707	735	672	732	694	757	639	(54)
316	348	353	381	318	389	340	403	285	(55)
9,300	9,500	9,043	8,798	8,613	8,785	8,663	8,324	8,829	(56)
10,633	11,552	11,409	11,245	10,886	11,269	11,218	10,739	10,412	(57)
10,165	11,094	10,961	10,810	10,442	10,875	10,808	10,321	9,985	(58)
387	407	440	458	413	542	537	509	502	(59)
362	348	337	336	339	295	303	313	330	(60)
129	107	117	99	130	101	92	96	93	(61)
106	111	109	116	93	106	104	108	127	(62)
-	-	-	-	-	-	-	-	-	(63)
-	-	-	-	-	-	-	-	-	(64)
106	110	111	99	105	99	107	105	97	(65)
71	75	72	60	66	60	68	66	58	(66)

1　生乳生産量及び用途別処理量（全国農業地域別・処理内訳）（月別）（続き）

全国農業地域・用途別処理内訳		年　計				1 月	2	3
		実　数	用途別割合	地域別割合	対前年比			
		t	%	%	%	t	t	t
東海								
生乳生産量	(67)	339,838	-	4.6	98.3	29,320	27,602	31,345
処理量	(68)	427,858	100.0	5.9	101.5	34,281	32,625	34,278
牛乳等向け	(69)	399,705	93.4	10.0	101.7	31,595	30,412	30,859
うち、業務用向け	(70)	36,787	8.6	10.6	98.1	2,800	3,031	2,542
乳製品向け	(71)	25,628	6.0	0.8	98.1	2,480	2,015	3,230
うち、チーズ向け	(72)	255	0.1	0.1	136.4	17	14	16
クリーム向け	(73)	1,373	0.3	0.2	89.6	95	103	112
脱脂濃縮乳向け	(74)	-	-	-	nc	-	-	-
濃縮乳向け	(75)	360	0.1	5.1	97.6	30	30	30
その他	(76)	2,525	0.6	5.7	101.5	206	198	189
うち、欠減	(77)	1,425	0.3	13.9	104.3	117	109	108
近畿								
生乳生産量	(78)	158,520	-	2.2	97.1	13,651	12,725	14,541
処理量	(79)	442,432	100.0	6.0	98.3	35,926	33,117	34,896
牛乳等向け	(80)	436,697	98.7	10.9	98.8	35,414	32,657	34,355
うち、業務用向け	(81)	37,125	8.4	10.7	116.8	2,806	2,174	2,456
乳製品向け	(82)	4,417	1.0	0.1	63.3	422	374	460
うち、チーズ向け	(83)	138	-	-	104.5	11	9	12
クリーム向け	(84)	4,136	0.9	0.6	63.0	400	355	437
脱脂濃縮乳向け	(85)	-	-	-	nc	-	-	-
濃縮乳向け	(86)	-	-	-	nc	-	-	-
その他	(87)	1,318	0.3	3.0	111.0	90	86	81
うち、欠減	(88)	846	0.2	8.2	157.8	37	33	36
中国								
生乳生産量	(89)	293,199	-	4.0	101.5	24,759	22,829	25,752
処理量	(90)	337,179	100.0	4.6	99.1	27,494	25,675	27,947
牛乳等向け	(91)	311,165	92.3	7.8	99.3	25,048	23,400	25,272
うち、業務用向け	(92)	17,795	5.3	5.1	92.6	1,238	1,065	1,111
乳製品向け	(93)	23,776	7.1	0.7	96.9	2,251	2,088	2,501
うち、チーズ向け	(94)	606	0.2	0.1	93.7	49	47	52
クリーム向け	(95)	4,819	1.4	0.7	94.7	470	412	540
脱脂濃縮乳向け	(96)	-	-	-	nc	-	-	-
濃縮乳向け	(97)	-	-	-	nc	-	-	-
その他	(98)	2,238	0.7	5.1	94.1	195	187	174
うち、欠減	(99)	1,062	0.3	10.4	93.0	99	91	84
四国								
生乳生産量	(100)	113,137	-	1.5	97.4	9,957	9,102	10,340
処理量	(101)	93,837	100.0	1.3	99.7	7,856	7,134	7,402
牛乳等向け	(102)	91,553	97.6	2.3	100.8	7,531	6,958	7,237
うち、業務用向け	(103)	8,918	9.5	2.6	82.5	625	511	591
乳製品向け	(104)	1,909	2.0	0.1	76.5	271	124	140
うち、チーズ向け	(105)	87	0.1	-	103.6	4	8	5
クリーム向け	(106)	1,510	1.6	0.2	74.8	182	116	135
脱脂濃縮乳向け	(107)	-	-	-	nc	-	-	-
濃縮乳向け	(108)	-	-	-	nc	-	-	-
その他	(109)	375	0.4	0.8	47.3	54	52	25
うち、欠減	(110)	64	0.1	0.6	177.8	5	3	3
九州								
生乳生産量	(111)	614,605	-	8.4	98.1	53,418	49,906	56,780
処理量	(112)	525,662	100.0	7.2	100.2	45,655	40,719	48,326
牛乳等向け	(113)	426,555	81.1	10.7	101.4	34,179	31,977	33,810
うち、業務用向け	(114)	29,659	5.6	8.6	96.5	2,469	2,677	2,620
乳製品向け	(115)	97,693	18.6	3.0	95.6	11,319	8,625	14,420
うち、チーズ向け	(116)	1,261	0.2	0.3	99.9	107	102	107
クリーム向け	(117)	27,455	5.2	3.9	95.6	2,187	2,013	2,376
脱脂濃縮乳向け	(118)	4,027	0.8	0.7	112.5	315	247	381
濃縮乳向け	(119)	-	-	-	nc	-	-	-
その他	(120)	1,414	0.3	3.2	92.8	157	117	96
うち、欠減	(121)	642	0.1	6.3	102.6	86	46	40
沖縄								
生乳生産量	(122)	23,180	-	0.3	97.2	1,971	1,867	2,127
処理量	(123)	23,961	100.0	0.3	96.4	2,090	1,969	2,161
牛乳等向け	(124)	23,916	99.8	0.6	96.4	2,086	1,965	2,158
うち、業務用向け	(125)	1,455	6.1	0.4	98.7	145	131	129
乳製品向け	(126)	-	-	-	nc	-	-	-
うち、チーズ向け	(127)	-	-	-	nc	-	-	-
クリーム向け	(128)	-	-	-	nc	-	-	-
脱脂濃縮乳向け	(129)	-	-	-	nc	-	-	-
濃縮乳向け	(130)	-	-	-	nc	-	-	-
その他	(131)	45	0.2	0.1	88.2	4	4	3
うち、欠減	(132)	12	0.1	0.1	100.0	1	1	1

4	5	6	7	8	9	10	11	12	
t	t	t	t	t	t	t	t	t	
30,685	30,925	28,509	27,673	25,743	25,573	27,184	26,761	28,518	(67)
35,953	37,329	36,563	36,083	34,977	36,382	38,139	36,109	35,139	(68)
32,656	35,061	34,801	33,719	32,276	35,054	36,481	34,462	32,329	(69)
3,258	3,274	2,605	2,549	2,575	3,334	3,639	3,608	3,572	(70)
3,109	2,067	1,545	2,143	2,493	1,098	1,426	1,431	2,591	(71)
25	20	22	27	26	22	21	21	24	(72)
118	121	126	125	129	115	110	105	114	(73)
-	-	-	-	-	-	-	-	-	(74)
30	30	30	30	30	30	30	30	30	(75)
188	201	217	221	208	230	232	216	219	(76)
107	120	120	124	111	133	135	119	122	(77)
14,062	14,148	13,229	13,116	12,370	12,183	12,746	12,537	13,212	(78)
34,917	39,321	38,811	37,658	36,608	38,836	40,080	36,744	35,518	(79)
34,197	38,657	38,307	37,052	35,992	38,576	39,836	36,442	35,212	(80)
2,894	3,223	2,657	2,701	3,380	3,205	4,400	3,609	3,620	(81)
595	572	386	493	470	132	125	176	212	(82)
14	9	11	13	12	12	11	12	12	(83)
568	549	364	467	445	107	102	153	189	(84)
-	-	-	-	-	-	-	-	-	(85)
-	-	-	-	-	-	-	-	-	(86)
125	92	118	113	146	128	119	126	94	(87)
80	47	85	80	113	95	86	93	61	(88)
24,821	25,710	24,196	24,293	23,358	23,506	24,642	24,062	25,271	(89)
27,686	29,099	30,384	29,428	27,907	28,268	29,276	27,426	26,589	(90)
25,141	26,789	28,292	27,284	26,319	26,659	27,387	25,257	24,317	(91)
1,498	1,110	1,857	1,518	1,527	1,690	1,790	1,566	1,825	(92)
2,368	2,125	1,893	1,953	1,393	1,421	1,703	1,984	2,096	(93)
53	52	49	54	51	48	52	49	50	(94)
440	347	353	341	331	315	317	409	544	(95)
-	-	-	-	-	-	-	-	-	(96)
-	-	-	-	-	-	-	-	-	(97)
177	185	199	191	195	188	186	185	176	(98)
87	95	97	89	93	86	84	83	74	(99)
10,049	10,194	9,396	9,169	8,781	8,717	9,196	8,918	9,318	(100)
7,705	8,142	8,276	7,636	7,773	8,400	8,121	7,741	7,651	(101)
7,551	7,997	8,122	7,499	7,619	8,253	7,943	7,590	7,253	(102)
949	800	741	549	820	950	847	776	759	(103)
129	120	126	113	128	123	135	126	374	(104)
8	5	8	8	5	4	12	8	12	(105)
121	115	118	105	123	119	123	118	135	(106)
-	-	-	-	-	-	-	-	-	(107)
-	-	-	-	-	-	-	-	-	(108)
25	25	28	24	26	24	43	25	24	(109)
3	3	7	3	5	3	22	4	3	(110)
55,230	55,653	51,333	49,933	47,572	46,405	48,909	48,251	51,215	(111)
46,233	45,048	42,340	43,229	41,873	40,268	43,463	41,986	46,522	(112)
34,837	37,105	37,165	36,821	35,945	36,552	38,349	35,957	33,858	(113)
2,837	2,277	2,324	2,347	2,433	2,251	2,254	2,632	2,538	(114)
11,297	7,826	5,064	6,280	5,788	3,609	4,996	5,918	12,551	(115)
112	106	97	106	103	104	105	108	104	(116)
2,397	2,330	2,213	2,231	2,235	2,019	2,318	2,465	2,671	(117)
458	395	312	339	383	271	279	322	325	(118)
-	-	-	-	-	-	-	-	-	(119)
99	117	111	128	140	107	118	111	113	(120)
43	61	45	62	74	41	52	45	47	(121)
2,068	2,070	1,943	1,919	1,826	1,770	1,852	1,848	1,919	(122)
2,068	2,138	1,994	1,987	1,860	1,838	1,953	1,916	1,987	(123)
2,065	2,135	1,990	1,983	1,856	1,834	1,949	1,912	1,983	(124)
109	128	109	103	104	107	134	124	132	(125)
-	-	-	-	-	-	-	-	-	(126)
-	-	-	-	-	-	-	-	-	(127)
-	-	-	-	-	-	-	-	-	(128)
-	-	-	-	-	-	-	-	-	(129)
-	-	-	-	-	-	-	-	-	(130)
3	3	4	4	4	4	4	4	4	(131)
1	1	1	1	1	1	1	1	1	(132)

2 生乳生産量（都道府県別）（月別）

都道府県	年　　計 実　数	全国生産量に対する割合	対前年比	1 月	2	3	4
	t	%	%	t	t	t	t
全　　国　　(1)	7,313,530	100.0	100.3	615,920	567,072	639,316	622,418
北　海　道　(2)	4,048,197	55.4	102.1	334,675	306,252	342,922	334,214
青　　森　　(3)	71,555	1.0	104.6	5,892	5,497	6,132	5,971
岩　　手　　(4)	211,951	2.9	98.7	17,970	16,378	18,547	17,711
宮　　城　　(5)	110,199	1.5	97.2	9,368	8,647	9,773	9,480
秋　　田　　(6)	23,719	0.3	93.3	2,104	1,935	2,103	2,019
山　　形　　(7)	63,356	0.9	98.6	5,568	5,181	5,946	5,642
福　　島　　(8)	67,861	0.9	96.3	5,963	5,401	6,169	5,766
茨　　城　　(9)	172,438	2.4	102.3	15,103	14,074	15,976	15,567
栃　　木　　(10)	330,598	4.5	100.0	27,528	25,751	29,687	29,230
群　　馬　　(11)	207,902	2.8	96.1	17,928	16,614	18,942	18,409
埼　　玉　　(12)	48,493	0.7	92.9	4,225	3,896	4,443	4,346
千　　葉　　(13)	192,495	2.6	95.2	17,041	15,601	17,861	17,476
東　　京　　(14)	8,865	0.1	96.5	761	718	815	802
神　奈　川　(15)	30,947	0.4	91.9	2,719	2,545	2,892	2,839
新　　潟　　(16)	40,340	0.6	94.2	3,568	3,247	3,601	3,569
富　　山　　(17)	10,898	0.1	94.0	954	896	1,034	977
石　　川　　(18)	18,715	0.3	96.4	1,649	1,509	1,668	1,691
福　　井　　(19)	5,394	0.1	98.8	456	426	492	494
山　　梨　　(20)	16,676	0.2	99.8	1,430	1,285	1,437	1,375
長　　野　　(21)	90,452	1.2	96.0	7,942	7,188	7,991	7,925
岐　　阜　　(22)	32,860	0.4	92.8	2,873	2,642	3,002	2,909
静　　岡　　(23)	89,359	1.2	101.3	7,405	6,934	8,049	7,937
愛　　知　　(24)	160,406	2.2	95.8	14,218	13,503	15,136	14,644
三　　重　　(25)	57,213	0.8	104.7	4,824	4,523	5,158	5,195
滋　　賀　　(26)	16,982	0.2	95.5	1,452	1,336	1,603	1,499
京　　都　　(27)	26,467	0.4	98.5	2,224	2,060	2,344	2,255
大　　阪　　(28)	9,498	0.1	101.6	806	782	896	869
兵　　庫　　(29)	78,054	1.1	96.7	6,790	6,349	7,194	6,997
奈　　良　　(30)	22,717	0.3	97.1	1,967	1,811	2,061	2,007
和　歌　山　(31)	4,802	0.1	93.8	412	387	443	435
鳥　　取　　(32)	59,245	0.8	103.7	5,094	4,716	5,308	5,135
島　　根　　(33)	66,492	0.9	99.9	5,583	5,149	5,736	5,650
岡　　山　　(34)	103,211	1.4	103.9	8,475	7,888	8,942	8,471
広　　島　　(35)	48,270	0.7	97.8	4,208	3,792	4,312	4,127
山　　口　　(36)	15,981	0.2	96.9	1,399	1,284	1,454	1,438
徳　　島　　(37)	27,077	0.4	91.7	2,412	2,221	2,519	2,470
香　　川　　(38)	35,441	0.5	103.7	3,027	2,729	3,117	3,109
愛　　媛　　(39)	30,648	0.4	97.4	2,714	2,505	2,832	2,735
高　　知　　(40)	19,971	0.3	95.3	1,804	1,647	1,872	1,735
福　　岡　　(41)	76,013	1.0	98.7	6,604	6,225	7,019	6,808
佐　　賀　　(42)	14,336	0.2	97.4	1,224	1,162	1,315	1,303
長　　崎　　(43)	45,798	0.6	94.9	4,018	3,721	4,241	4,168
熊　　本　　(44)	252,941	3.5	100.7	21,603	20,223	23,012	22,538
大　　分　　(45)	69,094	0.9	97.8	6,021	5,550	6,344	6,146
宮　　崎　　(46)	77,542	1.1	97.7	6,733	6,290	7,153	6,920
鹿　児　島　(47)	78,881	1.1	92.4	7,215	6,735	7,696	7,347
沖　　縄　　(48)	23,180	0.3	97.2	1,971	1,867	2,127	2,068

5	6	7	8	9	10	11	12	
t	t	t	t	t	t	t	t	
644, 183	618, 867	623, 259	595, 598	583, 513	601, 947	585, 432	616, 005	(1)
351, 640	345, 473	352, 983	340, 827	331, 221	337, 759	326, 976	343, 255	(2)
6, 145	5, 917	6, 078	5, 943	5, 834	6, 045	5, 850	6, 251	(3)
18, 556	17, 787	18, 195	17, 610	17, 025	17, 596	16, 731	17, 845	(4)
9, 628	9, 321	9, 137	8, 764	8, 776	8, 973	9, 083	9, 249	(5)
2, 081	1, 954	1, 996	1, 892	1, 905	1, 913	1, 841	1, 976	(6)
5, 512	5, 046	5, 257	4, 910	5, 139	5, 009	4, 818	5, 328	(7)
6, 097	5, 616	5, 729	5, 392	5, 397	5, 594	5, 305	5, 432	(8)
15, 681	14, 454	14, 145	12, 724	13, 019	13, 745	13, 558	14, 392	(9)
29, 847	27, 837	27, 954	25, 835	26, 232	27, 021	26, 235	27, 441	(10)
18, 339	17, 564	17, 383	16, 207	16, 285	16, 756	16, 370	17, 105	(11)
4, 419	4, 084	4, 037	3, 670	3, 675	3, 847	3, 813	4, 038	(12)
17, 544	16, 454	15, 969	14, 838	13, 293	15, 324	15, 178	15, 916	(13)
817	759	730	632	658	706	706	761	(14)
2, 848	2, 629	2, 553	2, 291	2, 282	2, 414	2, 384	2, 551	(15)
3, 632	3, 436	3, 326	3, 141	3, 106	3, 242	3, 168	3, 304	(16)
985	890	901	811	836	856	839	919	(17)
1, 706	1, 529	1, 532	1, 443	1, 484	1, 526	1, 456	1, 522	(18)
506	468	453	405	407	429	420	438	(19)
1, 503	1, 388	1, 388	1, 295	1, 381	1, 369	1, 354	1, 471	(20)
7, 997	7, 655	7, 410	7, 318	7, 404	7, 294	6, 970	7, 358	(21)
2, 936	2, 718	2, 716	2, 570	2, 565	2, 652	2, 559	2, 718	(22)
8, 094	7, 589	7, 276	7, 222	6, 878	7, 277	7, 091	7, 607	(23)
14, 591	13, 346	12, 952	11, 635	11, 830	12, 658	12, 483	13, 410	(24)
5, 304	4, 856	4, 729	4, 316	4, 300	4, 597	4, 628	4, 783	(25)
1, 490	1, 352	1, 398	1, 420	1, 268	1, 330	1, 331	1, 503	(26)
2, 309	2, 173	2, 152	2, 072	2, 087	2, 226	2, 229	2, 336	(27)
853	787	766	711	725	747	751	805	(28)
6, 969	6, 564	6, 472	6, 030	5, 999	6, 255	6, 098	6, 337	(29)
2, 077	1, 935	1, 939	1, 797	1, 746	1, 814	1, 737	1, 826	(30)
450	418	389	340	358	374	391	405	(31)
5, 161	4, 819	4, 806	4, 701	4, 712	4, 907	4, 823	5, 063	(32)
5, 799	5, 504	5, 641	5, 330	5, 320	5, 584	5, 448	5, 748	(33)
9, 078	8, 557	8, 548	8, 094	8, 310	8, 889	8, 756	9, 203	(34)
4, 231	4, 000	4, 016	3, 982	3, 934	3, 975	3, 773	3, 920	(35)
1, 441	1, 316	1, 282	1, 251	1, 230	1, 287	1, 262	1, 337	(36)
2, 498	2, 277	2, 191	2, 039	2, 021	2, 153	2, 071	2, 205	(37)
3, 182	2, 966	2, 884	2, 787	2, 798	2, 985	2, 892	2, 965	(38)
2, 731	2, 516	2, 488	2, 390	2, 344	2, 464	2, 409	2, 520	(39)
1, 783	1, 637	1, 606	1, 565	1, 554	1, 594	1, 546	1, 628	(40)
6, 834	6, 362	6, 212	5, 909	5, 861	6, 052	5, 935	6, 192	(41)
1, 313	1, 218	1, 177	1, 072	1, 064	1, 161	1, 127	1, 200	(42)
4, 163	3, 765	3, 686	3, 493	3, 454	3, 655	3, 590	3, 844	(43)
22, 821	21, 215	20, 675	19, 871	19, 470	20, 428	20, 003	21, 082	(44)
6, 221	5, 732	5, 637	5, 406	5, 141	5, 509	5, 502	5, 885	(45)
6, 955	6, 482	6, 297	6, 083	5, 861	6, 186	6, 087	6, 495	(46)
7, 346	6, 559	6, 249	5, 738	5, 554	5, 918	6, 007	6, 517	(47)
2, 070	1, 943	1, 919	1, 826	1, 770	1, 852	1, 848	1, 919	(48)

3 生乳移出量（都道府県別）（月別）

都道府県	年　計 実　数	年　計 生乳生産量に対する割合	1　月	2	3	4	5
	t	%	t	t	t	t	t
全　国　(1)	1,789,389	24.5	145,350	131,359	144,169	143,245	153,417
北　海　道　(2)	529,547	13.1	35,967	30,971	26,850	30,066	39,424
青　森　(3)	63,668	89.0	5,249	4,836	5,526	5,369	5,415
岩　手　(4)	93,720	44.2	7,838	7,301	7,647	7,475	8,321
宮　城　(5)	46,125	41.9	3,869	3,542	4,438	4,343	4,102
秋　田　(6)	15,935	67.2	1,460	1,297	1,517	1,408	1,414
山　形　(7)	37,326	58.9	3,328	3,013	3,696	3,456	3,233
福　島　(8)	20,531	30.3	1,762	1,817	1,998	1,814	1,993
茨　城　(9)	32,853	19.1	2,898	2,629	2,408	2,505	2,629
栃　木　(10)	179,591	54.3	15,102	14,384	16,697	16,326	16,271
群　馬　(11)	99,777	48.0	8,791	8,211	8,913	9,102	8,824
埼　玉　(12)	7,186	14.8	744	509	850	682	630
千　葉　(13)	79,757	41.4	7,315	6,404	8,594	7,750	7,334
東　京　(14)	-	-	-	-	-	-	-
神　奈　川　(15)	-	-	-	-	-	-	-
新　潟　(16)	6,692	16.6	576	447	841	754	662
富　山　(17)	1,388	12.7	143	97	296	197	146
石　川　(18)	71	0.4	29	-	-	-	25
福　井　(19)	5,327	98.8	449	419	486	488	500
山　梨　(20)	16,466	98.7	1,414	1,269	1,422	1,357	1,486
長　野　(21)	14,727	16.3	1,412	1,043	1,525	1,403	1,178
岐　阜　(22)	1,627	5.0	225	147	262	194	100
静　岡　(23)	21,340	23.9	1,801	1,631	1,946	1,782	1,879
愛　知　(24)	27,300	17.0	2,582	2,392	2,759	2,123	2,370
三　重　(25)	29,379	51.4	2,575	2,355	2,765	2,958	2,863
滋　賀　(26)	6,732	39.6	590	543	602	624	600
京　都　(27)	8,186	30.9	681	623	698	671	706
大　阪　(28)	970	10.2	85	78	92	87	61
兵　庫　(29)	5,864	7.5	436	436	459	637	504
奈　良　(30)	22,522	99.1	1,950	1,794	2,044	1,990	2,060
和　歌　山　(31)	4,420	92.0	380	355	411	403	418
鳥　取　(32)	-	-	-	-	-	-	-
島　根　(33)	49,769	74.8	4,147	3,768	4,367	4,331	4,381
岡　山　(34)	24,062	23.3	1,685	1,593	1,934	1,841	2,154
広　島　(35)	12,770	26.5	1,229	994	1,331	1,178	1,070
山　口　(36)	-	-	-	-	-	-	-
徳　島　(37)	17,082	63.1	1,617	1,415	1,782	1,706	1,630
香　川　(38)	26,328	74.3	2,183	1,944	2,223	2,396	2,452
愛　媛　(39)	6,209	20.3	636	536	594	524	654
高　知　(40)	12,052	60.3	1,159	1,036	1,231	1,103	1,100
福　岡　(41)	15,236	20.0	1,393	1,253	1,973	1,586	1,301
佐　賀　(42)	3,179	22.2	180	90	416	597	311
長　崎　(43)	33,359	72.8	2,936	2,652	3,245	3,125	2,993
熊　本　(44)	92,297	36.5	8,348	8,371	7,954	7,468	9,291
大　分　(45)	21,325	30.9	1,862	1,707	2,166	1,774	1,845
宮　崎　(46)	40,035	51.6	2,895	2,363	3,231	4,086	3,693
鹿　児　島　(47)	56,642	71.8	5,429	5,094	5,980	5,549	5,394
沖　縄　(48)	17	0.1	-	-	-	17	-

6	7	8	9	10	11	12	
t	t	t	t	t	t	t	
155,768	155,379	152,652	157,404	157,624	146,626	146,396	(1)
52,828	49,014	52,975	61,816	58,462	50,256	40,918	(2)
5,211	5,456	5,371	5,153	5,312	5,138	5,632	(3)
8,119	8,399	7,871	7,755	8,131	7,568	7,295	(4)
3,766	3,909	3,490	3,299	3,438	3,855	4,074	(5)
1,234	1,379	1,280	1,207	1,210	1,183	1,346	(6)
2,723	3,169	2,842	2,927	2,773	2,828	3,338	(7)
1,589	2,015	1,534	1,260	1,639	1,469	1,641	(8)
2,148	2,619	2,642	3,497	3,873	2,271	2,734	(9)
14,782	15,761	13,553	13,165	14,102	14,150	15,298	(10)
8,380	8,648	7,469	7,535	8,313	7,487	8,104	(11)
580	764	654	405	386	380	602	(12)
6,211	6,335	6,474	6,135	5,262	5,325	6,618	(13)
–	–	–	–	–	–	–	(14)
–	–	–	–	–	–	–	(15)
495	533	511	327	418	419	709	(16)
15	132	187	–	–	23	152	(17)
–	–	–	–	–	–	17	(18)
463	448	400	402	424	415	433	(19)
1,371	1,369	1,274	1,363	1,350	1,337	1,454	(20)
1,114	1,149	1,220	1,076	1,161	1,140	1,306	(21)
95	96	86	91	91	76	164	(22)
1,816	1,789	1,780	1,656	1,666	1,659	1,935	(23)
2,216	2,182	2,018	1,939	2,085	2,111	2,523	(24)
2,367	2,358	2,267	2,003	2,011	2,277	2,580	(25)
548	553	491	495	523	521	642	(26)
664	651	646	659	710	719	758	(27)
75	72	69	109	108	55	79	(28)
484	486	512	421	443	489	557	(29)
1,919	1,923	1,781	1,730	1,799	1,722	1,810	(30)
386	357	309	327	342	359	373	(31)
–	–	–	–	–	–	–	(32)
4,108	4,233	3,966	3,903	4,103	4,032	4,430	(33)
1,951	2,113	2,130	1,903	2,017	2,108	2,633	(34)
878	1,053	1,173	904	922	905	1,133	(35)
–	–	–	–	–	–	–	(36)
1,348	1,349	1,267	1,144	1,221	1,184	1,419	(37)
2,267	2,214	2,156	2,182	2,115	2,048	2,148	(38)
476	551	604	356	381	378	519	(39)
917	977	912	842	869	886	1,020	(40)
844	1,469	1,516	790	825	805	1,481	(41)
170	285	195	135	180	257	363	(42)
2,659	2,711	2,672	2,384	2,565	2,525	2,892	(43)
7,989	7,165	7,635	7,286	7,634	7,094	6,062	(44)
1,741	1,690	1,707	1,639	1,692	1,693	1,809	(45)
4,214	3,736	3,173	3,495	3,168	3,320	2,661	(46)
4,607	4,267	3,840	3,689	3,900	4,159	4,734	(47)
–	–	–	–	–	–	–	(48)

4 生乳移入量（都道府県別）（月別）

都道府県	年 計 実 数	年 計 生乳生産量に対する割合	1 月	2	3	4	5
	t	%	t	t	t	t	t
全　　国 (1)	1,789,389	24.5	145,350	131,359	144,169	143,245	153,417
北 海 道 (2)	-	-	-	-	-	-	-
青　　森 (3)	x	x	x	x	x	x	x
岩　　手 (4)	17,747	8.4	1,876	1,231	2,249	1,721	1,343
宮　　城 (5)	48,659	44.2	4,172	3,638	3,706	3,950	4,150
秋　　田 (6)	x	x	x	x	x	x	x
山　　形 (7)	215	0.3	62	37	42	27	26
福　　島 (8)	40,461	59.6	4,419	3,187	5,038	4,921	4,011
茨　　城 (9)	129,675	75.2	10,274	9,305	13,822	10,427	10,146
栃　　木 (10)	8,151	2.5	633	574	635	635	693
群　　馬 (11)	94,514	45.5	6,712	6,213	6,891	8,249	8,528
埼　　玉 (12)	66,459	137.0	6,371	5,327	5,092	4,955	5,669
千　　葉 (13)	66,017	34.3	5,385	5,142	4,894	4,896	5,869
東　　京 (14)	89,277	1,007.1	7,495	7,175	7,580	6,925	7,737
神 奈 川 (15)	294,223	950.7	23,319	22,306	22,477	23,636	25,652
新　　潟 (16)	15,593	38.7	1,089	976	1,104	1,204	1,270
富　　山 (17)	x	x	x	x	x	x	x
石　　川 (18)	15,232	81.4	1,768	1,606	1,460	1,209	1,400
福　　井 (19)	x	x	x	x	x	x	x
山　　梨 (20)	3,155	18.9	251	220	316	292	273
長　　野 (21)	52,859	58.4	4,294	4,044	4,273	3,801	4,443
岐　　阜 (22)	60,897	185.3	4,386	4,259	4,087	4,718	5,135
静　　岡 (23)	20,051	22.4	1,536	1,614	938	1,074	1,254
愛　　知 (24)	83,933	52.3	6,222	5,675	5,640	6,286	6,934
三　　重 (25)	2,785	4.9	-	-	-	247	293
滋　　賀 (26)	12,168	71.7	879	875	722	880	1,131
京　　都 (27)	102,190	386.1	7,615	6,602	7,810	8,100	9,223
大　　阪 (28)	104,628	1,101.6	8,572	8,176	7,983	7,899	9,077
兵　　庫 (29)	113,620	145.6	9,331	8,568	8,146	8,388	10,091
奈　　良 (30)	x	x	x	x	x	x	x
和 歌 山 (31)	x	x	x	x	x	x	x
鳥　　取 (32)	x	x	x	x	x	x	x
島　　根 (33)	-	-	-	-	-	-	-
岡　　山 (34)	76,919	74.5	5,549	5,237	5,825	6,209	6,848
広　　島 (35)	31,749	65.8	2,619	2,495	2,645	2,443	2,705
山　　口 (36)	x	x	x	x	x	x	x
徳　　島 (37)	x	x	x	x	x	x	x
香　　川 (38)	x	x	x	x	x	x	x
愛　　媛 (39)	x	x	x	x	x	x	x
高　　知 (40)	x	x	x	x	x	x	x
福　　岡 (41)	109,901	144.6	8,801	8,061	8,820	8,730	9,263
佐　　賀 (42)	3,872	27.0	341	267	454	461	286
長　　崎 (43)	378	0.8	-	-	-	-	54
熊　　本 (44)	17,630	7.0	2,303	389	2,888	2,531	1,054
大　　分 (45)	7,223	10.5	225	285	255	45	436
宮　　崎 (46)	34,126	44.0	3,610	3,341	4,094	3,421	3,130
鹿 児 島 (47)	-	-	-	-	-	-	-
沖　　縄 (48)	798	3.4	119	102	34	17	68

6	7	8	9	10	11	12	
t	t	t	t	t	t	t	
155,768	155,379	152,652	157,404	157,624	146,626	146,396	(1)
−	−	−	−	−	−	−	(2)
x	x	x	x	x	x	x	(3)
1,261	1,506	1,185	1,106	1,090	1,067	2,112	(4)
4,069	4,296	4,351	4,464	4,188	3,721	3,954	(5)
x	x	x	x	x	x	x	(6)
21	−	−	−	−	−	−	(7)
2,885	2,790	2,248	885	1,827	2,593	5,657	(8)
9,525	12,363	12,454	11,452	10,067	8,792	11,048	(9)
711	754	753	723	692	693	655	(10)
8,831	9,699	8,047	8,540	8,159	7,708	6,937	(11)
6,258	5,006	4,740	6,578	6,098	5,705	4,660	(12)
6,582	5,664	5,371	5,450	5,832	5,727	5,205	(13)
7,447	7,028	7,174	7,997	7,921	7,378	7,420	(14)
25,983	24,397	24,730	26,686	26,557	25,071	23,409	(15)
1,298	1,457	1,404	1,454	1,470	1,330	1,537	(16)
x	x	x	x	x	x	x	(17)
1,545	1,256	1,175	1,226	784	1,022	781	(18)
x	x	x	x	x	x	x	(19)
241	257	256	230	269	252	298	(20)
4,610	4,708	4,511	4,693	4,797	4,640	4,045	(21)
5,742	5,683	5,322	5,724	5,736	5,417	4,688	(22)
1,431	1,518	1,874	2,318	2,317	2,285	1,892	(23)
7,037	7,314	7,898	8,118	8,400	7,439	6,970	(24)
338	320	291	338	355	330	273	(25)
1,300	1,041	699	1,281	1,295	1,156	909	(26)
9,039	8,728	9,732	9,338	9,416	8,443	8,144	(27)
9,354	8,892	8,034	9,244	9,876	8,964	8,557	(28)
9,965	9,923	9,581	10,531	10,672	9,509	8,915	(29)
x	x	x	x	x	x	x	(30)
x	x	x	x	x	x	x	(31)
x	x	x	x	x	x	x	(32)
−	−	−	−	−	−	−	(33)
7,806	7,729	7,601	6,570	6,546	5,793	5,206	(34)
2,916	2,710	2,475	2,772	2,915	2,609	2,445	(35)
x	x	x	x	x	x	x	(36)
x	x	x	x	x	x	x	(37)
x	x	x	x	x	x	x	(38)
x	x	x	x	x	x	x	(39)
x	x	x	x	x	x	x	(40)
8,902	9,722	10,081	9,372	10,168	9,138	8,843	(41)
295	300	262	348	300	277	281	(42)
68	40	13	54	54	27	68	(43)
683	1,276	1,306	531	966	1,064	2,639	(44)
782	901	1,036	1,156	1,066	691	345	(45)
2,501	2,380	2,341	1,820	1,964	2,391	3,133	(46)
−	−	−	−	−	−	−	(47)
51	68	34	68	101	68	68	(48)

5 生乳移出入量（都道府県別）（月別）

(1) 年計

移入＼移出		全　国	北海道	青　森	岩　手	宮　城	秋　田	山　形	福　島	茨　城	栃　木	群　馬
全　国	(1)	1,789,389	529,547	63,668	93,720	46,125	15,935	37,326	20,531	32,853	179,591	99,777
北 海 道	(2)	-	-	-	-	-	-	-	-	-	-	-
青　森	(3)	x	x	x	x	x	x	x	x	x	x	x
岩　手	(4)	17,747	-	8,609	-	1,402	7,019	269	171	-	182	50
宮　城	(5)	48,659	-	29,985	14,444	-	-	4,210	20	-	-	-
秋　田	(6)	x	x	x	x	x	x	x	x	x	x	x
山　形	(7)	215	-	-	182	-	-	-	33	-	-	-
福　島	(8)	40,461	-	51	3,875	9,672	285	48	-	-	25,943	587
茨　城	(9)	129,675	58,690	12,544	12,581	2,288	1,185	5,110	8,824	-	11,509	4,013
栃　木	(10)	8,151	-	-	8,114	-	-	-	-	37	-	-
群　馬	(11)	94,514	20,401	729	6,475	6,555	3,971	1,160	2,270	259	46,497	-
埼　玉	(12)	66,459	19,416	157	11,231	3,178	950	1,916	1,798	1,297	20,399	4,549
千　葉	(13)	66,017	13,153	723	2,016	3,976	589	20	151	23,756	20,000	1,633
東　京	(14)	89,277	4,309	2,347	3,081	3,103	1,070	-	-	6,223	20,530	28,436
神 奈 川	(15)	294,223	126,131	8,112	10,224	9,963	866	14,419	6,630	-	21,370	30,209
新　潟	(16)	15,593	4,144	-	7,924	105	-	2,573	-	61	-	763
富　山	(17)	x	x	x	x	x	x	x	x	x	x	x
石　川	(18)	15,232	7,389	411	20	-	-	1,865	-	-	-	525
福　井	(19)	x	x	x	x	x	x	x	x	x	x	x
山　梨	(20)	3,155	-	-	-	-	-	-	-	-	-	-
長　野	(21)	52,859	1,732	-	-	1,197	-	220	-	480	-	24,792
岐　阜	(22)	60,897	31,689	-	1,626	-	-	3,503	-	-	10,902	3,305
静　岡	(23)	20,051	4,452	-	4,619	2,435	-	1,000	634	217	2,259	760
愛　知	(24)	83,933	29,089	-	7,308	2,251	-	1,013	-	509	-	-
三　重	(25)	2,785	-	-	-	-	-	-	-	-	-	-
滋　賀	(26)	12,168	6,931	-	-	-	-	-	-	-	-	-
京　都	(27)	102,190	71,348	-	-	-	-	-	-	-	-	-
大　阪	(28)	104,628	54,576	-	-	-	-	-	-	-	-	91
兵　庫	(29)	113,620	44,476	-	-	-	-	-	-	-	-	-
奈　良	(30)	x	x	x	x	x	x	x	x	x	x	x
和 歌 山	(31)	x	x	x	x	x	x	x	x	x	x	x
鳥　取	(32)	x	x	x	x	x	x	x	x	x	x	x
島　根	(33)	-	-	-	-	-	-	-	-	-	-	-
岡　山	(34)	76,919	31,621	-	-	-	-	-	-	14	-	64
広　島	(35)	31,749	-	-	-	-	-	-	-	-	-	-
山　口	(36)	x	x	x	x	x	x	x	x	x	x	x
徳　島	(37)	x	x	x	x	x	x	x	x	x	x	x
香　川	(38)	x	x	x	x	x	x	x	x	x	x	x
愛　媛	(39)	x	x	x	x	x	x	x	x	x	x	x
高　知	(40)	x	x	x	x	x	x	x	x	x	x	x
福　岡	(41)	109,901	-	-	-	-	-	-	-	-	-	-
佐　賀	(42)	3,872	-	-	-	-	-	-	-	-	-	-
長　崎	(43)	378	-	-	-	-	-	-	-	-	-	-
熊　本	(44)	17,630	-	-	-	-	-	-	-	-	-	-
大　分	(45)	7,223	-	-	-	-	-	-	-	-	-	-
宮　崎	(46)	34,126	-	-	-	-	-	-	-	-	-	-
鹿 児 島	(47)	-	-	-	-	-	-	-	-	-	-	-
沖　縄	(48)	798	-	-	-	-	-	-	-	-	-	-

埼玉	千葉	東京	神奈川	新潟	富山	石川	福井	山梨	長野	岐阜	静岡	
7,186	79,757	-	-	6,692	1,388	71	5,327	16,466	14,727	1,627	21,340	(1)
-	-	-	-	-	-	-	-	-	-	-	-	(2)
x	x	x	x	x	x	x	x	x	x	x	x	(3)
-	45	-	-	-	-	-	-	-	-	-	-	(4)
-	-	-	-	-	-	-	-	-	-	-	-	(5)
x	x	x	x	x	x	x	x	x	x	x	x	(6)
-	-	-	-	-	-	-	-	-	-	-	-	(7)
-	-	-	-	-	-	-	-	-	-	-	-	(8)
1,248	9,752	-	-	751	22	42	-	-	516	156	-	(9)
-	-	-	-	-	-	-	-	-	-	-	-	(10)
2,051	231	-	-	1,787	629	-	-	156	1,343	-	-	(11)
-	941	-	-	627	-	-	-	-	-	-	-	(12)
-	-	-	-	-	-	-	-	-	-	-	-	(13)
2,588	11,088	-	-	-	-	-	-	1,991	2,104	-	2,393	(14)
1,299	57,700	-	-	-	-	-	-	6,858	-	-	442	(15)
-	-	-	-	-	12	11	-	-	-	-	-	(16)
x	x	x	x	x	x	x	x	x	x	x	x	(17)
-	-	-	-	2,851	669	-	1,452	-	-	-	-	(18)
x	x	x	x	x	x	x	x	x	x	x	x	(19)
-	-	-	-	-	-	-	-	-	3,155	-	-	(20)
-	-	-	-	661	-	-	-	3,786	-	-	-	(21)
-	-	-	-	-	-	-	-	-	1,605	-	-	(22)
-	-	-	-	-	-	-	-	3,675	-	-	-	(23)
-	-	-	-	-	-	-	-	-	6,004	1,377	15,720	(24)
-	-	-	-	-	-	-	-	-	-	-	2,785	(25)
-	-	-	-	15	56	-	3,875	-	-	-	-	(26)
-	-	-	-	-	-	-	-	-	-	-	-	(27)
-	-	-	-	-	-	-	-	-	-	-	-	(28)
-	-	-	-	-	-	-	-	-	-	-	-	(29)
x	x	x	x	x	x	x	x	x	x	x	x	(30)
x	x	x	x	x	x	x	x	x	x	x	x	(31)
x	x	x	x	x	x	x	x	x	x	x	x	(32)
-	-	-	-	-	-	-	-	-	-	-	-	(33)
-	-	-	-	-	-	-	-	-	-	-	-	(34)
-	-	-	-	-	-	-	-	-	-	-	-	(35)
x	x	x	x	x	x	x	x	x	x	x	x	(36)
x	x	x	x	x	x	x	x	x	x	x	x	(37)
x	x	x	x	x	x	x	x	x	x	x	x	(38)
x	x	x	x	x	x	x	x	x	x	x	x	(39)
x	x	x	x	x	x	x	x	x	x	x	x	(40)
-	-	-	-	-	-	-	-	-	-	-	-	(41)
-	-	-	-	-	-	-	-	-	-	-	-	(42)
-	-	-	-	-	-	-	-	-	-	-	-	(43)
-	-	-	-	-	-	-	-	-	-	64	-	(44)
-	-	-	-	-	-	-	-	-	-	-	-	(45)
-	-	-	-	-	-	-	-	-	-	-	-	(46)
-	-	-	-	-	-	-	-	-	-	-	-	(47)
-	-	-	-	-	-	-	-	-	-	-	-	(48)

5 生乳移出入量（都道府県別）（月別）（続き）

(1) 年計（続き）

移入 ＼ 移出		愛知	三重	滋賀	京都	大阪	兵庫	奈良	和歌山	鳥取	島根	岡山	広島
全　　国	(1)	27,300	29,379	6,732	8,186	970	5,864	22,522	4,420	-	49,769	24,062	12,770
北　海　道	(2)	-	-	-	-	-	-	-	-	-	-	-	-
青　　森	(3)	x	x	x	x	x	x	x	x	x	x	x	x
岩　　手	(4)	-	-	-	-	-	-	-	-	-	-	-	-
宮　　城	(5)	-	-	-	-	-	-	-	-	-	-	-	-
秋　　田	(6)	x	x	x	x	x	x	x	x	x	x	x	x
山　　形	(7)	-	-	-	-	-	-	-	-	-	-	-	-
福　　島	(8)	-	-	-	-	-	-	-	-	-	-	-	-
茨　　城	(9)	326	118	-	-	-	-	-	-	-	-	-	-
栃　　木	(10)	-	-	-	-	-	-	-	-	-	-	-	-
群　　馬	(11)	-	-	-	-	-	-	-	-	-	-	-	-
埼　　玉	(12)	-	-	-	-	-	-	-	-	-	-	-	-
千　　葉	(13)	-	-	-	-	-	-	-	-	-	-	-	-
東　　京	(14)	14	-	-	-	-	-	-	-	-	-	-	-
神　奈　川	(15)	-	-	-	-	-	-	-	-	-	-	-	-
新　　潟	(16)	-	-	-	-	-	-	-	-	-	-	-	-
富　　山	(17)	x	x	x	x	x	x	x	x	x	x	x	x
石　　川	(18)	50	-	-	-	-	-	-	-	-	-	-	-
福　　井	(19)	x	x	x	x	x	x	x	x	x	x	x	x
山　　梨	(20)	-	-	-	-	-	-	-	-	-	-	-	-
長　　野	(21)	17,013	2,978	-	-	-	-	-	-	-	-	-	-
岐　　阜	(22)	3,849	1,513	-	-	-	-	-	-	-	-	2,905	-
静　　岡	(23)	-	-	-	-	-	-	-	-	-	-	-	-
愛　　知	(24)	-	18,756	10	-	-	-	-	-	-	-	-	-
三　　重	(25)	-	-	-	-	-	-	-	-	-	-	-	-
滋　　賀	(26)	-	1,111	-	-	68	-	-	-	-	-	-	-
京　　都	(27)	4,623	3,596	1,362	-	634	1,259	2,883	-	-	527	963	-
大　　阪	(28)	433	767	2,122	-	-	4,605	6,536	4,420	-	758	3,846	-
兵　　庫	(29)	423	-	3,238	8,186	184	-	13,103	-	-	297	11,982	14
奈　　良	(30)	x	x	x	x	x	x	x	x	x	x	x	x
和　歌　山	(31)	x	x	x	x	x	x	x	x	x	x	x	x
鳥　　取	(32)	x	x	x	x	x	x	x	x	x	x	x	x
島　　根	(33)	-	-	-	-	-	-	-	-	-	-	-	-
岡　　山	(34)	-	337	-	-	-	-	-	-	-	16,177	-	12,558
広　　島	(35)	-	-	-	-	-	-	-	-	-	22,561	3,919	-
山　　口	(36)	x	x	x	x	x	x	x	x	x	x	x	x
徳　　島	(37)	x	x	x	x	x	x	x	x	x	x	x	x
香　　川	(38)	x	x	x	x	x	x	x	x	x	x	x	x
愛　　媛	(39)	x	x	x	x	x	x	x	x	x	x	x	x
高　　知	(40)	x	x	x	x	x	x	x	x	x	x	x	x
福　　岡	(41)	-	-	-	-	-	-	-	-	-	-	-	-
佐　　賀	(42)	-	-	-	-	-	-	-	-	-	-	-	-
長　　崎	(43)	-	-	-	-	-	-	-	-	-	-	378	-
熊　　本	(44)	480	203	-	-	-	-	-	-	-	37	-	-
大　　分	(45)	-	-	-	-	-	-	-	-	-	-	-	-
宮　　崎	(46)	-	-	-	-	-	-	-	-	-	-	-	-
鹿　児　島	(47)	-	-	-	-	-	-	-	-	-	-	-	-
沖　　縄	(48)	-	-	-	-	-	-	-	-	-	-	-	-

山 口	徳 島	香 川	愛 媛	高 知	福 岡	佐 賀	長 崎	熊 本	大 分	宮 崎	鹿児島	沖 縄	
−	17,082	26,328	6,209	12,052	15,236	3,179	33,359	92,297	21,325	40,035	56,642	17	(1)
−													(2)
x	x	x	x	x	x	x	x	x	x	x	x	x	(3)
−													(4)
−													(5)
x	x	x	x	x	x	x	x	x	x	x	x	x	(6)
−													(7)
−													(8)
−													(9)
−													(10)
−													(11)
−													(12)
−													(13)
−													(14)
−													(15)
−													(16)
x	x	x	x	x	x	x	x	x	x	x	x	x	(17)
−													(18)
x	x	x	x	x	x	x	x	x	x	x	x	x	(19)
−													(20)
−													(21)
−													(22)
−													(23)
−										1,896			(24)
−													(25)
−	112												(26)
−	150	354	1,631	56	2,833	−	46	6,791	339	2,795	−		(27)
−	4,560	4,906		431	−	−	510	10,913	136	4,814	204	−	(28)
−	974	4,483			663	−	862	4,107	323	3,001	17,304	−	(29)
x	x	x	x	x	x	x	x	x	x	x	x	x	(30)
x	x	x	x	x	x	x	x	x	x	x	x	x	(31)
x	x	x	x	x	x	x	x	x	x	x	x	x	(32)
−	−	−	−	−	−	−	−	−	−	−	−	−	(33)
−	−	291	3,764	−	−	−	1,759	4,557	544	5,233	−	−	(34)
−	1,387	−	−	−	−	−	545	929	697	844	867	−	(35)
x	x	x	x	x	x	x	x	x	x	x	x	x	(36)
x	x	x	x	x	x	x	x	x	x	x	x	x	(37)
x	x	x	x	x	x	x	x	x	x	x	x	x	(38)
x	x	x	x	x	x	x	x	x	x	x	x	x	(39)
x	x	x	x	x	x	x	x	x	x	x	x	x	(40)
−	−	−	−	−	−	−	26,027	50,716	17,944	14,254	960	−	(41)
−	−	−	−	−	−	−	−	3,362	−	510	−	−	(42)
−	−	−	−	−	−	−	−	−	−	−	−	−	(43)
−	−	−	−	−	4,916	3,179	3,610	−	1,342	601	3,181	17	(44)
−	−	−	−	−	1,665	−	−	5,558	−	−	−	−	(45)
−	−	−	−	−	−	−	−	−	−	−	34,126	−	(46)
−	−	−	−	−	−	−	−	−	−	−	−	−	(47)
−	−	−	−	−	−	−	−	798	−	−	−	−	(48)

5 生乳移出入量（都道府県別）（月別）（続き）

(2) 1月分

移入 ＼ 移出		全国	北海道	青森	岩手	宮城	秋田	山形	福島	茨城	栃木	群馬
全 国	(1)	145,350	35,967	5,249	7,838	3,869	1,460	3,328	1,762	2,898	15,102	8,791
北 海 道	(2)	-	-	-	-	-	-	-	-	-	-	-
青 森	(3)	x	x	x	x	x	x	x	x	x	x	x
岩 手	(4)	1,876	-	899	-	225	693	17	26	-	16	-
宮 城	(5)	4,172	-	2,616	1,376	-	-	180	-	-	-	-
秋 田	(6)	x	x	x	x	x	x	x	x	x	x	x
山 形	(7)	62	-	-	29	-	-	-	33	-	-	-
福 島	(8)	4,419	-	-	431	793	-	-	-	-	3,059	136
茨 城	(9)	10,274	3,795	688	1,094	105	30	888	715	-	1,086	409
栃 木	(10)	633	-	-	633	-	-	-	-	-	-	-
群 馬	(11)	6,712	1,433	-	510	554	336	120	198	3	3,131	-
埼 玉	(12)	6,371	1,842	-	778	444	-	359	101	-	1,946	501
千 葉	(13)	5,385	779	111	182	239	50	-	-	2,300	1,659	65
東 京	(14)	7,495	205	252	285	266	120	-	-	595	1,654	2,391
神 奈 川	(15)	23,319	9,281	683	756	602	231	1,092	567	-	1,391	2,815
新 潟	(16)	1,089	323	-	664	-	-	31	-	-	-	60
富 山	(17)	x	x	x	x	x	x	x	x	x	x	x
石 川	(18)	1,768	652	-	-	-	-	322	-	-	-	-
福 井	(19)	x	x	x	x	x	x	x	x	x	x	x
山 梨	(20)	251	-	-	-	-	-	-	-	-	-	-
長 野	(21)	4,294	-	-	-	281	-	20	-	-	-	2,023
岐 阜	(22)	4,386	2,509	-	51	-	-	92	-	-	917	285
静 岡	(23)	1,536	102	-	486	135	-	80	122	-	243	45
愛 知	(24)	6,222	1,440	-	563	225	-	127	-	-	-	-
三 重	(25)	-	-	-	-	-	-	-	-	-	-	-
滋 賀	(26)	879	599	-	-	-	-	-	-	-	-	-
京 都	(27)	7,615	4,388	-	-	-	-	-	-	-	-	-
大 阪	(28)	8,572	3,901	-	-	-	-	-	-	-	-	61
兵 庫	(29)	9,331	3,368	-	-	-	-	-	-	-	-	-
奈 良	(30)	x	x	x	x	x	x	x	x	x	x	x
和 歌 山	(31)	x	x	x	x	x	x	x	x	x	x	x
鳥 取	(32)	x	x	x	x	x	x	x	x	x	x	x
島 根	(33)	-	-	-	-	-	-	-	-	-	-	-
岡 山	(34)	5,549	1,350	-	-	-	-	-	-	-	-	-
広 島	(35)	2,619	-	-	-	-	-	-	-	-	-	-
山 口	(36)	x	x	x	x	x	x	x	x	x	x	x
徳 島	(37)	x	x	x	x	x	x	x	x	x	x	x
香 川	(38)	x	x	x	x	x	x	x	x	x	x	x
愛 媛	(39)	x	x	x	x	x	x	x	x	x	x	x
高 知	(40)	x	x	x	x	x	x	x	x	x	x	x
福 岡	(41)	8,801	-	-	-	-	-	-	-	-	-	-
佐 賀	(42)	341	-	-	-	-	-	-	-	-	-	-
長 崎	(43)	-	-	-	-	-	-	-	-	-	-	-
熊 本	(44)	2,303	-	-	-	-	-	-	-	-	-	-
大 分	(45)	225	-	-	-	-	-	-	-	-	-	-
宮 崎	(46)	3,610	-	-	-	-	-	-	-	-	-	-
鹿 児 島	(47)		-	-	-	-	-	-	-	-	-	-
沖 縄	(48)	119	-	-	-	-	-	-	-	-	-	-

埼玉	千葉	東京	神奈川	新潟	富山	石川	福井	山梨	長野	岐阜	静岡	
744	7,315	-	-	576	143	29	449	1,414	1,412	225	1,801	(1)
-	-	-	-	-	-	-	-	-	-	-	-	(2)
x	x	x	x	x	x	x	x	x	x	x	x	(3)
-	-	-	-	-	-	-	-	-	-	-	-	(4)
-	-	-	-	-	-	-	-	-	-	-	-	(5)
x	x	x	x	x	x	x	x	x	x	x	x	(6)
-	-	-	-	-	-	-	-	-	-	-	-	(7)
-	-	-	-	-	-	-	-	-	-	-	-	(8)
152	1,007	-	-	104	-	-	-	-	94	17	-	(9)
-	-	-	-	-	-	-	-	-	-	-	-	(10)
193	30	-	-	14	66	-	-	12	112	-	-	(11)
-	386	-	-	14	-	-	-	-	-	-	-	(12)
-	-	-	-	-	-	-	-	-	-	-	-	(13)
219	781	-	-	-	-	-	-	190	277	-	260	(14)
180	5,111	-	-	-	-	-	-	570	-	-	40	(15)
-	-	-	-	-	-	11	-	-	-	-	-	(16)
x	x	x	x	x	x	x	x	x	x	x	x	(17)
-	-	-	-	423	77	-	264	-	-	-	-	(18)
x	x	x	x	x	x	x	x	x	x	x	x	(19)
-	-	-	-	-	-	-	-	-	251	-	-	(20)
-	-	-	-	21	-	-	-	319	-	-	-	(21)
-	-	-	-	-	-	-	-	-	136	-	-	(22)
-	-	-	-	-	-	-	-	323	-	-	-	(23)
-	-	-	-	-	-	-	-	-	542	193	1,501	(24)
-	-	-	-	-	-	-	-	-	-	-	-	(25)
-	-	-	-	-	-	-	185	-	-	-	-	(26)
-	-	-	-	-	-	-	-	-	-	-	-	(27)
-	-	-	-	-	-	-	-	-	-	-	-	(28)
-	-	-	-	-	-	-	-	-	-	-	-	(29)
x	x	x	x	x	x	x	x	x	x	x	x	(30)
x	x	x	x	x	x	x	x	x	x	x	x	(31)
x	x	x	x	x	x	x	x	x	x	x	x	(32)
-	-	-	-	-	-	-	-	-	-	-	-	(33)
-	-	-	-	-	-	-	-	-	-	-	-	(34)
-	-	-	-	-	-	-	-	-	-	-	-	(35)
x	x	x	x	x	x	x	x	x	x	x	x	(36)
x	x	x	x	x	x	x	x	x	x	x	x	(37)
x	x	x	x	x	x	x	x	x	x	x	x	(38)
x	x	x	x	x	x	x	x	x	x	x	x	(39)
x	x	x	x	x	x	x	x	x	x	x	x	(40)
-	-	-	-	-	-	-	-	-	-	-	-	(41)
-	-	-	-	-	-	-	-	-	-	-	-	(42)
-	-	-	-	-	-	-	-	-	-	-	-	(43)
-	-	-	-	-	-	-	-	-	-	-	-	(44)
-	-	-	-	-	-	-	-	-	-	-	-	(45)
-	-	-	-	-	-	-	-	-	-	-	-	(46)
-	-	-	-	-	-	-	-	-	-	-	-	(47)
-	-	-	-	-	-	-	-	-	-	-	-	(48)

（2） 1月分（続き）

移入 ＼ 移出		愛知	三重	滋賀	京都	大阪	兵庫	奈良	和歌山	鳥取	島根	岡山	広島
全　国	(1)	2,582	2,575	590	681	85	436	1,950	380	–	4,147	1,685	1,229
北　海　道	(2)	–	–	–	–	–	–	–	–	–	–	–	–
青　　森	(3)	x	x	x	x	x	x	x	x	x	x	x	x
岩　　手	(4)	–	–	–	–	–	–	–	–	–	–	–	–
宮　　城	(5)	–	–	–	–	–	–	–	–	–	–	–	–
秋　　田	(6)	x	x	x	x	x	x	x	x	x	x	x	x
山　　形	(7)	–	–	–	–	–	–	–	–	–	–	–	–
福　　島	(8)	–	–	–	–	–	–	–	–	–	–	–	–
茨　　城	(9)	90	–	–	–	–	–	–	–	–	–	–	–
栃　　木	(10)	–	–	–	–	–	–	–	–	–	–	–	–
群　　馬	(11)	–	–	–	–	–	–	–	–	–	–	–	–
埼　　玉	(12)	–	–	–	–	–	–	–	–	–	–	–	–
千　　葉	(13)	–	–	–	–	–	–	–	–	–	–	–	–
東　　京	(14)	–	–	–	–	–	–	–	–	–	–	–	–
神　奈　川	(15)	–	–	–	–	–	–	–	–	–	–	–	–
新　　潟	(16)	–	–	–	–	–	–	–	–	–	–	–	–
富　　山	(17)	x	x	x	x	x	x	x	x	x	x	x	x
石　　川	(18)	30	–	–	–	–	–	–	–	–	–	–	–
福　　井	(19)	x	x	x	x	x	x	x	x	x	x	x	x
山　　梨	(20)	–	–	–	–	–	–	–	–	–	–	–	–
長　　野	(21)	1,362	268	–	–	–	–	–	–	–	–	–	–
岐　　阜	(22)	327	69	–	–	–	–	–	–	–	–	–	–
静　　岡	(23)	–	–	–	–	–	–	–	–	–	–	–	–
愛　　知	(24)	–	1,564	–	–	–	–	–	–	–	–	–	–
三　　重	(25)	–	–	–	–	–	–	–	–	–	–	–	–
滋　　賀	(26)	–	88	–	–	7	–	–	–	–	–	–	–
京　　都	(27)	462	361	120	–	72	17	207	–	–	78	81	–
大　　阪	(28)	15	73	178	–	–	419	609	380	–	78	311	–
兵　　庫	(29)	88	–	292	681	6	–	1,134	–	–	–	1,002	–
奈　　良	(30)	x	x	x	x	x	x	x	x	x	x	x	x
和　歌　山	(31)	x	x	x	x	x	x	x	x	x	x	x	x
鳥　　取	(32)	x	x	x	x	x	x	x	x	x	x	x	x
島　　根	(33)	–	–	–	–	–	–	–	–	–	–	–	–
岡　　山	(34)	–	–	–	–	–	–	–	–	–	1,465	–	1,215
広　　島	(35)	–	–	–	–	–	–	–	–	–	1,886	291	–
山　　口	(36)	x	x	x	x	x	x	x	x	x	x	x	x
徳　　島	(37)	x	x	x	x	x	x	x	x	x	x	x	x
香　　川	(38)	x	x	x	x	x	x	x	x	x	x	x	x
愛　　媛	(39)	x	x	x	x	x	x	x	x	x	x	x	x
高　　知	(40)	x	x	x	x	x	x	x	x	x	x	x	x
福　　岡	(41)	–	–	–	–	–	–	–	–	–	–	–	–
佐　　賀	(42)	–	–	–	–	–	–	–	–	–	–	–	–
長　　崎	(43)	–	–	–	–	–	–	–	–	–	–	–	–
熊　　本	(44)	155	152	–	–	–	–	–	–	–	–	–	–
大　　分	(45)	–	–	–	–	–	–	–	–	–	–	–	–
宮　　崎	(46)	–	–	–	–	–	–	–	–	–	–	–	–
鹿　児　島	(47)	–	–	–	–	–	–	–	–	–	–	–	–
沖　　縄	(48)	–	–	–	–	–	–	–	–	–	–	–	–

山口	徳島	香川	愛媛	高知	福岡	佐賀	長崎	熊本	大分	宮崎	鹿児島	沖縄	
-	1,617	2,183	636	1,159	1,393	180	2,936	8,348	1,862	2,895	5,429	-	(1)
-	-	-	-	-	-	-	-	-	-	-	-	-	(2)
x	x	x	x	x	x	x	x	x	x	x	x	x	(3)
-	-	-	-	-	-	-	-	-	-	-	-	-	(4)
-	-	-	-	-	-	-	-	-	-	-	-	-	(5)
x	x	x	x	x	x	x	x	x	x	x	x	x	(6)
-	-	-	-	-	-	-	-	-	-	-	-	-	(7)
-	-	-	-	-	-	-	-	-	-	-	-	-	(8)
-	-	-	-	-	-	-	-	-	-	-	-	-	(9)
-	-	-	-	-	-	-	-	-	-	-	-	-	(10)
-	-	-	-	-	-	-	-	-	-	-	-	-	(11)
-	-	-	-	-	-	-	-	-	-	-	-	-	(12)
-	-	-	-	-	-	-	-	-	-	-	-	-	(13)
-	-	-	-	-	-	-	-	-	-	-	-	-	(14)
-	-	-	-	-	-	-	-	-	-	-	-	-	(15)
-	-	-	-	-	-	-	-	-	-	-	-	-	(16)
x	x	x	x	x	x	x	x	x	x	x	x	x	(17)
-	-	-	-	-	-	-	-	-	-	-	-	-	(18)
x	x	x	x	x	x	x	x	x	x	x	x	x	(19)
-	-	-	-	-	-	-	-	-	-	-	-	-	(20)
-	-	-	-	-	-	-	-	-	-	-	-	-	(21)
-	-	-	-	-	-	-	-	-	-	-	-	-	(22)
-	-	-	-	-	-	-	-	-	-	-	-	-	(23)
-	-	-	-	-	-	-	-	-	-	67	-	-	(24)
-	-	-	-	-	-	-	-	-	-	-	-	-	(25)
-	-	-	-	-	-	-	-	-	-	-	-	-	(26)
-	94	131	210	43	270	-	16	712	34	319	-	-	(27)
-	321	465	-	67	-	-	40	1,266	17	354	17	-	(28)
-	230	316	-	-	68	-	31	488	85	333	1,209	-	(29)
x	x	x	x	x	x	x	x	x	x	x	x	x	(30)
x	x	x	x	x	x	x	x	x	x	x	x	x	(31)
x	x	x	x	x	x	x	x	x	x	x	x	x	(32)
-	-	-	-	-	-	-	-	-	-	-	-	-	(33)
-	-	43	309	-	-	-	139	469	34	525	-	-	(34)
-	93	-	-	-	-	-	62	85	34	32	136	-	(35)
x	x	x	x	x	x	x	x	x	x	x	x	x	(36)
x	x	x	x	x	x	x	x	x	x	x	x	x	(37)
x	x	x	x	x	x	x	x	x	x	x	x	x	(38)
x	x	x	x	x	x	x	x	x	x	x	x	x	(39)
x	x	x	x	x	x	x	x	x	x	x	x	x	(40)
-	-	-	-	-	-	-	2,183	4,388	1,453	681	96	-	(41)
-	-	-	-	-	-	-	-	296	-	45	-	-	(42)
-	-	-	-	-	-	-	-	-	-	-	-	-	(43)
-	-	-	-	-	693	180	465	-	205	92	361	-	(44)
-	-	-	-	-	-	-	-	225	-	-	-	-	(45)
-	-	-	-	-	-	-	-	-	-	-	3,610	-	(46)
-	-	-	-	-	-	-	-	-	-	-	-	-	(47)
-	-	-	-	-	-	-	-	119	-	-	-	-	(48)

5 生乳移出入量（都道府県別）（月別）（続き）

(3) 2月分

移入 ＼ 移出		全国	北海道	青森	岩手	宮城	秋田	山形	福島	茨城	栃木	群馬
全　国	(1)	131,359	30,971	4,836	7,301	3,542	1,297	3,013	1,817	2,629	14,384	8,211
北 海 道	(2)	－	－	－	－	－	－	－	－	－	－	－
青　　森	(3)	x	x	x	x	x	x	x	x	x	x	x
岩　　手	(4)	1,231	－	654	－	－	562	－	－	－	－	－
宮　　城	(5)	3,638	－	2,340	1,238	－	－	60	－	－	－	－
秋　　田	(6)	x	x	x	x	x	x	x	x	x	x	x
山　　形	(7)	37	－	－	37	－	－	－	－	－	－	－
福　　島	(8)	3,187	－	34	339	738	－	－	－	－	2,031	45
茨　　城	(9)	9,305	3,693	731	1,057	330	50	466	942	－	973	228
栃　　木	(10)	574	－	－	574	－	－	－	－	－	－	－
群　　馬	(11)	6,213	1,301	－	97	428	235	280	172	1	3,403	－
埼　　玉	(12)	5,327	1,265	－	848	330	100	248	30	－	1,869	495
千　　葉	(13)	5,142	644	88	326	275	90	－	－	2,140	1,495	84
東　　京	(14)	7,175	102	204	279	360	70	－	－	488	1,821	2,316
神 奈 川	(15)	22,306	8,209	785	807	635	190	1,156	529	－	1,694	2,776
新　　潟	(16)	976	280	－	635	－	－	20	－	－	－	41
富　　山	(17)	x	x	x	x	x	x	x	x	x	x	x
石　　川	(18)	1,606	548	－	－	－	－	347	－	－	－	－
福　　井	(19)	x	x	x	x	x	x	x	x	x	x	x
山　　梨	(20)	220	－	－	－	－	－	－	－	－	－	－
長　　野	(21)	4,044	51	－	－	161	－	20	－	－	－	1,896
岐　　阜	(22)	4,259	2,003	－	124	－	－	165	－	－	875	255
静　　岡	(23)	1,614	119	－	497	150	－	100	144	－	223	75
愛　　知	(24)	5,675	1,518	－	443	135	－	151	－	－	－	－
三　　重	(25)	－	－	－	－	－	－	－	－	－	－	－
滋　　賀	(26)	875	615	－	－	－	－	－	－	－	－	－
京　　都	(27)	6,602	3,238	－	－	－	－	－	－	－	－	－
大　　阪	(28)	8,176	3,498	－	－	－	－	－	－	－	－	－
兵　　庫	(29)	8,568	2,629	－	－	－	－	－	－	－	－	－
奈　　良	(30)	x	x	x	x	x	x	x	x	x	x	x
和 歌 山	(31)	x	x	x	x	x	x	x	x	x	x	x
鳥　　取	(32)	x	x	x	x	x	x	x	x	x	x	x
島　　根	(33)	－	－	－	－	－	－	－	－	－	－	－
岡　　山	(34)	5,237	1,258	－	－	－	－	－	－	－	－	－
広　　島	(35)	2,495	－	－	－	－	－	－	－	－	－	－
山　　口	(36)	x	x	x	x	x	x	x	x	x	x	x
徳　　島	(37)	x	x	x	x	x	x	x	x	x	x	x
香　　川	(38)	x	x	x	x	x	x	x	x	x	x	x
愛　　媛	(39)	x	x	x	x	x	x	x	x	x	x	x
高　　知	(40)	x	x	x	x	x	x	x	x	x	x	x
福　　岡	(41)	8,061	－	－	－	－	－	－	－	－	－	－
佐　　賀	(42)	267	－	－	－	－	－	－	－	－	－	－
長　　崎	(43)	－	－	－	－	－	－	－	－	－	－	－
熊　　本	(44)	389	－	－	－	－	－	－	－	－	－	－
大　　分	(45)	285	－	－	－	－	－	－	－	－	－	－
宮　　崎	(46)	3,341	－	－	－	－	－	－	－	－	－	－
鹿 児 島	(47)	－	－	－	－	－	－	－	－	－	－	－
沖　　縄	(48)	102	－	－	－	－	－	－	－	－	－	－

埼玉	千葉	東京	神奈川	新潟	富山	石川	福井	山梨	長野	岐阜	静岡	
509	6,404	-	-	447	97	-	419	1,269	1,043	147	1,631	(1)
-	-	-	-	-	-	-	-	-	-	-	-	(2)
x	x	x	x	x	x	x	x	x	x	x	x	(3)
-	15	-	-	-	-	-	-	-	-	-	-	(4)
-	-	-	-	-	-	-	-	-	-	-	-	(5)
x	x	x	x	x	x	x	x	x	x	x	x	(6)
-	-	-	-	-	-	-	-	-	-	-	-	(7)
-	-	-	-	-	-	-	-	-	-	-	-	(8)
47	788	-	-	-	-	-	-	-	-	-	-	(9)
-	-	-	-	-	-	-	-	-	-	-	-	(10)
134	-	-	-	30	15	-	-	11	106	-	-	(11)
-	142	-	-	-	-	-	-	-	-	-	-	(12)
-	-	-	-	-	-	-	-	-	-	-	-	(13)
196	605	-	-	-	-	-	-	132	261	-	341	(14)
132	4,854	-	-	-	-	-	-	509	-	-	30	(15)
-	-	-	-	-	-	-	-	-	-	-	-	(16)
x	x	x	x	x	x	x	x	x	x	x	x	(17)
-	-	-	-	381	82	-	248	-	-	-	-	(18)
x	x	x	x	x	x	x	x	x	x	x	x	(19)
-	-	-	-	-	-	-	-	-	220	-	-	(20)
-	-	-	-	36	-	-	-	311	-	-	-	(21)
-	-	-	-	-	-	-	-	-	127	-	-	(22)
-	-	-	-	-	-	-	-	306	-	-	-	(23)
-	-	-	-	-	-	-	-	-	329	147	1,260	(24)
-	-	-	-	-	-	-	-	-	-	-	-	(25)
-	-	-	-	-	-	-	171	-	-	-	-	(26)
-	-	-	-	-	-	-	-	-	-	-	-	(27)
-	-	-	-	-	-	-	-	-	-	-	-	(28)
-	-	-	-	-	-	-	-	-	-	-	-	(29)
x	x	x	x	x	x	x	x	x	x	x	x	(30)
x	x	x	x	x	x	x	x	x	x	x	x	(31)
x	x	x	x	x	x	x	x	x	x	x	x	(32)
-	-	-	-	-	-	-	-	-	-	-	-	(33)
-	-	-	-	-	-	-	-	-	-	-	-	(34)
-	-	-	-	-	-	-	-	-	-	-	-	(35)
x	x	x	x	x	x	x	x	x	x	x	x	(36)
x	x	x	x	x	x	x	x	x	x	x	x	(37)
x	x	x	x	x	x	x	x	x	x	x	x	(38)
x	x	x	x	x	x	x	x	x	x	x	x	(39)
x	x	x	x	x	x	x	x	x	x	x	x	(40)
-	-	-	-	-	-	-	-	-	-	-	-	(41)
-	-	-	-	-	-	-	-	-	-	-	-	(42)
-	-	-	-	-	-	-	-	-	-	-	-	(43)
-	-	-	-	-	-	-	-	-	-	-	-	(44)
-	-	-	-	-	-	-	-	-	-	-	-	(45)
-	-	-	-	-	-	-	-	-	-	-	-	(46)
-	-	-	-	-	-	-	-	-	-	-	-	(47)
-	-	-	-	-	-	-	-	-	-	-	-	(48)

5 生乳移出入量（都道府県別）（月別）（続き）

(3) 2月分（続き）

移入＼移出	愛知	三重	滋賀	京都	大阪	兵庫	奈良	和歌山	鳥取	島根	岡山	広島
全　　国 (1)	2,392	2,355	543	623	78	436	1,794	355	−	3,768	1,593	994
北 海 道 (2)	−	−	−	−	−	−	−	−	−	−	−	−
青　　森 (3)	x	x	x	x	x	x	x	x	x	x	x	x
岩　　手 (4)	−	−	−	−	−	−	−	−	−	−	−	−
宮　　城 (5)	−	−	−	−	−	−	−	−	−	−	−	−
秋　　田 (6)	x	x	x	x	x	x	x	x	x	x	x	x
山　　形 (7)	−	−	−	−	−	−	−	−	−	−	−	−
福　　島 (8)	−	−	−	−	−	−	−	−	−	−	−	−
茨　　城 (9)	−	−	−	−	−	−	−	−	−	−	−	−
栃　　木 (10)	−	−	−	−	−	−	−	−	−	−	−	−
群　　馬 (11)	−	−	−	−	−	−	−	−	−	−	−	−
埼　　玉 (12)	−	−	−	−	−	−	−	−	−	−	−	−
千　　葉 (13)	−	−	−	−	−	−	−	−	−	−	−	−
東　　京 (14)	−	−	−	−	−	−	−	−	−	−	−	−
神 奈 川 (15)	−	−	−	−	−	−	−	−	−	−	−	−
新　　潟 (16)	−	−	−	−	−	−	−	−	−	−	−	−
富　　山 (17)	x	x	x	x	x	x	x	x	x	x	x	x
石　　川 (18)	−	−	−	−	−	−	−	−	−	−	−	−
福　　井 (19)	x	x	x	x	x	x	x	x	x	x	x	x
山　　梨 (20)	−	−	−	−	−	−	−	−	−	−	−	−
長　　野 (21)	1,313	256	−	−	−	−	−	−	−	−	−	−
岐　　阜 (22)	639	71	−	−	−	−	−	−	−	−	−	−
静　　岡 (23)	−	−	−	−	−	−	−	−	−	−	−	−
愛　　知 (24)	−	1,514	10	−	−	−	−	−	−	−	−	−
三　　重 (25)	−	−	−	−	−	−	−	−	−	−	−	−
滋　　賀 (26)	−	79	−	−	−	−	−	−	−	−	−	−
京　　都 (27)	410	332	122	−	69	37	169	−	−	−	81	−
大　　阪 (28)	30	103	155	−	−	399	602	355	−	167	297	−
兵　　庫 (29)	−	−	256	623	9	−	1,023	−	−	−	946	
奈　　良 (30)	x	x	x	x	x	x	x	x	x	x	x	x
和 歌 山 (31)	x	x	x	x	x	x	x	x	x	x	x	x
鳥　　取 (32)	x	x	x	x	x	x	x	x	x	x	x	x
島　　根 (33)	−	−	−	−	−	−	−	−	−	−	−	−
岡　　山 (34)	−	−	−	−	−	−	−	−	−	1,303	−	980
広　　島 (35)	−	−	−	−	−	−	−	−	−	1,786	269	−
山　　口 (36)	x	x	x	x	x	x	x	x	x	x	x	x
徳　　島 (37)	x	x	x	x	x	x	x	x	x	x	x	x
香　　川 (38)	x	x	x	x	x	x	x	x	x	x	x	x
愛　　媛 (39)	x	x	x	x	x	x	x	x	x	x	x	x
高　　知 (40)	x	x	x	x	x	x	x	x	x	x	x	x
福　　岡 (41)	−	−	−	−	−	−	−	−	−	−	−	−
佐　　賀 (42)	−	−	−	−	−	−	−	−	−	−	−	−
長　　崎 (43)	−	−	−	−	−	−	−	−	−	−	−	−
熊　　本 (44)	−	−	−	−	−	−	−	−	−	−	−	−
大　　分 (45)	−	−	−	−	−	−	−	−	−	−	−	−
宮　　崎 (46)	−	−	−	−	−	−	−	−	−	−	−	−
鹿 児 島 (47)	−	−	−	−	−	−	−	−	−	−	−	−
沖　　縄 (48)	−	−	−	−	−	−	−	−	−	−	−	−

山口	徳島	香川	愛媛	高知	福岡	佐賀	長崎	熊本	大分	宮崎	鹿児島	沖縄	
-	1,415	1,944	536	1,036	1,253	90	2,652	8,371	1,707	2,363	5,094	-	(1)
-	-	-	-	-	-	-	-	-	-	-	-	-	(2)
x	x	x	x	x	x	x	x	x	x	x	x	x	(3)
-	-	-	-	-	-	-	-	-	-	-	-	-	(4)
-	-	-	-	-	-	-	-	-	-	-	-	-	(5)
x	x	x	x	x	x	x	x	x	x	x	x	x	(6)
-	-	-	-	-	-	-	-	-	-	-	-	-	(7)
-	-	-	-	-	-	-	-	-	-	-	-	-	(8)
-	-	-	-	-	-	-	-	-	-	-	-	-	(9)
-	-	-	-	-	-	-	-	-	-	-	-	-	(10)
-	-	-	-	-	-	-	-	-	-	-	-	-	(11)
-	-	-	-	-	-	-	-	-	-	-	-	-	(12)
-	-	-	-	-	-	-	-	-	-	-	-	-	(13)
-	-	-	-	-	-	-	-	-	-	-	-	-	(14)
-	-	-	-	-	-	-	-	-	-	-	-	-	(15)
-	-	-	-	-	-	-	-	-	-	-	-	-	(16)
x	x	x	x	x	x	x	x	x	x	x	x	x	(17)
-	-	-	-	-	-	-	-	-	-	-	-	-	(18)
x	x	x	x	x	x	x	x	x	x	x	x	x	(19)
-	-	-	-	-	-	-	-	-	-	-	-	-	(20)
-	-	-	-	-	-	-	-	-	-	-	-	-	(21)
-	-	-	-	-	-	-	-	-	-	-	-	-	(22)
-	-	-	-	-	-	-	-	-	-	-	-	-	(23)
-	-	-	-	-	-	-	-	-	-	168	-	-	(24)
-	-	-	-	-	-	-	-	-	-	-	-	-	(25)
-	10	-	-	-	-	-	-	-	-	-	-	-	(26)
-	-	-	150	-	474	-	-	1,215	101	204	-	-	(27)
-	370	395	-	131	-	-	55	1,180	51	371	17	-	(28)
-	138	453	-	-	187	-	77	635	34	198	1,360	-	(29)
x	x	x	x	x	x	x	x	x	x	x	x	x	(30)
x	x	x	x	x	x	x	x	x	x	x	x	x	(31)
x	x	x	x	x	x	x	x	x	x	x	x	x	(32)
-	-	-	-	-	-	-	-	-	-	-	-	-	(33)
-	-	38	306	-	-	-	372	434	51	495	-	-	(34)
-	97	-	-	-	-	-	47	81	51	62	102	-	(35)
x	x	x	x	x	x	x	x	x	x	x	x	x	(36)
x	x	x	x	x	x	x	x	x	x	x	x	x	(37)
x	x	x	x	x	x	x	x	x	x	x	x	x	(38)
x	x	x	x	x	x	x	x	x	x	x	x	x	(39)
x	x	x	x	x	x	x	x	x	x	x	x	x	(40)
-	-	-	-	-	-	-	2,071	3,902	1,419	573	96	-	(41)
-	-	-	-	-	-	-	-	267	-	-	-	-	(42)
-	-	-	-	-	-	-	-	-	-	-	-	-	(43)
-	-	-	-	-	91	90	30	-	-	-	178	-	(44)
-	-	-	-	-	45	-	-	240	-	-	-	-	(45)
-	-	-	-	-	-	-	-	-	-	-	3,341	-	(46)
-	-	-	-	-	-	-	-	-	-	-	-	-	(47)
-	-	-	-	-	-	-	-	102	-	-	-	-	(48)

5 生乳移出入量（都道府県別）（月別）（続き）

(4) 3月分

移入＼移出	全 国	北海道	青 森	岩 手	宮 城	秋 田	山 形	福 島	茨 城	栃 木	群 馬
全 国 (1)	144,169	26,850	5,526	7,647	4,438	1,517	3,696	1,998	2,408	16,697	8,913
北 海 道 (2)	-	-	-	-	-	-	-	-	-	-	-
青 森 (3)	x	x	x	x	x	x	x	x	x	x	x
岩 手 (4)	2,249	-	818	-	461	677	163	115	-	15	-
宮 城 (5)	3,706	-	2,333	932	-	-	441	-	-	-	-
秋 田 (6)	x	x	x	x	x	x	x	x	x	x	x
山 形 (7)	42	-	-	42	-	-	-	-	-	-	-
福 島 (8)	5,038	-	-	448	1,062	-	-	-	-	3,393	135
茨 城 (9)	13,822	2,919	1,747	1,395	397	145	927	1,123	-	2,011	1,039
栃 木 (10)	635	-	-	635	-	-	-	-	-	-	-
群 馬 (11)	6,891	1,168	-	605	641	395	-	128	3	3,293	-
埼 玉 (12)	5,092	722	-	881	379	75	376	18	-	1,825	413
千 葉 (13)	4,894	424	141	217	240	65	-	-	1,734	2,006	67
東 京 (14)	7,580	307	173	168	359	50	-	-	671	1,418	2,490
神 奈 川 (15)	22,477	8,159	299	835	423	110	1,058	559	-	1,611	2,523
新 潟 (16)	1,104	307	-	756	-	-	-	-	-	-	41
富 山 (17)	x	x	x	x	x	x	x	x	x	x	x
石 川 (18)	1,460	327	15	-	-	-	407	-	-	-	-
福 井 (19)	x	x	x	x	x	x	x	x	x	x	x
山 梨 (20)	316	-	-	-	-	-	-	-	-	-	-
長 野 (21)	4,273	17	-	-	116	-	20	-	-	-	1,927
岐 阜 (22)	4,087	2,018	-	78	-	-	152	-	-	1,049	278
静 岡 (23)	938	-	-	204	225	-	100	55	-	76	-
愛 知 (24)	5,640	754	-	451	135	-	52	-	-	-	-
三 重 (25)	-	-	-	-	-	-	-	-	-	-	-
滋 賀 (26)	722	410	-	-	-	-	-	-	-	-	-
京 都 (27)	7,810	3,370	-	-	-	-	-	-	-	-	-
大 阪 (28)	7,983	2,832	-	-	-	-	-	-	-	-	-
兵 庫 (29)	8,146	1,728	-	-	-	-	-	-	-	-	-
奈 良 (30)	x	x	x	x	x	x	x	x	x	x	x
和 歌 山 (31)	x	x	x	x	x	x	x	x	x	x	x
鳥 取 (32)	x	x	x	x	x	x	x	x	x	x	x
島 根 (33)	-	-	-	-	-	-	-	-	-	-	-
岡 山 (34)	5,825	1,388	-	-	-	-	-	-	-	-	-
広 島 (35)	2,645	-	-	-	-	-	-	-	-	-	-
山 口 (36)	x	x	x	x	x	x	x	x	x	x	x
徳 島 (37)	x	x	x	x	x	x	x	x	x	x	x
香 川 (38)	x	x	x	x	x	x	x	x	x	x	x
愛 媛 (39)	x	x	x	x	x	x	x	x	x	x	x
高 知 (40)	x	x	x	x	x	x	x	x	x	x	x
福 岡 (41)	8,820	-	-	-	-	-	-	-	-	-	-
佐 賀 (42)	454	-	-	-	-	-	-	-	-	-	-
長 崎 (43)	-	-	-	-	-	-	-	-	-	-	-
熊 本 (44)	2,888	-	-	-	-	-	-	-	-	-	-
大 分 (45)	255	-	-	-	-	-	-	-	-	-	-
宮 崎 (46)	4,094	-	-	-	-	-	-	-	-	-	-
鹿 児 島 (47)	-	-	-	-	-	-	-	-	-	-	-
沖 縄 (48)	34	-	-	-	-	-	-	-	-	-	-

埼　玉	千　葉	東　京	神奈川	新　潟	富　山	石　川	福　井	山　梨	長　野	岐　阜	静　岡	
850	8,594	-	-	841	296	-	486	1,422	1,525	262	1,946	(1)
-	-	-	-	-	-	-	-	-	-	-	-	(2)
x	x	x	x	x	x	x	x	x	x	x	x	(3)
-	-	-	-	-	-	-	-	-	-	-	-	(4)
-	-	-	-	-	-	-	-	-	-	-	-	(5)
x	x	x	x	x	x	x	x	x	x	x	x	(6)
-	-	-	-	-	-	-	-	-	-	-	-	(7)
-	-	-	-	-	-	-	-	-	-	-	-	(8)
270	1,327	-	-	222	-	-	-	-	134	87	-	(9)
-	-	-	-	-	-	-	-	-	-	-	-	(10)
166	90	-	-	122	147	-	-	12	121	-	-	(11)
-	263	-	-	140	-	-	-	-	-	-	-	(12)
-	-	-	-	-	-	-	-	-	-	-	-	(13)
264	806	-	-	-	-	-	-	231	302	-	341	(14)
150	6,108	-	-	-	-	-	-	560	-	-	82	(15)
-	-	-	-	-	-	-	-	-	-	-	-	(16)
x	x	x	x	x	x	x	x	x	x	x	x	(17)
-	-	-	-	282	138	-	291	-	-	-	-	(18)
x	x	x	x	x	x	x	x	x	x	x	x	(19)
-	-	-	-	-	-	-	-	-	316	-	-	(20)
-	-	-	-	75	-	-	-	341	-	-	-	(21)
-	-	-	-	-	-	-	-	-	127	-	-	(22)
-	-	-	-	-	-	-	-	278	-	-	-	(23)
-	-	-	-	-	-	-	-	-	525	175	1,523	(24)
-	-	-	-	-	-	-	-	-	-	-	-	(25)
-	-	-	-	-	11	-	195	-	-	-	-	(26)
-	-	-	-	-	-	-	-	-	-	-	-	(27)
-	-	-	-	-	-	-	-	-	-	-	-	(28)
-	-	-	-	-	-	-	-	-	-	-	-	(29)
x	x	x	x	x	x	x	x	x	x	x	x	(30)
x	x	x	x	x	x	x	x	x	x	x	x	(31)
x	x	x	x	x	x	x	x	x	x	x	x	(32)
-	-	-	-	-	-	-	-	-	-	-	-	(33)
-	-	-	-	-	-	-	-	-	-	-	-	(34)
-	-	-	-	-	-	-	-	-	-	-	-	(35)
x	x	x	x	x	x	x	x	x	x	x	x	(36)
x	x	x	x	x	x	x	x	x	x	x	x	(37)
x	x	x	x	x	x	x	x	x	x	x	x	(38)
x	x	x	x	x	x	x	x	x	x	x	x	(39)
x	x	x	x	x	x	x	x	x	x	x	x	(40)
-	-	-	-	-	-	-	-	-	-	-	-	(41)
-	-	-	-	-	-	-	-	-	-	-	-	(42)
-	-	-	-	-	-	-	-	-	-	-	-	(43)
-	-	-	-	-	-	-	-	-	-	-	-	(44)
-	-	-	-	-	-	-	-	-	-	-	-	(45)
-	-	-	-	-	-	-	-	-	-	-	-	(46)
-	-	-	-	-	-	-	-	-	-	-	-	(47)
-	-	-	-	-	-	-	-	-	-	-	-	(48)

5 生乳移出入量（都道府県別）（月別）（続き）

(4) 3月分（続き）

移入＼移出		愛知	三重	滋賀	京都	大阪	兵庫	奈良	和歌山	鳥取	島根	岡山	広島
全　国	(1)	2,759	2,765	602	698	92	459	2,044	411	－	4,367	1,934	1,331
北 海 道	(2)	－	－	－	－	－	－	－	－	－	－	－	－
青　森	(3)	x	x	x	x	x	x	x	x	x	x	x	x
岩　手	(4)	－	－	－	－	－	－	－	－	－	－	－	－
宮　城	(5)	－	－	－	－	－	－	－	－	－	－	－	－
秋　田	(6)	x	x	x	x	x	x	x	x	x	x	x	x
山　形	(7)	－	－	－	－	－	－	－	－	－	－	－	－
福　島	(8)	－	－	－	－	－	－	－	－	－	－	－	－
茨　城	(9)	79	－	－	－	－	－	－	－	－	－	－	－
栃　木	(10)	－	－	－	－	－	－	－	－	－	－	－	－
群　馬	(11)	－	－	－	－	－	－	－	－	－	－	－	－
埼　玉	(12)	－	－	－	－	－	－	－	－	－	－	－	－
千　葉	(13)	－	－	－	－	－	－	－	－	－	－	－	－
東　京	(14)	－	－	－	－	－	－	－	－	－	－	－	－
神 奈 川	(15)	－	－	－	－	－	－	－	－	－	－	－	－
新　潟	(16)	－	－	－	－	－	－	－	－	－	－	－	－
富　山	(17)	x	x	x	x	x	x	x	x	x	x	x	x
石　川	(18)	－	－	－	－	－	－	－	－	－	－	－	－
福　井	(19)	x	x	x	x	x	x	x	x	x	x	x	x
山　梨	(20)	－	－	－	－	－	－	－	－	－	－	－	－
長　野	(21)	1,497	280	－	－	－	－	－	－	－	－	－	－
岐　阜	(22)	309	76	－	－	－	－	－	－	－	－	－	－
静　岡	(23)	－	－	－	－	－	－	－	－	－	－	－	－
愛　知	(24)	－	1,823	－	－	－	－	－	－	－	－	－	－
三　重	(25)	－	－	－	－	－	－	－	－	－	－	－	－
滋　賀	(26)	－	92	－	－	4	－	－	－	－	－	－	－
京　都	(27)	528	417	126	－	79	－	221	－	－	108	184	－
大　阪	(28)	30	43	185	－	－	459	627	411	－	79	392	－
兵　庫	(29)	145	－	291	698	9	－	1,196	－	－	34	1,052	－
奈　良	(30)	x	x	x	x	x	x	x	x	x	x	x	x
和 歌 山	(31)	x	x	x	x	x	x	x	x	x	x	x	x
鳥　取	(32)	x	x	x	x	x	x	x	x	x	x	x	x
島　根	(33)	－	－	－	－	－	－	－	－	－	－	－	－
岡　山	(34)	－	－	－	－	－	－	－	－	－	1,559	－	1,331
広　島	(35)	－	－	－	－	－	－	－	－	－	1,970	306	－
山　口	(36)	x	x	x	x	x	x	x	x	x	x	x	x
徳　島	(37)	x	x	x	x	x	x	x	x	x	x	x	x
香　川	(38)	x	x	x	x	x	x	x	x	x	x	x	x
愛　媛	(39)	x	x	x	x	x	x	x	x	x	x	x	x
高　知	(40)	x	x	x	x	x	x	x	x	x	x	x	x
福　岡	(41)	－	－	－	－	－	－	－	－	－	－	－	－
佐　賀	(42)	－	－	－	－	－	－	－	－	－	－	－	－
長　崎	(43)	－	－	－	－	－	－	－	－	－	－	－	－
熊　本	(44)	171	34	－	－	－	－	－	－	－	－	－	－
大　分	(45)	－	－	－	－	－	－	－	－	－	－	－	－
宮　崎	(46)	－	－	－	－	－	－	－	－	－	－	－	－
鹿 児 島	(47)	－	－	－	－	－	－	－	－	－	－	－	－
沖　縄	(48)	－	－	－	－	－	－	－	－	－	－	－	－

単位：t

	山口	徳島	香川	愛媛	高知	福岡	佐賀	長崎	熊本	大分	宮崎	鹿児島	沖縄	
	-	1,782	2,223	594	1,231	1,973	416	3,245	7,954	2,166	3,231	5,980	-	(1)
	-	-	-	-	-	-	-	-	-	-	-	-	-	(2)
	x	x	x	x	x	x	x	x	x	x	x	x	x	(3)
	-	-	-	-	-	-	-	-	-	-	-	-	-	(4)
	-	-	-	-	-	-	-	-	-	-	-	-	-	(5)
	x	x	x	x	x	x	x	x	x	x	x	x	x	(6)
	-	-	-	-	-	-	-	-	-	-	-	-	-	(7)
	-	-	-	-	-	-	-	-	-	-	-	-	-	(8)
														(9)
	-	-	-	-	-	-	-	-	-	-	-	-	-	(10)
	-	-	-	-	-	-	-	-	-	-	-	-	-	(11)
	-	-	-	-	-	-	-	-	-	-	-	-	-	(12)
	-	-	-	-	-	-	-	-	-	-	-	-	-	(13)
	-	-	-	-	-	-	-	-	-	-	-	-	-	(14)
	-	-	-	-	-	-	-	-	-	-	-	-	-	(15)
	-	-	-	-	-	-	-	-	-	-	-	-	-	(16)
	x	x	x	x	x	x	x	x	x	x	x	x	x	(17)
	-	-	-	-	-	-	-	-	-	-	-	-	-	(18)
	x	x	x	x	x	x	x	x	x	x	x	x	x	(19)
	-	-	-	-	-	-	-	-	-	-	-	-	-	(20)
	-	-	-	-	-	-	-	-	-	-	-	-	-	(21)
	-	-	-	-	-	-	-	-	-	-	-	-	-	(22)
	-	-	-	-	-	-	-	-	-	-	-	-	-	(23)
	-	-	-	-	-	-	-	-	-	-	202	-	-	(24)
	-	-	-	-	-	-	-	-	-	-	-	-	-	(25)
	-	10	-	-	-	-	-	-	-	-	-	-	-	(26)
	-	42	223	195	13	780	-	-	1,018	51	455	-	-	(27)
	-	675	571	-	13	-	-	40	931	51	627	17	-	(28)
	-	207	571	-	-	68	-	167	289	85	146	1,460	-	(29)
	x	x	x	x	x	x	x	x	x	x	x	x	x	(30)
	x	x	x	x	x	x	x	x	x	x	x	x	x	(31)
	x	x	x	x	x	x	x	x	x	x	x	x	x	(32)
	-	-	-	-	-	-	-	-	-	-	-	-	-	(33)
	-	-	47	347	-	-	-	233	344	51	525	-	-	(34)
	-	69	-	-	-	-	-	47	51	51	32	119	-	(35)
	x	x	x	x	x	x	x	x	x	x	x	x	x	(36)
	x	x	x	x	x	x	x	x	x	x	x	x	x	(37)
	x	x	x	x	x	x	x	x	x	x	x	x	x	(38)
	x	x	x	x	x	x	x	x	x	x	x	x	x	(39)
	x	x	x	x	x	x	x	x	x	x	x	x	x	(40)
	-	-	-	-	-	-	-	2,263	4,533	1,131	797	96	-	(41)
	-	-	-	-	-	-	-	-	304	-	150	-	-	(42)
														(43)
	-	-	-	-	-	-	772	416	495	-	746	60	194	-	(44)
	-	-	-	-	-	-	-	-	255	-	-	-	-	(45)
	-	-	-	-	-	-	-	-	-	-	-	4,094	-	(46)
	-	-	-	-	-	-	-	-	-	-	-	-	-	(47)
	-	-	-	-	-	-	-	-	34	-	-	-	-	(48)

5 生乳移出入量（都道府県別）（月別）（続き）

(5) 4月分

移入 ＼ 移出		全国	北海道	青森	岩手	宮城	秋田	山形	福島	茨城	栃木	群馬
全　国	(1)	143,245	30,066	5,369	7,475	4,343	1,408	3,456	1,814	2,505	16,326	9,102
北　海　道	(2)	-	-	-	-	-	-	-	-	-	-	-
青　森	(3)	x	x	x	x	x	x	x	x	x	x	x
岩　手	(4)	1,721	-	811	-	217	633	15	30	-	15	-
宮　城	(5)	3,950	-	2,523	1,047	-	-	380	-	-	-	-
秋　田	(6)	x	x	x	x	x	x	x	x	x	x	x
山　形	(7)	27	-	-	27	-	-	-	-	-	-	-
福　島	(8)	4,921	-	-	479	1,128	-	-	-	-	3,314	-
茨　城	(9)	10,427	3,324	1,226	1,091	185	55	605	746	-	928	718
栃　木	(10)	635	-	-	635	-	-	-	-	-	-	-
群　馬	(11)	8,249	1,423	54	759	1,090	195	80	364	2	3,844	-
埼　玉	(12)	4,955	740	-	962	305	300	221	45	-	1,798	336
千　葉	(13)	4,896	511	85	293	245	45	-	-	1,883	1,679	155
東　京	(14)	6,925	205	172	172	195	30	-	-	620	1,795	2,231
神　奈　川	(15)	23,636	8,159	498	982	562	150	945	541	-	1,914	3,295
新　潟	(16)	1,204	361	-	394	15	-	206	-	-	-	228
富　山	(17)	x	x	x	x	x	x	x	x	x	x	x
石　川	(18)	1,209	601	-	-	-	-	96	-	-	-	-
福　井	(19)	x	x	x	x	x	x	x	x	x	x	x
山　梨	(20)	292	-	-	-	-	-	-	-	-	-	-
長　野	(21)	3,801	-	-	-	26	-	-	-	-	-	1,759
岐　阜	(22)	4,718	2,322	-	78	-	-	575	-	-	998	293
静　岡	(23)	1,074	34	-	204	270	-	80	88	-	41	75
愛　知	(24)	6,286	1,477	-	352	105	-	253	-	-	-	-
三　重	(25)	247	-	-	-	-	-	-	-	-	-	-
滋　賀	(26)	880	325	-	-	-	-	-	-	-	-	-
京　都	(27)	8,100	4,282	-	-	-	-	-	-	-	-	-
大　阪	(28)	7,899	2,957	-	-	-	-	-	-	-	-	-
兵　庫	(29)	8,388	1,979	-	-	-	-	-	-	-	-	-
奈　良	(30)	x	x	x	x	x	x	x	x	x	x	x
和　歌　山	(31)	x	x	x	x	x	x	x	x	x	x	x
鳥　取	(32)	x	x	x	x	x	x	x	x	x	x	x
島　根	(33)	-	-	-	-	-	-	-	-	-	-	-
岡　山	(34)	6,209	1,366	-	-	-	-	-	-	-	-	12
広　島	(35)	2,443	-	-	-	-	-	-	-	-	-	-
山　口	(36)	x	x	x	x	x	x	x	x	x	x	x
徳　島	(37)	x	x	x	x	x	x	x	x	x	x	x
香　川	(38)	x	x	x	x	x	x	x	x	x	x	x
愛　媛	(39)	x	x	x	x	x	x	x	x	x	x	x
高　知	(40)	x	x	x	x	x	x	x	x	x	x	x
福　岡	(41)	8,730	-	-	-	-	-	-	-	-	-	-
佐　賀	(42)	461	-	-	-	-	-	-	-	-	-	-
長　崎	(43)	-	-	-	-	-	-	-	-	-	-	-
熊　本	(44)	2,531	-	-	-	-	-	-	-	-	-	-
大　分	(45)	45	-	-	-	-	-	-	-	-	-	-
宮　崎	(46)	3,421	-	-	-	-	-	-	-	-	-	-
鹿　児　島	(47)	-	-	-	-	-	-	-	-	-	-	-
沖　縄	(48)	17	-	-	-	-	-	-	-	-	-	-

埼 玉	千 葉	東 京	神奈川	新 潟	富 山	石 川	福 井	山 梨	長 野	岐 阜	静 岡	
682	7,750	-	-	754	197	-	488	1,357	1,403	194	1,782	(1)
-	-	-	-	-	-	-	-	-	-	-	-	(2)
x	x	x	x	x	x	x	x	x	x	x	x	(3)
-	-	-	-	-	-	-	-	-	-	-	-	(4)
-	-	-	-	-	-	-	-	-	-	-	-	(5)
x	x	x	x	x	x	x	x	x	x	x	x	(6)
-	-	-	-	-	-	-	-	-	-	-	-	(7)
-	-	-	-	-	-	-	-	-	-	-	-	(8)
150	1,035	-	-	116	-	-	-	-	122	52	-	(9)
-	-	-	-	-	-	-	-	-	-	-	-	(10)
184	-	-	-	20	111	-	-	13	110	-	-	(11)
-	35	-	-	213	-	-	-	-	-	-	-	(12)
-	-	-	-	-	-	-	-	-	-	-	-	(13)
231	818	-	-	-	-	-	-	171	125	-	160	(14)
117	5,862	-	-	-	-	-	-	571	-	-	40	(15)
-	-	-	-	-	-	-	-	-	-	-	-	(16)
x	x	x	x	x	x	x	x	x	x	x	x	(17)
-	-	-	-	370	62	-	80	-	-	-	-	(18)
x	x	x	x	x	x	x	x	x	x	x	x	(19)
-	-	-	-	-	-	-	-	-	292	-	-	(20)
-	-	-	-	35	-	-	-	320	-	-	-	(21)
-	-	-	-	-	-	-	-	-	118	-	-	(22)
-	-	-	-	-	-	-	-	282	-	-	-	(23)
-	-	-	-	-	-	-	-	-	636	142	1,335	(24)
-	-	-	-	-	-	-	-	-	-	-	247	(25)
-	-	-	-	-	24	-	408	-	-	-	-	(26)
-	-	-	-	-	-	-	-	-	-	-	-	(27)
-	-	-	-	-	-	-	-	-	-	-	-	(28)
-	-	-	-	-	-	-	-	-	-	-	-	(29)
x	x	x	x	x	x	x	x	x	x	x	x	(30)
x	x	x	x	x	x	x	x	x	x	x	x	(31)
x	x	x	x	x	x	x	x	x	x	x	x	(32)
-	-	-	-	-	-	-	-	-	-	-	-	(33)
-	-	-	-	-	-	-	-	-	-	-	-	(34)
-	-	-	-	-	-	-	-	-	-	-	-	(35)
x	x	x	x	x	x	x	x	x	x	x	x	(36)
x	x	x	x	x	x	x	x	x	x	x	x	(37)
x	x	x	x	x	x	x	x	x	x	x	x	(38)
x	x	x	x	x	x	x	x	x	x	x	x	(39)
x	x	x	x	x	x	x	x	x	x	x	x	(40)
-	-	-	-	-	-	-	-	-	-	-	-	(41)
-	-	-	-	-	-	-	-	-	-	-	-	(42)
-	-	-	-	-	-	-	-	-	-	-	-	(43)
-	-	-	-	-	-	-	-	-	-	-	-	(44)
-	-	-	-	-	-	-	-	-	-	-	-	(45)
-	-	-	-	-	-	-	-	-	-	-	-	(46)
-	-	-	-	-	-	-	-	-	-	-	-	(47)
-	-	-	-	-	-	-	-	-	-	-	-	(48)

5 生乳移出入量（都道府県別）（月別）（続き）

（5） 4月分（続き）

移入 ＼ 移出		愛知	三重	滋賀	京都	大阪	兵庫	奈良	和歌山	鳥取	島根	岡山	広島
全 国	(1)	2,123	2,958	624	671	87	637	1,990	403	−	4,331	1,841	1,178
北 海 道	(2)	−	−	−	−	−	−	−	−	−	−	−	−
青 森	(3)	x	x	x	x	x	x	x	x	x	x	x	x
岩 手	(4)	−	−	−	−	−	−	−	−	−	−	−	−
宮 城	(5)	−	−	−	−	−	−	−	−	−	−	−	−
秋 田	(6)	x	x	x	x	x	x	x	x	x	x	x	x
山 形	(7)	−	−	−	−	−	−	−	−	−	−	−	−
福 島	(8)	−	−	−	−	−	−	−	−	−	−	−	−
茨 城	(9)	40	34	−	−		−	−	−		−	−	−
栃 木	(10)	−	−	−	−		−	−	−		−	−	−
群 馬	(11)	−	−	−	−		−	−	−		−	−	−
埼 玉	(12)	−	−	−	−		−	−	−		−	−	−
千 葉	(13)	−	−	−	−		−	−	−		−	−	−
東 京	(14)	−	−	−	−		−	−	−		−	−	−
神 奈 川	(15)	−	−	−	−		−	−	−		−	−	−
新 潟	(16)	−	−	−	−		−	−	−		−	−	−
富 山	(17)	x	x	x	x	x	x	x	x	x	x	x	x
石 川	(18)	−	−	−	−		−	−	−		−	−	−
福 井	(19)	x	x	x	x	x	x	x	x	x	x	x	x
山 梨	(20)	−	−	−	−		−	−	−		−	−	−
長 野	(21)	1,407	254	−	−		−	−	−		−	−	−
岐 阜	(22)	192	142	−	−		−	−	−		−	−	−
静 岡	(23)	−	−	−	−		−	−	−		−	−	−
愛 知	(24)	−	1,835	−	−		−	−	−		−	−	−
三 重	(25)	−	−	−	−		−	−	−		−	−	−
滋 賀	(26)	−	100	−	−	13	−	−			−	−	−
京 都	(27)	425	404	124	−	62	219	232	−	−	−	153	−
大 阪	(28)	15	58	219	−	−	418	599	403	−	157	338	−
兵 庫	(29)	44	−	281	671	12	−	1,159	−	−	22	1,046	14
奈 良	(30)	x	x	x	x	x	x	x	x	x	x	x	x
和 歌 山	(31)	x	x	x	x	x	x	x	x	x	x	x	x
鳥 取	(32)	x	x	x	x	x	x	x	x	x	x	x	x
島 根	(33)	−	−	−	−		−	−	−		−	−	−
岡 山	(34)	−	114	−	−		−	−	−	−	1,759	−	1,150
広 島	(35)	−	−	−	−		−	−	−	−	1,743	304	−
山 口	(36)	x	x	x	x	x	x	x	x	x	x	x	x
徳 島	(37)	x	x	x	x	x	x	x	x	x	x	x	x
香 川	(38)	x	x	x	x	x	x	x	x	x	x	x	x
愛 媛	(39)	x	x	x	x	x	x	x	x	x	x	x	x
高 知	(40)	x	x	x	x	x	x	x	x	x	x	x	x
福 岡	(41)	−	−	−	−		−	−	−		−	−	−
佐 賀	(42)	−	−	−	−		−	−	−		−	−	−
長 崎	(43)	−	−	−	−		−	−	−		−	−	−
熊 本	(44)	−	17	−	−		−	−	−		−	−	−
大 分	(45)	−	−	−	−		−	−	−		−	−	−
宮 崎	(46)	−	−	−	−		−	−	−		−	−	−
鹿 児 島	(47)	−	−	−	−		−	−	−		−	−	−
沖 縄	(48)	−	−	−	−		−	−	−		−	−	−

山口	徳島	香川	愛媛	高知	福岡	佐賀	長崎	熊本	大分	宮崎	鹿児島	沖縄	
-	1,706	2,396	524	1,103	1,586	597	3,125	7,468	1,774	4,086	5,549	17	(1)
-	-	-	-	-	-	-	-	-	-	-	-	-	(2)
x	x	x	x	x	x	x	x	x	x	x	x	x	(3)
-	-	-	-	-	-	-	-	-	-	-	-	-	(4)
-	-	-	-	-	-	-	-	-	-	-	-	-	(5)
x	x	x	x	x	x	x	x	x	x	x	x	x	(6)
-	-	-	-	-	-	-	-	-	-	-	-	-	(7)
-	-	-	-	-	-	-	-	-	-	-	-	-	(8)
-	-	-	-	-	-	-	-	-	-	-	-	-	(9)
-	-	-	-	-	-	-	-	-	-	-	-	-	(10)
-	-	-	-	-	-	-	-	-	-	-	-	-	(11)
-	-	-	-	-	-	-	-	-	-	-	-	-	(12)
-	-	-	-	-	-	-	-	-	-	-	-	-	(13)
-	-	-	-	-	-	-	-	-	-	-	-	-	(14)
-	-	-	-	-	-	-	-	-	-	-	-	-	(15)
-	-	-	-	-	-	-	-	-	-	-	-	-	(16)
x	x	x	x	x	x	x	x	x	x	x	x	x	(17)
-	-	-	-	-	-	-	-	-	-	-	-	-	(18)
x	x	x	x	x	x	x	x	x	x	x	x	x	(19)
-	-	-	-	-	-	-	-	-	-	-	-	-	(20)
-	-	-	-	-	-	-	-	-	-	-	-	-	(21)
-	-	-	-	-	-	-	-	-	-	-	-	-	(22)
-	-	-	-	-	-	-	-	-	-	-	-	-	(23)
-	-	-	-	-	-	-	-	-	-	151	-	-	(24)
-	-	-	-	-	-	-	-	-	-	-	-	-	(25)
-	10	-	-	-	-	-	-	-	-	-	-	-	(26)
-	-	-	135	-	476	-	-	969	17	602	-	-	(27)
-	633	581	-	-	-	-	55	924	-	525	17	-	(28)
-	94	589	-	-	68	-	137	407	-	315	1,550	-	(29)
x	x	x	x	x	x	x	x	x	x	x	x	x	(30)
x	x	x	x	x	x	x	x	x	x	x	x	x	(31)
x	x	x	x	x	x	x	x	x	x	x	x	x	(32)
-	-	-	-	-	-	-	-	-	-	-	-	-	(33)
-	-	56	323	-	-	-	278	485	51	615	-	-	(34)
-	28	-	-	-	-	-	47	85	68	32	136	-	(35)
x	x	x	x	x	x	x	x	x	x	x	x	x	(36)
x	x	x	x	x	x	x	x	x	x	x	x	x	(37)
x	x	x	x	x	x	x	x	x	x	x	x	x	(38)
x	x	x	x	x	x	x	x	x	x	x	x	x	(39)
x	x	x	x	x	x	x	x	x	x	x	x	x	(40)
-	-	-	-	-	-	-	1,963	4,045	1,502	1,124	96	-	(41)
-	-	-	-	-	-	-	-	296	-	165	-	-	(42)
-	-	-	-	-	-	-	-	-	-	-	-	-	(43)
-	-	-	-	-	625	597	645	-	136	165	329	17	(44)
-	-	-	-	-	15	-	30	-	-	-	-	-	(45)
-	-	-	-	-	-	-	-	-	-	-	3,421	-	(46)
-	-	-	-	-	-	-	-	-	-	-	-	-	(47)
-	-	-	-	-	-	-	-	17	-	-	-	-	(48)

5 生乳移出入量（都道府県別）（月別）（続き）

(6) 5月分

移入＼移出	全国	北海道	青森	岩手	宮城	秋田	山形	福島	茨城	栃木	群馬
全国 (1)	153,417	39,424	5,415	8,321	4,102	1,414	3,233	1,993	2,629	16,271	8,824
北海道 (2)	-	-	-	-	-	-	-	-	-	-	-
青森 (3)	x	x	x	x	x	x	x	x	x	x	x
岩手 (4)	1,343	-	647	-	60	614	7	-	-	15	-
宮城 (5)	4,150	-	2,572	1,298	-	-	280	-	-	-	-
秋田 (6)	x	x	x	x	x	x	x	x	x	x	x
山形 (7)	26	-	-	26	-	-	-	-	-	-	-
福島 (8)	4,011	-	-	484	803	15	-	-	-	2,664	45
茨城 (9)	10,146	4,550	985	934	196	125	407	652	-	813	349
栃木 (10)	693	-	-	693	-	-	-	-	-	-	-
群馬 (11)	8,528	1,821	162	651	476	335	180	264	2	4,312	-
埼玉 (12)	5,669	1,130	-	1,267	325	155	231	291	-	1,804	380
千葉 (13)	5,869	1,329	34	162	336	60	-	-	2,042	1,731	175
東京 (14)	7,737	85	318	248	276	110	-	-	585	2,036	2,639
神奈川 (15)	25,652	10,014	697	989	984	-	1,051	651	-	1,890	2,748
新潟 (16)	1,270	319	-	551	15	-	343	-	-	-	42
富山 (17)	x	x	x	x	x	x	x	x	x	x	x
石川 (18)	1,400	653	-	-	-	-	100	-	-	-	-
福井 (19)	x	x	x	x	x	x	x	x	x	x	x
山梨 (20)	273	-	-	-	-	-	-	-	-	-	-
長野 (21)	4,443	-	-	-	146	-	20	-	-	-	2,088
岐阜 (22)	5,135	2,278	-	123	-	-	447	-	-	1,006	313
静岡 (23)	1,254	34	-	410	285	-	80	135	-	-	30
愛知 (24)	6,934	2,373	-	485	200	-	87	-	-	-	-
三重 (25)	293	-	-	-	-	-	-	-	-	-	-
滋賀 (26)	1,131	601	-	-	-	-	-	-	-	-	-
京都 (27)	9,223	5,556	-	-	-	-	-	-	-	-	-
大阪 (28)	9,077	4,021	-	-	-	-	-	-	-	-	-
兵庫 (29)	10,091	2,928	-	-	-	-	-	-	-	-	-
奈良 (30)	x	x	x	x	x	x	x	x	x	x	x
和歌山 (31)	x	x	x	x	x	x	x	x	x	x	x
鳥取 (32)	x	x	x	x	x	x	x	x	x	x	x
島根 (33)	-	-	-	-	-	-	-	-	-	-	-
岡山 (34)	6,848	1,732	-	-	-	-	-	-	-	-	15
広島 (35)	2,705	-	-	-	-	-	-	-	-	-	-
山口 (36)	x	x	x	x	x	x	x	x	x	x	x
徳島 (37)	x	x	x	x	x	x	x	x	x	x	x
香川 (38)	x	x	x	x	x	x	x	x	x	x	x
愛媛 (39)	x	x	x	x	x	x	x	x	x	x	x
高知 (40)	x	x	x	x	x	x	x	x	x	x	x
福岡 (41)	9,263	-	-	-	-	-	-	-	-	-	-
佐賀 (42)	286	-	-	-	-	-	-	-	-	-	-
長崎 (43)	54	-	-	-	-	-	-	-	-	-	-
熊本 (44)	1,054	-	-	-	-	-	-	-	-	-	-
大分 (45)	436	-	-	-	-	-	-	-	-	-	-
宮崎 (46)	3,130	-	-	-	-	-	-	-	-	-	-
鹿児島 (47)	-	-	-	-	-	-	-	-	-	-	-
沖縄 (48)	68	-	-	-	-	-	-	-	-	-	-

単位：t

埼玉	千葉	東京	神奈川	新潟	富山	石川	福井	山梨	長野	岐阜	静岡	
630	7,334	-	-	662	146	25	500	1,486	1,178	100	1,879	(1)
-	-	-	-	-	-	-	-	-	-	-	-	(2)
x	x	x	x	x	x	x	x	x	x	x	x	(3)
-	-	-	-	-	-	-	-	-	-	-	-	(4)
-	-	-	-	-	-	-	-	-	-	-	-	(5)
x	x	x	x	x	x	x	x	x	x	x	x	(6)
-	-	-	-	-	-	-	-	-	-	-	-	(7)
-	-	-	-	-	-	-	-	-	-	-	-	(8)
118	839	-	-	40	11	25	-	-	52	-	-	(9)
-	-	-	-	-	-	-	-	-	-	-	-	(10)
121	-	-	-	41	36	-	-	14	113	-	-	(11)
-	15	-	-	71	-	-	-	-	-	-	-	(12)
-	-	-	-	-	-	-	-	-	-	-	-	(13)
287	712	-	-	-	-	-	-	195	166	-	80	(14)
104	5,768	-	-	-	-	-	-	656	-	-	100	(15)
-	-	-	-	-	-	-	-	-	-	-	-	(16)
x	x	x	x	x	x	x	x	x	x	x	x	(17)
-	-	-	-	464	99	-	84	-	-	-	-	(18)
x	x	x	x	x	x	x	x	x	x	x	x	(19)
-	-	-	-	-	-	-	-	-	273	-	-	(20)
-	-	-	-	46	-	-	-	341	-	-	-	(21)
-	-	-	-	-	-	-	-	-	145	-	-	(22)
-	-	-	-	-	-	-	-	280	-	-	-	(23)
-	-	-	-	-	-	-	-	-	429	100	1,406	(24)
-	-	-	-	-	-	-	-	-	-	-	293	(25)
-	-	-	-	-	-	-	416	-	-	-	-	(26)
-	-	-	-	-	-	-	-	-	-	-	-	(27)
-	-	-	-	-	-	-	-	-	-	-	-	(28)
-	-	-	-	-	-	-	-	-	-	-	-	(29)
x	x	x	x	x	x	x	x	x	x	x	x	(30)
x	x	x	x	x	x	x	x	x	x	x	x	(31)
x	x	x	x	x	x	x	x	x	x	x	x	(32)
-	-	-	-	-	-	-	-	-	-	-	-	(33)
-	-	-	-	-	-	-	-	-	-	-	-	(34)
-	-	-	-	-	-	-	-	-	-	-	-	(35)
x	x	x	x	x	x	x	x	x	x	x	x	(36)
x	x	x	x	x	x	x	x	x	x	x	x	(37)
x	x	x	x	x	x	x	x	x	x	x	x	(38)
x	x	x	x	x	x	x	x	x	x	x	x	(39)
x	x	x	x	x	x	x	x	x	x	x	x	(40)
-	-	-	-	-	-	-	-	-	-	-	-	(41)
-	-	-	-	-	-	-	-	-	-	-	-	(42)
-	-	-	-	-	-	-	-	-	-	-	-	(43)
-	-	-	-	-	-	-	-	-	-	-	-	(44)
-	-	-	-	-	-	-	-	-	-	-	-	(45)
-	-	-	-	-	-	-	-	-	-	-	-	(46)
-	-	-	-	-	-	-	-	-	-	-	-	(47)
-	-	-	-	-	-	-	-	-	-	-	-	(48)

5 生乳移出入量（都道府県別）（月別）（続き）

(6) 5月分（続き）

移入＼移出		愛 知	三 重	滋 賀	京 都	大 阪	兵 庫	奈 良	和歌山	鳥 取	島 根	岡 山	広 島
全 国	(1)	2,370	2,863	600	706	61	504	2,060	418	－	4,381	2,154	1,070
北 海 道	(2)	－	－	－	－	－	－	－	－	－	－	－	－
青 森	(3)	x	x	x	x	x	x	x	x	x	x	x	x
岩 手	(4)	－	－	－	－	－	－	－	－	－	－	－	－
宮 城	(5)	－	－	－	－	－	－	－	－	－	－	－	－
秋 田	(6)	x	x	x	x	x	x	x	x	x	x	x	x
山 形	(7)	－	－	－	－	－	－	－	－	－	－	－	－
福 島	(8)	－	－	－	－	－	－	－	－	－	－	－	－
茨 城	(9)	－	50	－	－	－	－	－	－	－	－	－	－
栃 木	(10)	－	－	－	－	－	－	－	－	－	－	－	－
群 馬	(11)	－	－	－	－	－	－	－	－	－	－	－	－
埼 玉	(12)	－	－	－	－	－	－	－	－	－	－	－	－
千 葉	(13)	－	－	－	－	－	－	－	－	－	－	－	－
東 京	(14)	－	－	－	－	－	－	－	－	－	－	－	－
神 奈 川	(15)	－	－	－	－	－	－	－	－	－	－	－	－
新 潟	(16)	－	－	－	－	－	－	－	－	－	－	－	－
富 山	(17)	x	x	x	x	x	x	x	x	x	x	x	x
石 川	(18)	－	－	－	－	－	－	－	－	－	－	－	－
福 井	(19)	x	x	x	x	x	x	x	x	x	x	x	x
山 梨	(20)	－	－	－	－	－	－	－	－	－	－	－	－
長 野	(21)	1,533	269	－	－	－	－	－	－	－	－	－	－
岐 阜	(22)	332	125	－	－	－	－	－	－	－	－	366	－
静 岡	(23)	－	－	－	－	－	－	－	－	－	－	－	－
愛 知	(24)	－	1,703	－	－	－	－	－	－	－	－	－	－
三 重	(25)	－	－	－	－	－	－	－	－	－	－	－	－
滋 賀	(26)	－	100	－	－	4	－	－	－	－	－	－	－
京 都	(27)	443	453	120	－	49	75	287	－	－	20	62	－
大 阪	(28)	45	72	193	－	－	429	576	418	－	69	352	－
兵 庫	(29)	－	－	287	706	8	－	1,197	－	－	56	995	－
奈 良	(30)	x	x	x	x	x	x	x	x	x	x	x	x
和 歌 山	(31)	x	x	x	x	x	x	x	x	x	x	x	x
鳥 取	(32)	x	x	x	x	x	x	x	x	x	x	x	x
島 根	(33)	－	－	－	－	－	－	－	－	－	－	－	－
岡 山	(34)	－	91	－	－	－	－	－	－	－	1,862	－	1,056
広 島	(35)	－	－	－	－	－	－	－	－	－	1,816	325	－
山 口	(36)	x	x	x	x	x	x	x	x	x	x	x	x
徳 島	(37)	x	x	x	x	x	x	x	x	x	x	x	x
香 川	(38)	x	x	x	x	x	x	x	x	x	x	x	x
愛 媛	(39)	x	x	x	x	x	x	x	x	x	x	x	x
高 知	(40)	x	x	x	x	x	x	x	x	x	x	x	x
福 岡	(41)	－	－	－	－	－	－	－	－	－	－	－	－
佐 賀	(42)	－	－	－	－	－	－	－	－	－	－	－	－
長 崎	(43)	－	－	－	－	－	－	－	－	－	－	54	－
熊 本	(44)	17	－	－	－	－	－	－	－	－	－	－	－
大 分	(45)	－	－	－	－	－	－	－	－	－	－	－	－
宮 崎	(46)	－	－	－	－	－	－	－	－	－	－	－	－
鹿 児 島	(47)	－	－	－	－	－	－	－	－	－	－	－	－
沖 縄	(48)	－	－	－	－	－	－	－	－	－	－	－	－

山口	徳島	香川	愛媛	高知	福岡	佐賀	長崎	熊本	大分	宮崎	鹿児島	沖縄	
-	1,630	2,452	654	1,100	1,301	311	2,993	9,291	1,845	3,693	5,394	-	(1)
-	-	-	-	-	-	-	-	-	-	-	-	-	(2)
x	x	x	x	x	x	x	x	x	x	x	x	x	(3)
-	-	-	-	-	-	-	-	-	-	-	-	-	(4)
-	-	-	-	-	-	-	-	-	-	-	-	-	(5)
x	x	x	x	x	x	x	x	x	x	x	x	x	(6)
-	-	-	-	-	-	-	-	-	-	-	-	-	(7)
-	-	-	-	-	-	-	-	-	-	-	-	-	(8)
-	-	-	-	-	-	-	-	-	-	-	-	-	(9)
-	-	-	-	-	-	-	-	-	-	-	-	-	(10)
-	-	-	-	-	-	-	-	-	-	-	-	-	(11)
-	-	-	-	-	-	-	-	-	-	-	-	-	(12)
-	-	-	-	-	-	-	-	-	-	-	-	-	(13)
-	-	-	-	-	-	-	-	-	-	-	-	-	(14)
-	-	-	-	-	-	-	-	-	-	-	-	-	(15)
-	-	-	-	-	-	-	-	-	-	-	-	-	(16)
x	x	x	x	x	x	x	x	x	x	x	x	x	(17)
-	-	-	-	-	-	-	-	-	-	-	-	-	(18)
x	x	x	x	x	x	x	x	x	x	x	x	x	(19)
-	-	-	-	-	-	-	-	-	-	-	-	-	(20)
-	-	-	-	-	-	-	-	-	-	-	-	-	(21)
-	-	-	-	-	-	-	-	-	-	-	-	-	(22)
-	-	-	-	-	-	-	-	-	-	-	-	-	(23)
-	-	-	-	-	-	-	-	-	-	151	-	-	(24)
-	-	-	-	-	-	-	-	-	-	-	-	-	(25)
-	10	-	-	-	-	-	-	-	-	-	-	-	(26)
-	-	-	270	-	510	-	-	806	51	521	-	-	(27)
-	475	714	-	-	-	-	40	1,148	17	491	17	-	(28)
-	14	373	-	-	187	-	120	918	-	449	1,853	-	(29)
x	x	x	x	x	x	x	x	x	x	x	x	x	(30)
x	x	x	x	x	x	x	x	x	x	x	x	x	(31)
x	x	x	x	x	x	x	x	x	x	x	x	x	(32)
-	-	-	-	-	-	-	-	-	-	-	-	-	(33)
-	-	31	324	-	-	-	458	502	102	675	-	-	(34)
-	97	-	-	-	-	-	78	153	85	32	119	-	(35)
x	x	x	x	x	x	x	x	x	x	x	x	x	(36)
x	x	x	x	x	x	x	x	x	x	x	x	x	(37)
x	x	x	x	x	x	x	x	x	x	x	x	x	(38)
x	x	x	x	x	x	x	x	x	x	x	x	x	(39)
x	x	x	x	x	x	x	x	x	x	x	x	x	(40)
-	-	-	-	-	-	-	1,982	4,688	1,590	907	96	-	(41)
-	-	-	-	-	-	-	-	286	-	-	-	-	(42)
-	-	-	-	-	-	-	-	-	-	-	-	-	(43)
-	-	-	-	-	198	311	315	-	-	34	179	-	(44)
-	-	-	-	-	45	-	-	391	-	-	-	-	(45)
-	-	-	-	-	-	-	-	-	-	-	3,130	-	(46)
-	-	-	-	-	-	-	-	-	-	-	-	-	(47)
-	-	-	-	-	-	-	-	68	-	-	-	-	(48)

5 生乳移出入量（都道府県別）（月別）（続き）

(7) 6月分

移入＼移出	全国	北海道	青森	岩手	宮城	秋田	山形	福島	茨城	栃木	群馬
全　　国 (1)	155,768	52,828	5,211	8,119	3,766	1,234	2,723	1,589	2,148	14,782	8,380
北 海 道 (2)	-	-	-	-	-	-	-	-	-	-	-
青　　森 (3)	x	x	x	x	x	x	x	x	x	x	x
岩　　手 (4)	1,261	-	712	-	15	519	-	-	-	-	-
宮　　城 (5)	4,069	-	2,456	1,293	-	-	320	-	-	-	-
秋　　田 (6)	x	x	x	x	x	x	x	x	x	x	x
山　　形 (7)	21	-	-	21	-	-	-	-	-	-	-
福　　島 (8)	2,885	-	-	264	669	-	-	-	-	1,952	-
茨　　城 (9)	9,525	5,397	983	840	45	40	140	620	-	555	55
栃　　木 (10)	711	-	-	711	-	-	-	-	-	-	-
群　　馬 (11)	8,831	1,724	128	868	565	510	120	244	-	4,322	-
埼　　玉 (12)	6,258	2,260	-	1,014	305	60	195	67	-	1,868	444
千　　葉 (13)	6,582	2,217	-	95	706	-	-	-	1,637	1,699	228
東　　京 (14)	7,447	118	333	268	256	105	-	-	511	1,731	2,589
神 奈 川 (15)	25,983	12,770	599	767	754	-	1,030	658	-	1,699	2,366
新　　潟 (16)	1,298	364	-	693	15	-	185	-	-	-	41
富　　山 (17)	x	x	x	x	x	x	x	x	x	x	x
石　　川 (18)	1,545	809	-	20	-	-	156	-	-	-	80
福　　井 (19)	x	x	x	x	x	x	x	x	x	x	x
山　　梨 (20)	241	-	-	-	-	-	-	-	-	-	-
長　　野 (21)	4,610	170	-	-	71	-	20	-	-	-	2,270
岐　　阜 (22)	5,742	2,878	-	253	-	-	440	-	-	956	292
静　　岡 (23)	1,431	442	-	347	210	-	100	-	-	-	15
愛　　知 (24)	7,037	2,659	-	665	155	-	17	-	-	-	-
三　　重 (25)	338	-	-	-	-	-	-	-	-	-	-
滋　　賀 (26)	1,300	807	-	-	-	-	-	-	-	-	-
京　　都 (27)	9,039	7,080	-	-	-	-	-	-	-	-	-
大　　阪 (28)	9,354	5,288	-	-	-	-	-	-	-	-	-
兵　　庫 (29)	9,965	4,246	-	-	-	-	-	-	-	-	-
奈　　良 (30)	x	x	x	x	x	x	x	x	x	x	x
和 歌 山 (31)	x	x	x	x	x	x	x	x	x	x	x
鳥　　取 (32)	x	x	x	x	x	x	x	x	x	x	x
島　　根 (33)	-	-	-	-	-	-	-	-	-	-	-
岡　　山 (34)	7,806	3,599	-	-	-	-	-	-	-	-	-
広　　島 (35)	2,916	-	-	-	-	-	-	-	-	-	-
山　　口 (36)	x	x	x	x	x	x	x	x	x	x	x
徳　　島 (37)	x	x	x	x	x	x	x	x	x	x	x
香　　川 (38)	x	x	x	x	x	x	x	x	x	x	x
愛　　媛 (39)	x	x	x	x	x	x	x	x	x	x	x
高　　知 (40)	x	x	x	x	x	x	x	x	x	x	x
福　　岡 (41)	8,902	-	-	-	-	-	-	-	-	-	-
佐　　賀 (42)	295	-	-	-	-	-	-	-	-	-	-
長　　崎 (43)	68	-	-	-	-	-	-	-	-	-	-
熊　　本 (44)	683	-	-	-	-	-	-	-	-	-	-
大　　分 (45)	782	-	-	-	-	-	-	-	-	-	-
宮　　崎 (46)	2,501	-	-	-	-	-	-	-	-	-	-
鹿 児 島 (47)	-	-	-	-	-	-	-	-	-	-	-
沖　　縄 (48)	51	-	-	-	-	-	-	-	-	-	-

埼　玉	千　葉	東　京	神奈川	新　潟	富　山	石　川	福　井	山　梨	長　野	岐　阜	静　岡	
580	6,211	-	-	495	15	-	463	1,371	1,114	95	1,816	(1)
-	-	-	-	-	-	-	-	-	-	-	-	(2)
x	x	x	x	x	x	x	x	x	x	x	x	(3)
-	15	-	-	-	-	-	-	-	-	-	-	(4)
-	-	-	-	-	-	-	-	-	-	-	-	(5)
x	x	x	x	x	x	x	x	x	x	x	x	(6)
-	-	-	-	-	-	-	-	-	-	-	-	(7)
-	-	-	-	-	-	-	-	-	-	-	-	(8)
88	762	-	-	-	-	-	-	-	-	-	-	(9)
-	-	-	-	-	-	-	-	-	-	-	-	(10)
191	-	-	-	30	-	-	-	17	112	-	-	(11)
-	20	-	-	25	-	-	-	-	-	-	-	(12)
-	-	-	-	-	-	-	-	-	-	-	-	(13)
155	791	-	-	-	-	-	-	179	201	-	210	(14)
146	4,623	-	-	-	-	-	-	531	-	-	40	(15)
-	-	-	-	-	-	-	-	-	-	-	-	(16)
x	x	x	x	x	x	x	x	x	x	x	x	(17)
-	-	-	-	391	15	-	74	-	-	-	-	(18)
x	x	x	x	x	x	x	x	x	x	x	x	(19)
-	-	-	-	-	-	-	-	-	241	-	-	(20)
-	-	-	-	49	-	-	-	327	-	-	-	(21)
-	-	-	-	-	-	-	-	-	154	-	-	(22)
-	-	-	-	-	-	-	-	317	-	-	-	(23)
-	-	-	-	-	-	-	-	-	406	95	1,228	(24)
-	-	-	-	-	-	-	-	-	-	-	338	(25)
-	-	-	-	-	-	-	389	-	-	-	-	(26)
-	-	-	-	-	-	-	-	-	-	-	-	(27)
-	-	-	-	-	-	-	-	-	-	-	-	(28)
-	-	-	-	-	-	-	-	-	-	-	-	(29)
x	x	x	x	x	x	x	x	x	x	x	x	(30)
x	x	x	x	x	x	x	x	x	x	x	x	(31)
x	x	x	x	x	x	x	x	x	x	x	x	(32)
-	-	-	-	-	-	-	-	-	-	-	-	(33)
-	-	-	-	-	-	-	-	-	-	-	-	(34)
-	-	-	-	-	-	-	-	-	-	-	-	(35)
x	x	x	x	x	x	x	x	x	x	x	x	(36)
x	x	x	x	x	x	x	x	x	x	x	x	(37)
x	x	x	x	x	x	x	x	x	x	x	x	(38)
x	x	x	x	x	x	x	x	x	x	x	x	(39)
x	x	x	x	x	x	x	x	x	x	x	x	(40)
-	-	-	-	-	-	-	-	-	-	-	-	(41)
-	-	-	-	-	-	-	-	-	-	-	-	(42)
-	-	-	-	-	-	-	-	-	-	-	-	(43)
-	-	-	-	-	-	-	-	-	-	-	-	(44)
-	-	-	-	-	-	-	-	-	-	-	-	(45)
-	-	-	-	-	-	-	-	-	-	-	-	(46)
-	-	-	-	-	-	-	-	-	-	-	-	(47)
-	-	-	-	-	-	-	-	-	-	-	-	(48)

5 生乳移出入量（都道府県別）（月別）（続き）

(7) 6月分（続き）

移入 \ 移出		愛知	三重	滋賀	京都	大阪	兵庫	奈良	和歌山	鳥取	島根	岡山	広島
全国	(1)	2,216	2,367	548	664	75	484	1,919	386	－	4,108	1,951	878
北海道	(2)	－	－	－	－	－	－	－	－	－	－	－	－
青森	(3)	x	x	x	x	x	x	x	x	x	x	x	x
岩手	(4)	－	－	－	－	－	－	－	－	－	－	－	－
宮城	(5)	－	－	－	－	－	－	－	－	－	－	－	－
秋田	(6)	x	x	x	x	x	x	x	x	x	x	x	x
山形	(7)	－	－	－	－	－	－	－	－	－	－	－	－
福島	(8)	－	－	－	－	－	－	－	－	－	－	－	－
茨城	(9)	－	－	－	－	－	－	－	－	－	－	－	－
栃木	(10)	－	－	－	－	－	－	－	－	－	－	－	－
群馬	(11)	－	－	－	－	－	－	－	－	－	－	－	－
埼玉	(12)	－	－	－	－	－	－	－	－	－	－	－	－
千葉	(13)	－	－	－	－	－	－	－	－	－	－	－	－
東京	(14)	－	－	－	－	－	－	－	－	－	－	－	－
神奈川	(15)	－	－	－	－	－	－	－	－	－	－	－	－
新潟	(16)	－	－	－	－	－	－	－	－	－	－	－	－
富山	(17)	x	x	x	x	x	x	x	x	x	x	x	x
石川	(18)	－	－	－	－	－	－	－	－	－	－	－	－
福井	(19)	x	x	x	x	x	x	x	x	x	x	x	x
山梨	(20)	－	－	－	－	－	－	－	－	－	－	－	－
長野	(21)	1,464	239	－	－	－	－	－	－	－	－	－	－
岐阜	(22)	325	132	－	－	－	－	－	－	－	－	312	－
静岡	(23)	－	－	－	－	－	－	－	－	－	－	－	－
愛知	(24)	－	1,594	－	－	－	－	－	－	－	－	－	－
三重	(25)	－	－	－	－	－	－	－	－	－	－	－	－
滋賀	(26)	－	94	－	－	－	－	－	－	－	－	－	－
京都	(27)	367	214	113	－	64	82	307	－	－	－	35	－
大阪	(28)	60	73	161	－	－	402	569	386	－	－	311	－
兵庫	(29)	－	－	274	664	11	－	1,043	－	－	－	880	－
奈良	(30)	x	x	x	x	x	x	x	x	x	x	x	x
和歌山	(31)	x	x	x	x	x	x	x	x	x	x	x	x
鳥取	(32)	x	x	x	x	x	x	x	x	x	x	x	x
島根	(33)	－	－	－	－	－	－	－	－	－	－	－	－
岡山	(34)	－	21	－	－	－	－	－	－	－	1,349	－	878
広島	(35)	－	－	－	－	－	－	－	－	－	1,951	345	－
山口	(36)	x	x	x	x	x	x	x	x	x	x	x	x
徳島	(37)	x	x	x	x	x	x	x	x	x	x	x	x
香川	(38)	x	x	x	x	x	x	x	x	x	x	x	x
愛媛	(39)	x	x	x	x	x	x	x	x	x	x	x	x
高知	(40)	x	x	x	x	x	x	x	x	x	x	x	x
福岡	(41)	－	－	－	－	－	－	－	－	－	－	－	－
佐賀	(42)	－	－	－	－	－	－	－	－	－	－	－	－
長崎	(43)	－	－	－	－	－	－	－	－	－	－	68	－
熊本	(44)	－	－	－	－	－	－	－	－	－	－	－	－
大分	(45)	－	－	－	－	－	－	－	－	－	－	－	－
宮崎	(46)	－	－	－	－	－	－	－	－	－	－	－	－
鹿児島	(47)	－	－	－	－	－	－	－	－	－	－	－	－
沖縄	(48)	－	－	－	－	－	－	－	－	－	－	－	－

単位：t

山 口	徳 島	香 川	愛 媛	高 知	福 岡	佐 賀	長 崎	熊 本	大 分	宮 崎	鹿児島	沖 縄	
-	1,348	2,267	476	917	844	170	2,659	7,989	1,741	4,214	4,607	-	(1)
-	-	-	-	-	-	-	-	-	-	-	-	-	(2)
x	x	x	x	x	x	x	x	x	x	x	x	x	(3)
-	-	-	-	-	-	-	-	-	-	-	-	-	(4)
-	-	-	-	-	-	-	-	-	-	-	-	-	(5)
x	x	x	x	x	x	x	x	x	x	x	x	x	(6)
-	-	-	-	-	-	-	-	-	-	-	-	-	(7)
-	-	-	-	-	-	-	-	-	-	-	-	-	(8)
-	-	-	-	-	-	-	-	-	-	-	-	-	(9)
-	-	-	-	-	-	-	-	-	-	-	-	-	(10)
-	-	-	-	-	-	-	-	-	-	-	-	-	(11)
-	-	-	-	-	-	-	-	-	-	-	-	-	(12)
-	-	-	-	-	-	-	-	-	-	-	-	-	(13)
-	-	-	-	-	-	-	-	-	-	-	-	-	(14)
-	-	-	-	-	-	-	-	-	-	-	-	-	(15)
-	-	-	-	-	-	-	-	-	-	-	-	-	(16)
x	x	x	x	x	x	x	x	x	x	x	x	x	(17)
-	-	-	-	-	-	-	-	-	-	-	-	-	(18)
x	x	x	x	x	x	x	x	x	x	x	x	x	(19)
-	-	-	-	-	-	-	-	-	-	-	-	-	(20)
-	-	-	-	-	-	-	-	-	-	-	-	-	(21)
-	-	-	-	-	-	-	-	-	-	-	-	-	(22)
-	-	-	-	-	-	-	-	-	-	-	-	-	(23)
-	-	-	-	-	-	-	-	-	-	218	-	-	(24)
-	-	-	-	-	-	-	-	-	-	-	-	-	(25)
-	10	-	-	-	-	-	-	-	-	-	-	-	(26)
-	14	-	105	-	34	-	30	389	17	188	-	-	(27)
-	236	388	-	-	-	-	50	1,092	-	321	17	-	(28)
-	42	320	-	-	-	-	60	514	34	182	1,695	-	(29)
x	x	x	x	x	x	x	x	x	x	x	x	x	(30)
x	x	x	x	x	x	x	x	x	x	x	x	x	(31)
x	x	x	x	x	x	x	x	x	x	x	x	x	(32)
-	-	-	-	-	-	-	-	-	-	-	-	-	(33)
-	-	-	321	-	-	-	249	541	68	780	-	-	(34)
-	180	-	-	-	-	-	78	119	85	107	51	-	(35)
x	x	x	x	x	x	x	x	x	x	x	x	x	(36)
x	x	x	x	x	x	x	x	x	x	x	x	x	(37)
x	x	x	x	x	x	x	x	x	x	x	x	x	(38)
x	x	x	x	x	x	x	x	x	x	x	x	x	(39)
x	x	x	x	x	x	x	x	x	x	x	x	x	(40)
-	-	-	-	-	-	-	2,147	3,695	1,537	1,475	48	-	(41)
-	-	-	-	-	-	-	-	265	-	30	-	-	(42)
-	-	-	-	-	-	-	-	-	-	-	-	-	(43)
-	-	-	-	-	173	170	45	-	-	-	295	-	(44)
-	-	-	-	-	75	-	-	707	-	-	-	-	(45)
-	-	-	-	-	-	-	-	-	-	-	2,501	-	(46)
-	-	-	-	-	-	-	-	-	-	-	-	-	(47)
-	-	-	-	-	-	-	-	51	-	-	-	-	(48)

5 生乳移出入量（都道府県別）（月別）（続き）

(8) 7月分

移入＼移出		全 国	北海道	青 森	岩 手	宮 城	秋 田	山 形	福 島	茨 城	栃 木	群 馬
全 国	(1)	155,379	49,014	5,456	8,399	3,909	1,379	3,169	2,015	2,619	15,761	8,648
北 海 道	(2)	-	-	-	-	-	-	-	-	-	-	-
青 森	(3)	x	x	x	x	x	x	x	x	x	x	x
岩 手	(4)	1,506	-	693	-	189	584	25	-	-	15	-
宮 城	(5)	4,296	-	2,574	1,362	-	-	360	-	-	-	-
秋 田	(6)	x	x	x	x	x	x	x	x	x	x	x
山 形	(7)	-	-	-	-	-	-	-	-	-	-	-
福 島	(8)	2,790	-	-	201	695	-	-	-	-	1,879	15
茨 城	(9)	12,363	5,153	1,524	1,105	170	165	492	1,016	-	1,137	569
栃 木	(10)	754	-	-	754	-	-	-	-	-	-	-
群 馬	(11)	9,699	1,916	77	856	686	410	60	280	-	5,021	-
埼 玉	(12)	5,006	1,462	-	1,103	375	30	55	41	47	1,477	387
千 葉	(13)	5,664	1,344	37	40	446	20	-	-	1,990	1,671	116
東 京	(14)	7,028	187	168	313	366	70	-	-	582	1,546	2,053
神 奈 川	(15)	24,397	10,656	383	846	711	100	1,121	588	-	1,935	2,705
新 潟	(16)	1,457	382	-	702	30	-	274	-	-	-	69
富 山	(17)	x	x	x	x	x	x	x	x	x	x	x
石 川	(18)	1,256	652	-	-	-	-	95	-	-	-	65
福 井	(19)	x	x	x	x	x	x	x	x	x	x	x
山 梨	(20)	257	-	-	-	-	-	-	-	-	-	-
長 野	(21)	4,708	238	-	-	41	-	20	-	-	-	2,269
岐 阜	(22)	5,683	2,823	-	191	-	-	527	-	-	898	288
静 岡	(23)	1,518	510	-	187	30	-	100	90	-	182	75
愛 知	(24)	7,314	2,893	-	739	170	-	40	-	-	-	-
三 重	(25)	320	-	-	-	-	-	-	-	-	-	-
滋 賀	(26)	1,041	548	-	-	-	-	-	-	-	-	-
京 都	(27)	8,728	6,734	-	-	-	-	-	-	-	-	-
大 阪	(28)	8,892	5,033	-	-	-	-	-	-	-	-	-
兵 庫	(29)	9,923	4,422	-	-	-	-	-	-	-	-	-
奈 良	(30)	x	x	x	x	x	x	x	x	x	x	x
和 歌 山	(31)	x	x	x	x	x	x	x	x	x	x	x
鳥 取	(32)	x	x	x	x	x	x	x	x	x	x	x
島 根	(33)	-	-	-	-	-	-	-	-	-	-	-
岡 山	(34)	7,729	4,061	-	-	-	-	-	-	-	-	37
広 島	(35)	2,710	-	-	-	-	-	-	-	-	-	-
山 口	(36)	x	x	x	x	x	x	x	x	x	x	x
徳 島	(37)	x	x	x	x	x	x	x	x	x	x	x
香 川	(38)	x	x	x	x	x	x	x	x	x	x	x
愛 媛	(39)	x	x	x	x	x	x	x	x	x	x	x
高 知	(40)	x	x	x	x	x	x	x	x	x	x	x
福 岡	(41)	9,722	-	-	-	-	-	-	-	-	-	-
佐 賀	(42)	300	-	-	-	-	-	-	-	-	-	-
長 崎	(43)	40	-	-	-	-	-	-	-	-	-	-
熊 本	(44)	1,276	-	-	-	-	-	-	-	-	-	-
大 分	(45)	901	-	-	-	-	-	-	-	-	-	-
宮 崎	(46)	2,380	-	-	-	-	-	-	-	-	-	-
鹿 児 島	(47)	-	-	-	-	-	-	-	-	-	-	-
沖 縄	(48)	68	-	-	-	-	-	-	-	-	-	-

埼　玉	千　葉	東　京	神奈川	新　潟	富　山	石　川	福　井	山　梨	長　野	岐　阜	静　岡	
764	6,335	-	-	533	132	-	448	1,369	1,149	96	1,789	(1)
-	-	-	-	-	-	-	-	-	-	-	-	(2)
x	x	x	x	x	x	x	x	x	x	x	x	(3)
-	-	-	-	-	-	-	-	-	-	-	-	(4)
-	-	-	-	-	-	-	-	-	-	-	-	(5)
x	x	x	x	x	x	x	x	x	x	x	x	(6)
-	-	-	-	-	-	-	-	-	-	-	-	(7)
-	-	-	-	-	-	-	-	-	-	-	-	(8)
156	763	-	-	68	-	-	-	-	45	-	-	(9)
-	-	-	-	-	-	-	-	-	-	-	-	(10)
163	-	-	-	25	69	-	-	16	120	-	-	(11)
-	-	-	-	29	-	-	-	-	-	-	-	(12)
-	-	-	-	-	-	-	-	-	-	-	-	(13)
325	915	-	-	-	-	-	-	159	214	-	130	(14)
120	4,657	-	-	-	-	-	-	555	-	-	20	(15)
-	-	-	-	-	-	-	-	-	-	-	-	(16)
x	x	x	x	x	x	x	x	x	x	x	x	(17)
-	-	-	-	295	53	-	76	-	-	-	-	(18)
x	x	x	x	x	x	x	x	x	x	x	x	(19)
-	-	-	-	-	-	-	-	-	257	-	-	(20)
-	-	-	-	116	-	-	-	295	-	-	-	(21)
-	-	-	-	-	-	-	-	-	136	-	-	(22)
-	-	-	-	-	-	-	-	344	-	-	-	(23)
-	-	-	-	-	-	-	-	-	377	96	1,319	(24)
-	-	-	-	-	-	-	-	-	-	-	320	(25)
-	-	-	-	-	10	-	372	-	-	-	-	(26)
-	-	-	-	-	-	-	-	-	-	-	-	(27)
-	-	-	-	-	-	-	-	-	-	-	-	(28)
-	-	-	-	-	-	-	-	-	-	-	-	(29)
x	x	x	x	x	x	x	x	x	x	x	x	(30)
x	x	x	x	x	x	x	x	x	x	x	x	(31)
x	x	x	x	x	x	x	x	x	x	x	x	(32)
-	-	-	-	-	-	-	-	-	-	-	-	(33)
-	-	-	-	-	-	-	-	-	-	-	-	(34)
-	-	-	-	-	-	-	-	-	-	-	-	(35)
x	x	x	x	x	x	x	x	x	x	x	x	(36)
x	x	x	x	x	x	x	x	x	x	x	x	(37)
x	x	x	x	x	x	x	x	x	x	x	x	(38)
x	x	x	x	x	x	x	x	x	x	x	x	(39)
x	x	x	x	x	x	x	x	x	x	x	x	(40)
-	-	-	-	-	-	-	-	-	-	-	-	(41)
-	-	-	-	-	-	-	-	-	-	-	-	(42)
-	-	-	-	-	-	-	-	-	-	-	-	(43)
-	-	-	-	-	-	-	-	-	-	-	-	(44)
-	-	-	-	-	-	-	-	-	-	-	-	(45)
-	-	-	-	-	-	-	-	-	-	-	-	(46)
-	-	-	-	-	-	-	-	-	-	-	-	(47)
-	-	-	-	-	-	-	-	-	-	-	-	(48)

5 生乳移出入量（都道府県別）（月別）（続き）

(8) 7月分（続き）

移入＼移出		愛知	三重	滋賀	京都	大阪	兵庫	奈良	和歌山	鳥取	島根	岡山	広島
全　国	(1)	2,182	2,358	553	651	72	486	1,923	357	－	4,233	2,113	1,053
北　海　道	(2)	－	－	－	－	－	－	－	－	－	－	－	－
青　　森	(3)	x	x	x	x	x	x	x	x	x	x	x	x
岩　　手	(4)	－	－	－	－	－	－	－	－	－	－	－	－
宮　　城	(5)	－	－	－	－	－	－	－	－	－	－	－	－
秋　　田	(6)	x	x	x	x	x	x	x	x	x	x	x	x
山　　形	(7)	－	－	－	－	－	－	－	－	－	－	－	－
福　　島	(8)	－	－	－	－	－	－	－	－	－	－	－	－
茨　　城	(9)	－	－	－	－	－	－	－	－	－	－	－	－
栃　　木	(10)	－	－	－	－	－	－	－	－	－	－	－	－
群　　馬	(11)	－	－	－	－	－	－	－	－	－	－	－	－
埼　　玉	(12)	－	－	－	－	－	－	－	－	－	－	－	－
千　　葉	(13)	－	－	－	－	－	－	－	－	－	－	－	－
東　　京	(14)	－	－	－	－	－	－	－	－	－	－	－	－
神　奈　川	(15)	－	－	－	－	－	－	－	－	－	－	－	－
新　　潟	(16)	－	－	－	－	－	－	－	－	－	－	－	－
富　　山	(17)	x	x	x	x	x	x	x	x	x	x	x	x
石　　川	(18)	20	－	－	－	－	－	－	－	－	－	－	－
福　　井	(19)	x	x	x	x	x	x	x	x	x	x	x	x
山　　梨	(20)	－	－	－	－	－	－	－	－	－	－	－	－
長　　野	(21)	1,503	226	－	－	－	－	－	－	－	－	－	－
岐　　阜	(22)	297	147	－	－	－	－	－	－	－	－	376	－
静　　岡	(23)	－	－	－	－	－	－	－	－	－	－	－	－
愛　　知	(24)	－	1,579	－	－	－	－	－	－	－	－	－	－
三　　重	(25)	－	－	－	－	－	－	－	－	－	－	－	－
滋　　賀	(26)	－	89	－	－	12	－	－	－	－	－	－	－
京　　都	(27)	347	233	110	－	41	114	230	－	－	10	24	－
大　　阪	(28)	15	44	176	－	－	372	574	357	－	10	283	－
兵　　庫	(29)	－	－	267	651	19	－	1,119	－	－	－	965	－
奈　　良	(30)	x	x	x	x	x	x	x	x	x	x	x	x
和　歌　山	(31)	x	x	x	x	x	x	x	x	x	x	x	x
鳥　　取	(32)	x	x	x	x	x	x	x	x	x	x	x	x
島　　根	(33)	－	－	－	－	－	－	－	－	－	－	－	－
岡　　山	(34)	－	40	－	－	－	－	－	－	－	1,425	－	998
広　　島	(35)	－	－	－	－	－	－	－	－	－	1,881	356	－
山　　口	(36)	x	x	x	x	x	x	x	x	x	x	x	x
徳　　島	(37)	x	x	x	x	x	x	x	x	x	x	x	x
香　　川	(38)	x	x	x	x	x	x	x	x	x	x	x	x
愛　　媛	(39)	x	x	x	x	x	x	x	x	x	x	x	x
高　　知	(40)	x	x	x	x	x	x	x	x	x	x	x	x
福　　岡	(41)	－	－	－	－	－	－	－	－	－	－	－	－
佐　　賀	(42)	－	－	－	－	－	－	－	－	－	－	－	－
長　　崎	(43)	－	－	－	－	－	－	－	－	－	－	40	－
熊　　本	(44)	－	－	－	－	－	－	－	－	－	－	－	－
大　　分	(45)	－	－	－	－	－	－	－	－	－	－	－	－
宮　　崎	(46)	－	－	－	－	－	－	－	－	－	－	－	－
鹿　児　島	(47)	－	－	－	－	－	－	－	－	－	－	－	－
沖　　縄	(48)	－	－	－	－	－	－	－	－	－	－	－	－

山口	徳島	香川	愛媛	高知	福岡	佐賀	長崎	熊本	大分	宮崎	鹿児島	沖縄	
-	1,349	2,214	551	977	1,469	285	2,711	7,165	1,690	3,736	4,267	-	(1)
-	-	-	-	-	-	-	-	-	-	-	-	-	(2)
x	x	x	x	x	x	x	x	x	x	x	x	x	(3)
-	-	-	-	-	-	-	-	-	-	-	-	-	(4)
-	-	-	-	-	-	-	-	-	-	-	-	-	(5)
x	x	x	x	x	x	x	x	x	x	x	x	x	(6)
-	-	-	-	-	-	-	-	-	-	-	-	-	(7)
-	-	-	-	-	-	-	-	-	-	-	-	-	(8)
-	-	-	-	-	-	-	-	-	-	-	-	-	(9)
-	-	-	-	-	-	-	-	-	-	-	-	-	(10)
-	-	-	-	-	-	-	-	-	-	-	-	-	(11)
-	-	-	-	-	-	-	-	-	-	-	-	-	(12)
-	-	-	-	-	-	-	-	-	-	-	-	-	(13)
-	-	-	-	-	-	-	-	-	-	-	-	-	(14)
-	-	-	-	-	-	-	-	-	-	-	-	-	(15)
-	-	-	-	-	-	-	-	-	-	-	-	-	(16)
x	x	x	x	x	x	x	x	x	x	x	x	x	(17)
-	-	-	-	-	-	-	-	-	-	-	-	-	(18)
x	x	x	x	x	x	x	x	x	x	x	x	x	(19)
-	-	-	-	-	-	-	-	-	-	-	-	-	(20)
-	-	-	-	-	-	-	-	-	-	-	-	-	(21)
-	-	-	-	-	-	-	-	-	-	-	-	-	(22)
-	-	-	-	-	-	-	-	-	-	-	-	-	(23)
-	-	-	-	-	-	-	-	-	-	101	-	-	(24)
-	-	-	-	-	-	-	-	-	-	-	-	-	(25)
-	10	-	-	-	-	-	-	-	-	-	-	-	(26)
-	-	-	182	-	136	-	-	416	-	151	-	-	(27)
-	263	496	-	15	-	-	40	774	-	423	17	-	(28)
-	69	454	-	-	17	-	30	109	17	297	1,487	-	(29)
x	x	x	x	x	x	x	x	x	x	x	x	x	(30)
x	x	x	x	x	x	x	x	x	x	x	x	x	(31)
x	x	x	x	x	x	x	x	x	x	x	x	x	(32)
-	-	-	-	-	-	-	-	-	-	-	-	-	(33)
-	-	3	298	-	-	-	-	368	34	465	-	-	(34)
-	164	-	-	-	-	-	47	51	51	92	68	-	(35)
x	x	x	x	x	x	x	x	x	x	x	x	x	(36)
x	x	x	x	x	x	x	x	x	x	x	x	x	(37)
x	x	x	x	x	x	x	x	x	x	x	x	x	(38)
x	x	x	x	x	x	x	x	x	x	x	x	x	(39)
x	x	x	x	x	x	x	x	x	x	x	x	x	(40)
-	-	-	-	-	-	-	2,313	4,057	1,588	1,668	96	-	(41)
-	-	-	-	-	-	-	-	270	-	30	-	-	(42)
-	-	-	-	-	-	-	-	-	-	-	-	-	(43)
-	-	-	-	-	491	285	281	-	-	-	219	-	(44)
-	-	-	-	-	330	-	-	571	-	-	-	-	(45)
-	-	-	-	-	-	-	-	-	-	-	2,380	-	(46)
-	-	-	-	-	-	-	-	-	-	-	-	-	(47)
-	-	-	-	-	-	-	-	68	-	-	-	-	(48)

(9)　8月分

移入 ＼ 移出	全国	北海道	青森	岩手	宮城	秋田	山形	福島	茨城	栃木	群馬
全国 (1)	152,652	52,975	5,371	7,871	3,490	1,280	2,842	1,534	2,642	13,553	7,469
北海道 (2)	-	-	-	-	-	-	-	-	-	-	-
青森 (3)	x	x	x	x	x	x	x	x	x	x	x
岩手 (4)	1,185	-	582	-	-	562	26	-	-	15	-
宮城 (5)	4,351	-	2,474	1,298	-	-	579	-	-	-	-
秋田 (6)	x	x	x	x	x	x	x	x	x	x	x
山形 (7)	-	-	-	-	-	-	-	-	-	-	-
福島 (8)	2,248	-	-	269	583	20	32	-	-	1,344	-
茨城 (9)	12,454	6,409	1,272	1,166	315	275	303	830	-	870	284
栃木 (10)	753	-	-	753	-	-	-	-	-	-	-
群馬 (11)	8,047	2,181	37	526	631	259	-	104	-	3,620	-
埼玉 (12)	4,740	1,599	17	1,000	205	35	66	67	148	1,233	282
千葉 (13)	5,371	1,281	-	71	205	34	-	-	1,971	1,677	132
東京 (14)	7,174	376	236	323	241	95	-	-	289	1,882	2,214
神奈川 (15)	24,730	11,057	699	858	949	-	1,168	533	-	1,739	2,043
新潟 (16)	1,404	388	-	707	15	-	229	-	26	-	39
富山 (17)	x	x	x	x	x	x	x	x	x	x	x
石川 (18)	1,175	823	54	-	-	-	48	-	-	-	55
福井 (19)	x	x	x	x	x	x	x	x	x	x	x
山梨 (20)	256	-	-	-	-	-	-	-	-	-	-
長野 (21)	4,511	217	-	-	26	-	20	-	100	-	2,086
岐阜 (22)	5,322	2,815	-	78	-	-	286	-	-	932	233
静岡 (23)	1,874	833	-	266	105	-	20	-	34	241	101
愛知 (24)	7,898	3,450	-	556	215	-	65	-	74	-	-
三重 (25)	291	-	-	-	-	-	-	-	-	-	-
滋賀 (26)	699	239	-	-	-	-	-	-	-	-	-
京都 (27)	9,732	7,809	-	-	-	-	-	-	-	-	-
大阪 (28)	8,034	4,659	-	-	-	-	-	-	-	-	-
兵庫 (29)	9,581	4,470	-	-	-	-	-	-	-	-	-
奈良 (30)	x	x	x	x	x	x	x	x	x	x	x
和歌山 (31)	x	x	x	x	x	x	x	x	x	x	x
鳥取 (32)	x	x	x	x	x	x	x	x	x	x	x
島根 (33)	-	-	-	-	-	-	-	-	-	-	-
岡山 (34)	7,601	4,369	-	-	-	-	-	-	-	-	-
広島 (35)	2,475	-	-	-	-	-	-	-	-	-	-
山口 (36)	x	x	x	x	x	x	x	x	x	x	x
徳島 (37)	x	x	x	x	x	x	x	x	x	x	x
香川 (38)	x	x	x	x	x	x	x	x	x	x	x
愛媛 (39)	x	x	x	x	x	x	x	x	x	x	x
高知 (40)	x	x	x	x	x	x	x	x	x	x	x
福岡 (41)	10,081	-	-	-	-	-	-	-	-	-	-
佐賀 (42)	262	-	-	-	-	-	-	-	-	-	-
長崎 (43)	13	-	-	-	-	-	-	-	-	-	-
熊本 (44)	1,306	-	-	-	-	-	-	-	-	-	-
大分 (45)	1,036	-	-	-	-	-	-	-	-	-	-
宮崎 (46)	2,341	-	-	-	-	-	-	-	-	-	-
鹿児島 (47)	-	-	-	-	-	-	-	-	-	-	-
沖縄 (48)	34	-	-	-	-	-	-	-	-	-	-

単位：t

埼 玉	千 葉	東 京	神奈川	新 潟	富 山	石 川	福 井	山 梨	長 野	岐 阜	静 岡	
654	6,474	-	-	511	187	-	400	1,274	1,220	86	1,780	(1)
-	-	-	-	-	-	-	-	-	-	-	-	(2)
x	x	x	x	x	x	x	x	x	x	x	x	(3)
-	-	-	-	-	-	-	-	-	-	-	-	(4)
-	-	-	-	-	-	-	-	-	-	-	-	(5)
x	x	x	x	x	x	x	x	x	x	x	x	(6)
-	-	-	-	-	-	-	-	-	-	-	-	(7)
-	-	-	-	-	-	-	-	-	-	-	-	(8)
83	606	-	-	-	-	-	-	-	41	-	-	(9)
-	-	-	-	-	-	-	-	-	-	-	-	(10)
175	-	-	-	291	94	-	-	17	112	-	-	(11)
-	50	-	-	38	-	-	-	-	-	-	-	(12)
-	-	-	-	-	-	-	-	-	-	-	-	(13)
264	929	-	-	-	-	-	-	65	110	-	150	(14)
132	4,889	-	-	-	-	-	-	623	-	-	40	(15)
-	-	-	-	-	-	-	-	-	-	-	-	(16)
x	x	x	x	x	x	x	x	x	x	x	x	(17)
-	-	-	-	46	82	-	67	-	-	-	-	(18)
x	x	x	x	x	x	x	x	x	x	x	x	(19)
-	-	-	-	-	-	-	-	-	256	-	-	(20)
-	-	-	-	136	-	-	-	295	-	-	-	(21)
-	-	-	-	-	-	-	-	-	145	-	-	(22)
-	-	-	-	-	-	-	-	274	-	-	-	(23)
-	-	-	-	-	-	-	-	-	556	86	1,299	(24)
-	-	-	-	-	-	-	-	-	-	-	291	(25)
-	-	-	-	-	11	-	333	-	-	-	-	(26)
-	-	-	-	-	-	-	-	-	-	-	-	(27)
-	-	-	-	-	-	-	-	-	-	-	-	(28)
-	-	-	-	-	-	-	-	-	-	-	-	(29)
x	x	x	x	x	x	x	x	x	x	x	x	(30)
x	x	x	x	x	x	x	x	x	x	x	x	(31)
x	x	x	x	x	x	x	x	x	x	x	x	(32)
-	-	-	-	-	-	-	-	-	-	-	-	(33)
-	-	-	-	-	-	-	-	-	-	-	-	(34)
-	-	-	-	-	-	-	-	-	-	-	-	(35)
x	x	x	x	x	x	x	x	x	x	x	x	(36)
x	x	x	x	x	x	x	x	x	x	x	x	(37)
x	x	x	x	x	x	x	x	x	x	x	x	(38)
x	x	x	x	x	x	x	x	x	x	x	x	(39)
x	x	x	x	x	x	x	x	x	x	x	x	(40)
-	-	-	-	-	-	-	-	-	-	-	-	(41)
-	-	-	-	-	-	-	-	-	-	-	-	(42)
-	-	-	-	-	-	-	-	-	-	-	-	(43)
-	-	-	-	-	-	-	-	-	-	-	-	(44)
-	-	-	-	-	-	-	-	-	-	-	-	(45)
-	-	-	-	-	-	-	-	-	-	-	-	(46)
-	-	-	-	-	-	-	-	-	-	-	-	(47)
-	-	-	-	-	-	-	-	-	-	-	-	(48)

5 生乳移出入量（都道府県別）（月別）（続き）

(9) 8月分（続き）

移入＼移出		愛知	三重	滋賀	京都	大阪	兵庫	奈良	和歌山	鳥取	島根	岡山	広島
全国	(1)	2,018	2,267	491	646	69	512	1,781	309	-	3,966	2,130	1,173
北海道	(2)	-	-	-	-	-	-	-	-	-	-	-	-
青森	(3)	x	x	x	x	x	x	x	x	x	x	x	x
岩手	(4)	-	-	-	-	-	-	-	-	-	-	-	-
宮城	(5)	-	-	-	-	-	-	-	-	-	-	-	-
秋田	(6)	x	x	x	x	x	x	x	x	x	x	x	x
山形	(7)	-	-	-	-	-	-	-	-	-	-	-	-
福島	(8)	-	-	-	-	-	-	-	-	-	-	-	-
茨城	(9)	-	-	-	-	-	-	-	-	-	-	-	-
栃木	(10)	-	-	-	-	-	-	-	-	-	-	-	-
群馬	(11)	-	-	-	-	-	-	-	-	-	-	-	-
埼玉	(12)	-	-	-	-	-	-	-	-	-	-	-	-
千葉	(13)	-	-	-	-	-	-	-	-	-	-	-	-
東京	(14)	-	-	-	-	-	-	-	-	-	-	-	-
神奈川	(15)	-	-	-	-	-	-	-	-	-	-	-	-
新潟	(16)	-	-	-	-	-	-	-	-	-	-	-	-
富山	(17)	x	x	x	x	x	x	x	x	x	x	x	x
石川	(18)	-	-	-	-	-	-	-	-	-	-	-	-
福井	(19)	x	x	x	x	x	x	x	x	x	x	x	x
山梨	(20)	-	-	-	-	-	-	-	-	-	-	-	-
長野	(21)	1,420	211	-	-	-	-	-	-	-	-	-	-
岐阜	(22)	287	138	-	-	-	-	-	-	-	-	408	-
静岡	(23)	-	-	-	-	-	-	-	-	-	-	-	-
愛知	(24)	-	1,463	-	-	-	-	-	-	-	-	-	-
三重	(25)	-	-	-	-	-	-	-	-	-	-	-	-
滋賀	(26)	-	87	-	-	17	-	-	-	-	-	-	-
京都	(27)	311	275	101	-	35	184	238	-	-	-	81	-
大阪	(28)	-	43	149	-	-	328	503	309	-	127	331	-
兵庫	(29)	-	-	241	646	17	-	1,040	-	-	-	973	-
奈良	(30)	x	x	x	x	x	x	x	x	x	x	x	x
和歌山	(31)	x	x	x	x	x	x	x	x	x	x	x	x
鳥取	(32)	x	x	x	x	x	x	x	x	x	x	x	x
島根	(33)	-	-	-	-	-	-	-	-	-	-	-	-
岡山	(34)	-	50	-	-	-	-	-	-	-	1,384	-	1,113
広島	(35)	-	-	-	-	-	-	-	-	-	1,781	324	-
山口	(36)	x	x	x	x	x	x	x	x	x	x	x	x
徳島	(37)	x	x	x	x	x	x	x	x	x	x	x	x
香川	(38)	x	x	x	x	x	x	x	x	x	x	x	x
愛媛	(39)	x	x	x	x	x	x	x	x	x	x	x	x
高知	(40)	x	x	x	x	x	x	x	x	x	x	x	x
福岡	(41)	-	-	-	-	-	-	-	-	-	-	-	-
佐賀	(42)	-	-	-	-	-	-	-	-	-	-	-	-
長崎	(43)	-	-	-	-	-	-	-	-	-	-	13	-
熊本	(44)	-	-	-	-	-	-	-	-	-	-	-	-
大分	(45)	-	-	-	-	-	-	-	-	-	-	-	-
宮崎	(46)	-	-	-	-	-	-	-	-	-	-	-	-
鹿児島	(47)	-	-	-	-	-	-	-	-	-	-	-	-
沖縄	(48)	-	-	-	-	-	-	-	-	-	-	-	-

山口	徳島	香川	愛媛	高知	福岡	佐賀	長崎	熊本	大分	宮崎	鹿児島	沖縄	
-	1,267	2,156	604	912	1,516	195	2,672	7,635	1,707	3,173	3,840	-	(1)
-	-	-	-	-	-	-	-	-	-	-	-	-	(2)
x	x	x	x	x	x	x	x	x	x	x	x	x	(3)
-	-	-	-	-	-	-	-	-	-	-	-	-	(4)
-	-	-	-	-	-	-	-	-	-	-	-	-	(5)
x	x	x	x	x	x	x	x	x	x	x	x	x	(6)
-	-	-	-	-	-	-	-	-	-	-	-	-	(7)
-	-	-	-	-	-	-	-	-	-	-	-	-	(8)
-	-	-	-	-	-	-	-	-	-	-	-	-	(9)
-	-	-	-	-	-	-	-	-	-	-	-	-	(10)
-	-	-	-	-	-	-	-	-	-	-	-	-	(11)
-	-	-	-	-	-	-	-	-	-	-	-	-	(12)
-	-	-	-	-	-	-	-	-	-	-	-	-	(13)
-	-	-	-	-	-	-	-	-	-	-	-	-	(14)
-	-	-	-	-	-	-	-	-	-	-	-	-	(15)
-	-	-	-	-	-	-	-	-	-	-	-	-	(16)
x	x	x	x	x	x	x	x	x	x	x	x	x	(17)
-	-	-	-	-	-	-	-	-	-	-	-	-	(18)
x	x	x	x	x	x	x	x	x	x	x	x	x	(19)
-	-	-	-	-	-	-	-	-	-	-	-	-	(20)
-	-	-	-	-	-	-	-	-	-	-	-	-	(21)
-	-	-	-	-	-	-	-	-	-	-	-	-	(22)
-	-	-	-	-	-	-	-	-	-	-	-	-	(23)
-	-	-	-	-	-	-	-	-	-	134	-	-	(24)
-	-	-	-	-	-	-	-	-	-	-	-	-	(25)
-	12	-	-	-	-	-	-	-	-	-	-	-	(26)
-	-	-	255	-	68	-	-	275	17	83	-	-	(27)
-	283	255	-	-	-	-	30	594	-	406	17	-	(28)
-	41	337	-	-	-	-	45	377	17	262	1,115	-	(29)
x	x	x	x	x	x	x	x	x	x	x	x	x	(30)
x	x	x	x	x	x	x	x	x	x	x	x	x	(31)
x	x	x	x	x	x	x	x	x	x	x	x	x	(32)
-	-	-	-	-	-	-	-	-	-	-	-	-	(33)
-	-	-	303	-	-	-	-	198	34	150	-	-	(34)
-	93	-	-	-	-	-	47	51	51	77	51	-	(35)
x	x	x	x	x	x	x	x	x	x	x	x	x	(36)
x	x	x	x	x	x	x	x	x	x	x	x	x	(37)
x	x	x	x	x	x	x	x	x	x	x	x	x	(38)
x	x	x	x	x	x	x	x	x	x	x	x	x	(39)
x	x	x	x	x	x	x	x	x	x	x	x	x	(40)
-	-	-	-	-	-	-	2,205	4,567	1,588	1,625	96	-	(41)
-	-	-	-	-	-	-	-	262	-	-	-	-	(42)
-	-	-	-	-	-	-	-	-	-	-	-	-	(43)
-	-	-	-	-	546	195	345	-	-	-	220	-	(44)
-	-	-	-	-	390	-	-	646	-	-	-	-	(45)
-	-	-	-	-	-	-	-	-	-	-	2,341	-	(46)
-	-	-	-	-	-	-	-	-	-	-	-	-	(47)
-	-	-	-	-	-	-	-	34	-	-	-	-	(48)

(10) 9月分

移入 ＼ 移出	全国	北海道	青森	岩手	宮城	秋田	山形	福島	茨城	栃木	群馬
全国 (1)	157,404	61,816	5,153	7,755	3,299	1,207	2,927	1,260	3,497	13,165	7,535
北海道 (2)	-	-	-	-	-	-	-	-	-	-	-
青森 (3)	x	x	x	x	x	x	x	x	x	x	x
岩手 (4)	1,106	-	559	-	50	497	-	-	-	-	-
宮城 (5)	4,464	-	2,730	1,215	-	-	519	-	-	-	-
秋田 (6)	x	x	x	x	x	x	x	x	x	x	x
山形 (7)	-	-	-	-	-	-	-	-	-	-	-
福島 (8)	885	-	-	124	306	75	-	-	-	380	-
茨城 (9)	11,452	7,735	660	875	60	65	90	464	-	868	-
栃木 (10)	723	-	-	723	-	-	-	-	-	-	-
群馬 (11)	8,540	2,440	17	686	360	240	-	41	116	3,994	-
埼玉 (12)	6,578	2,326	-	980	150	35	45	328	587	1,809	289
千葉 (13)	5,450	1,195	40	131	445	50	20	15	1,831	1,561	162
東京 (14)	7,997	307	158	381	377	230	-	-	413	1,917	2,440
神奈川 (15)	26,686	13,560	858	936	1,030	15	1,396	412	-	1,745	1,864
新潟 (16)	1,454	423	-	638	-	-	317	-	24	-	52
富山 (17)	x	x	x	x	x	x	x	x	x	x	x
石川 (18)	1,226	855	131	-	-	-	83	-	-	-	65
福井 (19)	x	x	x	x	x	x	x	x	x	x	x
山梨 (20)	230	-	-	-	-	-	-	-	-	-	-
長野 (21)	4,693	356	-	-	26	-	20	-	160	-	2,308
岐阜 (22)	5,724	3,299	-	143	-	-	347	-	-	730	250
静岡 (23)	2,318	1,206	-	167	180	-	60	-	115	161	105
愛知 (24)	8,118	3,522	-	756	315	-	30	-	251	-	-
三重 (25)	338	-	-	-	-	-	-	-	-	-	-
滋賀 (26)	1,281	836	-	-	-	-	-	-	-	-	-
京都 (27)	9,338	8,032	-	-	-	-	-	-	-	-	-
大阪 (28)	9,244	6,299	-	-	-	-	-	-	-	-	-
兵庫 (29)	10,531	5,481	-	-	-	-	-	-	-	-	-
奈良 (30)	x	x	x	x	x	x	x	x	x	x	x
和歌山 (31)	x	x	x	x	x	x	x	x	x	x	x
鳥取 (32)	x	x	x	x	x	x	x	x	x	x	x
島根 (33)	-	-	-	-	-	-	-	-	-	-	-
岡山 (34)	6,570	3,944	-	-	-	-	-	-	-	-	-
広島 (35)	2,772	-	-	-	-	-	-	-	-	-	-
山口 (36)	x	x	x	x	x	x	x	x	x	x	x
徳島 (37)	x	x	x	x	x	x	x	x	x	x	x
香川 (38)	x	x	x	x	x	x	x	x	x	x	x
愛媛 (39)	x	x	x	x	x	x	x	x	x	x	x
高知 (40)	x	x	x	x	x	x	x	x	x	x	x
福岡 (41)	9,372	-	-	-	-	-	-	-	-	-	-
佐賀 (42)	348	-	-	-	-	-	-	-	-	-	-
長崎 (43)	54	-	-	-	-	-	-	-	-	-	-
熊本 (44)	531	-	-	-	-	-	-	-	-	-	-
大分 (45)	1,156	-	-	-	-	-	-	-	-	-	-
宮崎 (46)	1,820	-	-	-	-	-	-	-	-	-	-
鹿児島 (47)	-	-	-	-	-	-	-	-	-	-	-
沖縄 (48)	68	-	-	-	-	-	-	-	-	-	-

埼　玉	千　葉	東　京	神奈川	新　潟	富　山	石　川	福　井	山　梨	長　野	岐　阜	静　岡	
405	6,135	－	－	327	－	－	402	1,363	1,076	91	1,656	(1)
－	－	－	－	－	－	－	－	－	－	－	－	(2)
x	x	x	x	x	x	x	x	x	x	x	x	(3)
－	－	－	－	－	－	－	－	－	－	－	－	(4)
－	－	－	－	－	－	－	－	－	－	－	－	(5)
x	x	x	x	x	x	x	x	x	x	x	x	(6)
－	－	－	－	－	－	－	－	－	－	－	－	(7)
－	－	－	－	－	－	－	－	－	－	－	－	(8)
16	619	－	－	－	－	－	－	－	－	－	－	(9)
－	－	－	－	－	－	－	－	－	－	－	－	(10)
205	49	－	－	273	－	－	－	14	105	－	－	(11)
－	－	－	－	29	－	－	－	－	－	－	－	(12)
－	－	－	－	－	－	－	－	－	－	－	－	(13)
126	1,255	－	－	－	－	－	－	150	69	－	160	(14)
58	4,212	－	－	－	－	－	－	580	－	－	20	(15)
－	－	－	－	－	－	－	－	－	－	－	－	(16)
x	x	x	x	x	x	x	x	x	x	x	x	(17)
－	－	－	－	25	－	－	67	－	－	－	－	(18)
x	x	x	x	x	x	x	x	x	x	x	x	(19)
－	－	－	－	－	－	－	－	－	230	－	－	(20)
－	－	－	－	－	－	－	－	295	－	－	－	(21)
－	－	－	－	－	－	－	－	－	127	－	－	(22)
－	－	－	－	－	－	－	－	324	－	－	－	(23)
－	－	－	－	－	－	－	－	－	545	91	1,138	(24)
－	－	－	－	－	－	－	－	－	－	－	338	(25)
－	－	－	－	－	－	－	335	－	－	－	－	(26)
－	－	－	－	－	－	－	－	－	－	－	－	(27)
－	－	－	－	－	－	－	－	－	－	－	－	(28)
－	－	－	－	－	－	－	－	－	－	－	－	(29)
x	x	x	x	x	x	x	x	x	x	x	x	(30)
x	x	x	x	x	x	x	x	x	x	x	x	(31)
x	x	x	x	x	x	x	x	x	x	x	x	(32)
－	－	－	－	－	－	－	－	－	－	－	－	(33)
－	－	－	－	－	－	－	－	－	－	－	－	(34)
－	－	－	－	－	－	－	－	－	－	－	－	(35)
x	x	x	x	x	x	x	x	x	x	x	x	(36)
x	x	x	x	x	x	x	x	x	x	x	x	(37)
x	x	x	x	x	x	x	x	x	x	x	x	(38)
x	x	x	x	x	x	x	x	x	x	x	x	(39)
x	x	x	x	x	x	x	x	x	x	x	x	(40)
－	－	－	－	－	－	－	－	－	－	－	－	(41)
－	－	－	－	－	－	－	－	－	－	－	－	(42)
－	－	－	－	－	－	－	－	－	－	－	－	(43)
－	－	－	－	－	－	－	－	－	－	－	－	(44)
－	－	－	－	－	－	－	－	－	－	－	－	(45)
－	－	－	－	－	－	－	－	－	－	－	－	(46)
－	－	－	－	－	－	－	－	－	－	－	－	(47)
－	－	－	－	－	－	－	－	－	－	－	－	(48)

5 生乳移出入量（都道府県別）（月別）（続き）

(10) 9月分（続き）

移入＼移出		愛知	三重	滋賀	京都	大阪	兵庫	奈良	和歌山	鳥取	島根	岡山	広島
全　国	(1)	1,939	2,003	495	659	109	421	1,730	327	-	3,903	1,903	904
北　海　道	(2)	-	-	-	-	-	-	-	-	-	-	-	-
青　　森	(3)	x	x	x	x	x	x	x	x	x	x	x	x
岩　　手	(4)	-	-	-	-	-	-	-	-	-	-	-	-
宮　　城	(5)	-	-	-	-	-	-	-	-	-	-	-	-
秋　　田	(6)	x	x	x	x	x	x	x	x	x	x	x	x
山　　形	(7)	-	-	-	-	-	-	-	-	-	-	-	-
福　　島	(8)	-	-	-	-	-	-	-	-	-	-	-	-
茨　　城	(9)	-	-	-	-	-	-	-	-	-	-	-	-
栃　　木	(10)	-	-	-	-	-	-	-	-	-	-	-	-
群　　馬	(11)	-	-	-	-	-	-	-	-	-	-	-	-
埼　　玉	(12)	-	-	-	-	-	-	-	-	-	-	-	-
千　　葉	(13)	-	-	-	-	-	-	-	-	-	-	-	-
東　　京	(14)	14	-	-	-	-	-	-	-	-	-	-	-
神　奈　川	(15)	-	-	-	-	-	-	-	-	-	-	-	-
新　　潟	(16)	-	-	-	-	-	-	-	-	-	-	-	-
富　　山	(17)	x	x	x	x	x	x	x	x	x	x	x	x
石　　川	(18)	-	-	-	-	-	-	-	-	-	-	-	-
福　　井	(19)	x	x	x	x	x	x	x	x	x	x	x	x
山　　梨	(20)	-	-	-	-	-	-	-	-	-	-	-	-
長　　野	(21)	1,295	233	-	-	-	-	-	-	-	-	-	-
岐　　阜	(22)	298	189	-	-	-	-	-	-	-	-	341	-
静　　岡	(23)	-	-	-	-	-	-	-	-	-	-	-	-
愛　　知	(24)	-	1,270	-	-	-	-	-	-	-	-	-	-
三　　重	(25)	-	-	-	-	-	-	-	-	-	-	-	-
滋　　賀	(26)	-	100	-	-	-	-	-	-	-	-	-	-
京　　都	(27)	274	168	101	-	38	87	242	-	-	-	14	-
大　　阪	(28)	58	43	146	-	-	334	452	327	-	-	231	-
兵　　庫	(29)	-	-	248	659	20	-	1,036	-	-	-	916	-
奈　　良	(30)	x	x	x	x	x	x	x	x	x	x	x	x
和　歌　山	(31)	x	x	x	x	x	x	x	x	x	x	x	x
鳥　　取	(32)	x	x	x	x	x	x	x	x	x	x	x	x
島　　根	(33)	-	-	-	-	-	-	-	-	-	-	-	-
岡　　山	(34)	-	-	-	-	-	-	-	-	-	808	-	904
広　　島	(35)	-	-	-	-	-	-	-	-	-	1,990	347	-
山　　口	(36)	x	x	x	x	x	x	x	x	x	x	x	x
徳　　島	(37)	x	x	x	x	x	x	x	x	x	x	x	x
香　　川	(38)	x	x	x	x	x	x	x	x	x	x	x	x
愛　　媛	(39)	x	x	x	x	x	x	x	x	x	x	x	x
高　　知	(40)	x	x	x	x	x	x	x	x	x	x	x	x
福　　岡	(41)	-	-	-	-	-	-	-	-	-	-	-	-
佐　　賀	(42)	-	-	-	-	-	-	-	-	-	-	-	-
長　　崎	(43)	-	-	-	-	-	-	-	-	-	-	54	-
熊　　本	(44)	-	-	-	-	-	-	-	-	-	-	-	-
大　　分	(45)	-	-	-	-	-	-	-	-	-	-	-	-
宮　　崎	(46)	-	-	-	-	-	-	-	-	-	-	-	-
鹿　児　島	(47)	-	-	-	-	-	-	-	-	-	-	-	-
沖　　縄	(48)	-	-	-	-	-	-	-	-	-	-	-	-

山口	徳島	香川	愛媛	高知	福岡	佐賀	長崎	熊本	大分	宮崎	鹿児島	沖縄	
-	1,144	2,182	356	842	790	135	2,384	7,286	1,639	3,495	3,689	-	(1)
-	-	-	-	-	-	-	-	-	-	-	-	-	(2)
x	x	x	x	x	x	x	x	x	x	x	x	x	(3)
x	-	-	-	-	-	-	-	-	-	-	-	-	(4)
-	-	-	-	-	-	-	-	-	-	-	-	-	(5)
x	x	x	x	x	x	x	x	x	x	x	x	x	(6)
x	-	-	-	-	-	-	-	-	-	-	-	-	(7)
-	-	-	-	-	-	-	-	-	-	-	-	-	(8)
-	-	-	-	-	-	-	-	-	-	-	-	-	(9)
-	-	-	-	-	-	-	-	-	-	-	-	-	(10)
-	-	-	-	-	-	-	-	-	-	-	-	-	(11)
-	-	-	-	-	-	-	-	-	-	-	-	-	(12)
-	-	-	-	-	-	-	-	-	-	-	-	-	(13)
-	-	-	-	-	-	-	-	-	-	-	-	-	(14)
-	-	-	-	-	-	-	-	-	-	-	-	-	(15)
-	-	-	-	-	-	-	-	-	-	-	-	-	(16)
x	x	x	x	x	x	x	x	x	x	x	x	x	(17)
x	-	-	-	-	-	-	-	-	-	-	-	-	(18)
x	x	x	x	x	x	x	x	x	x	x	x	x	(19)
-	-	-	-	-	-	-	-	-	-	-	-	-	(20)
-	-	-	-	-	-	-	-	-	-	-	-	-	(21)
-	-	-	-	-	-	-	-	-	-	-	-	-	(22)
-	-	-	-	-	-	-	-	-	-	-	-	-	(23)
-	-	-	-	-	-	-	-	-	-	200	-	-	(24)
-	-	-	-	-	-	-	-	-	-	-	-	-	(25)
-	10	-	-	-	-	-	-	-	-	-	-	-	(26)
-	-	-	-	-	17	-	-	263	17	85	-	-	(27)
-	97	136	-	66	-	-	30	692	-	316	17	-	(28)
-	14	114	-	-	51	-	30	182	17	177	1,586	-	(29)
x	x	x	x	x	x	x	x	x	x	x	x	x	(30)
x	x	x	x	x	x	x	x	x	x	x	x	x	(31)
x	x	x	x	x	x	x	x	x	x	x	x	x	(32)
-	-	-	-	-	-	-	-	-	-	-	-	-	(33)
-	-	-	308	-	-	-	-	246	17	343	-	-	(34)
-	194	-	-	-	-	-	16	68	51	106	-	-	(35)
x	x	x	x	x	x	x	x	x	x	x	x	x	(36)
x	x	x	x	x	x	x	x	x	x	x	x	x	(37)
x	x	x	x	x	x	x	x	x	x	x	x	x	(38)
x	x	x	x	x	x	x	x	x	x	x	x	x	(39)
x	x	x	x	x	x	x	x	x	x	x	x	x	(40)
-	-	-	-	-	-	-	2,203	3,977	1,537	1,607	48	-	(41)
-	-	-	-	-	-	-	-	273	-	75	-	-	(42)
-	-	-	-	-	-	-	-	-	-	-	-	-	(43)
-	-	-	-	-	73	135	105	-	-	-	218	-	(44)
-	-	-	-	-	270	-	-	886	-	-	-	-	(45)
-	-	-	-	-	-	-	-	-	-	-	1,820	-	(46)
-	-	-	-	-	-	-	-	-	-	-	-	-	(47)
-	-	-	-	-	-	-	-	68	-	-	-	-	(48)

5　生乳移出入量（都道府県別）（月別）（続き）

(11)　10月分

移入＼移出	全国	北海道	青森	岩手	宮城	秋田	山形	福島	茨城	栃木	群馬
全　国　(1)	157,624	58,462	5,312	8,131	3,438	1,210	2,773	1,639	3,873	14,102	8,313
北 海 道 (2)	-	-	-	-	-	-	-	-	-	-	-
青　森　(3)	x	x	x	x	x	x	x	x	x	x	x
岩　手　(4)	1,090	-	585	-	-	490	-	-	-	15	-
宮　城　(5)	4,188	-	2,583	1,239	-	-	356	10	-	-	-
秋　田　(6)	x	x	x	x	x	x	x	x	x	x	x
山　形　(7)	-	-	-	-	-	-	-	-	-	-	-
福　島　(8)	1,827	-	-	262	744	30	-	-	-	791	-
茨　城　(9)	10,067	6,459	681	1,002	15	60	146	553	-	576	54
栃　木　(10)	692	-	-	655	-	-	-	-	37	-	-
群　馬　(11)	8,159	1,858	94	324	385	375	40	108	132	4,227	-
埼　玉　(12)	6,098	1,788	40	1,062	100	45	20	388	515	1,543	573
千　葉　(13)	5,832	1,298	17	169	269	65	-	106	2,125	1,645	138
東　京　(14)	7,921	493	174	352	166	95	-	-	567	2,288	2,660
神 奈 川 (15)	26,557	12,658	976	850	1,233	50	1,534	474	-	1,866	2,320
新　潟　(16)	1,470	363	-	755	-	-	297	-	11	-	44
富　山　(17)	x	x	x	x	x	x	x	x	x	x	x
石　川　(18)	784	274	162	-	-	-	160	-	-	-	79
福　井　(19)	x	x	x	x	x	x	x	x	x	x	x
山　梨　(20)	269	-	-	-	-	-	-	-	-	-	-
長　野　(21)	4,797	393	-	-	41	-	20	-	220	-	2,098
岐　阜　(22)	5,736	3,462	-	204	-	-	65	-	-	848	258
静　岡　(23)	2,317	663	-	470	330	-	100	-	68	303	89
愛　知　(24)	8,400	3,740	-	787	155	-	35	-	184	-	-
三　重　(25)	355	-	-	-	-	-	-	-	-	-	-
滋　賀　(26)	1,295	837	-	-	-	-	-	-	-	-	-
京　都　(27)	9,416	8,189	-	-	-	-	-	-	-	-	-
大　阪　(28)	9,876	6,411	-	-	-	-	-	-	-	-	-
兵　庫　(29)	10,672	5,612	-	-	-	-	-	-	-	-	-
奈　良　(30)	x	x	x	x	x	x	x	x	x	x	x
和 歌 山 (31)	x	x	x	x	x	x	x	x	x	x	x
鳥　取　(32)	x	x	x	x	x	x	x	x	x	x	x
島　根　(33)	-	-	-	-	-	-	-	-	-	-	-
岡　山　(34)	6,546	3,964	-	-	-	-	-	-	14	-	-
広　島　(35)	2,915	-	-	-	-	-	-	-	-	-	-
山　口　(36)	x	x	x	x	x	x	x	x	x	x	x
徳　島　(37)	x	x	x	x	x	x	x	x	x	x	x
香　川　(38)	x	x	x	x	x	x	x	x	x	x	x
愛　媛　(39)	x	x	x	x	x	x	x	x	x	x	x
高　知　(40)	x	x	x	x	x	x	x	x	x	x	x
福　岡　(41)	10,168	-	-	-	-	-	-	-	-	-	-
佐　賀　(42)	300	-	-	-	-	-	-	-	-	-	-
長　崎　(43)	54	-	-	-	-	-	-	-	-	-	-
熊　本　(44)	966	-	-	-	-	-	-	-	-	-	-
大　分　(45)	1,066	-	-	-	-	-	-	-	-	-	-
宮　崎　(46)	1,964	-	-	-	-	-	-	-	-	-	-
鹿 児 島 (47)	-	-	-	-	-	-	-	-	-	-	-
沖　縄　(48)	101	-	-	-	-	-	-	-	-	-	-

埼玉	千葉	東京	神奈川	新潟	富山	石川	福井	山梨	長野	岐阜	静岡	
386	5,262	-	-	418	-	-	424	1,350	1,161	91	1,666	(1)
-	-	-	-	-	-	-	-	-	-	-	-	(2)
x	x	x	x	x	x	x	x	x	x	x	x	(3)
-	-	-	-	-	-	-	-	-	-	-	-	(4)
-	-	-	-	-	-	-	-	-	-	-	-	(5)
x	x	x	x	x	x	x	x	x	x	x	x	(6)
-	-	-	-	-	-	-	-	-	-	-	-	(7)
-	-	-	-	-	-	-	-	-	-	-	-	(8)
30	491	-	-	-	-	-	-	-	-	-	-	(9)
-	-	-	-	-	-	-	-	-	-	-	-	(10)
162	-	-	-	322	-	-	-	12	120	-	-	(11)
-	-	-	-	24	-	-	-	-	-	-	-	(12)
-	-	-	-	-	-	-	-	-	-	-	-	(13)
137	867	-	-	-	-	-	-	111	11	-	-	(14)
57	3,904	-	-	-	-	-	-	625	-	-	10	(15)
-	-	-	-	-	-	-	-	-	-	-	-	(16)
x	x	x	x	x	x	x	x	x	x	x	x	(17)
-	-	-	-	43	-	-	66	-	-	-	-	(18)
x	x	x	x	x	x	x	x	x	x	x	x	(19)
-	-	-	-	-	-	-	-	-	269	-	-	(20)
-	-	-	-	29	-	-	-	308	-	-	-	(21)
-	-	-	-	-	-	-	-	-	136	-	-	(22)
-	-	-	-	-	-	-	-	294	-	-	-	(23)
-	-	-	-	-	-	-	-	-	625	91	1,301	(24)
-	-	-	-	-	-	-	-	-	-	-	355	(25)
-	-	-	-	-	-	-	358	-	-	-	-	(26)
-	-	-	-	-	-	-	-	-	-	-	-	(27)
-	-	-	-	-	-	-	-	-	-	-	-	(28)
-	-	-	-	-	-	-	-	-	-	-	-	(29)
x	x	x	x	x	x	x	x	x	x	x	x	(30)
x	x	x	x	x	x	x	x	x	x	x	x	(31)
x	x	x	x	x	x	x	x	x	x	x	x	(32)
-	-	-	-	-	-	-	-	-	-	-	-	(33)
-	-	-	-	-	-	-	-	-	-	-	-	(34)
-	-	-	-	-	-	-	-	-	-	-	-	(35)
x	x	x	x	x	x	x	x	x	x	x	x	(36)
x	x	x	x	x	x	x	x	x	x	x	x	(37)
x	x	x	x	x	x	x	x	x	x	x	x	(38)
x	x	x	x	x	x	x	x	x	x	x	x	(39)
x	x	x	x	x	x	x	x	x	x	x	x	(40)
-	-	-	-	-	-	-	-	-	-	-	-	(41)
-	-	-	-	-	-	-	-	-	-	-	-	(42)
-	-	-	-	-	-	-	-	-	-	-	-	(43)
-	-	-	-	-	-	-	-	-	-	-	-	(44)
-	-	-	-	-	-	-	-	-	-	-	-	(45)
-	-	-	-	-	-	-	-	-	-	-	-	(46)
-	-	-	-	-	-	-	-	-	-	-	-	(47)
-	-	-	-	-	-	-	-	-	-	-	-	(48)

5 生乳移出入量（都道府県別）（月別）（続き）

(11) 10月分（続き）

移入＼移出		愛知	三重	滋賀	京都	大阪	兵庫	奈良	和歌山	鳥取	島根	岡山	広島
全　国	(1)	2,085	2,011	523	710	108	443	1,799	342	-	4,103	2,017	922
北　海　道	(2)	-	-	-	-	-	-	-	-	-	-	-	-
青　　森	(3)	x	x	x	x	x	x	x	x	x	x	x	x
岩　　手	(4)	-	-	-	-	-	-	-	-	-	-	-	-
宮　　城	(5)	-	-	-	-	-	-	-	-	-	-	-	-
秋　　田	(6)	x	x	x	x	x	x	x	x	x	x	x	x
山　　形	(7)	-	-	-	-	-	-	-	-	-	-	-	-
福　　島	(8)	-	-	-	-	-	-	-	-	-	-	-	-
茨　　城	(9)	-	-	-	-	-	-	-	-	-	-	-	-
栃　　木	(10)	-	-	-	-	-	-	-	-	-	-	-	-
群　　馬	(11)	-	-	-	-	-	-	-	-	-	-	-	-
埼　　玉	(12)	-	-	-	-	-	-	-	-	-	-	-	-
千　　葉	(13)	-	-	-	-	-	-	-	-	-	-	-	-
東　　京	(14)	-	-	-	-	-	-	-	-	-	-	-	-
神　奈　川	(15)	-	-	-	-	-	-	-	-	-	-	-	-
新　　潟	(16)	-	-	-	-	-	-	-	-	-	-	-	-
富　　山	(17)	x	x	x	x	x	x	x	x	x	x	x	x
石　　川	(18)	-	-	-	-	-	-	-	-	-	-	-	-
福　　井	(19)	x	x	x	x	x	x	x	x	x	x	x	x
山　　梨	(20)	-	-	-	-	-	-	-	-	-	-	-	-
長　　野	(21)	1,444	244	-	-	-	-	-	-	-	-	-	-
岐　　阜	(22)	277	119	-	-	-	-	-	-	-	-	367	-
静　　岡	(23)	-	-	-	-	-	-	-	-	-	-	-	-
愛　　知	(24)	-	1,314	-	-	-	-	-	-	-	-	-	-
三　　重	(25)	-	-	-	-	-	-	-	-	-	-	-	-
滋　　賀	(26)	-	90	-	-	-	-	-	-	-	-	-	-
京　　都	(27)	289	174	103	-	41	90	241	-	-	-	54	-
大　　阪	(28)	75	70	159	-	-	353	477	342	-	-	270	-
兵　　庫	(29)	-	-	261	710	34	-	1,081	-	-	-	920	-
奈　　良	(30)	x	x	x	x	x	x	x	x	x	x	x	x
和　歌　山	(31)	x	x	x	x	x	x	x	x	x	x	x	x
鳥　　取	(32)	x	x	x	x	x	x	x	x	x	x	x	x
島　　根	(33)	-	-	-	-	-	-	-	-	-	-	-	-
岡　　山	(34)	-	-	-	-	-	-	-	-	-	792	-	922
広　　島	(35)	-	-	-	-	-	-	-	-	-	2,047	352	-
山　　口	(36)	x	x	x	x	x	x	x	x	x	x	x	x
徳　　島	(37)	x	x	x	x	x	x	x	x	x	x	x	x
香　　川	(38)	x	x	x	x	x	x	x	x	x	x	x	x
愛　　媛	(39)	x	x	x	x	x	x	x	x	x	x	x	x
高　　知	(40)	x	x	x	x	x	x	x	x	x	x	x	x
福　　岡	(41)	-	-	-	-	-	-	-	-	-	-	-	-
佐　　賀	(42)	-	-	-	-	-	-	-	-	-	-	-	-
長　　崎	(43)	-	-	-	-	-	-	-	-	-	-	54	-
熊　　本	(44)	-	-	-	-	-	-	-	-	-	-	-	-
大　　分	(45)	-	-	-	-	-	-	-	-	-	-	-	-
宮　　崎	(46)	-	-	-	-	-	-	-	-	-	-	-	-
鹿　児　島	(47)	-	-	-	-	-	-	-	-	-	-	-	-
沖　　縄	(48)	-	-	-	-	-	-	-	-	-	-	-	-

単位：t

山 口	徳 島	香 川	愛 媛	高 知	福 岡	佐 賀	長 崎	熊 本	大 分	宮 崎	鹿児島	沖 縄	
-	1,221	2,115	381	869	825	180	2,565	7,634	1,692	3,168	3,900	-	(1)
-	-	-	-	-	-	-	-	-	-	-	-	-	(2)
x	x	x	x	x	x	x	x	x	x	x	x	x	(3)
-	-	-	-	-	-	-	-	-	-	-	-	-	(4)
-	-	-	-	-	-	-	-	-	-	-	-	-	(5)
x	x	x	x	x	x	x	x	x	x	x	x	x	(6)
-	-	-	-	-	-	-	-	-	-	-	-	-	(7)
-	-	-	-	-	-	-	-	-	-	-	-	-	(8)
-	-	-	-	-	-	-	-	-	-	-	-	-	(9)
-	-	-	-	-	-	-	-	-	-	-	-	-	(10)
-	-	-	-	-	-	-	-	-	-	-	-	-	(11)
-	-	-	-	-	-	-	-	-	-	-	-	-	(12)
-	-	-	-	-	-	-	-	-	-	-	-	-	(13)
-	-	-	-	-	-	-	-	-	-	-	-	-	(14)
-	-	-	-	-	-	-	-	-	-	-	-	-	(15)
-	-	-	-	-	-	-	-	-	-	-	-	-	(16)
x	x	x	x	x	x	x	x	x	x	x	x	x	(17)
-	-	-	-	-	-	-	-	-	-	-	-	-	(18)
x	x	x	x	x	x	x	x	x	x	x	x	x	(19)
-	-	-	-	-	-	-	-	-	-	-	-	-	(20)
-	-	-	-	-	-	-	-	-	-	-	-	-	(21)
-	-	-	-	-	-	-	-	-	-	-	-	-	(22)
-	-	-	-	-	-	-	-	-	-	-	-	-	(23)
-	-	-	-	-	-	-	-	-	-	168	-	-	(24)
-	-	-	-	-	-	-	-	-	-	-	-	-	(25)
-	10	-	-	-	-	-	-	-	-	-	-	-	(26)
-	-	-	-	-	-	-	-	235	-	-	-	-	(27)
-	345	114	-	-	-	-	40	882	-	321	17	-	(28)
-	28	232	-	-	-	-	45	17	17	179	1,536	-	(29)
x	x	x	x	x	x	x	x	x	x	x	x	x	(30)
x	x	x	x	x	x	x	x	x	x	x	x	x	(31)
x	x	x	x	x	x	x	x	x	x	x	x	x	(32)
-	-	-	-	-	-	-	-	-	-	-	-	-	(33)
-	-	-	320	-	-	-	30	262	17	225	-	-	(34)
-	179	-	-	-	-	-	30	85	68	137	17	-	(35)
x	x	x	x	x	x	x	x	x	x	x	x	x	(36)
x	x	x	x	x	x	x	x	x	x	x	x	x	(37)
x	x	x	x	x	x	x	x	x	x	x	x	x	(38)
x	x	x	x	x	x	x	x	x	x	x	x	x	(39)
x	x	x	x	x	x	x	x	x	x	x	x	x	(40)
-	-	-	-	-	-	-	2,115	4,836	1,590	1,531	96	-	(41)
-	-	-	-	-	-	-	-	285	-	15	-	-	(42)
-	-	-	-	-	-	-	-	-	-	-	-	-	(43)
-	-	-	-	-	211	180	305	-	-	-	270	-	(44)
-	-	-	-	-	270	-	-	796	-	-	-	-	(45)
-	-	-	-	-	-	-	-	-	-	-	1,964	-	(46)
-	-	-	-	-	-	-	-	-	-	-	-	-	(47)
-	-	-	-	-	-	-	-	101	-	-	-	-	(48)

5 生乳移出入量（都道府県別）（月別）（続き）

（12） 11月分

移入＼移出	全国	北海道	青森	岩手	宮城	秋田	山形	福島	茨城	栃木	群馬
全 国 (1)	146,626	50,256	5,138	7,568	3,855	1,183	2,828	1,469	2,271	14,150	7,487
北 海 道 (2)	-	-	-	-	-	-	-	-	-	-	-
青 森 (3)	x	x	x	x	x	x	x	x	x	x	x
岩 手 (4)	1,067	-	560	-	35	457	-	-	-	-	-
宮 城 (5)	3,721	-	2,352	1,083	-	-	276	10	-	-	-
秋 田 (6)	x	x	x	x	x	x	x	x	x	x	x
山 形 (7)	-	-	-	-	-	-	-	-	-	-	-
福 島 (8)	2,593	-	-	200	1,036	-	-	-	-	1,357	-
茨 城 (9)	8,792	4,741	1,009	930	45	15	224	442	-	718	18
栃 木 (10)	693	-	-	693	-	-	-	-	-	-	-
群 馬 (11)	7,708	1,431	120	358	327	466	200	282	-	3,933	-
埼 玉 (12)	5,705	2,336	51	806	155	75	85	211	-	1,726	260
千 葉 (13)	5,727	1,502	54	142	355	75	-	-	1,857	1,588	154
東 京 (14)	7,378	1,108	88	217	136	95	-	-	414	1,511	1,863
神 奈 川 (15)	25,071	11,580	887	850	1,065	-	1,501	524	-	2,076	2,588
新 潟 (16)	1,330	304	-	717	-	-	275	-	-	-	34
富 山 (17)	x	x	x	x	x	x	x	x	x	x	x
石 川 (18)	1,022	752	17	-	-	-	16	-	-	-	93
福 井 (19)	x	x	x	x	x	x	x	x	x	x	x
山 梨 (20)	252	-	-	-	-	-	-	-	-	-	-
長 野 (21)	4,640	256	-	-	206	-	20	-	-	-	2,125
岐 阜 (22)	5,417	3,156	-	162	-	-	61	-	-	836	262
静 岡 (23)	2,285	322	-	737	320	-	100	-	-	405	90
愛 知 (24)	7,439	3,164	-	673	175	-	70	-	-	-	-
三 重 (25)	330	-	-	-	-	-	-	-	-	-	-
滋 賀 (26)	1,156	703	-	-	-	-	-	-	-	-	-
京 都 (27)	8,443	6,713	-	-	-	-	-	-	-	-	-
大 阪 (28)	8,964	5,422	-	-	-	-	-	-	-	-	-
兵 庫 (29)	9,509	4,277	-	-	-	-	-	-	-	-	-
奈 良 (30)	x	x	x	x	x	x	x	x	x	x	x
和 歌 山 (31)	x	x	x	x	x	x	x	x	x	x	x
鳥 取 (32)	x	x	x	x	x	x	x	x	x	x	x
島 根 (33)	-	-	-	-	-	-	-	-	-	-	-
岡 山 (34)	5,793	2,489	-	-	-	-	-	-	-	-	-
広 島 (35)	2,609	-	-	-	-	-	-	-	-	-	-
山 口 (36)	x	x	x	x	x	x	x	x	x	x	x
徳 島 (37)	x	x	x	x	x	x	x	x	x	x	x
香 川 (38)	x	x	x	x	x	x	x	x	x	x	x
愛 媛 (39)	x	x	x	x	x	x	x	x	x	x	x
高 知 (40)	x	x	x	x	x	x	x	x	x	x	x
福 岡 (41)	9,138	-	-	-	-	-	-	-	-	-	-
佐 賀 (42)	277	-	-	-	-	-	-	-	-	-	-
長 崎 (43)	27	-	-	-	-	-	-	-	-	-	-
熊 本 (44)	1,064	-	-	-	-	-	-	-	-	-	-
大 分 (45)	691	-	-	-	-	-	-	-	-	-	-
宮 崎 (46)	2,391	-	-	-	-	-	-	-	-	-	-
鹿 児 島 (47)	-	-	-	-	-	-	-	-	-	-	-
沖 縄 (48)	68	-	-	-	-	-	-	-	-	-	-

単位：t

埼玉	千葉	東京	神奈川	新潟	富山	石川	福井	山梨	長野	岐阜	静岡	
380	5,325	-	-	419	23	-	415	1,337	1,140	76	1,659	(1)
-	-	-	-	-	-	-	-	-	-	-	-	(2)
x	x	x	x	x	x	x	x	x	x	x	x	(3)
-	15	-	-	-	-	-	-	-	-	-	-	(4)
-	-	-	-	-	-	-	-	-	-	-	-	(5)
x	x	x	x	x	x	x	x	x	x	x	x	(6)
-	-	-	-	-	-	-	-	-	-	-	-	(7)
-	-	-	-	-	-	-	-	-	-	-	-	(8)
47	603	-	-	-	-	-	-	-	-	-	-	(9)
-	-	-	-	-	-	-	-	-	-	-	-	(10)
150	-	-	-	318	-	-	-	10	113	-	-	(11)
-	-	-	-	-	-	-	-	-	-	-	-	(12)
-	-	-	-	-	-	-	-	-	-	-	-	(13)
139	1,285	-	-	-	-	-	-	167	125	-	230	(14)
44	3,422	-	-	-	-	-	-	534	-	-	-	(15)
-	-	-	-	-	-	-	-	-	-	-	-	(16)
x	x	x	x	x	x	x	x	x	x	x	x	(17)
-	-	-	-	58	23	-	63	-	-	-	-	(18)
x	x	x	x	x	x	x	x	x	x	x	x	(19)
-	-	-	-	-	-	-	-	-	252	-	-	(20)
-	-	-	-	43	-	-	-	315	-	-	-	(21)
-	-	-	-	-	-	-	-	-	127	-	-	(22)
-	-	-	-	-	-	-	-	311	-	-	-	(23)
-	-	-	-	-	-	-	-	-	523	76	1,099	(24)
-	-	-	-	-	-	-	-	-	-	-	330	(25)
-	-	-	-	-	-	-	352	-	-	-	-	(26)
-	-	-	-	-	-	-	-	-	-	-	-	(27)
-	-	-	-	-	-	-	-	-	-	-	-	(28)
-	-	-	-	-	-	-	-	-	-	-	-	(29)
x	x	x	x	x	x	x	x	x	x	x	x	(30)
x	x	x	x	x	x	x	x	x	x	x	x	(31)
x	x	x	x	x	x	x	x	x	x	x	x	(32)
-	-	-	-	-	-	-	-	-	-	-	-	(33)
-	-	-	-	-	-	-	-	-	-	-	-	(34)
-	-	-	-	-	-	-	-	-	-	-	-	(35)
x	x	x	x	x	x	x	x	x	x	x	x	(36)
x	x	x	x	x	x	x	x	x	x	x	x	(37)
x	x	x	x	x	x	x	x	x	x	x	x	(38)
x	x	x	x	x	x	x	x	x	x	x	x	(39)
x	x	x	x	x	x	x	x	x	x	x	x	(40)
-	-	-	-	-	-	-	-	-	-	-	-	(41)
-	-	-	-	-	-	-	-	-	-	-	-	(42)
-	-	-	-	-	-	-	-	-	-	-	-	(43)
-	-	-	-	-	-	-	-	-	-	-	-	(44)
-	-	-	-	-	-	-	-	-	-	-	-	(45)
-	-	-	-	-	-	-	-	-	-	-	-	(46)
-	-	-	-	-	-	-	-	-	-	-	-	(47)
-	-	-	-	-	-	-	-	-	-	-	-	(48)

5 生乳移出入量（都道府県別）（月別）（続き）

(12) 11月分（続き）

移入＼移出		愛知	三重	滋賀	京都	大阪	兵庫	奈良	和歌山	鳥取	島根	岡山	広島
全　国	(1)	2,111	2,277	521	719	55	489	1,722	359	－	4,032	2,108	905
北　海　道	(2)	－	－	－	－	－	－	－	－	－	－	－	－
青　森	(3)	x	x	x	x	x	x	x	x	x	x	x	x
岩　手	(4)	－	－	－	－	－	－	－	－	－	－	－	－
宮　城	(5)	－	－	－	－	－	－	－	－	－	－	－	－
秋　田	(6)	x	x	x	x	x	x	x	x	x	x	x	x
山　形	(7)	－	－	－	－	－	－	－	－	－	－	－	－
福　島	(8)	－	－	－	－	－	－	－	－	－	－	－	－
茨　城	(9)	－	－	－	－	－	－	－	－	－	－	－	－
栃　木	(10)	－	－	－	－	－	－	－	－	－	－	－	－
群　馬	(11)	－	－	－	－	－	－	－	－	－	－	－	－
埼　玉	(12)	－	－	－	－	－	－	－	－	－	－	－	－
千　葉	(13)	－	－	－	－	－	－	－	－	－	－	－	－
東　京	(14)	－	－	－	－	－	－	－	－	－	－	－	－
神　奈　川	(15)	－	－	－	－	－	－	－	－	－	－	－	－
新　潟	(16)	－	－	－	－	－	－	－	－	－	－	－	－
富　山	(17)	x	x	x	x	x	x	x	x	x	x	x	x
石　川	(18)	－	－	－	－	－	－	－	－	－	－	－	－
福　井	(19)	x	x	x	x	x	x	x	x	x	x	x	x
山　梨	(20)	－	－	－	－	－	－	－	－	－	－	－	－
長　野	(21)	1,427	248	－	－	－	－	－	－	－	－	－	－
岐　阜	(22)	296	136	－	－	－	－	－	－	－	－	381	－
静　岡	(23)	－	－	－	－	－	－	－	－	－	－	－	－
愛　知	(24)	－	1,508	－	－	－	－	－	－	－	－	－	－
三　重	(25)	－	－	－	－	－	－	－	－	－	－	－	－
滋　賀	(26)	－	91	－	－	－	－	－	－	－	－	－	－
京　都	(27)	328	221	107	－	41	149	237	－	－	29	41	－
大　阪	(28)	60	73	157	－	－	340	461	359	－	10	271	－
兵　庫	(29)	－	－	257	719	14	－	1,024	－	－	－	1,044	－
奈　良	(30)	x	x	x	x	x	x	x	x	x	x	x	x
和　歌　山	(31)	x	x	x	x	x	x	x	x	x	x	x	x
鳥　取	(32)	x	x	x	x	x	x	x	x	x	x	x	x
島　根	(33)	－	－	－	－	－	－	－	－	－	－	－	－
岡　山	(34)	－	－	－	－	－	－	－	－	－	1,438	－	905
広　島	(35)	－	－	－	－	－	－	－	－	－	1,910	344	－
山　口	(36)	x	x	x	x	x	x	x	x	x	x	x	x
徳　島	(37)	x	x	x	x	x	x	x	x	x	x	x	x
香　川	(38)	x	x	x	x	x	x	x	x	x	x	x	x
愛　媛	(39)	x	x	x	x	x	x	x	x	x	x	x	x
高　知	(40)	x	x	x	x	x	x	x	x	x	x	x	x
福　岡	(41)	－	－	－	－	－	－	－	－	－	－	－	－
佐　賀	(42)	－	－	－	－	－	－	－	－	－	－	－	－
長　崎	(43)	－	－	－	－	－	－	－	－	－	－	27	－
熊　本	(44)	－	－	－	－	－	－	－	－	－	－	－	－
大　分	(45)	－	－	－	－	－	－	－	－	－	－	－	－
宮　崎	(46)	－	－	－	－	－	－	－	－	－	－	－	－
鹿　児　島	(47)	－	－	－	－	－	－	－	－	－	－	－	－
沖　縄	(48)	－	－	－	－	－	－	－	－	－	－	－	－

単位：t

山口	徳島	香川	愛媛	高知	福岡	佐賀	長崎	熊本	大分	宮崎	鹿児島	沖縄	
-	1,184	2,048	378	886	805	257	2,525	7,094	1,693	3,320	4,159	-	(1)
-	-	-	-	-	-	-	-	-	-	-	-	-	(2)
x	x	x	x	x	x	x	x	x	x	x	x	x	(3)
-	-	-	-	-	-	-	-	-	-	-	-	-	(4)
-	-	-	-	-	-	-	-	-	-	-	-	-	(5)
x	x	x	x	x	x	x	x	x	x	x	x	x	(6)
-	-	-	-	-	-	-	-	-	-	-	-	-	(7)
-	-	-	-	-	-	-	-	-	-	-	-	-	(8)
-	-	-	-	-	-	-	-	-	-	-	-	-	(9)
-	-	-	-	-	-	-	-	-	-	-	-	-	(10)
-	-	-	-	-	-	-	-	-	-	-	-	-	(11)
-	-	-	-	-	-	-	-	-	-	-	-	-	(12)
-	-	-	-	-	-	-	-	-	-	-	-	-	(13)
-	-	-	-	-	-	-	-	-	-	-	-	-	(14)
-	-	-	-	-	-	-	-	-	-	-	-	-	(15)
-	-	-	-	-	-	-	-	-	-	-	-	-	(16)
x	x	x	x	x	x	x	x	x	x	x	x	x	(17)
-	-	-	-	-	-	-	-	-	-	-	-	-	(18)
x	x	x	x	x	x	x	x	x	x	x	x	x	(19)
-	-	-	-	-	-	-	-	-	-	-	-	-	(20)
-	-	-	-	-	-	-	-	-	-	-	-	-	(21)
-	-	-	-	-	-	-	-	-	-	-	-	-	(22)
-	-	-	-	-	-	-	-	-	-	-	-	-	(23)
-	-	-	-	-	-	-	-	-	-	151	-	-	(24)
-	-	-	-	-	-	-	-	-	-	-	-	-	(25)
-	10	-	-	-	-	-	-	-	-	-	-	-	(26)
-	-	-	-	-	68	-	-	305	17	187	-	-	(27)
-	374	210	-	-	-	-	50	822	-	338	17	-	(28)
-	42	486	-	-	-	-	60	137	17	281	1,151	-	(29)
x	x	x	x	x	x	x	x	x	x	x	x	x	(30)
x	x	x	x	x	x	x	x	x	x	x	x	x	(31)
x	x	x	x	x	x	x	x	x	x	x	x	x	(32)
-	-	-	-	-	-	-	-	-	-	-	-	-	(33)
-	-	36	315	-	-	-	-	317	68	225	-	-	(34)
-	110	-	-	-	-	-	30	66	51	30	68	-	(35)
x	x	x	x	x	x	x	x	x	x	x	x	x	(36)
x	x	x	x	x	x	x	x	x	x	x	x	x	(37)
x	x	x	x	x	x	x	x	x	x	x	x	x	(38)
x	x	x	x	x	x	x	x	x	x	x	x	x	(39)
x	x	x	x	x	x	x	x	x	x	x	x	x	(40)
-	-	-	-	-	-	-	2,130	4,110	1,540	1,262	96	-	(41)
-	-	-	-	-	-	-	-	277	-	-	-	-	(42)
-	-	-	-	-	-	-	-	-	-	-	-	-	(43)
-	-	-	-	-	116	257	255	-	-	-	436	-	(44)
-	-	-	-	-	165	-	-	526	-	-	-	-	(45)
-	-	-	-	-	-	-	-	-	-	-	2,391	-	(46)
-	-	-	-	-	-	-	-	-	-	-	-	-	(47)
-	-	-	-	-	-	-	-	68	-	-	-	-	(48)

5　生乳移出入量（都道府県別）（月別）（続き）

（13）　12月分

移入 ＼ 移出	全国	北海道	青森	岩手	宮城	秋田	山形	福島	茨城	栃木	群馬
全　国　(1)	146,396	40,918	5,632	7,295	4,074	1,346	3,338	1,641	2,734	15,298	8,104
北　海　道　(2)	-	-	-	-	-	-	-	-	-	-	-
青　森　(3)	x	x	x	x	x	x	x	x	x	x	x
岩　手　(4)	2,112	-	1,089	-	150	731	16	-	-	76	50
宮　城　(5)	3,954	-	2,432	1,063	-	-	459	-	-	-	-
秋　田　(6)	x	x	x	x	x	x	x	x	x	x	x
山　形　(7)	-	-	-	-	-	-	-	-	-	-	-
福　島　(8)	5,657	-	17	374	1,115	145	16	-	-	3,779	211
茨　城　(9)	11,048	4,515	1,038	1,092	425	160	422	721	-	974	290
栃　木　(10)	655	-	-	655	-	-	-	-	-	-	-
群　馬　(11)	6,937	1,705	40	235	412	215	80	85	-	3,397	-
埼　玉　(12)	4,660	1,946	49	530	105	40	15	211	-	1,501	189
千　葉　(13)	5,205	629	116	188	215	35	-	30	2,246	1,589	157
東　京　(14)	7,420	816	71	75	105	-	-	-	488	931	2,550
神　奈　川　(15)	23,409	10,028	748	748	1,015	20	1,367	594	-	1,810	2,166
新　潟　(16)	1,537	330	-	712	15	-	396	-	-	-	72
富　山　(17)	x	x	x	x	x	x	x	x	x	x	x
石　川　(18)	781	443	32	-	-	-	35	-	-	-	88
福　井　(19)	x	x	x	x	x	x	x	x	x	x	x
山　梨　(20)	298	-	-	-	-	-	-	-	-	-	-
長　野　(21)	4,045	34	-	-	56	-	20	-	-	-	1,943
岐　阜　(22)	4,688	2,126	-	141	-	-	346	-	-	857	298
静　岡　(23)	1,892	187	-	644	195	-	80	-	-	384	60
愛　知　(24)	6,970	2,099	-	838	266	-	86	-	-	-	-
三　重　(25)	273	-	-	-	-	-	-	-	-	-	-
滋　賀　(26)	909	411	-	-	-	-	-	-	-	-	-
京　都　(27)	8,144	5,957	-	-	-	-	-	-	-	-	-
大　阪　(28)	8,557	4,255	-	-	-	-	-	-	-	-	30
兵　庫　(29)	8,915	3,336	-	-	-	-	-	-	-	-	-
奈　良　(30)	x	x	x	x	x	x	x	x	x	x	x
和　歌　山　(31)	x	x	x	x	x	x	x	x	x	x	x
鳥　取　(32)	x	x	x	x	x	x	x	x	x	x	x
島　根　(33)	-	-	-	-	-	-	-	-	-	-	-
岡　山　(34)	5,206	2,101	-	-	-	-	-	-	-	-	-
広　島　(35)	2,445	-	-	-	-	-	-	-	-	-	-
山　口　(36)	x	x	x	x	x	x	x	x	x	x	x
徳　島　(37)	x	x	x	x	x	x	x	x	x	x	x
香　川　(38)	x	x	x	x	x	x	x	x	x	x	x
愛　媛　(39)	x	x	x	x	x	x	x	x	x	x	x
高　知　(40)	x	x	x	x	x	x	x	x	x	x	x
福　岡　(41)	8,843	-	-	-	-	-	-	-	-	-	-
佐　賀　(42)	281	-	-	-	-	-	-	-	-	-	-
長　崎　(43)	68	-	-	-	-	-	-	-	-	-	-
熊　本　(44)	2,639	-	-	-	-	-	-	-	-	-	-
大　分　(45)	345	-	-	-	-	-	-	-	-	-	-
宮　崎　(46)	3,133	-	-	-	-	-	-	-	-	-	-
鹿　児　島　(47)	-	-	-	-	-	-	-	-	-	-	-
沖　縄　(48)	68	-	-	-	-	-	-	-	-	-	-

埼　玉	千　葉	東　京	神奈川	新　潟	富　山	石　川	福　井	山　梨	長　野	岐　阜	静　岡	
602	6,618	－	－	709	152	17	433	1,454	1,306	164	1,935	(1)
－	－	－	－	－	－	－	－	－	－	－	－	(2)
x	x	x	x	x	x	x	x	x	x	x	x	(3)
－	－	－	－	－	－	－	－	－	－	－	－	(4)
－	－	－	－	－	－	－	－	－	－	－	－	(5)
x	x	x	x	x	x	x	x	x	x	x	x	(6)
－	－	－	－	－	－	－	－	－	－	－	－	(7)
－	－	－	－	－	－	－	－	－	－	－	－	(8)
91	912	－	－	201	11	17	－	－	28	－	－	(9)
－	－	－	－	－	－	－	－	－	－	－	－	(10)
207	62	－	－	301	91	－	－	8	99	－	－	(11)
－	30	－	－	44	－	－	－	－	－	－	－	(12)
－	－	－	－	－	－	－	－	－	－	－	－	(13)
245	1,324	－	－	－	－	－	－	241	243	－	331	(14)
59	4,290	－	－	－	－	－	－	544	－	－	20	(15)
－	－	－	－	－	12	－	－	－	－	－	－	(16)
x	x	x	x	x	x	x	x	x	x	x	x	(17)
－	－	－	－	73	38	－	72	－	－	－	－	(18)
x	x	x	x	x	x	x	x	x	x	x	x	(19)
－	－	－	－	－	－	－	－	－	298	－	－	(20)
－	－	－	－	75	－	－	－	319	－	－	－	(21)
－	－	－	－	－	－	－	－	－	127	－	－	(22)
－	－	－	－	－	－	－	－	342	－	－	－	(23)
－	－	－	－	－	－	－	－	－	511	85	1,311	(24)
－	－	－	－	－	－	－	－	－	－	－	273	(25)
－	－	－	－	15	－	－	361	－	－	－	－	(26)
－	－	－	－	－	－	－	－	－	－	－	－	(27)
－	－	－	－	－	－	－	－	－	－	－	－	(28)
－	－	－	－	－	－	－	－	－	－	－	－	(29)
x	x	x	x	x	x	x	x	x	x	x	x	(30)
x	x	x	x	x	x	x	x	x	x	x	x	(31)
x	x	x	x	x	x	x	x	x	x	x	x	(32)
－	－	－	－	－	－	－	－	－	－	－	－	(33)
－	－	－	－	－	－	－	－	－	－	－	－	(34)
－	－	－	－	－	－	－	－	－	－	－	－	(35)
x	x	x	x	x	x	x	x	x	x	x	x	(36)
x	x	x	x	x	x	x	x	x	x	x	x	(37)
x	x	x	x	x	x	x	x	x	x	x	x	(38)
x	x	x	x	x	x	x	x	x	x	x	x	(39)
x	x	x	x	x	x	x	x	x	x	x	x	(40)
－	－	－	－	－	－	－	－	－	－	－	－	(41)
－	－	－	－	－	－	－	－	－	－	－	－	(42)
－	－	－	－	－	－	－	－	－	－	－	－	(43)
－	－	－	－	－	－	－	－	－	－	64	－	(44)
－	－	－	－	－	－	－	－	－	－	－	－	(45)
－	－	－	－	－	－	－	－	－	－	－	－	(46)
－	－	－	－	－	－	－	－	－	－	－	－	(47)
－	－	－	－	－	－	－	－	－	－	－	－	(48)

5 生乳移出入量（都道府県別）（月別）（続き）

(13) 12月分（続き）

移入＼移出	愛知	三重	滋賀	京都	大阪	兵庫	奈良	和歌山	鳥取	島根	岡山	広島
全　国 (1)	2,523	2,580	642	758	79	557	1,810	373	－	4,430	2,633	1,133
北　海　道 (2)	－	－	－	－	－	－	－	－	－	－	－	－
青　森 (3)	x	x	x	x	x	x	x	x	x	x	x	x
岩　手 (4)	－	－	－	－	－	－	－	－	－	－	－	－
宮　城 (5)	－	－	－	－	－	－	－	－	－	－	－	－
秋　田 (6)	x	x	x	x	x	x	x	x	x	x	x	x
山　形 (7)	－	－	－	－	－	－	－	－	－	－	－	－
福　島 (8)	－	－	－	－	－	－	－	－	－	－	－	－
茨　城 (9)	117	34	－	－	－	－	－	－	－	－	－	－
栃　木 (10)	－	－	－	－	－	－	－	－	－	－	－	－
群　馬 (11)	－	－	－	－	－	－	－	－	－	－	－	－
埼　玉 (12)	－	－	－	－	－	－	－	－	－	－	－	－
千　葉 (13)	－	－	－	－	－	－	－	－	－	－	－	－
東　京 (14)	－	－	－	－	－	－	－	－	－	－	－	－
神　奈　川 (15)	－	－	－	－	－	－	－	－	－	－	－	－
新　潟 (16)	－	－	－	－	－	－	－	－	－	－	－	－
富　山 (17)	x	x	x	x	x	x	x	x	x	x	x	x
石　川 (18)	－	－	－	－	－	－	－	－	－	－	－	－
福　井 (19)	x	x	x	x	x	x	x	x	x	x	x	x
山　梨 (20)	－	－	－	－	－	－	－	－	－	－	－	－
長　野 (21)	1,348	250	－	－	－	－	－	－	－	－	－	－
岐　阜 (22)	270	169	－	－	－	－	－	－	－	－	354	－
静　岡 (23)	－	－	－	－	－	－	－	－	－	－	－	－
愛　知 (24)	－	1,589	－	－	－	－	－	－	－	－	－	－
三　重 (25)	－	－	－	－	－	－	－	－	－	－	－	－
滋　賀 (26)	－	101	－	－	11	－	－	－	－	－	－	－
京　都 (27)	439	344	115	－	43	205	272	－	－	282	153	－
大　阪 (28)	30	72	244	－	－	352	487	373	－	61	459	－
兵　庫 (29)	146	－	283	758	25	－	1,051	－	－	185	1,243	－
奈　良 (30)	x	x	x	x	x	x	x	x	x	x	x	x
和　歌　山 (31)	x	x	x	x	x	x	x	x	x	x	x	x
鳥　取 (32)	x	x	x	x	x	x	x	x	x	x	x	x
島　根 (33)	－	－	－	－	－	－	－	－	－	－	－	－
岡　山 (34)	－	21	－	－	－	－	－	－	－	1,033	－	1,106
広　島 (35)	－	－	－	－	－	－	－	－	－	1,800	356	－
山　口 (36)	x	x	x	x	x	x	x	x	x	x	x	x
徳　島 (37)	x	x	x	x	x	x	x	x	x	x	x	x
香　川 (38)	x	x	x	x	x	x	x	x	x	x	x	x
愛　媛 (39)	x	x	x	x	x	x	x	x	x	x	x	x
高　知 (40)	x	x	x	x	x	x	x	x	x	x	x	x
福　岡 (41)	－	－	－	－	－	－	－	－	－	－	－	－
佐　賀 (42)	－	－	－	－	－	－	－	－	－	－	－	－
長　崎 (43)	－	－	－	－	－	－	－	－	－	－	68	－
熊　本 (44)	137	－	－	－	－	－	－	－	－	37	－	－
大　分 (45)	－	－	－	－	－	－	－	－	－	－	－	－
宮　崎 (46)	－	－	－	－	－	－	－	－	－	－	－	－
鹿　児　島 (47)	－	－	－	－	－	－	－	－	－	－	－	－
沖　縄 (48)	－	－	－	－	－	－	－	－	－	－	－	－

山口	徳島	香川	愛媛	高知	福岡	佐賀	長崎	熊本	大分	宮崎	鹿児島	沖縄	
-	1,419	2,148	519	1,020	1,481	363	2,892	6,062	1,809	2,661	4,734	-	(1)
-	-	-	-	-	-	-	-	-	-	-	-	-	(2)
x	x	x	x	x	x	x	x	x	x	x	x	x	(3)
x	-	-	-	-	-	-	-	-	-	-	-	-	(4)
-	-	-	-	-	-	-	-	-	-	-	-	-	(5)
x	x	x	x	x	x	x	x	x	x	x	x	x	(6)
-	-	-	-	-	-	-	-	-	-	-	-	-	(7)
-	-	-	-	-	-	-	-	-	-	-	-	-	(8)
-	-	-	-	-	-	-	-	-	-	-	-	-	(9)
-	-	-	-	-	-	-	-	-	-	-	-	-	(10)
-	-	-	-	-	-	-	-	-	-	-	-	-	(11)
-	-	-	-	-	-	-	-	-	-	-	-	-	(12)
-	-	-	-	-	-	-	-	-	-	-	-	-	(13)
-	-	-	-	-	-	-	-	-	-	-	-	-	(14)
-	-	-	-	-	-	-	-	-	-	-	-	-	(15)
-	-	-	-	-	-	-	-	-	-	-	-	-	(16)
x	x	x	x	x	x	x	x	x	x	x	x	x	(17)
-	-	-	-	-	-	-	-	-	-	-	-	-	(18)
x	x	x	x	x	x	x	x	x	x	x	x	x	(19)
-	-	-	-	-	-	-	-	-	-	-	-	-	(20)
-	-	-	-	-	-	-	-	-	-	-	-	-	(21)
-	-	-	-	-	-	-	-	-	-	-	-	-	(22)
-	-	-	-	-	-	-	-	-	-	-	-	-	(23)
-	-	-	-	-	-	-	-	-	-	185	-	-	(24)
-	-	-	-	-	-	-	-	-	-	-	-	-	(25)
-	10	-	-	-	-	-	-	-	-	-	-	-	(26)
-	-	-	129	-	-	-	-	188	17	-	-	-	(27)
-	488	581	-	139	-	-	40	608	-	321	17	-	(28)
-	55	238	-	-	17	-	60	34	-	182	1,302	-	(29)
x	x	x	x	x	x	x	x	x	x	x	x	x	(30)
x	x	x	x	x	x	x	x	x	x	x	x	x	(31)
x	x	x	x	x	x	x	x	x	x	x	x	x	(32)
-	-	-	-	-	-	-	-	-	-	-	-	-	(33)
-	-	37	290	-	-	-	-	391	17	210	-	-	(34)
-	83	-	-	-	-	-	16	34	51	105	-	-	(35)
x	x	x	x	x	x	x	x	x	x	x	x	x	(36)
x	x	x	x	x	x	x	x	x	x	x	x	x	(37)
x	x	x	x	x	x	x	x	x	x	x	x	x	(38)
x	x	x	x	x	x	x	x	x	x	x	x	x	(39)
x	x	x	x	x	x	x	x	x	x	x	x	x	(40)
-	-	-	-	-	-	-	2,452	3,918	1,469	1,004	-	-	(41)
-	-	-	-	-	-	-	-	281	-	-	-	-	(42)
-	-	-	-	-	-	-	-	-	-	-	-	-	(43)
-	-	-	-	-	927	363	324	-	255	250	282	-	(44)
-	-	-	-	-	60	-	-	285	-	-	-	-	(45)
-	-	-	-	-	-	-	-	-	-	-	3,133	-	(46)
-	-	-	-	-	-	-	-	-	-	-	-	-	(47)
-	-	-	-	-	-	-	-	68	-	-	-	-	(48)

6 生乳処理量（用途別　都道府県別）（月別）

(1) 処理量計

都道府県	年計 実数	年計 対前年比	1 月	2	3	4	5
	t	%	t	t	t	t	t
全　　国　(1)	7,313,530	100.3	615,920	567,072	639,316	622,418	644,183
北 海 道　(2)	3,518,650	101.2	298,708	275,281	316,072	304,148	312,216
青　　森　(3)	x	x	x	x	x	x	x
岩　　手　(4)	135,978	99.9	12,008	10,308	13,149	11,957	11,578
宮　　城　(5)	112,733	100.9	9,671	8,743	9,041	9,087	9,676
秋　　田　(6)	x	x	x	x	x	x	x
山　　形　(7)	26,245	88.9	2,302	2,205	2,292	2,213	2,305
福　　島　(8)	87,791	98.1	8,620	6,771	9,209	8,873	8,115
茨　　城　(9)	269,260	97.9	22,479	20,750	27,390	23,489	23,198
栃　　木　(10)	159,158	100.4	13,059	11,941	13,625	13,539	14,269
群　　馬　(11)	202,639	107.8	15,849	14,616	16,920	17,556	18,043
埼　　玉　(12)	107,766	93.7	9,852	8,714	8,685	8,619	9,458
千　　葉　(13)	178,755	99.3	15,111	14,339	14,161	14,622	16,079
東　　京　(14)	98,142	94.8	8,256	7,893	8,395	7,727	8,554
神 奈 川　(15)	325,170	101.8	26,038	24,851	25,369	26,475	28,500
新　　潟　(16)	49,241	105.2	4,081	3,776	3,864	4,019	4,240
富　　山　(17)	x	x	x	x	x	x	x
石　　川　(18)	33,876	82.5	3,388	3,115	3,128	2,900	3,081
福　　井　(19)	x	x	x	x	x	x	x
山　　梨　(20)	3,365	99.1	267	236	331	310	290
長　　野　(21)	128,584	96.7	10,824	10,189	10,739	10,323	11,262
岐　　阜　(22)	92,130	109.9	7,034	6,754	6,827	7,433	7,971
静　　岡　(23)	88,070	101.0	7,140	6,917	7,041	7,229	7,469
愛　　知　(24)	217,039	97.4	17,858	16,786	18,017	18,807	19,155
三　　重　(25)	30,619	110.5	2,249	2,168	2,393	2,484	2,734
滋　　賀　(26)	22,418	106.3	1,741	1,668	1,723	1,755	2,021
京　　都　(27)	120,471	102.7	9,158	8,039	9,456	9,684	10,826
大　　阪　(28)	113,156	97.2	9,293	8,880	8,787	8,681	9,869
兵　　庫　(29)	185,810	95.3	15,685	14,481	14,881	14,748	16,556
奈　　良　(30)	x	x	x	x	x	x	x
和 歌 山　(31)	x	x	x	x	x	x	x
鳥　　取　(32)	x	x	x	x	x	x	x
島　　根　(33)	16,723	93.6	1,436	1,381	1,369	1,319	1,418
岡　　山　(34)	156,068	100.0	12,339	11,532	12,833	12,839	13,772
広　　島　(35)	67,249	100.3	5,598	5,293	5,626	5,392	5,866
山　　口　(36)	x	x	x	x	x	x	x
徳　　島　(37)	x	x	x	x	x	x	x
香　　川　(38)	x	x	x	x	x	x	x
愛　　媛　(39)	x	x	x	x	x	x	x
高　　知　(40)	x	x	x	x	x	x	x
福　　岡　(41)	170,678	101.0	14,012	13,033	13,866	13,952	14,796
佐　　賀　(42)	15,029	88.7	1,385	1,339	1,353	1,167	1,288
長　　崎　(43)	12,817	96.9	1,082	1,069	996	1,043	1,224
熊　　本　(44)	178,274	102.6	15,558	12,241	17,946	17,601	14,584
大　　分　(45)	54,992	99.7	4,384	4,128	4,433	4,417	4,812
宮　　崎　(46)	71,633	96.2	7,448	7,268	8,016	6,255	6,392
鹿 児 島　(47)	22,239	101.4	1,786	1,641	1,716	1,798	1,952
沖　　縄　(48)	23,961	96.4	2,090	1,969	2,161	2,068	2,138

	6	7	8	9	10	11	12	
	t	t	t	t	t	t	t	
	618,867	623,259	595,598	583,513	601,947	585,432	616,005	(1)
	292,645	303,969	287,852	269,405	279,297	276,720	302,337	(2)
	x	x	x	x	x	x	x	(3)
	10,929	11,302	10,924	10,376	10,555	10,230	12,662	(4)
	9,624	9,524	9,625	9,941	9,723	8,949	9,129	(5)
	x	x	x	x	x	x	x	(6)
	2,344	2,088	2,068	2,212	2,236	1,990	1,990	(7)
	6,912	6,504	6,106	5,022	5,782	6,429	9,448	(8)
	21,831	23,889	22,536	20,974	19,939	20,079	22,706	(9)
	13,766	12,947	13,035	13,790	13,611	12,778	12,798	(10)
	18,015	18,434	16,785	17,290	16,602	16,591	15,938	(11)
	9,762	8,279	7,756	9,848	9,559	9,138	8,096	(12)
	16,825	15,298	13,735	12,608	15,894	15,580	14,503	(13)
	8,206	7,758	7,806	8,655	8,627	8,084	8,181	(14)
	28,612	26,950	27,021	28,968	28,971	27,455	25,960	(15)
	4,239	4,250	4,034	4,233	4,294	4,079	4,132	(16)
	x	x	x	x	x	x	x	(17)
	3,074	2,788	2,618	2,710	2,310	2,478	2,286	(18)
	x	x	x	x	x	x	x	(19)
	258	276	277	248	288	269	315	(20)
	11,151	10,969	10,609	11,021	10,930	10,470	10,097	(21)
	8,365	8,303	7,806	8,198	8,297	7,900	7,242	(22)
	7,204	7,005	7,316	7,540	7,928	7,717	7,564	(23)
	18,167	18,084	17,515	18,009	18,973	17,811	17,857	(24)
	2,827	2,691	2,340	2,635	2,941	2,681	2,476	(25)
	2,104	1,886	1,628	2,054	2,102	1,966	1,770	(26)
	10,548	10,229	11,158	10,766	10,932	9,953	9,722	(27)
	10,066	9,586	8,676	9,860	10,515	9,660	9,283	(28)
	16,045	15,909	15,099	16,109	16,484	15,118	14,695	(29)
	x	x	x	x	x	x	x	(30)
	x	x	x	x	x	x	x	(31)
	x	x	x	x	x	x	x	(32)
	1,396	1,408	1,364	1,417	1,481	1,416	1,318	(33)
	14,412	14,164	13,565	12,977	13,418	12,441	11,776	(34)
	6,038	5,673	5,284	5,802	5,968	5,477	5,232	(35)
	x	x	x	x	x	x	x	(36)
	x	x	x	x	x	x	x	(37)
	x	x	x	x	x	x	x	(38)
	x	x	x	x	x	x	x	(39)
	x	x	x	x	x	x	x	(40)
	14,420	14,465	14,474	14,443	15,395	14,268	13,554	(41)
	1,343	1,192	1,139	1,277	1,281	1,147	1,118	(42)
	1,174	1,015	834	1,124	1,144	1,092	1,020	(43)
	13,909	14,786	13,542	12,715	13,760	13,973	17,659	(44)
	4,773	4,848	4,735	4,658	4,883	4,500	4,421	(45)
	4,769	4,941	5,251	4,186	4,982	5,158	6,967	(46)
	1,952	1,982	1,898	1,865	2,018	1,848	1,783	(47)
	1,994	1,987	1,860	1,838	1,953	1,916	1,987	(48)

(2) 牛乳等向け処理量

都道府県	年　計　実　数	年　計　対前年比	1 月	2	3	4	5
	t	%	t	t	t	t	t
全　国　(1)	3,999,655	100.0	325,861	305,411	321,843	323,425	347,893
北　海　道　(2)	556,498	100.3	45,038	42,315	45,282	43,147	45,764
青　森　(3)	x	x	x	x	x	x	x
岩　手　(4)	98,573	98.7	7,782	7,678	8,191	7,922	8,544
宮　城　(5)	108,861	101.3	9,328	8,414	8,707	8,771	9,332
秋　田　(6)	x	x	x	x	x	x	x
山　形　(7)	25,754	89.0	2,258	2,162	2,255	2,177	2,269
福　島　(8)	42,217	98.2	3,500	3,113	3,289	3,425	3,655
茨　城　(9)	222,849	98.4	18,247	16,977	18,467	18,718	19,549
栃　木　(10)	156,902	100.7	12,885	11,767	13,453	13,360	14,086
群　馬　(11)	186,627	108.9	14,318	13,234	15,178	15,714	16,484
埼　玉　(12)	106,433	94.1	9,745	8,632	8,562	8,503	9,359
千　葉　(13)	176,807	99.5	14,936	14,175	13,998	14,466	15,907
東　京　(14)	90,408	95.1	7,663	7,269	7,659	7,070	7,909
神　奈　川　(15)	306,570	103.0	24,346	23,518	23,924	25,002	26,926
新　潟　(16)	46,669	105.1	3,847	3,610	3,595	3,743	4,032
富　山　(17)	x	x	x	x	x	x	x
石　川　(18)	33,520	82.1	3,367	3,100	3,106	2,852	3,054
福　井　(19)	x	x	x	x	x	x	x
山　梨　(20)	1,829	96.7	162	137	191	158	145
長　野　(21)	124,986	96.1	10,547	9,901	10,416	10,007	10,949
岐　阜　(22)	90,806	110.1	6,929	6,656	6,727	7,325	7,863
静　岡　(23)	74,547	100.0	5,952	5,878	5,631	5,863	6,359
愛　知　(24)	205,705	97.8	16,643	15,827	16,315	17,202	18,293
三　重　(25)	28,647	111.7	2,071	2,051	2,186	2,266	2,546
滋　賀　(26)	22,194	106.4	1,720	1,650	1,704	1,735	2,000
京　都　(27)	120,325	102.8	9,145	8,026	9,442	9,670	10,812
大　阪　(28)	111,932	96.9	9,225	8,811	8,712	8,563	9,786
兵　庫　(29)	181,777	96.6	15,285	14,131	14,457	14,189	16,019
奈　良　(30)	x	x	x	x	x	x	x
和　歌　山　(31)	x	x	x	x	x	x	x
鳥　取　(32)	x	x	x	x	x	x	x
島　根　(33)	15,302	94.3	1,307	1,256	1,256	1,212	1,312
岡　山　(34)	149,486	100.9	11,950	11,078	12,290	12,198	13,110
広　島　(35)	65,921	100.7	5,455	5,178	5,498	5,279	5,742
山　口　(36)	x	x	x	x	x	x	x
徳　島　(37)	x	x	x	x	x	x	x
香　川　(38)	x	x	x	x	x	x	x
愛　媛　(39)	x	x	x	x	x	x	x
高　知　(40)	x	x	x	x	x	x	x
福　岡　(41)	164,185	101.2	13,412	12,508	13,298	13,390	14,259
佐　賀　(42)	14,977	88.7	1,381	1,335	1,349	1,163	1,284
長　崎　(43)	12,713	97.0	1,072	1,059	987	1,035	1,216
熊　本　(44)	119,669	107.1	9,061	8,323	8,912	9,602	10,232
大　分　(45)	53,608	99.6	4,273	4,032	4,319	4,301	4,696
宮　崎　(46)	45,830	96.0	3,781	3,618	3,794	4,118	4,031
鹿　児　島　(47)	15,573	103.0	1,199	1,102	1,151	1,228	1,387
沖　縄　(48)	23,916	96.4	2,086	1,965	2,158	2,065	2,135

6	7	8	9	10	11	12	
t	t	t	t	t	t	t	
349,677	339,492	331,514	349,598	356,019	331,531	317,391	(1)
45,866	48,300	48,350	51,233	52,059	45,337	43,807	(2)
x	x	x	x	x	x	x	(3)
8,420	8,205	8,438	8,652	8,645	7,984	8,112	(4)
9,301	9,196	9,335	9,648	9,393	8,623	8,813	(5)
x	x	x	x	x	x	x	(6)
2,303	2,045	2,029	2,170	2,192	1,947	1,947	(7)
3,668	3,328	3,482	3,997	3,759	3,427	3,574	(8)
19,876	19,289	18,572	19,575	18,619	17,958	17,002	(9)
13,564	12,752	12,839	13,584	13,415	12,587	12,610	(10)
16,646	16,677	16,128	16,574	15,883	15,379	14,412	(11)
9,646	8,144	7,604	9,756	9,459	9,043	7,980	(12)
16,659	15,134	13,582	12,452	15,726	15,421	14,351	(13)
7,635	7,194	7,206	8,004	8,014	7,418	7,367	(14)
27,077	25,342	25,355	27,240	27,441	25,971	24,428	(15)
4,077	3,997	3,822	4,071	4,131	3,908	3,836	(16)
x	x	x	x	x	x	x	(17)
3,052	2,762	2,563	2,674	2,289	2,452	2,249	(18)
x	x	x	x	x	x	x	(19)
134	138	147	141	154	139	183	(20)
10,827	10,672	10,295	10,734	10,654	10,182	9,802	(21)
8,254	8,183	7,689	8,087	8,180	7,785	7,128	(22)
6,121	5,854	6,006	6,863	6,947	6,763	6,310	(23)
17,753	17,172	16,381	17,613	18,568	17,373	16,565	(24)
2,673	2,510	2,200	2,491	2,786	2,541	2,326	(25)
2,086	1,868	1,611	2,035	2,084	1,948	1,753	(26)
10,536	10,215	11,148	10,755	10,922	9,943	9,711	(27)
9,948	9,479	8,531	9,754	10,401	9,540	9,182	(28)
15,697	15,451	14,664	15,994	16,391	14,973	14,526	(29)
x	x	x	x	x	x	x	(30)
x	x	x	x	x	x	x	(31)
x	x	x	x	x	x	x	(32)
1,322	1,279	1,232	1,319	1,346	1,277	1,184	(33)
13,631	13,442	13,162	12,570	12,883	11,821	11,351	(34)
5,919	5,572	5,189	5,705	5,874	5,383	5,127	(35)
x	x	x	x	x	x	x	(36)
x	x	x	x	x	x	x	(37)
x	x	x	x	x	x	x	(38)
x	x	x	x	x	x	x	(39)
x	x	x	x	x	x	x	(40)
13,909	13,940	13,969	13,999	14,863	13,701	12,937	(41)
1,339	1,188	1,135	1,273	1,275	1,142	1,113	(42)
1,166	1,006	827	1,116	1,135	1,083	1,011	(43)
10,664	10,757	10,384	10,539	10,795	10,553	9,847	(44)
4,655	4,706	4,614	4,539	4,769	4,391	4,313	(45)
4,094	3,893	3,761	3,662	3,930	3,716	3,432	(46)
1,338	1,331	1,255	1,424	1,582	1,371	1,205	(47)
1,990	1,983	1,856	1,834	1,949	1,912	1,983	(48)

（3）　牛乳等向け　うち、業務用向け処理量

都道府県	年 計 実　数	年 計 対前年比	1 月	2	3	4	5
	t	%	t	t	t	t	t
全　　国　(1)	346,127	98.8	28,509	26,369	28,162	29,797	28,954
北 海 道　(2)	74,069	100.8	6,102	5,697	6,790	6,437	6,719
青　　森　(3)	x	x	x	x	x	x	x
岩　　手　(4)	8,102	104.2	661	650	635	626	681
宮　　城　(5)	2,351	132.5	154	180	213	189	215
秋　　田　(6)	x	x	x	x	x	x	x
山　　形　(7)	1,277	86.5	73	109	118	65	94
福　　島　(8)	12,600	100.5	1,105	757	1,022	1,117	1,103
茨　　城　(9)	8,753	125.6	638	648	603	709	743
栃　　木　(10)	8,453	78.2	1,093	759	1,050	708	683
群　　馬　(11)	17,586	96.8	1,253	1,418	1,588	1,501	1,535
埼　　玉　(12)	20,118	89.1	1,908	1,280	1,360	1,695	1,606
千　　葉　(13)	8,209	89.3	816	736	785	780	635
東　　京　(14)	12,095	111.8	1,026	1,066	1,072	942	959
神 奈 川　(15)	28,642	88.9	2,607	2,489	2,478	2,537	2,309
新　　潟　(16)	1,469	114.9	127	137	120	133	138
富　　山　(17)	x	x	x	x	x	x	x
石　　川　(18)	4,934	116.8	345	384	341	425	314
福　　井　(19)	x	x	x	x	x	x	x
山　　梨　(20)	1,714	95.6	156	130	182	148	136
長　　野　(21)	4,004	108.7	361	339	355	239	271
岐　　阜　(22)	266	94.3	19	18	18	25	22
静　　岡　(23)	15,288	104.5	1,245	1,293	1,131	1,235	1,329
愛　　知　(24)	21,167	93.9	1,530	1,713	1,388	1,994	1,916
三　　重　(25)	66	113.8	6	7	5	4	7
滋　　賀　(26)	283	101.8	25	22	28	24	24
京　　都　(27)	18,254	123.4	1,377	871	1,268	1,456	1,485
大　　阪　(28)	3,293	138.9	172	203	159	254	289
兵　　庫　(29)	15,280	106.7	1,230	1,076	999	1,159	1,424
奈　　良　(30)	x	x	x	x	x	x	x
和 歌 山　(31)	x	x	x	x	x	x	x
鳥　　取　(32)	x	x	x	x	x	x	x
島　　根　(33)	738	111.1	59	49	57	68	62
岡　　山　(34)	3,388	105.3	270	257	293	275	262
広　　島　(35)	1,663	102.9	116	100	103	174	122
山　　口　(36)	x	x	x	x	x	x	x
徳　　島　(37)	x	x	x	x	x	x	x
香　　川　(38)	x	x	x	x	x	x	x
愛　　媛　(39)	x	x	x	x	x	x	x
高　　知　(40)	x	x	x	x	x	x	x
福　　岡　(41)	10,522	101.6	1,020	1,114	1,276	1,035	755
佐　　賀　(42)	125	84.5	10	10	14	10	10
長　　崎　(43)	52	73.2	2	3	3	3	4
熊　　本　(44)	12,243	98.3	769	897	856	1,007	959
大　　分　(45)	2,712	94.0	176	210	150	190	183
宮　　崎　(46)	4,005	82.7	492	443	321	592	366
鹿 児 島　(47)	-	nc	-	-	-	-	-
沖　　縄　(48)	1,455	98.7	145	131	129	109	128

6	7	8	9	10	11	12	
t	t	t	t	t	t	t	
28, 020	25, 650	28, 271	30, 432	32, 097	30, 123	29, 743	(1)
6, 442	5, 925	5, 875	6, 227	6, 637	5, 675	5, 543	(2)
x	x	x	x	x	x	x	(3)
644	560	727	844	774	633	667	(4)
149	178	198	244	222	179	230	(5)
x	x	x	x	x	x	x	(6)
112	109	110	123	154	118	92	(7)
1, 004	895	1, 035	1, 374	1, 097	973	1, 118	(8)
962	730	717	697	608	1, 010	688	(9)
616	533	553	658	629	502	669	(10)
1, 311	1, 445	1, 411	1, 520	1, 576	1, 484	1, 544	(11)
1, 814	1, 318	1, 694	2, 253	1, 893	1, 821	1, 476	(12)
640	666	568	320	742	783	738	(13)
868	946	960	1, 128	1, 137	958	1, 033	(14)
2, 273	1, 835	2, 477	2, 319	2, 445	2, 509	2, 364	(15)
115	46	140	139	164	92	118	(16)
x	x	x	x	x	x	x	(17)
336	238	553	506	417	561	514	(18)
x	x	x	x	x	x	x	(19)
124	128	134	130	143	130	173	(20)
316	330	279	412	394	379	329	(21)
22	25	21	22	29	25	20	(22)
1, 106	1, 091	1, 061	1, 503	1, 489	1, 506	1, 299	(23)
1, 470	1, 429	1, 492	1, 803	2, 114	2, 071	2, 247	(24)
7	4	1	6	7	6	6	(25)
22	24	23	21	23	22	25	(26)
1, 268	1, 189	1, 789	1, 571	2, 395	1, 796	1, 789	(27)
219	258	367	268	460	280	364	(28)
1, 147	1, 229	1, 200	1, 344	1, 521	1, 510	1, 441	(29)
x	x	x	x	x	x	x	(30)
x	x	x	x	x	x	x	(31)
x	x	x	x	x	x	x	(32)
59	63	68	66	61	57	69	(33)
267	287	294	291	302	290	300	(34)
122	109	226	108	165	83	235	(35)
x	x	x	x	x	x	x	(36)
x	x	x	x	x	x	x	(37)
x	x	x	x	x	x	x	(38)
x	x	x	x	x	x	x	(39)
x	x	x	x	x	x	x	(40)
859	744	727	556	680	833	923	(41)
10	9	9	10	11	12	10	(42)
5	3	6	7	3	4	9	(43)
935	1, 096	1, 058	1, 275	1, 134	1, 159	1, 098	(44)
193	253	268	290	252	298	249	(45)
322	242	365	113	174	326	249	(46)
-	-	-	-	-	-	-	(47)
109	103	104	107	134	124	132	(48)

6 生乳処理量（用途別　都道府県別）（月別）（続き）

(4) 乳製品向け処理量

都道府県	年　計 実　数	年　計 対前年比	1　月	2	3	4	5
	t	%	t	t	t	t	t
全　国 (1)	3,269,669	100.8	286,198	258,297	313,859	295,369	292,634
北　海　道 (2)	2,939,035	101.4	251,662	231,367	268,803	259,037	264,475
青　森 (3)	x	x	x	x	x	x	x
岩　手 (4)	36,258	103.8	4,125	2,522	4,865	3,944	2,945
宮　城 (5)	3,265	95.4	283	271	284	266	295
秋　田 (6)	x	x	x	x	x	x	x
山　形 (7)	–	nc	–	–	–	–	–
福　島 (8)	45,223	98.1	5,086	3,624	5,892	5,420	4,432
茨　城 (9)	43,150	95.1	3,936	3,512	8,636	4,524	3,382
栃　木 (10)	706	71.5	45	43	59	64	66
群　馬 (11)	15,033	97.3	1,448	1,302	1,669	1,772	1,489
埼　玉 (12)	610	53.5	50	26	70	64	37
千　葉 (13)	721	90.4	67	59	68	59	75
東　京 (14)	7,674	91.6	588	619	731	652	640
神　奈　川 (15)	18,167	84.8	1,662	1,307	1,424	1,436	1,537
新　潟 (16)	2,349	115.3	211	142	245	252	184
富　山 (17)	x	x	x	x	x	x	x
石　川 (18)	51	56.7	3	3	5	5	4
福　井 (19)	x	x	x	x	x	x	x
山　梨 (20)	1,210	97.4	80	74	108	122	118
長　野 (21)	2,630	146.9	194	186	235	240	230
岐　阜 (22)	488	78.5	39	35	35	44	39
静　岡 (23)	13,227	107.2	1,166	1,017	1,389	1,345	1,089
愛　知 (24)	10,634	90.0	1,157	900	1,649	1,550	811
三　重 (25)	1,279	94.0	118	63	157	170	128
滋　賀 (26)	135	112.5	12	9	12	13	13
京　都 (27)	70	94.6	5	5	7	7	7
大　阪 (28)	430	87.6	31	36	40	38	37
兵　庫 (29)	3,753	59.9	372	322	399	535	513
奈　良 (30)	x	x	x	x	x	x	x
和　歌　山 (31)	x	x	x	x	x	x	x
鳥　取 (32)	x	x	x	x	x	x	x
島　根 (33)	1,128	83.3	108	104	90	84	83
岡　山 (34)	6,164	81.6	354	419	511	609	630
広　島 (35)	447	77.1	60	41	61	42	45
山　口 (36)	x	x	x	x	x	x	x
徳　島 (37)	x	x	x	x	x	x	x
香　川 (38)	x	x	x	x	x	x	x
愛　媛 (39)	x	x	x	x	x	x	x
高　知 (40)	x	nc	x	x	x	x	x
福　岡 (41)	6,191	98.4	536	502	554	547	503
佐　賀 (42)	33	106.5	3	3	3	3	3
長　崎 (43)	42	95.5	4	4	4	3	3
熊　本 (44)	57,890	94.4	6,440	3,860	8,981	7,944	4,298
大　分 (45)	1,289	105.3	102	87	107	109	109
宮　崎 (46)	25,689	96.6	3,657	3,640	4,214	2,129	2,353
鹿　児　島 (47)	6,559	98.1	577	529	557	562	557
沖　縄 (48)	–	nc	–	–	–	–	–

6	7	8	9	10	11	12	
t	t	t	t	t	t	t	
265,471	280,019	260,327	230,154	242,190	250,143	295,008	(1)
244,843	253,725	237,555	216,225	225,297	229,449	256,597	(2)
x	x	x	x	x	x	x	(3)
2,415	3,002	2,393	1,629	1,815	2,150	4,453	(4)
274	280	241	245	281	276	269	(5)
x	x	x	x	x	x	x	(6)
−	−	−	−	−	−	−	(7)
3,216	3,148	2,596	997	1,992	2,974	5,846	(8)
1,669	4,321	3,714	1,113	1,058	1,779	5,506	(9)
67	66	61	66	65	55	49	(10)
1,291	1,668	570	612	637	1,129	1,446	(11)
53	64	89	37	42	34	44	(12)
58	59	53	57	64	53	49	(13)
566	559	595	646	608	661	809	(14)
1,503	1,551	1,634	1,685	1,478	1,460	1,490	(15)
146	241	198	147	147	157	279	(16)
x	x	x	x	x	x	x	(17)
4	5	6	4	4	4	4	(18)
x	x	x	x	x	x	x	(19)
101	115	103	80	103	102	104	(20)
236	221	236	215	200	211	226	(21)
42	48	45	38	40	44	39	(22)
1,056	1,124	1,283	650	954	927	1,227	(23)
356	850	1,073	332	342	379	1,235	(24)
91	121	92	78	90	81	90	(25)
11	11	12	11	10	10	11	(26)
6	6	5	6	5	5	6	(27)
38	34	35	31	33	33	44	(28)
329	439	415	81	74	125	149	(29)
x	x	x	x	x	x	x	(30)
x	x	x	x	x	x	x	(31)
x	x	x	x	x	x	x	(32)
48	103	106	72	109	113	108	(33)
745	686	367	371	499	584	389	(34)
36	27	16	25	24	25	45	(35)
x	x	x	x	x	x	x	(36)
x	x	x	x	x	x	x	(37)
x	x	x	x	x	x	x	(38)
x	x	x	x	x	x	x	(39)
x	x	x	x	x	x	x	(40)
490	491	488	426	510	542	602	(41)
2	2	2	2	4	3	3	(42)
3	4	2	3	4	4	4	(43)
3,189	3,969	3,069	2,121	2,903	3,368	7,748	(44)
110	134	113	111	106	101	100	(45)
665	1,038	1,480	514	1,042	1,432	3,525	(46)
605	642	634	432	427	468	569	(47)
−	−	−	−	−	−	−	(48)

(5)　乳製品向け　うち、チーズ向け処理量

都道府県		年　　　計		1　月	2	3	4	5
		実　数	対前年比					
		t	%	t	t	t	t	t
全　　国	(1)	425,778	98.7	37,684	35,716	39,351	35,441	37,843
北　海　道	(2)	419,702	98.7	37,202	35,227	38,815	34,902	37,318
青　　森	(3)	x	x	x	x	x	x	x
岩　　手	(4)	504	100.0	29	47	51	25	46
宮　　城	(5)	1,344	89.0	123	112	118	117	129
秋　　田	(6)	x	x	x	x	x	x	x
山　　形	(7)	－	nc	－	－	－	－	－
福　　島	(8)	2	nc	－	－	1	1	－
茨　　城	(9)	27	112.5	2	3	2	3	2
栃　　木	(10)	124	104.2	8	8	9	11	12
群　　馬	(11)	246	110.3	17	21	21	24	20
埼　　玉	(12)	12	80.0	1	1	1	1	1
千　　葉	(13)	60	93.8	5	4	8	5	6
東　　京	(14)	12	109.1	1	1	1	1	1
神　奈　川	(15)	－	nc	－	－	－	－	－
新　　潟	(16)	78	105.4	6	6	7	7	6
富　　山	(17)	x	x	x	x	x	x	x
石　　川	(18)	－	nc	－	－	－	－	－
福　　井	(19)	x	x	x	x	x	x	x
山　　梨	(20)	63	98.4	5	6	5	6	5
長　　野	(21)	1,225	95.5	94	97	117	123	102
岐　　阜	(22)	183	172.6	12	10	10	18	15
静　　岡	(23)	72	88.9	5	4	6	7	5
愛　　知	(24)	－	nc	－	－	－	－	－
三　　重	(25)	－	nc	－	－	－	－	－
滋　　賀	(26)	30	83.3	3	2	3	3	2
京　　都	(27)	27	100.0	2	2	3	3	2
大　　阪	(28)	－	nc	－	－	－	－	－
兵　　庫	(29)	69	121.1	5	4	5	7	4
奈　　良	(30)	x	x	x	x	x	x	x
和　歌　山	(31)	x	x	x	x	x	x	x
鳥　　取	(32)	x	x	x	x	x	x	x
島　　根	(33)	203	96.2	17	17	17	17	17
岡　　山	(34)	394	92.5	31	29	35	35	34
広　　島	(35)	－	nc	－	－	－	－	－
山　　口	(36)	x	x	x	x	x	x	x
徳　　島	(37)	x	x	x	x	x	x	x
香　　川	(38)	x	x	x	x	x	x	x
愛　　媛	(39)	x	x	x	x	x	x	x
高　　知	(40)	x	x	x	x	x	x	x
福　　岡	(41)	1,014	101.0	86	83	86	87	84
佐　　賀	(42)	12	100.0	1	1	1	1	1
長　　崎	(43)	－	nc	－	－	－	－	－
熊　　本	(44)	133	96.4	11	9	12	12	13
大　　分	(45)	1	100.0	－	－	－	1	－
宮　　崎	(46)	69	104.5	5	6	6	8	5
鹿　児　島	(47)	32	78.0	4	3	2	3	3
沖　　縄	(48)	－	nc	－	－	－	－	－

6	7	8	9	10	11	12	
t	t	t	t	t	t	t	
36,006	34,646	33,723	32,322	32,925	33,837	36,284	(1)
35,486	34,132	33,201	31,828	32,413	33,354	35,824	(2)
x	x	x	x	x	x	x	(3)
49	48	51	46	52	30	30	(4)
121	108	94	108	118	106	90	(5)
x	x	x	x	x	x	x	(6)
–	–	–	–	–	–	–	(7)
–	–	–	–	–	–	–	(8)
2	3	2	2	2	2	2	(9)
11	11	12	11	10	11	10	(10)
18	21	20	22	22	22	18	(11)
1	1	1	1	1	1	1	(12)
4	5	6	4	4	6	3	(13)
1	1	1	1	1	1	1	(14)
–	–	–	–	–	–	–	(15)
6	7	6	6	6	7	8	(16)
x	x	x	x	x	x	x	(17)
–	–	–	–	–	–	–	(18)
x	x	x	x	x	x	x	(19)
5	6	5	4	6	5	5	(20)
112	93	125	97	86	91	88	(21)
16	20	19	15	16	16	16	(22)
6	7	7	7	5	5	8	(23)
–	–	–	–	–	–	–	(24)
–	–	–	–	–	–	–	(25)
3	2	3	2	2	3	2	(26)
2	2	2	2	2	2	3	(27)
–	–	–	–	–	–	–	(28)
5	8	6	7	6	6	6	(29)
x	x	x	x	x	x	x	(30)
x	x	x	x	x	x	x	(31)
x	x	x	x	x	x	x	(32)
16	17	16	15	20	18	16	(33)
33	36	34	32	32	30	33	(34)
–	–	–	–	–	–	–	(35)
x	x	x	x	x	x	x	(36)
x	x	x	x	x	x	x	(37)
x	x	x	x	x	x	x	(38)
x	x	x	x	x	x	x	(39)
x	x	x	x	x	x	x	(40)
77	85	84	85	85	87	85	(41)
1	1	1	1	1	1	1	(42)
–	–	–	–	–	–	–	(43)
12	12	10	10	10	12	10	(44)
–	–	–	–	–	–	–	(45)
6	6	6	5	6	5	5	(46)
1	2	2	3	3	3	3	(47)
–	–	–	–	–	–	–	(48)

(6) 乳製品向け　うち、クリーム向け処理量

都道府県		年 計 実数	対前年比	1 月	2	3	4	5
		t	%	t	t	t	t	t
全　　国	(1)	710,369	92.3	56,646	55,195	62,981	61,223	57,728
北 海 道	(2)	631,305	92.4	49,988	49,006	55,973	54,348	50,972
青　　森	(3)	x	x	x	x	x	x	x
岩　　手	(4)	6,631	114.4	429	575	543	482	506
宮　　城	(5)	920	107.2	78	81	78	71	79
秋　　田	(6)	x	x	x	x	x	x	x
山　　形	(7)	–	nc	–	–	–	–	–
福　　島	(8)	302	105.6	–	–	–	–	–
茨　　城	(9)	2,086	87.4	169	155	165	180	200
栃　　木	(10)	320	103.9	22	22	26	27	29
群　　馬	(11)	4,168	85.0	408	508	490	433	324
埼　　玉	(12)	–	nc	–	–	–	–	–
千　　葉	(13)	–	nc	–	–	–	–	–
東　　京	(14)	4,623	94.5	355	370	461	393	387
神 奈 川	(15)	17,948	85.2	1,655	1,285	1,403	1,415	1,523
新　　潟	(16)	1,395	101.5	100	98	118	116	127
富　　山	(17)	x	x	x	x	x	x	x
石　　川	(18)	–	nc	–	–	–	–	–
福　　井	(19)	x	x	x	x	x	x	x
山　　梨	(20)	17	130.8	6	1	1	1	1
長　　野	(21)	1,268	310.0	94	87	116	105	110
岐　　阜	(22)	259	96.6	21	20	22	23	21
静　　岡	(23)	688	91.7	53	49	63	57	55
愛　　知	(24)	136	78.2	14	12	12	11	10
三　　重	(25)	290	85.3	7	22	15	27	35
滋　　賀	(26)	–	nc	–	–	–	–	–
京　　都	(27)	42	95.5	3	2	4	4	5
大　　阪	(28)	430	90.7	31	36	40	38	37
兵　　庫	(29)	3,664	60.6	366	317	393	526	507
奈　　良	(30)	x	x	x	x	x	x	x
和 歌 山	(31)	x	x	x	x	x	x	x
鳥　　取	(32)	x	x	x	x	x	x	x
島　　根	(33)	151	87.3	14	13	12	13	12
岡　　山	(34)	929	97.9	79	71	77	88	74
広　　島	(35)	440	83.0	59	41	60	42	44
山　　口	(36)	x	x	x	x	x	x	x
徳　　島	(37)	x	x	x	x	x	x	x
香　　川	(38)	x	x	x	x	x	x	x
愛　　媛	(39)	x	x	x	x	x	x	x
高　　知	(40)	x	x	x	x	x	x	x
福　　岡	(41)	5,131	97.6	450	419	469	460	419
佐　　賀	(42)	9	128.6	1	1	1	1	1
長　　崎	(43)	–	nc	–	–	–	–	–
熊　　本	(44)	13,155	94.6	1,066	883	1,130	1,185	1,119
大　　分	(45)	–	nc	–	–	–	–	–
宮　　崎	(46)	4,033	89.3	298	352	351	331	323
鹿 児 島	(47)	5,127	101.8	372	358	425	420	468
沖　　縄	(48)	–	nc	–	–	–	–	–

6	7	8	9	10	11	12	
t	t	t	t	t	t	t	
56,864	**59,524**	**57,115**	**56,008**	**60,328**	**62,228**	**64,529**	(1)
50,642	52,985	50,612	49,968	54,221	55,771	56,819	(2)
x	x	x	x	x	x	x	(3)
451	541	485	555	581	594	889	(4)
73	81	73	76	81	83	66	(5)
x	x	x	x	x	x	x	(6)
–	–	–	–	–	–	–	(7)
–	–	–	–	–	–	302	(8)
185	189	189	162	167	169	156	(9)
26	29	29	27	31	26	26	(10)
267	306	278	265	255	255	379	(11)
–	–	–	–	–	–	–	(12)
–	–	–	–	–	–	–	(13)
340	344	352	398	353	394	476	(14)
1,478	1,538	1,616	1,655	1,445	1,460	1,475	(15)
110	119	119	113	112	110	153	(16)
x	x	x	x	x	x	x	(17)
–	–	–	–	–	–	–	(18)
x	x	x	x	x	x	x	(19)
1	1	1	1	1	1	1	(20)
108	115	92	105	103	107	126	(21)
22	22	21	20	21	25	21	(22)
61	59	64	47	58	55	67	(23)
9	10	9	9	13	13	14	(24)
34	34	35	39	18	12	12	(25)
–	–	–	–	–	–	–	(26)
4	4	3	4	3	3	3	(27)
38	34	35	31	33	33	44	(28)
322	429	407	72	66	117	142	(29)
x	x	x	x	x	x	x	(30)
x	x	x	x	x	x	x	(31)
x	x	x	x	x	x	x	(32)
11	12	12	11	14	13	14	(33)
74	80	68	72	80	76	90	(34)
36	26	15	25	23	25	44	(35)
x	x	x	x	x	x	x	(36)
x	x	x	x	x	x	x	(37)
x	x	x	x	x	x	x	(38)
x	x	x	x	x	x	x	(39)
x	x	x	x	x	x	x	(40)
413	405	404	341	403	444	504	(41)
–	–	–	–	2	1	1	(42)
–	–	–	–	–	–	–	(43)
1,061	1,017	1,096	994	1,096	1,283	1,225	(44)
–	–	–	–	–	–	–	(45)
285	305	271	291	399	366	461	(46)
454	504	464	393	418	371	480	(47)
–	–	–	–	–	–	–	(48)

6 生乳処理量（用途別 都道府県別）（月別）（続き）

（7） 乳製品向け　うち、脱脂濃縮乳向け処理量

都道府県		年　　　　計		1　月	2	3	4	5
		実　数	対前年比					
		t	%	t	t	t	t	t
全　　国	(1)	550,379	101.3	46,022	42,034	48,250	46,664	46,955
北　海　道	(2)	545,635	101.2	45,654	41,732	47,791	46,150	46,482
青　　森	(3)	x	x	x	x	x	x	x
岩　　手	(4)	299	104.9	20	26	33	19	27
宮　　城	(5)	－	nc	－	－	－	－	－
秋　　田	(6)	x	x	x	x	x	x	x
山　　形	(7)	－	nc	－	－	－	－	－
福　　島	(8)	345	116.9	21	29	32	22	31
茨　　城	(9)	－	nc	－	－	－	－	－
栃　　木	(10)	－	nc	－	－	－	－	－
群　　馬	(11)	－	nc	－	－	－	－	－
埼　　玉	(12)	－	nc	－	－	－	－	－
千　　葉	(13)	－	nc	－	－	－	－	－
東　　京	(14)	－	nc	－	－	－	－	－
神　奈　川	(15)	－	nc	－	－	－	－	－
新　　潟	(16)	73	429.4	12	－	13	15	20
富　　山	(17)	x	x	x	x	x	x	x
石　　川	(18)	－	nc	－	－	－	－	－
福　　井	(19)	x	x	x	x	x	x	x
山　　梨	(20)	－	nc				－	－
長　　野	(21)	－	nc					
岐　　阜	(22)	－	nc					
静　　岡	(23)	－	nc					
愛　　知	(24)	－	nc					
三　　重	(25)	－	nc					
滋　　賀	(26)	－	nc	－	－	－	－	－
京　　都	(27)	－	nc	－	－	－	－	－
大　　阪	(28)	－	nc	－	－	－	－	－
兵　　庫	(29)	－	nc	－	－	－	－	－
奈　　良	(30)	x	x	x	x	x	x	x
和　歌　山	(31)	x	x	x	x	x	x	x
鳥　　取	(32)	x	x	x	x	x	x	x
島　　根	(33)	－	nc	－	－	－	－	－
岡　　山	(34)	－	nc	－	－	－	－	－
広　　島	(35)	－	nc	－	－	－	－	－
山　　口	(36)	x	x	x	x	x	x	x
徳　　島	(37)	x	x	x	x	x	x	x
香　　川	(38)	x	x	x	x	x	x	x
愛　　媛	(39)	x	x	x	x	x	x	x
高　　知	(40)	x	x	x	x	x	x	x
福　　岡	(41)	－	nc	－	－	－	－	－
佐　　賀	(42)	－	nc	－	－	－	－	－
長　　崎	(43)	－	nc	－	－	－	－	－
熊　　本	(44)	4,000	112.6	313	245	378	456	393
大　　分	(45)	－	nc	－	－	－	－	－
宮　　崎	(46)	27	100.0	2	2	3	2	2
鹿　児　島	(47)	－	nc	－	－	－	－	－
沖　　縄	(48)	－	nc	－	－	－	－	－

6	7	8	9	10	11	12	
t	t	t	t	t	t	t	
46,541	48,398	47,634	45,235	45,697	43,550	43,399	(1)
46,174	48,005	47,198	44,920	45,352	43,146	43,031	(2)
x	x	x	x	x	x	x	(3)
21	26	20	26	27	34	20	(4)
–	–	–	–	–	–	–	(5)
x	x	x	x	x	x	x	(6)
–	–	–	–	–	–	–	(7)
34	28	32	16	37	47	16	(8)
–	–	–	–	–	–	–	(9)
–	–	–	–	–	–	–	(10)
–	–	–	–	–	–	–	(11)
–	–	–	–	–	–	–	(12)
–	–	–	–	–	–	–	(13)
–	–	–	–	–	–	–	(14)
–	–	–	–	–	–	–	(15)
–	–	1	2	2	1	7	(16)
x	x	x	x	x	x	x	(17)
–	–	–	–	–	–	–	(18)
x	x	x	x	x	x	x	(19)
–	–	–	–	–	–	–	(20)
–	–	–	–	–	–	–	(21)
–	–	–	–	–	–	–	(22)
–	–	–	–	–	–	–	(23)
–	–	–	–	–	–	–	(24)
–	–	–	–	–	–	–	(25)
–	–	–	–	–	–	–	(26)
–	–	–	–	–	–	–	(27)
–	–	–	–	–	–	–	(28)
–	–	–	–	–	–	–	(29)
x	x	x	x	x	x	x	(30)
x	x	x	x	x	x	x	(31)
x	x	x	x	x	x	x	(32)
–	–	–	–	–	–	–	(33)
–	–	–	–	–	–	–	(34)
–	–	–	–	–	–	–	(35)
x	x	x	x	x	x	x	(36)
x	x	x	x	x	x	x	(37)
x	x	x	x	x	x	x	(38)
x	x	x	x	x	x	x	(39)
x	x	x	x	x	x	x	(40)
–	–	–	–	–	–	–	(41)
–	–	–	–	–	–	–	(42)
–	–	–	–	–	–	–	(43)
310	337	381	269	277	320	321	(44)
–	–	–	–	–	–	–	(45)
2	2	2	2	2	2	4	(46)
–	–	–	–	–	–	–	(47)
–	–	–	–	–	–	–	(48)

6 生乳処理量（用途別 都道府県別）（月別）（続き）

(8) 乳製品向け　うち、濃縮乳向け処理量

都道府県		年　　計		1　月	2	3	4	5
		実　数	対前年比					
		t	%	t	t	t	t	t
全　国	(1)	6,999	88.7	496	443	694	702	733
北　海　道	(2)	6,639	88.3	466	413	664	672	703
青　森	(3)	x	x	x	x	x	x	x
岩　手	(4)	-	nc	-	-	-	-	-
宮　城	(5)	-	nc	-	-	-	-	-
秋　田	(6)	x	x	x	x	x	x	x
山　形	(7)	-	nc	-	-	-	-	-
福　島	(8)	-	nc	-	-	-	-	-
茨　城	(9)	-	nc	-	-	-	-	-
栃　木	(10)	-	nc	-	-	-	-	-
群　馬	(11)	-	nc	-	-	-	-	-
埼　玉	(12)	-	nc	-	-	-	-	-
千　葉	(13)	-	nc	-	-	-	-	-
東　京	(14)	-	nc	-	-	-	-	-
神　奈　川	(15)	-	nc	-	-	-	-	-
新　潟	(16)	-	-	-	-	-	-	-
富　山	(17)	x	x	x	x	x	x	x
石　川	(18)	-	nc	-	-	-	-	-
福　井	(19)	x	x	x	x	x	x	x
山　梨	(20)	-	nc	-	-	-	-	-
長　野	(21)	-	nc	-	-	-	-	-
岐　阜	(22)	-	nc	-	-	-	-	-
静　岡	(23)	360	100.0	30	30	30	30	30
愛　知	(24)	-	nc	-	-	-	-	-
三　重	(25)	-	-	-	-	-	-	-
滋　賀	(26)	-	nc	-	-	-	-	-
京　都	(27)	-	nc	-	-	-	-	-
大　阪	(28)	-	nc	-	-	-	-	-
兵　庫	(29)	-	nc	-	-	-	-	-
奈　良	(30)	x	x	x	x	x	x	x
和　歌　山	(31)	x	x	x	x	x	x	x
鳥　取	(32)	x	x	x	x	x	x	x
島　根	(33)	-	nc	-	-	-	-	-
岡　山	(34)	-	nc	-	-	-	-	-
広　島	(35)	-	nc	-	-	-	-	-
山　口	(36)	x	x	x	x	x	x	x
徳　島	(37)	x	x	x	x	x	x	x
香　川	(38)	x	x	x	x	x	x	x
愛　媛	(39)	x	x	x	x	x	x	x
高　知	(40)	x	x	x	x	x	x	x
福　岡	(41)	-	nc	-	-	-	-	-
佐　賀	(42)	-	nc	-	-	-	-	-
長　崎	(43)	-	nc	-	-	-	-	-
熊　本	(44)	-	nc	-	-	-	-	-
大　分	(45)	-	nc	-	-	-	-	-
宮　崎	(46)	-	nc	-	-	-	-	-
鹿　児　島	(47)	-	nc	-	-	-	-	-
沖　縄	(48)	-	nc	-	-	-	-	-

6	7	8	9	10	11	12	
t	t	t	t	t	t	t	
539	546	521	568	632	603	522	(1)
509	516	491	538	602	573	492	(2)
x	x	x	x	x	x	x	(3)
–	–	–	–	–	–	–	(4)
–	–	–	–	–	–	–	(5)
x	x	x	x	x	x	x	(6)
–	–	–	–	–	–	–	(7)
–	–	–	–	–	–	–	(8)
–	–	–	–	–	–	–	(9)
–	–	–	–	–	–	–	(10)
–	–	–	–	–	–	–	(11)
–	–	–	–	–	–	–	(12)
–	–	–	–	–	–	–	(13)
–	–	–	–	–	–	–	(14)
–	–	–	–	–	–	–	(15)
–	–	–	–	–	–	–	(16)
x	x	x	x	x	x	x	(17)
–	–	–	–	–	–	–	(18)
x	x	x	x	x	x	x	(19)
–	–	–	–	–	–	–	(20)
–	–	–	–	–	–	–	(21)
–	–	–	–	–	–	–	(22)
30	30	30	30	30	30	30	(23)
–	–	–	–	–	–	–	(24)
–	–	–	–	–	–	–	(25)
–	–	–	–	–	–	–	(26)
–	–	–	–	–	–	–	(27)
–	–	–	–	–	–	–	(28)
–	–	–	–	–	–	–	(29)
x	x	x	x	x	x	x	(30)
x	x	x	x	x	x	x	(31)
x	x	x	x	x	x	x	(32)
–	–	–	–	–	–	–	(33)
–	–	–	–	–	–	–	(34)
–	–	–	–	–	–	–	(35)
x	x	x	x	x	x	x	(36)
x	x	x	x	x	x	x	(37)
x	x	x	x	x	x	x	(38)
x	x	x	x	x	x	x	(39)
x	x	x	x	x	x	x	(40)
–	–	–	–	–	–	–	(41)
–	–	–	–	–	–	–	(42)
–	–	–	–	–	–	–	(43)
–	–	–	–	–	–	–	(44)
–	–	–	–	–	–	–	(45)
–	–	–	–	–	–	–	(46)
–	–	–	–	–	–	–	(47)
–	–	–	–	–	–	–	(48)

(9) その他

都道府県		年　計		1　月	2	3	4	5
		実　数	対前年比					
		t	%	t	t	t	t	t
全　　国	(1)	44,206	95.8	3,861	3,364	3,614	3,624	3,656
北　海　道	(2)	23,117	98.8	2,008	1,599	1,987	1,964	1,977
青　　森	(3)	x	x	x	x	x	x	x
岩　　手	(4)	1,147	86.6	101	108	93	91	89
宮　　城	(5)	607	78.5	60	58	50	50	49
秋　　田	(6)	x	x	x	x	x	x	x
山　　形	(7)	491	86.7	44	43	37	36	36
福　　島	(8)	351	78.0	34	34	28	28	28
茨　　城	(9)	3,261	99.5	296	261	287	247	267
栃　　木	(10)	1,550	88.7	129	131	113	115	117
群　　馬	(11)	979	90.6	83	80	73	70	70
埼　　玉	(12)	723	105.4	57	56	53	52	62
千　　葉	(13)	1,227	86.1	108	105	95	97	97
東　　京	(14)	60	93.8	5	5	5	5	5
神　奈　川	(15)	433	107.4	30	26	21	37	37
新　　潟	(16)	223	65.0	23	24	24	24	24
富　　山	(17)	x	x	x	x	x	x	x
石　　川	(18)	305	178.4	18	12	17	43	23
福　　井	(19)	x	x	x	x	x	x	x
山　　梨	(20)	326	124.9	25	25	32	30	27
長　　野	(21)	968	88.4	83	102	88	76	83
岐　　阜	(22)	836	106.6	66	63	65	64	69
静　　岡	(23)	296	105.3	22	22	21	21	21
愛　　知	(24)	700	96.7	58	59	53	55	51
三　　重	(25)	693	99.1	60	54	50	48	60
滋　　賀	(26)	89	79.5	9	9	7	7	8
京　　都	(27)	76	48.1	8	8	7	7	7
大　　阪	(28)	794	188.6	37	33	35	80	46
兵　　庫	(29)	280	70.5	28	28	25	24	24
奈　　良	(30)	x	x	x	x	x	x	x
和　歌　山	(31)	x	x	x	x	x	x	x
鳥　　取	(32)	x	x	x	x	x	x	x
島　　根	(33)	293	107.3	21	21	23	23	23
岡　　山	(34)	418	94.8	35	35	32	32	32
広　　島	(35)	881	91.7	83	74	67	71	79
山　　口	(36)	x	x	x	x	x	x	x
徳　　島	(37)	x	x	x	x	x	x	x
香　　川	(38)	x	x	x	x	x	x	x
愛　　媛	(39)	x	x	x	x	x	x	x
高　　知	(40)	x	x	x	x	x	x	x
福　　岡	(41)	302	79.5	64	23	14	15	34
佐　　賀	(42)	19	126.7	1	1	1	1	1
長　　崎	(43)	62	81.6	6	6	5	5	5
熊　　本	(44)	715	105.1	57	58	53	55	54
大　　分	(45)	95	83.3	9	9	7	7	7
宮　　崎	(46)	114	86.4	10	10	8	8	8
鹿　児　島	(47)	107	84.9	10	10	8	8	8
沖　　縄	(48)	45	88.2	4	4	3	3	3

6	7	8	9	10	11	12	
t	t	t	t	t	t	t	
3,719	3,748	3,757	3,761	3,738	3,758	3,606	(1)
1,936	1,944	1,947	1,947	1,941	1,934	1,933	(2)
x	x	x	x	x	x	x	(3)
94	95	93	95	95	96	97	(4)
49	48	49	48	49	50	47	(5)
x	x	x	x	x	x	x	(6)
41	43	39	42	44	43	43	(7)
28	28	28	28	31	28	28	(8)
286	279	250	286	262	342	198	(9)
135	129	135	140	131	136	139	(10)
78	89	87	104	82	83	80	(11)
63	71	63	55	58	61	72	(12)
108	105	100	99	104	106	103	(13)
5	5	5	5	5	5	5	(14)
32	57	32	43	52	24	42	(15)
16	12	14	15	16	14	17	(16)
x	x	x	x	x	x	x	(17)
18	21	49	32	17	22	33	(18)
x	x	x	x	x	x	x	(19)
23	23	27	27	31	28	28	(20)
88	76	78	72	76	77	69	(21)
69	72	72	73	77	71	75	(22)
27	27	27	27	27	27	27	(23)
58	62	61	64	63	59	57	(24)
63	60	48	66	65	59	60	(25)
7	7	5	8	8	8	6	(26)
6	8	5	5	5	5	5	(27)
80	73	110	75	81	87	57	(28)
19	19	20	34	19	20	20	(29)
x	x	x	x	x	x	x	(30)
x	x	x	x	x	x	x	(31)
x	x	x	x	x	x	x	(32)
26	26	26	26	26	26	26	(33)
36	36	36	36	36	36	36	(34)
83	74	79	72	70	69	60	(35)
x	x	x	x	x	x	x	(36)
x	x	x	x	x	x	x	(37)
x	x	x	x	x	x	x	(38)
x	x	x	x	x	x	x	(39)
x	x	x	x	x	x	x	(40)
21	34	17	18	22	25	15	(41)
2	2	2	2	2	2	2	(42)
5	5	5	5	5	5	5	(43)
56	60	89	55	62	52	64	(44)
8	8	8	8	8	8	8	(45)
10	10	10	10	10	10	10	(46)
9	9	9	9	9	9	9	(47)
4	4	4	4	4	4	4	(48)

6 生乳処理量（用途別　都道府県別）（月別）（続き）

(10) その他　うち、欠減量

都道府県	年　　　計 実　数	対前年比	1　月	2	3	4	5
	t	%	t	t	t	t	t
全　　国 (1)	10,258	103.4	866	769	817	825	856
北　海　道 (2)	554	54.7	53	44	67	42	54
青　　森 (3)	x	x	x	x	x	x	x
岩　　手 (4)	139	207.5	6	13	14	12	10
宮　　城 (5)	76	88.4	8	6	8	8	7
秋　　田 (6)	x	x	x	x	x	x	x
山　　形 (7)	155	102.0	13	12	11	10	10
福　　島 (8)	3	nc	-	-	-	-	-
茨　　城 (9)	2,591	102.5	241	206	238	198	218
栃　　木 (10)	191	106.7	14	16	12	14	16
群　　馬 (11)	138	112.2	14	11	9	6	6
埼　　玉 (12)	494	123.2	36	35	35	34	44
千　　葉 (13)	433	96.2	37	34	35	37	37
東　　京 (14)	24	109.1	2	2	2	2	2
神　奈　川 (15)	274	146.5	14	10	9	25	25
新　　潟 (16)	65	55.1	5	6	9	9	9
富　　山 (17)	x	x	x	x	x	x	x
石　　川 (18)	233	323.6	10	4	10	36	16
福　　井 (19)	x	x	x	x	x	x	x
山　　梨 (20)	245	148.5	18	18	26	24	21
長　　野 (21)	589	93.9	49	68	59	47	54
岐　　阜 (22)	717	111.0	55	52	56	55	60
静　　岡 (23)	-	-	-	-	-	-	-
愛　　知 (24)	161	102.5	13	14	13	15	11
三　　重 (25)	547	97.5	49	43	39	37	49
滋　　賀 (26)	39	139.3	2	2	2	2	3
京　　都 (27)	4	6.8	-	-	-	-	-
大　　阪 (28)	765	198.7	34	30	32	77	43
兵　　庫 (29)	38	59.4	1	1	2	1	1
奈　　良 (30)	x	x	x	x	x	x	x
和　歌　山 (31)	x	x	x	x	x	x	x
鳥　　取 (32)	x	x	x	x	x	x	x
島　　根 (33)	24	100.0	2	2	2	2	2
岡　　山 (34)	-	nc	-	-	-	-	-
広　　島 (35)	671	92.3	65	56	51	55	63
山　　口 (36)	x	x	x	x	x	x	x
徳　　島 (37)	x	x	x	x	x	x	x
香　　川 (38)	x	x	x	x	x	x	x
愛　　媛 (39)	x	x	x	x	x	x	x
高　　知 (40)	x	x	x	x	x	x	x
福　　岡 (41)	207	77.8	55	14	7	8	27
佐　　賀 (42)	-	nc	-	-	-	-	-
長　　崎 (43)	-	-	-	-	-	-	-
熊　　本 (44)	411	124.9	29	30	31	33	32
大　　分 (45)	12	100.0	1	1	1	1	1
宮　　崎 (46)	12	66.7	1	1	1	1	1
鹿　児　島 (47)	-	nc	-	-	-	-	-
沖　　縄 (48)	12	100.0	1	1	1	1	1

6	7	8	9	10	11	12	
t	t	t	t	t	t	t	
869	892	906	909	884	906	759	(1)
41	43	51	39	42	37	41	(2)
x	x	x	x	x	x	x	(3)
11	12	10	12	12	13	14	(4)
6	5	6	5	6	7	4	(5)
x	x	x	x	x	x	x	(6)
13	15	11	14	16	15	15	(7)
-	-	-	-	3	-	-	(8)
227	220	191	227	203	283	139	(9)
17	11	17	22	13	18	21	(10)
5	16	14	31	9	10	7	(11)
44	52	44	36	39	42	53	(12)
39	36	31	41	35	37	34	(13)
2	2	2	2	2	2	2	(14)
19	44	19	30	39	11	29	(15)
5	1	3	4	5	3	6	(16)
x	x	x	x	x	x	x	(17)
13	16	44	27	12	17	28	(18)
x	x	x	x	x	x	x	(19)
16	16	20	20	24	21	21	(20)
56	44	46	40	44	45	37	(21)
59	62	62	63	67	61	65	(22)
-	-	-	-	-	-	-	(23)
11	15	14	17	16	12	10	(24)
50	47	35	53	52	46	47	(25)
4	4	2	5	5	5	3	(26)
1	3	-	-	-	-	-	(27)
78	71	108	73	79	85	55	(28)
2	2	3	17	2	3	3	(29)
x	x	x	x	x	x	x	(30)
x	x	x	x	x	x	x	(31)
x	x	x	x	x	x	x	(32)
2	2	2	2	2	2	2	(33)
-	-	-	-	-	-	-	(34)
65	56	61	54	52	51	42	(35)
x	x	x	x	x	x	x	(36)
x	x	x	x	x	x	x	(37)
x	x	x	x	x	x	x	(38)
x	x	x	x	x	x	x	(39)
x	x	x	x	x	x	x	(40)
13	26	9	10	14	17	7	(41)
-	-	-	-	-	-	-	(42)
-	-	-	-	-	-	-	(43)
30	34	63	29	36	26	38	(44)
1	1	1	1	1	1	1	(45)
1	1	1	1	1	1	1	(46)
-	-	-	-	-	-	-	(47)
1	1	1	1	1	1	1	(48)

7　牛乳等生産量（全国農業地域別・牛乳等内訳）（月別）

全国農業地域・牛乳等内訳		年　　計			1　月	2	3
		実　数	地域別割合	対前年比			
		kl	%	%	kl	kl	kl
全国							
飲用牛乳等	(1)	3,571,543	100.0	100.4	290,682	275,417	286,385
牛乳	(2)	3,160,464	100.0	100.6	256,463	243,660	251,853
うち、業務用	(3)	322,321	100.0	98.7	26,268	24,627	26,137
学校給食用	(4)	351,062	100.0	98.7	31,588	35,164	22,135
加工乳・成分調整牛乳	(5)	411,079	100.0	99.2	34,219	31,757	34,532
うち、業務用	(6)	58,478	100.0	117.3	4,982	4,820	5,028
成分調整牛乳	(7)	288,215	100.0	90.8	24,789	23,002	25,144
乳飲料	(8)	1,127,879	100.0	99.9	82,346	76,162	88,433
はっ酵乳	(9)	1,029,592	100.0	96.4	87,855	81,984	90,096
乳酸菌飲料	(10)	115,992	100.0	92.4	9,452	9,282	10,377
北海道							
飲用牛乳等	(11)	546,980	15.3	98.8	45,004	42,314	45,351
牛乳	(12)	444,812	14.1	103.9	34,662	32,714	35,387
うち、業務用	(13)	69,485	21.6	99.3	5,711	5,433	6,491
学校給食用	(14)	15,524	4.4	99.6	923	1,497	962
加工乳・成分調整牛乳	(15)	102,168	24.9	81.2	10,342	9,600	9,964
うち、業務用	(16)	2,679	4.6	192.5	105	114	130
成分調整牛乳	(17)	97,123	33.7	78.9	9,946	9,216	9,557
乳飲料	(18)	25,824	2.3	103.5	2,233	2,075	2,181
はっ酵乳	(19)	24,775	2.4	108.2	1,718	1,871	1,959
乳酸菌飲料	(20)	4,926	4.2	105.2	511	446	426
東北							
飲用牛乳等	(21)	241,314	6.8	97.6	20,428	18,899	19,538
牛乳	(22)	227,116	7.2	98.0	19,212	17,839	18,390
うち、業務用	(23)	23,736	7.4	103.9	1,967	1,621	1,914
学校給食用	(24)	25,525	7.3	97.2	2,132	2,607	1,540
加工乳・成分調整牛乳	(25)	14,198	3.5	92.4	1,216	1,060	1,148
うち、業務用	(26)	99	0.2	145.6	6	6	7
成分調整牛乳	(27)	11,309	3.9	91.2	931	808	926
乳飲料	(28)	65,881	5.8	98.5	4,962	4,654	5,183
はっ酵乳	(29)	46,908	4.6	102.3	3,674	3,460	3,925
乳酸菌飲料	(30)	4,342	3.7	92.1	375	351	438
北陸							
飲用牛乳等	(31)	77,129	2.2	94.7	6,788	6,568	6,284
牛乳	(32)	75,177	2.4	94.6	6,644	6,382	6,137
うち、業務用	(33)	6,195	1.9	116.2	452	510	440
学校給食用	(34)	12,993	3.7	94.7	1,206	1,322	840
加工乳・成分調整牛乳	(35)	1,952	0.5	100.8	144	186	147
うち、業務用	(36)	－	－	nc	－	－	－
成分調整牛乳	(37)	855	0.3	120.1	53	53	58
乳飲料	(38)	9,569	0.8	64.0	1,091	1,004	1,037
はっ酵乳	(39)	14,616	1.4	103.0	1,165	1,064	1,192
乳酸菌飲料	(40)	15,810	13.6	90.4	1,548	1,457	1,673
関東							
飲用牛乳等	(41)	1,079,126	30.2	102.1	87,957	83,870	87,166
牛乳	(42)	941,005	29.8	100.5	77,040	73,608	75,700
うち、業務用	(43)	96,048	29.8	94.4	8,517	7,792	8,196
学校給食用	(44)	109,073	31.1	97.3	9,914	10,958	6,946
加工乳・成分調整牛乳	(45)	138,121	33.6	114.5	10,917	10,262	11,466
うち、業務用	(46)	26,189	44.8	109.1	2,293	2,330	2,578
成分調整牛乳	(47)	72,250	25.1	108.9	5,438	5,184	5,884
乳飲料	(48)	456,905	40.5	99.6	32,992	30,594	36,668
はっ酵乳	(49)	582,647	56.6	97.9	50,115	46,327	50,463
乳酸菌飲料	(50)	51,517	44.4	102.1	4,092	4,116	3,945
東山							
飲用牛乳等	(51)	116,235	3.3	96.9	9,593	9,185	9,664
牛乳	(52)	116,235	3.7	96.9	9,593	9,185	9,664
うち、業務用	(53)	5,570	1.7	103.8	498	460	518
学校給食用	(54)	7,976	2.3	94.9	711	787	418
加工乳・成分調整牛乳	(55)	－	－	nc	－	－	－
うち、業務用	(56)	－	－	nc	－	－	－
成分調整牛乳	(57)	－	－	nc	－	－	－
乳飲料	(58)	11,174	1.0	103.6	836	774	863
はっ酵乳	(59)	28,190	2.7	108.2	2,291	2,205	2,496
乳酸菌飲料	(60)	－	－	nc	－	－	－

4	5	6	7	8	9	10	11	12	
kl	kl	kl	kl	kl	kl	kl	kl	kl	
286,524	310,880	308,045	302,327	291,749	314,690	318,455	297,722	288,667	(1)
252,896	276,117	274,453	267,240	256,031	279,390	283,435	264,261	254,665	(2)
27,754	27,079	26,081	23,747	26,183	28,678	29,910	28,120	27,737	(3)
24,449	34,630	37,206	24,502	5,874	33,663	36,530	35,801	29,520	(4)
33,628	34,763	33,592	35,087	35,718	35,300	35,020	33,461	34,002	(5)
4,811	4,357	3,883	4,323	4,732	4,570	5,017	5,672	6,283	(6)
23,056	24,458	23,959	24,948	25,181	24,856	23,930	22,506	22,386	(7)
91,503	99,527	97,790	102,279	105,288	108,232	102,267	88,759	85,293	(8)
89,294	89,472	87,311	86,784	83,118	85,723	83,954	83,624	80,377	(9)
9,946	10,810	9,942	10,257	9,384	8,831	10,423	10,023	7,265	(10)
42,532	44,837	44,832	47,385	47,282	49,924	50,474	44,465	42,580	(11)
34,641	36,612	36,908	39,014	39,040	41,828	42,359	36,672	34,975	(12)
6,042	6,207	6,097	5,468	5,456	5,900	6,254	5,332	5,094	(13)
1,109	1,500	1,588	1,272	742	1,498	1,544	1,578	1,311	(14)
7,891	8,225	7,924	8,371	8,242	8,096	8,115	7,793	7,605	(15)
298	367	316	332	334	127	160	216	180	(16)
7,453	7,712	7,472	7,921	7,788	7,757	7,718	7,407	7,176	(17)
2,186	2,196	2,101	2,294	2,184	2,066	2,169	1,980	2,159	(18)
2,076	2,168	2,172	2,202	2,106	2,154	2,103	2,131	2,115	(19)
393	409	397	385	425	388	417	357	372	(20)
19,351	20,908	20,612	19,874	19,803	21,600	21,112	19,498	19,691	(21)
18,158	19,719	19,462	18,673	18,543	20,398	19,880	18,357	18,485	(22)
1,954	2,069	1,851	1,725	2,016	2,535	2,190	1,877	2,017	(23)
1,763	2,418	2,532	1,894	916	2,432	2,523	2,559	2,209	(24)
1,193	1,189	1,150	1,201	1,260	1,202	1,232	1,141	1,206	(25)
10	10	10	–	10	10	10	10	10	(26)
957	981	962	1,011	1,036	976	964	878	879	(27)
5,565	5,680	5,632	5,829	6,219	6,044	5,881	5,138	5,094	(28)
3,823	4,032	3,956	4,082	4,013	4,144	4,066	3,847	3,886	(29)
377	385	353	372	373	357	331	317	313	(30)
6,291	6,789	6,873	6,546	5,760	6,688	6,396	6,217	5,929	(31)
6,144	6,636	6,718	6,364	5,581	6,516	6,225	6,059	5,771	(32)
546	437	436	281	650	642	572	617	612	(33)
923	1,219	1,305	1,044	176	1,208	1,325	1,319	1,106	(34)
147	153	155	182	179	172	171	158	158	(35)
–	–	–	–	–	–	–	–	–	(36)
59	65	67	90	88	84	84	77	77	(37)
927	1,020	823	874	782	683	478	431	419	(38)
1,296	1,314	1,270	1,345	1,318	1,179	1,196	1,072	1,205	(39)
1,347	1,383	1,246	1,225	1,143	1,123	1,191	1,179	1,295	(40)
87,881	95,592	94,631	89,993	85,792	92,366	95,112	90,950	87,816	(41)
76,325	83,617	83,183	78,325	74,064	80,472	83,394	79,515	75,762	(42)
8,257	7,954	7,872	6,908	7,635	8,165	8,301	8,457	7,994	(43)
7,802	11,173	11,785	7,363	1,010	10,171	11,440	11,179	9,332	(44)
11,556	11,975	11,448	11,668	11,728	11,894	11,718	11,435	12,054	(45)
2,183	1,976	1,758	1,924	1,931	1,988	2,077	2,440	2,711	(46)
5,776	6,417	6,205	6,305	6,489	6,655	6,090	5,797	6,010	(47)
37,634	41,792	40,083	40,969	42,172	43,015	42,178	34,932	33,876	(48)
49,971	51,405	50,484	49,603	47,208	47,499	47,882	46,692	44,998	(49)
4,053	4,985	4,066	4,498	4,222	4,126	5,378	5,300	2,736	(50)
9,540	10,150	9,981	9,798	9,480	10,148	9,751	9,638	9,307	(51)
9,540	10,150	9,981	9,798	9,480	10,148	9,751	9,638	9,307	(52)
383	399	427	445	400	301	530	520	489	(53)
619	747	816	558	301	734	756	784	745	(54)
–	–	–	–	–	–	–	–	–	(55)
–	–	–	–	–	–	–	–	–	(56)
–	–	–	–	–	–	–	–	–	(57)
856	953	947	994	1,012	997	1,034	964	944	(58)
2,475	2,551	2,446	2,501	2,353	2,317	2,288	2,163	2,104	(59)
–	–	–	–	–	–	–	–	–	(60)

全国農業地域・牛乳等内訳		年		計	1　月	2	3
		実　数	地域別割合	対前年比			
		kl	%	%	kl	kl	kl
東海							
飲用牛乳等	(61)	366,343	10.3	103.4	28,606	27,725	27,829
牛乳	(62)	325,841	10.3	101.1	26,107	25,390	25,140
うち、業務用	(63)	34,653	10.8	98.3	2,599	2,858	2,376
学校給食用	(64)	46,533	13.3	100.3	4,299	4,625	2,899
加工乳・成分調整牛乳	(65)	40,502	9.9	126.3	2,499	2,335	2,689
うち、業務用	(66)	4,638	7.9	102.7	474	401	374
成分調整牛乳	(67)	23,387	8.1	94.0	1,800	1,712	1,883
乳飲料	(68)	156,704	13.9	99.2	11,401	10,591	12,016
はっ酵乳	(69)	88,056	8.6	94.5	8,252	7,279	7,735
乳酸菌飲料	(70)	19,970	17.2	103.8	1,487	1,267	1,622
近畿							
飲用牛乳等	(71)	389,919	10.9	98.9	31,290	29,257	30,585
牛乳	(72)	360,595	11.4	99.9	29,097	27,311	28,360
うち、業務用	(73)	36,070	11.2	116.6	2,702	2,108	2,390
学校給食用	(74)	52,165	14.9	101.0	4,843	5,185	3,221
加工乳・成分調整牛乳	(75)	29,324	7.1	88.1	2,193	1,946	2,225
うち、業務用	(76)	30	0.1	85.7	2	2	2
成分調整牛乳	(77)	20,967	7.3	81.3	1,624	1,427	1,627
乳飲料	(78)	164,483	14.6	100.8	11,663	10,637	12,510
はっ酵乳	(79)	108,010	10.5	81.6	9,912	9,232	10,735
乳酸菌飲料	(80)	1,005	0.9	30.8	253	291	240
中国							
飲用牛乳等	(81)	261,675	7.3	100.2	21,228	19,975	20,795
牛乳	(82)	235,468	7.5	99.9	19,177	18,058	18,878
うち、業務用	(83)	17,174	5.3	92.2	1,200	1,040	1,054
学校給食用	(84)	21,837	6.2	100.8	2,039	2,209	1,532
加工乳・成分調整牛乳	(85)	26,207	6.4	103.5	2,051	1,917	1,917
うち、業務用	(86)	12,919	22.1	119.0	1,040	977	882
成分調整牛乳	(87)	13,084	4.5	92.5	988	918	1,012
乳飲料	(88)	99,066	8.8	94.3	6,963	6,407	7,364
はっ酵乳	(89)	70,675	6.9	100.6	5,489	5,573	6,100
乳酸菌飲料	(90)	5,165	4.5	46.0	309	268	456
四国							
飲用牛乳等	(91)	81,348	2.3	101.2	6,752	6,197	6,311
牛乳	(92)	78,580	2.5	102.1	6,502	5,966	6,066
うち、業務用	(93)	8,667	2.7	82.6	613	506	565
学校給食用	(94)	10,210	2.9	99.6	971	1,047	654
加工乳・成分調整牛乳	(95)	2,768	0.7	81.5	250	231	245
うち、業務用	(96)	-	-	nc	-	-	-
成分調整牛乳	(97)	2,427	0.8	84.6	218	203	213
乳飲料	(98)	21,906	1.9	106.1	1,643	1,543	1,813
はっ酵乳	(99)	6,655	0.6	93.7	540	543	579
乳酸菌飲料	(100)	2,516	2.2	91.4	202	191	213
九州							
飲用牛乳等	(101)	386,049	10.8	101.5	30,804	29,289	30,730
牛乳	(102)	335,175	10.6	101.7	26,635	25,474	26,433
うち、業務用	(103)	23,365	7.2	94.5	1,871	2,174	2,076
学校給食用	(104)	42,978	12.2	99.3	3,917	4,294	2,739
加工乳・成分調整牛乳	(105)	50,874	12.4	100.0	4,169	3,815	4,297
うち、業務用	(106)	11,668	20.0	133.3	1,042	970	1,032
成分調整牛乳	(107)	46,813	16.2	99.4	3,791	3,481	3,984
乳飲料	(108)	106,150	9.4	110.8	7,747	7,142	7,987
はっ酵乳	(109)	57,637	5.6	97.7	4,569	4,320	4,866
乳酸菌飲料	(110)	8,155	7.0	92.4	460	700	1,155
沖縄							
飲用牛乳等	(111)	25,425	0.7	95.5	2,232	2,138	2,132
牛乳	(112)	20,460	0.6	97.1	1,794	1,733	1,698
うち、業務用	(113)	1,358	0.4	97.3	138	125	117
学校給食用	(114)	6,248	1.8	97.0	633	633	384
加工乳・成分調整牛乳	(115)	4,965	1.2	89.6	438	405	434
うち、業務用	(116)	256	0.4	104.1	20	20	23
成分調整牛乳	(117)	-	-	nc	-	-	-
乳飲料	(118)	10,217	0.9	97.0	815	741	811
はっ酵乳	(119)	1,423	0.1	75.7	130	110	46
乳酸菌飲料	(120)	2,586	2.2	87.6	215	195	209

4	5	6	7	8	9	10	11	12	
kl	kl	kl	kl	kl	kl	kl	kl	kl	
29,566	32,678	31,611	30,817	29,412	32,934	33,622	31,307	30,236	(61)
25,992	28,960	28,022	26,973	25,476	29,127	29,873	27,853	26,928	(62)
3,064	3,105	2,425	2,380	2,546	3,156	3,418	3,378	3,348	(63)
3,238	4,593	5,055	3,352	499	4,486	4,935	4,694	3,858	(64)
3,574	3,718	3,589	3,844	3,936	3,807	3,749	3,454	3,308	(65)
365	310	253	283	327	363	431	471	586	(66)
1,925	2,021	2,072	2,167	2,195	2,108	2,034	1,846	1,624	(67)
12,835	13,436	13,579	14,972	15,497	14,241	14,397	12,019	11,720	(68)
7,556	7,594	7,262	7,372	6,873	6,825	7,190	7,048	7,070	(69)
1,740	1,703	1,771	1,827	1,740	1,835	1,831	1,589	1,558	(70)
30,661	34,775	34,006	32,934	31,804	34,723	35,372	32,728	31,784	(71)
28,220	32,084	31,404	30,247	28,932	32,012	32,883	30,450	29,595	(72)
2,818	3,142	2,566	2,611	3,246	3,139	4,258	3,539	3,551	(73)
3,461	5,117	5,561	3,393	1,002	5,260	5,529	5,389	4,204	(74)
2,441	2,691	2,602	2,687	2,872	2,711	2,489	2,278	2,189	(75)
3	3	3	3	3	2	3	2	3	(76)
1,784	1,976	1,826	1,917	2,051	1,871	1,722	1,601	1,541	(77)
12,170	13,589	13,744	14,392	15,310	19,041	13,873	14,363	13,191	(78)
10,481	8,079	7,919	7,848	7,551	10,099	7,492	9,752	8,910	(79)
20	28	27	28	22	26	26	20	24	(80)
20,664	22,151	23,061	22,900	21,780	22,972	23,216	21,647	21,286	(81)
18,673	20,204	21,155	20,785	19,421	20,560	20,729	19,127	18,701	(82)
1,435	1,097	1,798	1,448	1,441	1,686	1,730	1,468	1,777	(83)
1,462	2,091	2,257	1,570	172	2,094	2,321	2,244	1,846	(84)
1,991	1,947	1,906	2,115	2,359	2,412	2,487	2,520	2,585	(85)
912	771	681	875	1,182	1,244	1,338	1,478	1,539	(86)
1,065	1,161	1,210	1,225	1,163	1,151	1,132	1,027	1,032	(87)
8,154	9,100	9,105	9,454	9,445	9,238	8,914	7,615	7,307	(88)
6,078	6,378	6,213	6,189	6,026	6,018	5,963	5,543	5,105	(89)
720	765	962	495	200	69	276	468	177	(90)
6,619	7,244	7,178	6,703	6,659	7,599	6,948	6,672	6,466	(91)
6,397	7,012	6,952	6,463	6,421	7,364	6,718	6,465	6,254	(92)
888	788	717	532	780	952	811	758	757	(93)
703	1,010	1,058	705	87	971	1,063	1,055	886	(94)
222	232	226	240	238	235	230	207	212	(95)
-	-	-	-	-	-	-	-	-	(96)
192	202	197	210	208	207	205	184	188	(97)
1,779	1,916	1,888	2,004	2,025	1,949	1,909	1,743	1,694	(98)
587	605	576	565	541	538	553	527	501	(99)
221	232	213	214	222	214	214	193	187	(100)
31,294	33,411	33,064	33,353	32,044	33,766	34,393	32,465	31,436	(101)
27,089	29,210	28,885	28,968	27,535	29,377	30,019	28,403	27,147	(102)
2,266	1,756	1,802	1,854	1,914	1,870	1,743	2,068	1,971	(103)
2,923	4,167	4,597	2,938	786	4,222	4,515	4,379	3,501	(104)
4,205	4,201	4,179	4,385	4,509	4,389	4,374	4,062	4,289	(105)
1,018	897	843	883	921	816	977	1,035	1,234	(106)
3,845	3,923	3,948	4,102	4,163	4,047	3,981	3,689	3,859	(107)
8,578	8,964	9,040	9,601	9,755	10,031	10,504	8,719	8,082	(108)
4,843	5,210	4,887	4,932	4,986	4,822	5,097	4,736	4,369	(109)
849	678	683	961	800	481	544	413	431	(110)
2,125	2,345	2,196	2,024	1,933	1,970	2,059	2,135	2,136	(111)
1,717	1,913	1,783	1,630	1,538	1,588	1,604	1,722	1,740	(112)
101	125	90	95	99	103	113	125	127	(113)
446	595	652	413	183	587	579	621	522	(114)
408	432	413	394	395	382	455	413	396	(115)
22	23	20	23	24	20	21	20	20	(116)
-	-	-	-	-	-	-	-	-	(117)
819	881	848	896	887	927	930	855	807	(118)
108	136	126	145	143	128	124	113	114	(119)
226	242	224	252	237	212	215	187	172	(120)

8 飲用牛乳等生産量（都道府県別）（月別）

(1) 飲用牛乳等計

都道府県	年 計 実 数	年 計 対前年比	1 月	2	3	4	5
	kl	%	kl	kl	kl	kl	kl
全 国 (1)	3,571,543	100.4	290,682	275,417	286,385	286,524	310,880
北 海 道 (2)	546,980	98.8	45,004	42,314	45,351	42,532	44,837
青 森 (3)	x	x	x	x	x	x	x
岩 手 (4)	78,667	99.1	6,491	6,138	6,424	6,302	6,847
宮 城 (5)	90,553	99.5	7,760	7,061	7,295	7,184	7,708
秋 田 (6)	x	x	x	x	x	x	x
山 形 (7)	24,934	89.9	2,210	2,089	2,134	2,103	2,176
福 島 (8)	33,855	97.0	2,926	2,495	2,665	2,746	2,991
茨 城 (9)	180,326	100.0	14,972	14,099	14,866	14,910	15,818
栃 木 (10)	150,673	101.9	12,200	11,145	12,716	12,725	13,519
群 馬 (11)	131,641	110.6	10,260	9,640	10,608	10,526	11,385
埼 玉 (12)	92,620	94.2	8,372	7,706	7,292	7,201	7,833
千 葉 (13)	156,521	100.1	13,169	12,498	12,288	12,849	14,544
東 京 (14)	75,561	101.6	5,277	5,985	6,487	5,961	6,693
神 奈 川 (15)	291,784	104.0	23,707	22,797	22,909	23,709	25,800
新 潟 (16)	37,382	105.8	3,001	2,952	2,842	2,929	3,226
富 山 (17)	x	x	x	x	x	x	x
石 川 (18)	30,698	83.3	3,034	2,857	2,744	2,626	2,754
福 井 (19)	x	x	x	x	x	x	x
山 梨 (20)	1,742	95.4	157	133	180	151	140
長 野 (21)	114,493	96.9	9,436	9,052	9,484	9,389	10,010
岐 阜 (22)	79,891	111.7	6,127	5,834	6,001	6,136	7,241
静 岡 (23)	72,362	99.7	5,921	5,814	5,480	5,574	6,185
愛 知 (24)	188,925	100.5	14,778	14,290	14,496	15,865	16,980
三 重 (25)	25,165	113.6	1,780	1,787	1,852	1,991	2,272
滋 賀 (26)	20,626	106.6	1,587	1,555	1,548	1,618	1,896
京 都 (27)	97,364	103.2	7,347	6,240	7,575	7,851	8,736
大 阪 (28)	105,368	100.4	8,466	8,443	8,104	7,926	9,237
兵 庫 (29)	166,101	94.8	13,851	12,980	13,319	13,227	14,867
奈 良 (30)	x	x	x	x	x	x	x
和 歌 山 (31)	x	x	x	x	x	x	x
鳥 取 (32)	x	x	x	x	x	x	x
島 根 (33)	13,170	91.5	1,119	1,135	1,084	1,043	1,136
岡 山 (34)	138,634	103.5	11,219	10,568	11,293	10,829	11,684
広 島 (35)	47,852	100.2	3,998	3,695	3,749	3,799	4,261
山 口 (36)	x	x	x	x	x	x	x
徳 島 (37)	x	x	x	x	x	x	x
香 川 (38)	x	x	x	x	x	x	x
愛 媛 (39)	x	x	x	x	x	x	x
高 知 (40)	x	x	x	x	x	x	x
福 岡 (41)	150,327	101.1	12,172	11,556	12,309	12,133	13,130
佐 賀 (42)	12,484	89.4	1,183	1,099	1,109	967	1,094
長 崎 (43)	11,907	96.4	1,003	1,003	907	958	1,137
熊 本 (44)	118,692	106.2	8,956	8,488	9,081	9,521	9,948
大 分 (45)	45,826	101.2	3,540	3,456	3,637	3,657	3,978
宮 崎 (46)	37,639	96.1	3,212	3,005	3,015	3,351	3,306
鹿 児 島 (47)	9,174	101.1	738	682	672	707	818
沖 縄 (48)	25,425	95.5	2,232	2,138	2,132	2,125	2,345

6	7	8	9	10	11	12	
kl	kl	kl	kl	kl	kl	kl	
308, 045	302, 327	291, 749	314, 690	318, 455	297, 722	288, 667	(1)
44, 832	47, 385	47, 282	49, 924	50, 474	44, 465	42, 580	(2)
x	x	x	x	x	x	x	(3)
6, 749	6, 545	6, 740	7, 020	6, 878	6, 290	6, 243	(4)
7, 581	7, 696	7, 557	7, 962	7, 851	7, 328	7, 570	(5)
x	x	x	x	x	x	x	(6)
2, 182	1, 948	1, 917	2, 153	2, 127	1, 939	1, 956	(7)
2, 876	2, 599	2, 650	3, 299	3, 022	2, 783	2, 803	(8)
15, 754	15, 404	14, 379	15, 683	15, 339	14, 799	14, 303	(9)
13, 079	12, 474	12, 442	13, 103	12, 938	12, 137	12, 195	(10)
11, 208	11, 160	11, 425	11, 690	11, 761	11, 102	10, 876	(11)
8, 029	7, 379	6, 309	8, 491	8, 439	8, 088	7, 481	(12)
14, 418	13, 471	11, 497	10, 950	14, 299	13, 742	12, 796	(13)
6, 384	6, 093	6, 202	6, 831	6, 714	6, 397	6, 537	(14)
25, 759	24, 012	23, 538	25, 618	25, 622	24, 685	23, 628	(15)
3, 260	3, 185	2, 949	3, 359	3, 385	3, 195	3, 099	(16)
x	x	x	x	x	x	x	(17)
2, 799	2, 595	2, 237	2, 541	2, 183	2, 236	2, 092	(18)
x	x	x	x	x	x	x	(19)
126	132	138	132	147	133	173	(20)
9, 855	9, 666	9, 342	10, 016	9, 604	9, 505	9, 134	(21)
7, 154	6, 923	6, 992	7, 250	7, 152	6, 496	6, 585	(22)
5, 766	5, 741	5, 720	6, 669	6, 798	6, 696	5, 998	(23)
16, 368	15, 955	14, 847	16, 684	17, 261	15, 892	15, 509	(24)
2, 323	2, 198	1, 853	2, 331	2, 411	2, 223	2, 144	(25)
1, 955	1, 700	1, 493	1, 939	1, 892	1, 829	1, 614	(26)
8, 417	8, 197	9, 057	8, 711	8, 977	8, 170	8, 086	(27)
9, 260	8, 811	7, 990	9, 464	9, 842	9, 086	8, 739	(28)
14, 335	14, 188	13, 227	14, 572	14, 623	13, 605	13, 307	(29)
x	x	x	x	x	x	x	(30)
x	x	x	x	x	x	x	(31)
x	x	x	x	x	x	x	(32)
1, 126	1, 119	1, 027	1, 118	1, 129	1, 106	1, 028	(33)
11, 872	12, 481	12, 156	11, 979	12, 130	11, 370	11, 053	(34)
4, 253	3, 981	3, 625	4, 293	4, 315	3, 941	3, 942	(35)
x	x	x	x	x	x	x	(36)
x	x	x	x	x	x	x	(37)
x	x	x	x	x	x	x	(38)
x	x	x	x	x	x	x	(39)
x	x	x	x	x	x	x	(40)
12, 539	12, 810	12, 624	12, 828	13, 436	12, 550	12, 240	(41)
1, 115	996	878	1, 062	1, 067	984	930	(42)
1, 125	954	745	1, 036	1, 061	1, 046	932	(43)
10, 231	10, 696	10, 141	10, 797	10, 660	10, 184	9, 989	(44)
3, 965	4, 051	3, 924	4, 080	4, 027	3, 793	3, 718	(45)
3, 283	3, 086	3, 025	3, 114	3, 193	3, 093	2, 956	(46)
806	760	707	849	949	815	671	(47)
2, 196	2, 024	1, 933	1, 970	2, 059	2, 135	2, 136	(48)

8　飲用牛乳等生産量（都道府県別）（月別）（続き）

(2)　牛乳生産量

都道府県		年　計		1　月	2	3	4	5
		実　数	対前年比					
		kl	%	kl	kl	kl	kl	kl
全　　国	(1)	3,160,464	100.6	256,463	243,660	251,853	252,896	276,117
北 海 道	(2)	444,812	103.9	34,662	32,714	35,387	34,641	36,612
青　　森	(3)	x	x	x	x	x	x	x
岩　　手	(4)	71,904	98.6	5,959	5,679	5,894	5,738	6,253
宮　　城	(5)	87,190	100.5	7,457	6,780	6,982	6,880	7,420
秋　　田	(6)	x	x	x	x	x	x	x
山　　形	(7)	22,709	88.7	1,987	1,890	1,965	1,921	2,025
福　　島	(8)	33,754	97.2	2,918	2,487	2,657	2,738	2,983
茨　　城	(9)	175,116	99.2	14,579	13,739	14,465	14,470	15,309
栃　　木	(10)	140,852	98.0	11,864	10,869	12,190	11,763	12,504
群　　馬	(11)	120,485	110.0	9,215	8,707	9,686	9,621	10,524
埼　　玉	(12)	79,733	94.9	7,231	6,567	6,116	6,130	6,909
千　　葉	(13)	154,626	100.1	13,014	12,350	12,126	12,689	14,382
東　　京	(14)	49,262	95.7	3,362	4,071	4,203	3,823	4,416
神 奈 川	(15)	220,931	102.2	17,775	17,305	16,914	17,829	19,573
新　　潟	(16)	35,582	106.0	2,871	2,779	2,709	2,795	3,085
富　　山	(17)	x	x	x	x	x	x	x
石　　川	(18)	30,698	83.3	3,034	2,857	2,744	2,626	2,754
福　　井	(19)	x	x	x	x	x	x	x
山　　梨	(20)	1,742	95.4	157	133	180	151	140
長　　野	(21)	114,493	96.9	9,436	9,052	9,484	9,389	10,010
岐　　阜	(22)	79,723	111.7	6,112	5,821	5,986	6,121	7,227
静　　岡	(23)	66,681	99.6	5,371	5,335	5,017	5,122	5,787
愛　　知	(24)	157,251	95.4	13,066	12,669	12,511	12,991	13,932
三　　重	(25)	22,186	115.8	1,558	1,565	1,626	1,758	2,014
滋　　賀	(26)	20,626	106.6	1,587	1,555	1,548	1,618	1,896
京　　都	(27)	97,280	103.2	7,340	6,234	7,568	7,845	8,729
大　　阪	(28)	97,133	99.8	7,908	7,934	7,518	7,280	8,534
兵　　庫	(29)	145,096	97.0	12,223	11,549	11,687	11,438	12,886
奈　　良	(30)	x	x	x	x	x	x	x
和 歌 山	(31)	x	x	x	x	x	x	x
鳥　　取	(32)	x	x	x	x	x	x	x
島　　根	(33)	13,017	91.9	1,101	1,118	1,067	1,032	1,125
岡　　山	(34)	119,190	103.4	9,715	9,169	9,946	9,410	10,333
広　　島	(35)	45,143	99.4	3,776	3,485	3,514	3,564	4,007
山　　口	(36)	x	x	x	x	x	x	x
徳　　島	(37)	x	x	x	x	x	x	x
香　　川	(38)	x	x	x	x	x	x	x
愛　　媛	(39)	x	x	x	x	x	x	x
高　　知	(40)	x	x	x	x	x	x	x
福　　岡	(41)	138,659	101.1	11,130	10,586	11,277	11,115	12,233
佐　　賀	(42)	12,319	93.9	1,126	1,045	1,055	967	1,094
長　　崎	(43)	11,907	96.4	1,003	1,003	907	958	1,137
熊　　本	(44)	94,280	107.5	6,974	6,713	7,042	7,517	7,937
大　　分	(45)	41,372	100.7	3,209	3,133	3,275	3,304	3,584
宮　　崎	(46)	27,586	94.6	2,466	2,322	2,215	2,531	2,418
鹿 児 島	(47)	9,052	101.3	727	672	662	697	807
沖　　縄	(48)	20,460	97.1	1,794	1,733	1,698	1,717	1,913

6	7	8	9	10	11	12	
kl	kl	kl	kl	kl	kl	kl	
274,453	267,240	256,031	279,390	283,435	264,261	254,665	(1)
36,908	39,014	39,040	41,828	42,359	36,672	34,975	(2)
x	x	x	x	x	x	x	(3)
6,150	5,931	6,105	6,442	6,288	5,762	5,703	(4)
7,320	7,402	7,295	7,668	7,595	7,074	7,317	(5)
x	x	x	x	x	x	x	(6)
2,050	1,815	1,748	1,981	1,913	1,727	1,687	(7)
2,868	2,590	2,641	3,290	3,013	2,775	2,794	(8)
15,293	14,917	13,895	15,241	14,910	14,382	13,916	(9)
12,165	11,375	11,410	12,129	11,935	11,305	11,343	(10)
10,404	10,333	10,531	10,787	10,820	10,082	9,775	(11)
7,148	6,477	5,374	7,509	7,312	6,855	6,105	(12)
14,251	13,289	11,358	10,805	14,137	13,586	12,639	(13)
4,252	3,975	4,018	4,450	4,420	4,213	4,059	(14)
19,670	17,959	17,478	19,551	19,860	19,092	17,925	(15)
3,117	3,016	2,782	3,199	3,227	3,049	2,953	(16)
x	x	x	x	x	x	x	(17)
2,799	2,595	2,237	2,541	2,183	2,236	2,092	(18)
x	x	x	x	x	x	x	(19)
126	132	138	132	147	133	173	(20)
9,855	9,666	9,342	10,016	9,604	9,505	9,134	(21)
7,140	6,909	6,978	7,236	7,138	6,483	6,572	(22)
5,422	5,381	5,304	6,216	6,274	6,143	5,309	(23)
13,392	12,757	11,603	13,606	14,324	13,238	13,162	(24)
2,068	1,926	1,591	2,069	2,137	1,989	1,885	(25)
1,955	1,700	1,493	1,939	1,892	1,829	1,614	(26)
8,410	8,189	9,049	8,703	8,970	8,164	8,079	(27)
8,496	8,054	7,182	8,632	9,082	8,415	8,098	(28)
12,504	12,266	11,171	12,701	12,901	12,004	11,766	(29)
x	x	x	x	x	x	x	(30)
x	x	x	x	x	x	x	(31)
x	x	x	x	x	x	x	(32)
1,115	1,107	1,016	1,107	1,117	1,095	1,017	(33)
10,576	10,996	10,363	10,131	10,201	9,367	8,983	(34)
3,988	3,710	3,410	4,079	4,105	3,749	3,756	(35)
x	x	x	x	x	x	x	(36)
x	x	x	x	x	x	x	(37)
x	x	x	x	x	x	x	(38)
x	x	x	x	x	x	x	(39)
x	x	x	x	x	x	x	(40)
11,696	11,927	11,703	12,012	12,459	11,515	11,006	(41)
1,115	996	878	1,062	1,067	984	930	(42)
1,125	954	745	1,036	1,061	1,046	932	(43)
8,160	8,498	7,925	8,556	8,563	8,305	8,090	(44)
3,582	3,642	3,510	3,682	3,647	3,437	3,367	(45)
2,411	2,201	2,077	2,190	2,283	2,311	2,161	(46)
796	750	697	839	939	805	661	(47)
1,783	1,630	1,538	1,588	1,604	1,722	1,740	(48)

(3) 牛乳 うち、業務用生産量

都道府県	年 計 実 数	年 計 対前年比	1 月	2	3	4	5
	kl	%	kl	kl	kl	kl	kl
全　　国 (1)	322,321	98.7	26,268	24,627	26,137	27,754	27,079
北　海　道 (2)	69,485	99.3	5,711	5,433	6,491	6,042	6,207
青　　森 (3)	x	x	x	x	x	x	x
岩　　手 (4)	7,616	106.3	627	590	567	602	643
宮　　城 (5)	2,276	133.0	150	173	209	181	209
秋　　田 (6)	x	x	x	x	x	x	x
山　　形 (7)	1,236	86.1	70	106	115	62	92
福　　島 (8)	12,596	100.6	1,119	751	1,022	1,108	1,124
茨　　城 (9)	7,608	134.2	530	566	504	616	658
栃　　木 (10)	7,539	98.8	784	540	824	687	659
群　　馬 (11)	17,009	96.7	1,207	1,374	1,541	1,455	1,503
埼　　玉 (12)	18,363	88.1	1,823	1,255	1,237	1,556	1,509
千　　葉 (13)	8,058	89.1	798	717	775	758	631
東　　京 (14)	11,646	107.6	996	1,028	1,044	910	913
神　奈　川 (15)	25,825	85.7	2,379	2,312	2,271	2,275	2,081
新　　潟 (16)	1,419	114.2	120	133	116	128	134
富　　山 (17)	x	x	x	x	x	x	x
石　　川 (18)	4,776	116.8	332	377	324	418	303
福　　井 (19)	x	x	x	x	x	x	x
山　　梨 (20)	1,714	95.6	155	132	178	149	138
長　　野 (21)	3,856	108.0	343	328	340	234	261
岐　　阜 (22)	262	94.6	19	18	18	24	22
静　　岡 (23)	13,713	105.7	1,090	1,152	997	1,092	1,211
愛　　知 (24)	20,612	93.9	1,484	1,681	1,356	1,944	1,865
三　　重 (25)	66	113.8	6	7	5	4	7
滋　　賀 (26)	280	100.7	25	22	27	24	24
京　　都 (27)	17,718	122.9	1,330	839	1,236	1,418	1,444
大　　阪 (28)	3,242	138.4	167	203	157	249	290
兵　　庫 (29)	14,818	106.7	1,179	1,043	969	1,126	1,383
奈　　良 (30)	x	x	x	x	x	x	x
和　歌　山 (31)	x	x	x	x	x	x	x
鳥　　取 (32)	x	x	x	x	x	x	x
島　　根 (33)	726	109.2	57	50	56	68	62
岡　　山 (34)	3,025	105.3	248	237	261	240	228
広　　島 (35)	1,642	105.7	114	97	97	175	123
山　　口 (36)	x	x	x	x	x	x	x
徳　　島 (37)	x	x	x	x	x	x	x
香　　川 (38)	x	x	x	x	x	x	x
愛　　媛 (39)	x	x	x	x	x	x	x
高　　知 (40)	x	x	x	x	x	x	x
福　　岡 (41)	4,749	95.1	488	636	759	515	285
佐　　賀 (42)	125	84.5	10	10	14	10	10
長　　崎 (43)	52	73.2	2	3	3	3	4
熊　　本 (44)	11,846	99.2	725	879	840	969	920
大　　分 (45)	2,709	94.2	173	214	150	188	182
宮　　崎 (46)	3,884	82.7	473	432	310	581	355
鹿　児　島 (47)	-	nc	-	-	-	-	-
沖　　縄 (48)	1,358	97.3	138	125	117	101	125

6	7	8	9	10	11	12	
kl	kl	kl	kl	kl	kl	kl	
26,081	23,747	26,183	28,678	29,910	28,120	27,737	(1)
6,097	5,468	5,456	5,900	6,254	5,332	5,094	(2)
x	x	x	x	x	x	x	(3)
607	543	693	803	725	613	603	(4)
142	175	188	237	214	173	225	(5)
x	x	x	x	x	x	x	(6)
109	104	104	122	148	115	89	(7)
992	902	1,030	1,372	1,102	975	1,099	(8)
866	649	605	585	521	907	601	(9)
583	520	569	639	607	481	646	(10)
1,267	1,350	1,336	1,485	1,532	1,451	1,508	(11)
1,678	1,222	1,510	1,945	1,594	1,666	1,368	(12)
620	653	546	321	746	764	729	(13)
831	916	877	1,096	1,106	922	1,007	(14)
2,027	1,598	2,192	2,094	2,195	2,266	2,135	(15)
111	45	134	136	158	89	115	(16)
x	x	x	x	x	x	x	(17)
325	236	516	506	414	528	497	(18)
x	x	x	x	x	x	x	(19)
123	130	134	129	144	131	171	(20)
304	315	266	401	376	370	318	(21)
21	24	22	22	28	23	21	(22)
970	964	1,088	1,351	1,335	1,355	1,108	(23)
1,427	1,388	1,435	1,777	2,048	1,994	2,213	(24)
7	4	1	6	7	6	6	(25)
22	23	23	21	22	22	25	(26)
1,220	1,151	1,714	1,524	2,333	1,756	1,753	(27)
214	250	358	269	445	279	361	(28)
1,109	1,186	1,150	1,324	1,457	1,481	1,411	(29)
x	x	x	x	x	x	x	(30)
x	x	x	x	x	x	x	(31)
x	x	x	x	x	x	x	(32)
58	63	65	64	58	56	69	(33)
232	242	256	271	273	262	275	(34)
118	107	222	108	163	80	238	(35)
x	x	x	x	x	x	x	(36)
x	x	x	x	x	x	x	(37)
x	x	x	x	x	x	x	(38)
x	x	x	x	x	x	x	(39)
x	x	x	x	x	x	x	(40)
409	279	269	165	215	343	386	(41)
10	9	9	10	11	12	10	(42)
5	3	6	7	3	4	9	(43)
881	1,069	1,017	1,275	1,100	1,092	1,079	(44)
190	254	265	301	246	302	244	(45)
307	240	348	112	168	315	243	(46)
–	–	–	–	–	–	–	(47)
90	95	99	103	113	125	127	(48)

（4） 牛乳　うち、学校給食用生産量

都道府県		年　　計		1　月	2	3	4	5
		実　　数	対前年比					
		kl	%	kl	kl	kl	kl	kl
全　　　国	(1)	351,062	98.7	31,588	35,164	22,135	24,449	34,630
北　海　道	(2)	15,524	99.6	923	1,497	962	1,109	1,500
青　　　森	(3)	x	x	x	x	x	x	x
岩　　　手	(4)	5,435	97.0	374	559	302	387	520
宮　　　城	(5)	6,764	97.2	632	698	355	466	622
秋　　　田	(6)	x	x	x	x	x	x	x
山　　　形	(7)	3,335	95.8	300	323	225	232	297
福　　　島	(8)	5,635	99.5	520	567	366	363	559
茨　　　城	(9)	11,799	97.4	1,055	1,211	774	813	1,175
栃　　　木	(10)	6,123	96.3	545	605	413	441	594
群　　　馬	(11)	6,371	100.1	559	586	429	530	681
埼　　　玉	(12)	19,214	93.9	1,802	2,033	1,469	1,370	1,885
千　　　葉	(13)	28,698	96.0	2,599	2,833	1,808	2,099	3,004
東　　　京	(14)	7,104	123.4	635	688	443	514	750
神　奈　川	(15)	29,764	95.6	2,719	3,002	1,610	2,035	3,084
新　　　潟	(16)	6,771	98.6	595	669	400	480	643
富　　　山	(17)	x	x	x	x	x	x	x
石　　　川	(18)	4,601	89.0	469	506	321	311	420
福　　　井	(19)	x	x	x	x	x	x	x
山　　　梨	(20)	－	nc	－	－	－	－	－
長　　　野	(21)	7,976	94.9	711	787	418	619	747
岐　　　阜	(22)	7,139	100.1	674	710	512	499	677
静　　　岡	(23)	10,655	102.5	890	999	616	795	1,056
愛　　　知	(24)	24,063	99.3	2,344	2,448	1,479	1,638	2,389
三　　　重	(25)	4,676	101.6	391	468	292	306	471
滋　　　賀	(26)	6,819	139.0	451	455	367	557	713
京　　　都	(27)	4,637	100.0	426	455	278	279	462
大　　　阪	(28)	24,433	93.8	2,428	2,624	1,564	1,602	2,365
兵　　　庫	(29)	16,266	101.3	1,537	1,650	1,011	1,022	1,576
奈　　　良	(30)	x	x	x	x	x	x	x
和　歌　山	(31)	x	x	x	x	x	x	x
鳥　　　取	(32)	x	x	x	x	x	x	x
島　　　根	(33)	2,130	94.8	191	217	153	148	200
岡　　　山	(34)	4,792	83.3	532	572	368	296	433
広　　　島	(35)	9,032	117.6	778	817	596	616	898
山　　　口	(36)	x	x	x	x	x	x	x
徳　　　島	(37)	x	x	x	x	x	x	x
香　　　川	(38)	x	x	x	x	x	x	x
愛　　　媛	(39)	x	x	x	x	x	x	x
高　　　知	(40)	x	x	x	x	x	x	x
福　　　岡	(41)	17,132	98.8	1,573	1,739	984	1,100	1,726
佐　　　賀	(42)	2,004	98.3	177	201	122	139	197
長　　　崎	(43)	4,336	97.9	414	449	273	294	418
熊　　　本	(44)	7,326	101.9	674	734	467	488	682
大　　　分	(45)	3,795	98.7	334	363	284	263	363
宮　　　崎	(46)	6,591	98.8	582	634	497	511	617
鹿　児　島	(47)	1,794	100.8	163	174	112	128	164
沖　　　縄	(48)	6,248	97.0	633	633	384	446	595

6	7	8	9	10	11	12	
kl	kl	kl	kl	kl	kl	kl	
37, 206	24, 502	5, 874	33, 663	36, 530	35, 801	29, 520	(1)
1, 588	1, 272	742	1, 498	1, 544	1, 578	1, 311	(2)
x	x	x	x	x	x	x	(3)
548	431	240	507	550	563	454	(4)
718	470	199	678	674	681	571	(5)
x	x	x	x	x	x	x	(6)
302	285	175	288	309	312	287	(7)
536	386	182	555	533	552	516	(8)
1, 254	838	18	1, 177	1, 300	1, 160	1, 024	(9)
615	452	93	574	611	615	565	(10)
755	479	184	496	581	602	489	(11)
1, 931	1, 267	278	1, 857	1, 961	1, 828	1, 533	(12)
3, 224	2, 008	156	2, 244	2, 986	3, 090	2, 647	(13)
608	473	67	743	789	756	638	(14)
3, 398	1, 846	214	3, 080	3, 212	3, 128	2, 436	(15)
675	589	125	637	691	697	570	(16)
x	x	x	x	x	x	x	(17)
467	324	13	424	478	468	400	(18)
x	x	x	x	x	x	x	(19)
–	–	–	–	–	–	–	(20)
816	558	301	734	756	784	745	(21)
743	476	135	663	701	710	639	(22)
1, 114	881	237	995	1, 107	1, 077	888	(23)
2, 686	1, 599	125	2, 386	2, 611	2, 416	1, 942	(24)
512	396	2	442	516	491	389	(25)
765	517	267	681	730	734	582	(26)
505	320	118	477	471	476	370	(27)
2, 467	1, 508	489	2, 420	2, 566	2, 483	1, 917	(28)
1, 823	1, 048	128	1, 681	1, 761	1, 695	1, 334	(29)
x	x	x	x	x	x	x	(30)
x	x	x	x	x	x	x	(31)
x	x	x	x	x	x	x	(32)
213	157	55	191	212	206	187	(33)
481	307	13	440	495	479	376	(34)
957	687	47	912	996	961	767	(35)
x	x	x	x	x	x	x	(36)
x	x	x	x	x	x	x	(37)
x	x	x	x	x	x	x	(38)
x	x	x	x	x	x	x	(39)
x	x	x	x	x	x	x	(40)
1, 914	1, 139	246	1, 758	1, 851	1, 798	1, 304	(41)
217	148	6	192	219	208	178	(42)
467	293	33	426	453	455	361	(43)
783	501	147	723	771	727	629	(44)
371	282	109	348	381	366	331	(45)
657	471	165	602	658	643	554	(46)
188	104	80	173	182	182	144	(47)
652	413	183	587	579	621	522	(48)

8 飲用牛乳等生産量（都道府県別）（月別）（続き）

(5) 加工乳・成分調整牛乳生産量

都道府県	年 計 実 数	対前年比	1 月	2	3	4	5
	kl	%	kl	kl	kl	kl	kl
全　　国　(1)	411,079	99.2	34,219	31,757	34,532	33,628	34,763
北　海　道　(2)	102,168	81.2	10,342	9,600	9,964	7,891	8,225
青　　森　(3)	x	x	x	x	x	x	x
岩　　手　(4)	6,763	105.3	532	459	530	564	594
宮　　城　(5)	3,363	78.8	303	281	313	304	288
秋　　田　(6)	x	x	x	x	x	x	x
山　　形　(7)	2,225	103.2	223	199	169	182	151
福　　島　(8)	101	60.1	8	8	8	8	8
茨　　城　(9)	5,210	139.6	393	360	401	440	509
栃　　木　(10)	9,821	242.7	336	276	526	962	1,015
群　　馬　(11)	11,156	117.6	1,045	933	922	905	861
埼　　玉　(12)	12,887	90.0	1,141	1,139	1,176	1,071	924
千　　葉　(13)	1,895	96.5	155	148	162	160	162
東　　京　(14)	26,299	115.0	1,915	1,914	2,284	2,138	2,277
神　奈　川　(15)	70,853	110.3	5,932	5,492	5,995	5,880	6,227
新　　潟　(16)	1,800	102.2	130	173	133	134	141
富　　山　(17)	x	x	x	x	x	x	x
石　　川　(18)	–	nc	–	–	–	–	–
福　　井　(19)	x	x	x	x	x	x	x
山　　梨　(20)	–	nc	–	–	–	–	–
長　　野　(21)	–	nc	–	–	–	–	–
岐　　阜　(22)	168	93.9	15	13	15	15	14
静　　岡　(23)	5,681	100.6	550	479	463	452	398
愛　　知　(24)	31,674	136.2	1,712	1,621	1,985	2,874	3,048
三　　重　(25)	2,979	99.5	222	222	226	233	258
滋　　賀　(26)	–	nc	–	–	–	–	–
京　　都　(27)	84	80.8	7	6	7	6	7
大　　阪　(28)	8,235	108.3	558	509	586	646	703
兵　　庫　(29)	21,005	82.1	1,628	1,431	1,632	1,789	1,981
奈　　良　(30)	x	x	x	x	x	x	x
和　歌　山　(31)	x	x	x	x	x	x	x
鳥　　取　(32)	x	x	x	x	x	x	x
島　　根　(33)	153	65.9	18	17	17	11	11
岡　　山　(34)	19,444	104.3	1,504	1,399	1,347	1,419	1,351
広　　島　(35)	2,709	117.5	222	210	235	235	254
山　　口　(36)	x	x	x	x	x	x	x
徳　　島　(37)	x	x	x	x	x	x	x
香　　川　(38)	x	x	x	x	x	x	x
愛　　媛　(39)	x	x	x	x	x	x	x
高　　知　(40)	x	x	x	x	x	x	x
福　　岡　(41)	11,668	100.0	1,042	970	1,032	1,018	897
佐　　賀　(42)	165	19.7	57	54	54	–	–
長　　崎　(43)	–	nc	–	–	–	–	–
熊　　本　(44)	24,412	101.6	1,982	1,775	2,039	2,004	2,011
大　　分　(45)	4,454	105.8	331	323	362	353	394
宮　　崎　(46)	10,053	100.7	746	683	800	820	888
鹿　児　島　(47)	122	89.7	11	10	10	10	11
沖　　縄　(48)	4,965	89.6	438	405	434	408	432

6	7	8	9	10	11	12	
kl	kl	kl	kl	kl	kl	kl	
33,592	35,087	35,718	35,300	35,020	33,461	34,002	(1)
7,924	8,371	8,242	8,096	8,115	7,793	7,605	(2)
x	x	x	x	x	x	x	(3)
599	614	635	578	590	528	540	(4)
261	294	262	294	256	254	253	(5)
x	x	x	x	x	x	x	(6)
132	133	169	172	214	212	269	(7)
8	9	9	9	9	8	9	(8)
461	487	484	442	429	417	387	(9)
914	1,099	1,032	974	1,003	832	852	(10)
804	827	894	903	941	1,020	1,101	(11)
881	902	935	982	1,127	1,233	1,376	(12)
167	182	139	145	162	156	157	(13)
2,132	2,118	2,184	2,381	2,294	2,184	2,478	(14)
6,089	6,053	6,060	6,067	5,762	5,593	5,703	(15)
143	169	167	160	158	146	146	(16)
x	x	x	x	x	x	x	(17)
−	−	−	−	−	−	−	(18)
x	x	x	x	x	x	x	(19)
−	−	−	−	−	−	−	(20)
−	−	−	−	−	−	−	(21)
14	14	14	14	14	13	13	(22)
344	360	416	453	524	553	689	(23)
2,976	3,198	3,244	3,078	2,937	2,654	2,347	(24)
255	272	262	262	274	234	259	(25)
−	−	−	−	−	−	−	(26)
7	8	8	8	7	6	7	(27)
764	757	808	832	760	671	641	(28)
1,831	1,922	2,056	1,871	1,722	1,601	1,541	(29)
x	x	x	x	x	x	x	(30)
x	x	x	x	x	x	x	(31)
x	x	x	x	x	x	x	(32)
11	12	11	11	12	11	11	(33)
1,296	1,485	1,793	1,848	1,929	2,003	2,070	(34)
265	271	215	214	210	192	186	(35)
x	x	x	x	x	x	x	(36)
x	x	x	x	x	x	x	(37)
x	x	x	x	x	x	x	(38)
x	x	x	x	x	x	x	(39)
x	x	x	x	x	x	x	(40)
843	883	921	816	977	1,035	1,234	(41)
−	−	−	−	−	−	−	(42)
−	−	−	−	−	−	−	(43)
2,071	2,198	2,216	2,241	2,097	1,879	1,899	(44)
383	409	414	398	380	356	351	(45)
872	885	948	924	910	782	795	(46)
10	10	10	10	10	10	10	(47)
413	394	395	382	455	413	396	(48)

(6)　加工乳・成分調整牛乳　うち、業務用生産量

都道府県		年　　　　計		1　月	2	3	4	5
		実　　数	対前年比					
		kl	%	kl	kl	kl	kl	kl
全　　　国	(1)	58,478	117.3	4,982	4,820	5,028	4,811	4,357
北　海　道	(2)	2,679	192.5	105	114	130	298	367
青　　　森	(3)	x	x	x	x	x	x	x
岩　　　手	(4)	99	145.6	6	6	7	10	10
宮　　　城	(5)	–	nc	–	–	–	–	–
秋　　　田	(6)	x	x	x	x	x	x	x
山　　　形	(7)	–	nc	–	–	–	–	–
福　　　島	(8)	–	nc	–	–	–	–	–
茨　　　城	(9)	–	nc	–	–	–	–	–
栃　　　木	(10)	660	22.8	257	199	204	–	–
群　　　馬	(11)	–	nc	–	–	–	–	–
埼　　　玉	(12)	10,911	89.4	984	996	1,015	904	764
千　　　葉	(13)	–	nc	–	–	–	–	–
東　　　京	(14)	6,741	224.8	436	556	675	611	561
神　奈　川	(15)	7,877	133.6	616	579	684	668	651
新　　　潟	(16)	–	nc	–	–	–	–	–
富　　　山	(17)	x	x	x	x	x	x	x
石　　　川	(18)	–	nc	–	–	–	–	–
福　　　井	(19)	x	x	x	x	x	x	x
山　　　梨	(20)	–	nc	–	–	–	–	–
長　　　野	(21)	–	nc	–	–	–	–	–
岐　　　阜	(22)	–	nc	–	–	–	–	–
静　　　岡	(23)	4,638	102.7	474	401	374	365	310
愛　　　知	(24)	–	nc	–	–	–	–	–
三　　　重	(25)	–	nc	–	–	–	–	–
滋　　　賀	(26)	–	nc	–	–	–	–	–
京　　　都	(27)	–	–	–	–	–	–	–
大　　　阪	(28)	30	100.0	2	2	2	3	3
兵　　　庫	(29)	–	nc	–	–	–	–	–
奈　　　良	(30)	x	x	x	x	x	x	x
和　歌　山	(31)	x	x	x	x	x	x	x
鳥　　　取	(32)	x	x	x	x	x	x	x
島　　　根	(33)	–	nc	–	–	–	–	–
岡　　　山	(34)	12,919	119.0	1,040	977	882	912	771
広　　　島	(35)	–	nc	–	–	–	–	–
山　　　口	(36)	x	x	x	x	x	x	x
徳　　　島	(37)	x	x	x	x	x	x	x
香　　　川	(38)	x	x	x	x	x	x	x
愛　　　媛	(39)	x	x	x	x	x	x	x
高　　　知	(40)	x	x	x	x	x	x	x
福　　　岡	(41)	11,668	133.3	1,042	970	1,032	1,018	897
佐　　　賀	(42)	–	nc	–	–	–	–	–
長　　　崎	(43)	–	nc	–	–	–	–	–
熊　　　本	(44)	–	nc	–	–	–	–	–
大　　　分	(45)	–	nc	–	–	–	–	–
宮　　　崎	(46)	–	nc	–	–	–	–	–
鹿　児　島	(47)	–	nc	–	–	–	–	–
沖　　　縄	(48)	256	104.1	20	20	23	22	23

6	7	8	9	10	11	12	
kl	kl	kl	kl	kl	kl	kl	
3,883	4,323	4,732	4,570	5,017	5,672	6,283	(1)
316	332	334	127	160	216	180	(2)
x	x	x	x	x	x	x	(3)
10	-	10	10	10	10	10	(4)
-	-	-	-	-	-	-	(5)
x	x	x	x	x	x	x	(6)
-	-	-	-	-	-	-	(7)
-	-	-	-	-	-	-	(8)
-	-	-	-	-	-	-	(9)
-	-	-	-	-	-	-	(10)
-	-	-	-	-	-	-	(11)
705	725	775	813	950	1,074	1,206	(12)
-	-	-	-	-	-	-	(13)
401	489	459	518	489	718	828	(14)
652	710	697	657	638	648	677	(15)
-	-	-	-	-	-	-	(16)
x	x	x	x	x	x	x	(17)
-	-	-	-	-	-	-	(18)
x	x	x	x	x	x	x	(19)
-	-	-	-	-	-	-	(20)
-	-	-	-	-	-	-	(21)
-	-	-	-	-	-	-	(22)
253	283	327	363	431	471	586	(23)
-	-	-	-	-	-	-	(24)
-	-	-	-	-	-	-	(25)
-	-	-	-	-	-	-	(26)
-	-	-	-	-	-	-	(27)
2	3	3	2	3	2	3	(28)
-	-	-	-	-	-	-	(29)
x	x	x	x	x	x	x	(30)
x	x	x	x	x	x	x	(31)
x	x	x	x	x	x	x	(32)
-	-	-	-	-	-	-	(33)
681	875	1,182	1,244	1,338	1,478	1,539	(34)
-	-	-	-	-	-	-	(35)
x	x	x	x	x	x	x	(36)
x	x	x	x	x	x	x	(37)
x	x	x	x	x	x	x	(38)
x	x	x	x	x	x	x	(39)
x	x	x	x	x	x	x	(40)
843	883	921	816	977	1,035	1,234	(41)
-	-	-	-	-	-	-	(42)
-	-	-	-	-	-	-	(43)
-	-	-	-	-	-	-	(44)
-	-	-	-	-	-	-	(45)
-	-	-	-	-	-	-	(46)
-	-	-	-	-	-	-	(47)
20	23	24	20	21	20	20	(48)

(7) 加工乳・成分調整牛乳　うち、成分調整牛乳生産量

都道府県	年　計 実　数	対前年比	1　月	2	3	4	5
	kl	%	kl	kl	kl	kl	kl
全　　国　(1)	288,215	90.8	24,789	23,002	25,144	23,056	24,458
北　海　道　(2)	97,123	78.9	9,946	9,216	9,557	7,453	7,712
青　　森　(3)	x	x	x	x	x	x	x
岩　　手　(4)	6,159	107.3	475	411	482	515	542
宮　　城　(5)	3,363	78.8	303	281	313	304	288
秋　　田　(6)	x	x	x	x	x	x	x
山　　形　(7)	－	nc	－	－	－	－	－
福　　島　(8)	41	102.5	3	3	3	3	3
茨　　城　(9)	5,210	139.6	393	360	401	440	509
栃　　木　(10)	1,032	94.2	75	73	83	86	91
群　　馬　(11)	3,315	90.9	274	243	292	288	291
埼　　玉　(12)	1,801	94.4	141	133	148	150	143
千　　葉　(13)	1,714	97.9	140	134	146	142	144
東　　京　(14)	26,299	132.3	1,915	1,914	2,284	2,138	2,277
神　奈　川　(15)	32,879	95.8	2,500	2,327	2,530	2,532	2,962
新　　潟　(16)	855	120.1	53	53	58	59	65
富　　山　(17)	x	x	x	x	x	x	x
石　　川　(18)	－	nc	－	－	－	－	－
福　　井　(19)	x	x	x	x	x	x	x
山　　梨　(20)	－	nc	－	－	－	－	－
長　　野　(21)	－	nc	－	－	－	－	－
岐　　阜　(22)	－	nc	－	－	－	－	－
静　　岡　(23)	730	89.4	51	54	63	61	60
愛　　知　(24)	19,693	93.4	1,529	1,437	1,596	1,632	1,705
三　　重　(25)	2,964	99.7	220	221	224	232	256
滋　　賀　(26)	－	nc	－	－	－	－	－
京　　都　(27)	－	nc	－	－	－	－	－
大　　阪　(28)	－	－	－	－	－	－	－
兵　　庫　(29)	20,967	82.1	1,624	1,427	1,627	1,784	1,976
奈　　良　(30)	x	x	x	x	x	x	x
和　歌　山　(31)	x	x	x	x	x	x	x
鳥　　取　(32)	x	x	x	x	x	x	x
島　　根　(33)	131	99.2	10	10	10	11	11
岡　　山　(34)	6,525	83.7	464	422	465	507	580
広　　島　(35)	2,709	117.5	222	210	235	235	254
山　　口　(36)	x	x	x	x	x	x	x
徳　　島　(37)	x	x	x	x	x	x	x
香　　川　(38)	x	x	x	x	x	x	x
愛　　媛　(39)	x	x	x	x	x	x	x
高　　知　(40)	x	x	x	x	x	x	x
福　　岡　(41)	8,647	98.8	745	691	806	766	697
佐　　賀　(42)	165	19.7	57	54	54	－	－
長　　崎　(43)	－	nc	－	－	－	－	－
熊　　本　(44)	23,494	100.8	1,912	1,730	1,962	1,906	1,944
大　　分　(45)	4,454	105.8	331	323	362	353	394
宮　　崎　(46)	10,053	100.7	746	683	800	820	888
鹿　児　島　(47)	－	nc	－	－	－	－	－
沖　　縄　(48)	－	nc	－	－	－	－	－

6	7	8	9	10	11	12	
kl	kl	kl	kl	kl	kl	kl	
23,959	24,948	25,181	24,856	23,930	22,506	22,386	(1)
7,472	7,921	7,788	7,757	7,718	7,407	7,176	(2)
x	x	x	x	x	x	x	(3)
548	562	585	529	541	482	487	(4)
261	294	262	294	256	254	253	(5)
x	x	x	x	x	x	x	(6)
–	–	–	–	–	–	–	(7)
3	4	4	4	4	3	4	(8)
461	487	484	442	429	417	387	(9)
86	90	95	94	95	83	81	(10)
293	292	282	280	267	263	250	(11)
160	164	145	153	161	146	157	(12)
150	164	121	141	151	140	141	(13)
2,132	2,118	2,184	2,381	2,294	2,184	2,478	(14)
2,923	2,990	3,178	3,164	2,693	2,564	2,516	(15)
67	90	88	84	84	77	77	(16)
x	x	x	x	x	x	x	(17)
–	–	–	–	–	–	–	(18)
x	x	x	x	x	x	x	(19)
–	–	–	–	–	–	–	(20)
–	–	–	–	–	–	–	(21)
–	–	–	–	–	–	–	(22)
66	57	57	63	66	55	77	(23)
1,752	1,839	1,877	1,784	1,695	1,558	1,289	(24)
254	271	261	261	273	233	258	(25)
–	–	–	–	–	–	–	(26)
–	–	–	–	–	–	–	(27)
–	–	–	–	–	–	–	(28)
1,826	1,917	2,051	1,871	1,722	1,601	1,541	(29)
x	x	x	x	x	x	x	(30)
x	x	x	x	x	x	x	(31)
x	x	x	x	x	x	x	(32)
11	12	11	11	12	11	11	(33)
615	610	611	604	591	525	531	(34)
265	271	215	214	210	192	186	(35)
x	x	x	x	x	x	x	(36)
x	x	x	x	x	x	x	(37)
x	x	x	x	x	x	x	(38)
x	x	x	x	x	x	x	(39)
x	x	x	x	x	x	x	(40)
683	698	682	591	687	726	875	(41)
–	–	–	–	–	–	–	(42)
–	–	–	–	–	–	–	(43)
2,010	2,110	2,119	2,134	2,004	1,825	1,838	(44)
383	409	414	398	380	356	351	(45)
872	885	948	924	910	782	795	(46)
–	–	–	–	–	–	–	(47)
–	–	–	–	–	–	–	(48)

9 乳飲料生産量（都道府県別）（月別）

都道府県	年 計 実 数	年 計 対前年比	1 月	2	3	4	5
	kl	%	kl	kl	kl	kl	kl
全 国 (1)	1,127,879	99.9	82,346	76,162	88,433	91,503	99,527
北 海 道 (2)	25,824	103.5	2,233	2,075	2,181	2,186	2,196
青 森 (3)	x	x	x	x	x	x	x
岩 手 (4)	4,552	87.2	361	329	406	378	385
宮 城 (5)	40,025	98.4	3,118	2,921	3,287	3,530	3,439
秋 田 (6)	x	x	x	x	x	x	x
山 形 (7)	507	53.7	79	76	80	83	84
福 島 (8)	10,685	103.1	700	665	673	753	881
茨 城 (9)	73,872	110.4	4,883	4,539	5,831	6,302	6,951
栃 木 (10)	4,659	321.8	97	93	323	595	523
群 馬 (11)	34,770	91.0	2,729	2,384	2,781	2,815	3,344
埼 玉 (12)	42,778	89.1	3,705	3,385	3,952	3,452	3,978
千 葉 (13)	96,798	94.8	7,473	7,112	8,353	8,116	8,878
東 京 (14)	102,386	94.5	7,468	6,707	7,742	8,570	9,391
神 奈 川 (15)	101,642	108.6	6,637	6,374	7,686	7,784	8,727
新 潟 (16)	3,455	93.6	272	251	281	277	298
富 山 (17)	x	x	x	x	x	x	x
石 川 (18)	5,863	53.1	799	736	736	629	700
福 井 (19)	x	x	x	x	x	x	x
山 梨 (20)	−	nc	−	−	−	−	−
長 野 (21)	11,174	103.6	836	774	863	856	953
岐 阜 (22)	37,197	94.0	2,602	2,407	2,587	2,969	3,259
静 岡 (23)	27,467	107.7	1,997	1,792	1,954	2,377	2,372
愛 知 (24)	89,855	99.0	6,636	6,241	7,309	7,326	7,613
三 重 (25)	2,185	99.4	166	151	166	163	192
滋 賀 (26)	77	105.5	7	6	7	7	7
京 都 (27)	35,430	96.7	2,507	2,269	2,834	2,713	3,055
大 阪 (28)	31,844	109.4	2,238	2,071	2,520	2,519	2,821
兵 庫 (29)	97,120	99.7	6,910	6,290	7,148	6,930	7,705
奈 良 (30)	x	x	x	x	x	x	x
和 歌 山 (31)	x	x	x	x	x	x	x
鳥 取 (32)	x	x	x	x	x	x	x
島 根 (33)	1,148	77.2	111	103	117	89	94
岡 山 (34)	62,351	104.2	4,252	3,983	4,653	5,218	5,921
広 島 (35)	16,274	69.7	1,107	1,021	1,152	1,237	1,369
山 口 (36)	x	x	x	x	x	x	x
徳 島 (37)	x	x	x	x	x	x	x
香 川 (38)	x	x	x	x	x	x	x
愛 媛 (39)	x	x	x	x	x	x	x
高 知 (40)	x	x	x	x	x	x	x
福 岡 (41)	22,716	100.3	1,857	1,759	1,729	1,673	1,792
佐 賀 (42)	31,959	117.5	2,498	2,168	2,562	2,551	2,766
長 崎 (43)	552	88.3	46	43	46	46	48
熊 本 (44)	20,185	127.7	1,246	1,150	1,332	1,784	1,966
大 分 (45)	13,521	111.8	903	885	1,020	1,101	969
宮 崎 (46)	7,764	96.9	487	514	566	665	608
鹿 児 島 (47)	9,453	100.9	710	623	732	758	815
沖 縄 (48)	10,217	97.0	815	741	811	819	881

6	7	8	9	10	11	12	
kl	kl	kl	kl	kl	kl	kl	
97, 790	102, 279	105, 288	108, 232	102, 267	88, 759	85, 293	(1)
2, 101	2, 294	2, 184	2, 066	2, 169	1, 980	2, 159	(2)
x	x	x	x	x	x	x	(3)
402	383	417	395	385	355	356	(4)
3, 379	3, 594	3, 622	3, 672	3, 516	3, 002	2, 945	(5)
x	x	x	x	x	x	x	(6)
69	6	6	6	6	6	6	(7)
891	929	1, 139	1, 070	1, 065	951	968	(8)
6, 918	7, 242	7, 048	7, 178	6, 307	5, 590	5, 083	(9)
436	435	470	432	503	396	356	(10)
3, 251	3, 219	3, 253	3, 233	3, 013	2, 452	2, 296	(11)
3, 773	3, 686	3, 775	3, 773	3, 685	2, 963	2, 651	(12)
8, 674	8, 710	8, 869	7, 523	8, 382	7, 296	7, 412	(13)
8, 534	8, 770	9, 071	10, 055	10, 130	8, 205	7, 743	(14)
8, 497	8, 907	9, 686	10, 821	10, 158	8, 030	8, 335	(15)
298	314	323	306	301	271	263	(16)
x	x	x	x	x	x	x	(17)
505	537	435	354	156	140	136	(18)
x	x	x	x	x	x	x	(19)
−	−	−	−	−	−	−	(20)
947	994	1, 012	997	1, 034	964	944	(21)
3, 482	3, 894	3, 883	3, 558	3, 269	2, 702	2, 585	(22)
2, 467	2, 388	2, 564	2, 402	2, 540	2, 266	2, 348	(23)
7, 436	8, 497	8, 853	8, 081	8, 392	6, 872	6, 599	(24)
194	193	197	200	196	179	188	(25)
6	6	6	6	6	6	7	(26)
3, 200	3, 163	3, 497	3, 447	3, 148	2, 892	2, 705	(27)
2, 863	2, 989	2, 994	2, 942	2, 948	2, 548	2, 391	(28)
7, 674	8, 233	8, 812	12, 645	7, 770	8, 916	8, 087	(29)
x	x	x	x	x	x	x	(30)
x	x	x	x	x	x	x	(31)
x	x	x	x	x	x	x	(32)
90	95	95	88	91	89	86	(33)
5, 951	6, 091	5, 952	5, 831	5, 536	4, 579	4, 384	(34)
1, 396	1, 478	1, 581	1, 617	1, 577	1, 364	1, 375	(35)
x	x	x	x	x	x	x	(36)
x	x	x	x	x	x	x	(37)
x	x	x	x	x	x	x	(38)
x	x	x	x	x	x	x	(39)
x	x	x	x	x	x	x	(40)
1, 823	1, 874	1, 929	2, 289	2, 287	1, 930	1, 774	(41)
2, 821	2, 878	3, 084	3, 024	2, 950	2, 369	2, 288	(42)
46	49	50	47	46	44	41	(43)
1, 772	1, 920	1, 887	1, 866	1, 974	1, 691	1, 597	(44)
1, 178	1, 299	1, 322	1, 333	1, 277	1, 157	1, 077	(45)
630	716	657	667	987	711	556	(46)
770	865	826	805	983	817	749	(47)
848	896	887	927	930	855	807	(48)

10 はっ酵乳生産量（都道府県別）（月別）

都道府県	年　計 実　数	年　計 対前年比	1 月	2	3	4	5
	kl	%	kl	kl	kl	kl	kl
全　国　(1)	1,029,592	96.4	87,855	81,984	90,096	89,294	89,472
北　海　道　(2)	24,775	108.2	1,718	1,871	1,959	2,076	2,168
青　　森　(3)	x	x	x	x	x	x	x
岩　　手　(4)	16,694	111.5	1,363	1,262	1,446	1,394	1,388
宮　　城　(5)	25,811	112.8	1,943	1,856	2,066	2,029	2,271
秋　　田　(6)	x	x	x	x	x	x	x
山　　形　(7)	755	96.1	68	63	72	64	65
福　　島　(8)	3,227	99.8	267	243	300	299	272
茨　　城　(9)	114,514	96.1	10,594	9,570	9,836	9,846	10,045
栃　　木　(10)	18,544	101.5	1,500	1,394	1,592	1,620	1,679
群　　馬　(11)	135,801	107.7	10,475	10,038	11,535	11,878	11,821
埼　　玉　(12)	84,885	91.7	7,993	6,868	7,713	7,133	7,559
千　　葉　(13)	15,398	98.1	1,358	1,240	1,381	1,352	1,392
東　　京　(14)	80,057	99.2	6,695	6,341	7,102	7,051	7,297
神　奈　川　(15)	133,448	93.6	11,500	10,876	11,304	11,091	11,612
新　　潟　(16)	9,560	99.0	761	736	763	829	842
富　　山　(17)	x	x	x	x	x	x	x
石　　川　(18)	3,971	117.8	304	239	327	371	373
福　　井　(19)	x	x	x	x	x	x	x
山　　梨　(20)	8,152	98.0	696	642	723	701	706
長　　野　(21)	20,038	112.9	1,595	1,563	1,773	1,774	1,845
岐　　阜　(22)	29,259	92.8	2,620	2,415	2,664	2,652	2,595
静　　岡　(23)	5,790	91.7	530	479	504	503	482
愛　　知　(24)	50,937	95.5	4,951	4,233	4,394	4,236	4,344
三　　重　(25)	2,070	105.0	151	152	173	165	173
滋　　賀　(26)	3,505	96.8	243	245	307	296	323
京　　都　(27)	68,487	93.8	5,780	5,339	5,958	5,720	5,965
大　　阪　(28)	22,801	46.2	3,401	3,197	3,946	3,913	1,194
兵　　庫　(29)	13,198	207.1	487	450	523	550	595
奈　　良　(30)	x	x	x	x	x	x	x
和　歌　山　(31)	x	x	x	x	x	x	x
鳥　　取　(32)	x	x	x	x	x	x	x
島　　根　(33)	931	95.7	75	73	82	77	81
岡　　山　(34)	10,865	94.4	855	808	923	921	952
広　　島　(35)	45,631	102.4	3,619	3,642	4,006	3,954	4,152
山　　口　(36)	x	x	x	x	x	x	x
徳　　島　(37)	x	x	x	x	x	x	x
香　　川　(38)	x	x	x	x	x	x	x
愛　　媛　(39)	x	x	x	x	x	x	x
高　　知　(40)	x	x	x	x	x	x	x
福　　岡　(41)	36,472	98.3	2,953	2,744	3,081	3,006	3,249
佐　　賀　(42)	6,879	85.4	466	465	538	623	659
長　　崎　(43)	37	78.7	4	3	3	3	3
熊　　本　(44)	6,037	131.5	421	454	522	505	566
大　　分　(45)	1,489	89.5	123	114	130	134	132
宮　　崎　(46)	6,602	89.3	590	531	582	561	590
鹿　児　島　(47)	121	84.0	12	9	10	11	11
沖　　縄　(48)	1,423	75.7	130	110	46	108	136

6	7	8	9	10	11	12	
kl	kl	kl	kl	kl	kl	kl	
87,311	86,784	83,118	85,723	83,954	83,624	80,377	(1)
2,172	2,202	2,106	2,154	2,103	2,131	2,115	(2)
x	x	x	x	x	x	x	(3)
1,399	1,402	1,431	1,402	1,426	1,384	1,397	(4)
2,188	2,300	2,213	2,396	2,303	2,127	2,119	(5)
x	x	x	x	x	x	x	(6)
62	64	61	59	60	58	59	(7)
273	279	275	255	244	244	276	(8)
10,168	9,606	9,396	8,459	8,984	9,017	8,993	(9)
1,575	1,589	1,468	1,497	1,535	1,505	1,590	(10)
12,020	11,988	11,388	11,849	11,210	11,298	10,301	(11)
7,148	6,960	6,136	7,045	6,797	6,661	6,872	(12)
1,421	1,356	1,277	869	1,301	1,243	1,208	(13)
6,667	6,745	6,484	6,745	6,657	6,226	6,047	(14)
11,485	11,359	11,059	11,035	11,398	10,742	9,987	(15)
809	878	867	737	776	748	814	(16)
x	x	x	x	x	x	x	(17)
372	380	370	363	336	237	299	(18)
x	x	x	x	x	x	x	(19)
673	679	657	650	663	661	701	(20)
1,773	1,822	1,696	1,667	1,625	1,502	1,403	(21)
2,456	2,576	2,267	2,223	2,486	2,169	2,136	(22)
468	488	470	450	515	468	433	(23)
4,162	4,124	3,960	3,972	4,009	4,229	4,323	(24)
176	184	176	180	180	182	178	(25)
324	294	275	272	285	341	300	(26)
6,035	5,972	5,690	5,796	5,565	5,573	5,094	(27)
967	1,002	1,014	1,105	1,104	1,046	912	(28)
591	578	570	2,924	537	2,791	2,602	(29)
x	x	x	x	x	x	x	(30)
x	x	x	x	x	x	x	(31)
x	x	x	x	x	x	x	(32)
80	82	79	76	76	75	75	(33)
955	1,003	948	937	910	844	809	(34)
3,995	3,910	3,837	3,866	3,825	3,524	3,301	(35)
x	x	x	x	x	x	x	(36)
x	x	x	x	x	x	x	(37)
x	x	x	x	x	x	x	(38)
x	x	x	x	x	x	x	(39)
x	x	x	x	x	x	x	(40)
2,978	3,180	3,123	3,002	3,279	3,056	2,821	(41)
657	464	606	666	658	578	499	(42)
3	3	3	3	3	3	3	(43)
547	577	528	492	489	479	457	(44)
133	131	134	123	119	111	105	(45)
559	567	581	527	539	500	475	(46)
10	10	11	9	10	9	9	(47)
126	145	143	128	124	113	114	(48)

11 乳酸菌飲料生産量（都道府県別）（月別）

都道府県	年 計 実 数	対前年比	1 月	2	3	4	5
	kl	%	kl	kl	kl	kl	kl
全 国 (1)	115,992	92.4	9,452	9,282	10,377	9,946	10,810
北 海 道 (2)	4,926	105.2	511	446	426	393	409
青 森 (3)	x	x	x	x	x	x	x
岩 手 (4)	－	nc	－	－	－	－	－
宮 城 (5)	1,716	89.1	152	137	203	144	144
秋 田 (6)	x	x	x	x	x	x	x
山 形 (7)	－	nc	－	－	－	－	－
福 島 (8)	－	nc	－	－	－	－	－
茨 城 (9)	120	12.5	92	28	－	－	－
栃 木 (10)	－	nc	－	－	－	－	－
群 馬 (11)	36,078	105.5	2,874	3,046	2,914	2,904	3,694
埼 玉 (12)	28	100.0	3	2	3	3	3
千 葉 (13)	43	82.7	4	4	4	4	4
東 京 (14)	8,832	85.3	761	698	615	766	803
神 奈 川 (15)	6,416	132.0	358	338	409	376	481
新 潟 (16)	－	nc	－	－	－	－	－
富 山 (17)	x	x	x	x	x	x	x
石 川 (18)	－	nc	－	－	－	－	－
福 井 (19)	x	x	x	x	x	x	x
山 梨 (20)	－	nc	－	－	－	－	－
長 野 (21)	－	nc	－	－	－	－	－
岐 阜 (22)	－	nc	－	－	－	－	－
静 岡 (23)	929	94.0	82	72	78	78	79
愛 知 (24)	19,041	104.4	1,405	1,195	1,544	1,662	1,624
三 重 (25)	－	nc	－	－	－	－	－
滋 賀 (26)	－	nc	－	－	－	－	－
京 都 (27)	25	96.2	2	2	1	2	3
大 阪 (28)	268	91.8	20	23	24	18	25
兵 庫 (29)	712	24.2	231	266	215	－	－
奈 良 (30)	x	x	x	x	x	x	x
和 歌 山 (31)	x	x	x	x	x	x	x
鳥 取 (32)	x	x	x	x	x	x	x
島 根 (33)	－	nc	－	－	－	－	－
岡 山 (34)	5,165	46.0	309	268	456	720	765
広 島 (35)	－	nc	－	－	－	－	－
山 口 (36)	x	x	x	x	x	x	x
徳 島 (37)	x	x	x	x	x	x	x
香 川 (38)	x	x	x	x	x	x	x
愛 媛 (39)	x	x	x	x	x	x	x
高 知 (40)	x	x	x	x	x	x	x
福 岡 (41)	－	nc	－	－	－	－	－
佐 賀 (42)	－	nc	－	－	－	－	－
長 崎 (43)	153	93.3	11	10	12	13	16
熊 本 (44)	1,387	88.1	124	116	122	118	123
大 分 (45)	87	88.8	7	6	7	8	7
宮 崎 (46)	6,391	93.5	306	557	1,001	697	520
鹿 児 島 (47)	137	87.3	12	11	13	13	12
沖 縄 (48)	2,586	87.6	215	195	209	226	242

6	7	8	9	10	11	12	
kl	kl	kl	kl	kl	kl	kl	
9,942	10,257	9,384	8,831	10,423	10,023	7,265	(1)
397	385	425	388	417	357	372	(2)
x	x	x	x	x	x	x	(3)
-	-	-	-	-	-	-	(4)
131	142	137	131	136	127	132	(5)
x	x	x	x	x	x	x	(6)
-	-	-	-	-	-	-	(7)
-	-	-	-	-	-	-	(8)
-	-	-	-	-	-	-	(9)
-	-	-	-	-	-	-	(10)
2,924	3,357	3,042	2,922	3,647	3,634	1,120	(11)
2	2	2	2	2	2	2	(12)
4	4	4	1	2	4	4	(13)
739	767	771	745	751	684	732	(14)
397	368	403	456	976	976	878	(15)
-	-	-	-	-	-	-	(16)
x	x	x	x	x	x	x	(17)
-	-	-	-	-	-	-	(18)
x	x	x	x	x	x	x	(19)
-	-	-	-	-	-	-	(20)
-	-	-	-	-	-	-	(21)
-	-	-	-	-	-	-	(22)
76	81	79	78	79	76	71	(23)
1,695	1,746	1,661	1,757	1,752	1,513	1,487	(24)
-	-	-	-	-	-	-	(25)
-	-	-	-	-	-	-	(26)
2	2	3	2	2	2	2	(27)
25	26	19	24	24	18	22	(28)
-	-	-	-	-	-	-	(29)
x	x	x	x	x	x	x	(30)
x	x	x	x	x	x	x	(31)
x	x	x	x	x	x	x	(32)
-	-	-	-	-	-	-	(33)
962	495	200	69	276	468	177	(34)
-	-	-	-	-	-	-	(35)
x	x	x	x	x	x	x	(36)
x	x	x	x	x	x	x	(37)
x	x	x	x	x	x	x	(38)
x	x	x	x	x	x	x	(39)
x	x	x	x	x	x	x	(40)
-	-	-	-	-	-	-	(41)
-	-	-	-	-	-	-	(42)
13	14	15	14	13	12	10	(43)
113	121	93	115	118	109	115	(44)
7	8	8	8	7	7	7	(45)
539	807	673	334	394	275	288	(46)
11	11	11	10	12	10	11	(47)
224	252	237	212	215	187	172	(48)

12 飲用牛乳等出荷量（都道府県別）（月別）

都道府県		年 計		1 月	2	3	4	5
		実　数	飲用牛乳等生産量に対する割合					
		kl	%	kl	kl	kl	kl	kl
全　　国	(1)	1,716,845	48.1	139,925	129,523	139,809	138,540	145,917
北　海　道	(2)	384,386	70.3	31,850	29,466	31,905	29,533	30,382
青　　森	(3)	x	x	x	x	x	x	x
岩　　手	(4)	50,090	63.7	4,151	3,870	4,158	3,967	4,347
宮　　城	(5)	30,010	33.1	2,639	2,235	2,349	2,323	2,448
秋　　田	(6)	x	x	x	x	x	x	x
山　　形	(7)	4,272	17.1	413	379	416	405	428
福　　島	(8)	13,529	40.0	1,186	821	1,106	1,181	1,209
茨　　城	(9)	137,695	76.4	11,503	10,745	11,575	11,515	12,006
栃　　木	(10)	95,622	63.5	7,752	7,039	8,090	8,277	8,830
群　　馬	(11)	101,991	77.5	7,746	7,125	8,077	8,088	8,541
埼　　玉	(12)	60,570	65.4	5,395	4,607	4,738	4,973	5,004
千　　葉	(13)	78,246	50.0	6,208	6,005	6,007	6,257	7,205
東　　京	(14)	42,197	55.8	3,280	3,313	3,707	3,287	3,709
神　奈　川	(15)	84,784	29.1	6,676	6,394	6,318	7,339	7,605
新　　潟	(16)	7,676	20.5	550	498	572	610	708
富　　山	(17)	x	x	x	x	x	x	x
石　　川	(18)	14,472	47.1	1,639	1,442	1,506	1,344	1,298
福　　井	(19)	x	x	x	x	x	x	x
山　　梨	(20)	-	-	-	-	-	-	-
長　　野	(21)	52,330	45.7	4,294	4,147	4,529	4,083	4,573
岐　　阜	(22)	56,410	70.6	4,236	3,909	4,161	4,306	5,184
静　　岡	(23)	20,928	28.9	1,780	1,724	1,598	1,576	1,616
愛　　知	(24)	51,590	27.3	3,953	3,718	4,173	4,373	4,244
三　　重	(25)	7,422	29.5	569	564	639	584	616
滋　　賀	(26)	8,947	43.4	589	592	592	704	856
京　　都	(27)	35,559	36.5	2,838	2,260	2,628	2,851	2,928
大　　阪	(28)	20,465	19.4	1,674	1,690	1,551	1,521	1,753
兵　　庫	(29)	58,804	35.4	5,079	4,745	5,053	4,709	5,297
奈　　良	(30)	x	x	x	x	x	x	x
和　歌　山	(31)	x	x	x	x	x	x	x
鳥　　取	(32)	x	x	x	x	x	x	x
島　　根	(33)	3,692	28.0	329	322	325	291	305
岡　　山	(34)	42,653	30.8	3,586	3,211	3,443	3,450	3,403
広　　島	(35)	7,341	15.3	590	515	552	627	572
山　　口	(36)	x	x	x	x	x	x	x
徳　　島	(37)	x	x	x	x	x	x	x
香　　川	(38)	x	x	x	x	x	x	x
愛　　媛	(39)	x	x	x	x	x	x	x
高　　知	(40)	x	x	x	x	x	x	x
福　　岡	(41)	87,531	58.2	6,994	6,568	7,487	7,264	7,523
佐　　賀	(42)	15,184	121.6	1,389	1,241	1,422	1,211	1,318
長　　崎	(43)	2,557	21.5	222	220	229	241	247
熊　　本	(44)	66,798	56.3	4,930	4,709	5,137	5,668	5,385
大　　分	(45)	766	1.7	65	59	68	33	77
宮　　崎	(46)	18,168	48.3	1,437	1,378	1,414	1,486	1,572
鹿　児　島	(47)	328	3.6	29	26	28	28	28
沖　　縄	(48)	-	-	-	-	-	-	-

6	7	8	9	10	11	12	
kl	kl	kl	kl	kl	kl	kl	
144,035	145,437	147,612	152,781	152,622	140,747	139,897	(1)
31,188	33,431	34,135	35,909	36,413	30,982	29,192	(2)
x	x	x	x	x	x	x	(3)
4,253	4,179	4,347	4,529	4,293	3,956	4,040	(4)
2,341	2,591	2,737	2,738	2,575	2,437	2,597	(5)
x	x	x	x	x	x	x	(6)
397	311	310	326	324	273	290	(7)
1,064	968	1,089	1,488	1,212	1,044	1,161	(8)
11,827	11,684	11,098	11,868	11,630	11,244	11,000	(9)
8,384	7,721	8,224	7,898	7,672	7,820	7,915	(10)
8,382	8,813	9,264	9,356	9,204	8,694	8,701	(11)
5,113	4,503	4,982	5,582	5,382	5,284	5,007	(12)
7,123	6,714	5,787	6,614	7,110	6,779	6,437	(13)
3,492	3,453	3,560	3,726	3,654	3,463	3,553	(14)
7,579	6,915	7,008	7,379	7,782	6,917	6,872	(15)
644	572	686	719	715	672	730	(16)
x	x	x	x	x	x	x	(17)
1,311	1,240	1,125	1,158	827	698	884	(18)
x	x	x	x	x	x	x	(19)
–	–	–	–	–	–	–	(20)
4,546	4,383	4,183	4,605	4,369	4,372	4,246	(21)
5,025	4,945	5,316	5,094	5,033	4,555	4,646	(22)
1,341	1,582	1,725	1,940	1,994	2,037	2,015	(23)
4,080	4,452	4,917	4,403	4,587	4,331	4,359	(24)
654	689	539	656	685	588	639	(25)
901	743	584	872	886	856	772	(26)
2,873	2,875	3,338	3,071	3,557	3,211	3,129	(27)
1,851	1,757	1,507	1,894	1,891	1,713	1,663	(28)
5,046	5,142	5,266	5,245	4,492	4,114	4,616	(29)
x	x	x	x	x	x	x	(30)
x	x	x	x	x	x	x	(31)
x	x	x	x	x	x	x	(32)
299	316	318	303	301	297	286	(33)
3,502	3,451	3,640	3,504	3,870	3,712	3,881	(34)
587	547	531	741	710	642	727	(35)
x	x	x	x	x	x	x	(36)
x	x	x	x	x	x	x	(37)
x	x	x	x	x	x	x	(38)
x	x	x	x	x	x	x	(39)
x	x	x	x	x	x	x	(40)
6,759	7,580	7,981	7,219	7,731	7,079	7,346	(41)
1,260	1,234	1,257	1,244	1,287	1,160	1,161	(42)
234	201	214	194	180	189	186	(43)
5,566	6,114	5,911	6,010	5,883	5,697	5,788	(44)
66	66	62	66	72	66	66	(45)
1,608	1,564	1,389	1,667	1,671	1,497	1,485	(46)
26	28	28	27	27	26	27	(47)
–	–	–	–	–	–	–	(48)

13 飲用牛乳等入荷量（都道府県別）（月別）

都道府県		年　　　　計		1　月	2	3	4	5
		実　　数	飲用牛乳等生産量に対する割合					
		kl	%	kl	kl	kl	kl	kl
全　　国	(1)	1,716,845	48.1	139,925	129,523	139,809	138,540	145,917
北　海　道	(2)	1,281	0.2	112	103	106	106	106
青　　森	(3)	9,356	x	789	778	792	788	819
岩　　手	(4)	5,838	7.4	410	394	440	548	509
宮　　城	(5)	21,237	23.5	1,758	1,597	1,778	1,637	1,751
秋　　田	(6)	10,293	x	853	848	887	874	887
山　　形	(7)	2,600	10.4	187	177	182	189	195
福　　島	(8)	6,634	19.6	572	540	578	535	565
茨　　城	(9)	91,069	50.5	7,561	6,887	7,394	7,109	7,540
栃　　木	(10)	15,823	10.5	1,345	1,245	1,347	1,297	1,362
群　　馬	(11)	45,865	34.8	4,155	3,344	3,510	3,727	3,886
埼　　玉	(12)	264,060	285.1	20,745	19,116	20,941	21,885	23,328
千　　葉	(13)	75,631	48.3	5,876	5,581	6,155	6,291	6,346
東　　京	(14)	289,365	383.0	23,188	21,819	23,151	23,525	24,894
神　奈　川	(15)	123,061	42.2	10,443	9,821	11,172	9,744	10,278
新　　潟	(16)	14,638	39.2	1,145	1,069	1,211	1,133	1,245
富　　山	(17)	10,216	x	831	763	907	898	798
石　　川	(18)	7,307	23.8	512	469	546	581	584
福　　井	(19)	21,326	x	1,733	1,664	1,710	1,753	1,938
山　　梨	(20)	13,121	753.2	972	993	1,064	1,090	1,211
長　　野	(21)	6,217	5.4	598	469	555	511	604
岐　　阜	(22)	6,669	8.3	525	484	534	575	547
静　　岡	(23)	41,094	56.8	3,171	3,009	3,215	3,730	3,551
愛　　知	(24)	107,426	56.9	8,266	7,538	8,157	7,806	8,729
三　　重	(25)	5,926	23.5	432	428	478	492	520
滋　　賀	(26)	3,973	19.3	423	358	291	391	338
京　　都	(27)	62,039	63.7	5,033	4,714	4,931	5,070	5,384
大　　阪	(28)	195,822	185.8	17,007	15,315	16,480	15,267	16,173
兵　　庫	(29)	36,107	21.7	2,928	2,650	2,794	2,787	2,929
奈　　良	(30)	10,428	x	779	742	810	826	877
和　歌　山	(31)	6,713	x	539	544	537	538	604
鳥　　取	(32)	2,262	x	204	162	176	183	194
島　　根	(33)	985	7.5	78	75	84	78	84
岡　　山	(34)	23,516	17.0	1,885	1,683	1,916	1,960	2,048
広　　島	(35)	33,856	70.8	2,960	2,607	2,867	2,916	2,938
山　　口	(36)	4,109	x	230	222	223	341	388
徳　　島	(37)	5,517	x	473	425	442	449	499
香　　川	(38)	6,401	x	471	497	496	379	561
愛　　媛	(39)	5,421	x	462	417	426	426	492
高　　知	(40)	4,327	x	373	332	339	351	400
福　　岡	(41)	44,976	29.9	3,854	3,771	4,048	3,463	3,538
佐　　賀	(42)	12,872	103.1	1,335	1,379	1,331	1,229	1,052
長　　崎	(43)	11,938	100.3	875	817	868	971	1,045
熊　　本	(44)	9,778	8.2	805	799	930	840	744
大　　分	(45)	5,776	12.6	454	428	461	458	505
宮　　崎	(46)	2,559	6.8	206	178	186	211	225
鹿　児　島	(47)	29,590	322.5	2,258	2,150	2,224	2,415	2,560
沖　　縄	(48)	1,827	7.2	114	122	139	167	146

6	7	8	9	10	11	12	
kl	kl	kl	kl	kl	kl	kl	
144, 035	145, 437	147, 612	152, 781	152, 622	140, 747	139, 897	(1)
103	111	111	106	107	100	110	(2)
798	772	734	788	808	750	740	(3)
512	544	554	494	454	493	486	(4)
1, 605	1, 794	2, 147	2, 143	1, 571	1, 750	1, 706	(5)
888	867	817	875	847	809	841	(6)
196	224	249	242	251	253	255	(7)
536	557	571	576	567	515	522	(8)
7, 502	7, 680	7, 645	8, 600	8, 580	7, 238	7, 333	(9)
1, 332	1, 328	1, 293	1, 356	1, 359	1, 294	1, 265	(10)
4, 010	3, 502	3, 983	4, 539	4, 066	3, 810	3, 333	(11)
22, 703	22, 871	23, 161	23, 365	23, 027	21, 633	21, 285	(12)
5, 909	6, 604	6, 663	6, 777	6, 778	6, 375	6, 276	(13)
24, 324	23, 927	23, 108	25, 899	26, 388	24, 828	24, 314	(14)
10, 012	10, 160	10, 152	10, 800	11, 055	9, 955	9, 469	(15)
1, 192	1, 264	1, 310	1, 334	1, 347	1, 228	1, 160	(16)
852	678	1, 081	1, 081	750	733	844	(17)
552	638	698	711	719	670	627	(18)
1, 910	1, 903	1, 829	1, 894	1, 763	1, 637	1, 592	(19)
1, 111	1, 134	1, 029	1, 197	1, 146	1, 091	1, 083	(20)
536	525	519	497	498	454	451	(21)
546	568	578	604	617	546	545	(22)
3, 739	3, 257	3, 784	3, 448	3, 651	3, 223	3, 316	(23)
9, 110	9, 141	10, 014	9, 933	10, 013	9, 300	9, 419	(24)
483	483	513	536	548	489	524	(25)
266	305	298	289	374	327	313	(26)
5, 211	5, 434	5, 561	5, 376	5, 309	4, 876	5, 140	(27)
16, 282	16, 946	16, 755	16, 731	17, 367	15, 841	15, 658	(28)
2, 895	3, 127	3, 849	3, 058	3, 232	2, 889	2, 969	(29)
907	892	815	974	1, 037	885	884	(30)
596	547	435	594	678	565	536	(31)
184	205	209	197	196	177	175	(32)
83	87	88	81	85	82	80	(33)
1, 990	2, 045	2, 110	2, 208	1, 947	1, 796	1, 928	(34)
2, 899	2, 944	3, 056	2, 840	2, 678	2, 494	2, 657	(35)
401	400	377	405	393	369	360	(36)
487	483	482	498	393	448	438	(37)
581	609	559	582	898	441	327	(38)
478	469	464	478	405	463	441	(39)
386	376	376	401	285	365	343	(40)
3, 622	3, 786	3, 651	3, 856	3, 934	3, 538	3, 915	(41)
973	900	919	956	891	850	1, 057	(42)
1, 048	1, 075	1, 047	1, 110	1, 093	1, 003	986	(43)
764	772	763	726	840	851	944	(44)
505	515	499	509	520	456	466	(45)
230	231	210	229	236	215	202	(46)
2, 609	2, 569	2, 415	2, 745	2, 749	2, 470	2, 426	(47)
177	188	131	143	172	172	156	(48)

14 飲用牛乳等入出荷量（都道府県別）（月別）

(1) 年計

入荷＼出荷	全 国	北海道	青森	岩 手	宮 城	秋 田	山 形	福 島	茨 城	栃 木	群 馬
全　　国　(1)	1,716,845	384,386	x	50,090	30,010	x	4,272	13,529	137,695	95,622	101,991
北　海　道　(2)	1,281	－	x	－	561	x	－	－	－	－	－
青　　森　(3)	9,356	4,066	x	3,995	－	x	－	－	－	－	－
岩　　手　(4)	5,838	3,128	x	－	1,034	x	－	78	－	－	－
宮　　城　(5)	21,237	6,183	x	4,564	－	x	3,383	311	2,938	253	590
秋　　田　(6)	10,293	4,461	x	4,577	314	x	525	－	－	－	－
山　　形　(7)	2,600	95	x	49	1,868	x	－	9	－	243	－
福　　島　(8)	6,634	225	x	－	2,637	x	345	－	1,070	983	773
茨　　城　(9)	91,069	29,307	x	133	9,215	x	－	－	－	17,675	16,957
栃　　木　(10)	15,823	1,940	x	250	67	x	－	36	10,137	－	1,578
群　　馬　(11)	45,865	2,328	x	89	751	x	－	－	6,464	6,751	－
埼　　玉　(12)	264,060	68,022	x	15,649	6,930	x	－	89	46,020	45,046	22,677
千　　葉　(13)	75,631	29,835	x	58	－	x	－	50	26,880	1,053	470
東　　京　(14)	289,365	78,624	x	1,045	6,206	x	－	12,956	23,606	1,937	36,250
神　奈　川　(15)	123,061	30,775	x	19,506	8	x	－	－	11,096	6,908	16,086
新　　潟　(16)	14,638	5,876	x	－	419	x	19	－	496	－	1,312
富　　山　(17)	10,216	431	x	－	－	x	－	－	－	－	－
石　　川　(18)	7,307	900	x	－	－	x	－	－	－	－	－
福　　井　(19)	21,326	546	x	－	－	x	－	－	－	－	－
山　　梨　(20)	13,121	－	x	－	－	x	－	－	2	150	71
長　　野　(21)	6,217	691	x	－	－	x	－	－	101	289	1,247
岐　　阜　(22)	6,669	589	x	－	－	x	－	－	－	－	353
静　　岡　(23)	41,094	792	x	175	－	x	－	－	8,885	4,183	134
愛　　知　(24)	107,426	13,894	x	－	－	x	－	－	－	8,374	3,320
三　　重　(25)	5,926	3	x	－	－	x	－	－	－	－	－
滋　　賀　(26)	3,973	357	x	－	－	x	－	－	－	－	－
京　　都　(27)	62,039	13,279	x	－	－	x	－	－	－	868	－
大　　阪　(28)	195,822	85,478	x	－	－	x	－	－	－	－	173
兵　　庫　(29)	36,107	1,852	x	－	－	x	－	－	－	909	－
奈　　良　(30)	10,428	－	x	－	－	x	－	－	－	－	－
和　歌　山　(31)	6,713	133	x	－	－	x	－	－	－	－	－
鳥　　取　(32)	2,262	－	x	－	－	x	－	－	－	－	－
島　　根　(33)	985	－	x	－	－	x	－	－	－	－	－
岡　　山　(34)	23,516	22	x	－	－	x	－	－	－	－	－
広　　島　(35)	33,856	22	x	－	－	x	－	－	－	－	－
山　　口　(36)	4,109	－	x	－	－	x	－	－	－	－	－
徳　　島　(37)	5,517	－	x	－	－	x	－	－	－	－	－
香　　川　(38)	6,401	－	x	－	－	x	－	－	－	－	－
愛　　媛　(39)	5,421	3	x	－	－	x	－	－	－	－	－
高　　知　(40)	4,327	－	x	－	－	x	－	－	－	－	－
福　　岡　(41)	44,976	529	x	－	－	x	－	－	－	－	－
佐　　賀　(42)	12,872	－	x	－	－	x	－	－	－	－	－
長　　崎　(43)	11,938	－	x	－	－	x	－	－	－	－	－
熊　　本　(44)	9,778	－	x	－	－	x	－	－	－	－	－
大　　分　(45)	5,776	－	x	－	－	x	－	－	－	－	－
宮　　崎　(46)	2,559	－	x	－	－	x	－	－	－	－	－
鹿　児　島　(47)	29,590	－	x	－	－	x	－	－	－	－	－
沖　　縄　(48)	1,827	－	x	－	－	x	－	－	－	－	－

埼　玉	千　葉	東　京	神奈川	新　潟	富　山	石　川	福　井	山　梨	長　野	岐　阜	静　岡	
60,570	78,246	42,197	84,784	7,676	x	14,472	x	－	52,330	56,410	20,928	(1)
－	337	－	－	－	x	－	x	－	－	－	－	(2)
－	21	－	－	5	x	－	x	－	－	－	－	(3)
－	－	11	－	808	x	－	x	－	－	－	－	(4)
－	170	1,390	74	662	x	－	x	－	－	－	－	(5)
－	－	85	－	331	x	－	x	－	－	－	－	(6)
－	－	－	－	324	x	－	x	－	－	－	－	(7)
－	36	320	－	121	x	－	x	－	－	－	－	(8)
3,497	9,789	1,938	1,980	25	x	－	x	－	－	－	69	(9)
－	57	1,460	1	－	x	－	x	－	－	－	－	(10)
18,648	4,330	2,055	37	2,988	x	－	x	－	499	－	－	(11)
－	15,396	9,648	28,649	－	x	10	x	－	1,513	－	345	(12)
－	－	7,721	7,797	565	x	－	x	－	－	72	186	(13)
31,351	42,163	－	26,294	－	x	－	x	－	15,601	451	1,324	(14)
797	4,541	9,943	－	－	x	－	x	－	15,692	145	1,834	(15)
－	1,119	679	881	－	x	－	x	－	3,693	－	－	(16)
－	－	－	－	1,267	x	6,599	x	－	1,361	418	－	(17)
－	－	－	－	－	x	－	x	－	－	206	－	(18)
－	－	－	－	－	x	4,106	x	－	－	66	－	(19)
1,953	133	1,106	1,175	－	x	－	x	－	6,148	－	2,160	(20)
1,709	－	1,325	－	530	x	－	x	－	－	－	13	(21)
－	－	299	144	－	x	－	x	－	－	－	－	(22)
－	－	632	16,915	－	x	－	x	－	1,313	175	－	(23)
－	－	3,464	312	50	x	788	x	－	5,299	26,366	13,987	(24)
－	－	－	－	－	x	－	x	－	－	2,957	－	(25)
－	－	－	－	－	x	－	x	－	－	236	－	(26)
－	25	7	－	－	x	867	x	－	－	2,901	528	(27)
2,615	36	8	301	－	x	1,660	x	－	1,211	21,937	482	(28)
－	48	106	224	－	x	442	x	－	－	305	－	(29)
－	－	－	－	－	x	－	x	－	－	82	－	(30)
－	－	－	－	－	x	－	x	－	－	93	－	(31)
－	－	－	－	－	x	－	x	－	－	－	－	(32)
－	－	－	－	－	x	－	x	－	－	－	－	(33)
－	24	－	－	－	x	－	x	－	－	－	－	(34)
－	21	－	－	－	x	－	x	－	－	－	－	(35)
－	－	－	－	－	x	－	x	－	－	－	－	(36)
－	－	－	－	－	x	－	x	－	－	－	－	(37)
－	－	－	－	－	x	－	x	－	－	－	－	(38)
－	－	－	－	－	x	－	x	－	－	－	－	(39)
－	－	－	－	－	x	－	x	－	－	－	－	(40)
－	－	－	－	－	x	－	x	－	－	－	－	(41)
－	－	－	－	－	x	－	x	－	－	－	－	(42)
－	－	－	－	－	x	－	x	－	－	－	－	(43)
－	－	－	－	－	x	－	x	－	－	－	－	(44)
－	－	－	－	－	x	－	x	－	－	－	－	(45)
－	－	－	－	－	x	－	x	－	－	－	－	(46)
－	－	－	－	－	x	－	x	－	－	－	－	(47)
－	－	－	－	－	x	－	x	－	－	－	－	(48)

(1) 年計（続き）

入荷＼出荷	愛知	三重	滋賀	京都	大阪	兵庫	奈良	和歌山	鳥取	島根	岡山	広島
全国 (1)	51,590	7,422	8,947	35,559	20,465	58,804	x	x	x	3,692	42,653	7,341
北海道 (2)	371	-	-	-	-	-	x	x	x	-	-	-
青森 (3)	-	-	-	-	-	-	x	x	x	-	-	-
岩手 (4)	145	-	-	-	-	-	x	x	x	-	-	-
宮城 (5)	698	-	-	-	-	-	x	x	x	-	-	-
秋田 (6)	-	-	-	-	-	-	x	x	x	-	-	-
山形 (7)	-	-	-	-	-	-	x	x	x	-	-	-
福島 (8)	109	-	-	-	-	-	x	x	x	-	-	-
茨城 (9)	457	-	-	-	-	-	x	x	x	-	-	-
栃木 (10)	271	-	-	-	-	-	x	x	x	-	-	-
群馬 (11)	353	-	-	-	-	-	x	x	x	-	522	-
埼玉 (12)	1,300	22	-	-	-	-	x	x	x	-	1,856	-
千葉 (13)	726	-	-	20	-	-	x	x	x	-	-	-
東京 (14)	5,723	226	-	-	-	39	x	x	x	272	46	-
神奈川 (15)	2,582	154	-	-	-	-	x	x	x	-	2,450	-
新潟 (16)	119	-	-	-	-	-	x	x	x	-	-	-
富山 (17)	123	-	-	-	-	-	x	x	x	-	-	-
石川 (18)	5,420	-	33	118	-	180	x	x	x	-	263	-
福井 (19)	6,921	-	3,802	-	753	5,069	x	x	x	-	-	-
山梨 (20)	214	-	-	-	-	-	x	x	x	-	-	-
長野 (21)	274	-	-	-	-	-	x	x	x	-	-	-
岐阜 (22)	4,205	12	-	33	-	-	x	x	x	514	-	-
静岡 (23)	7,761	-	-	30	-	-	x	x	x	-	-	-
愛知 (24)	-	316	696	5,853	2,495	14,753	x	x	x	-	3,981	-
三重 (25)	1,656	-	436	697	155	-	x	x	x	-	-	-
滋賀 (26)	237	-	-	788	1,026	230	x	x	x	-	-	-
京都 (27)	1,914	-	1,063	-	430	8,420	x	x	x	118	3,955	-
大阪 (28)	4,346	4,306	2,917	16,425	-	9,599	x	x	x	1,322	15,969	-
兵庫 (29)	2,160	-	-	8,040	5,366	-	x	x	x	317	510	-
奈良 (30)	139	2,386	-	2,450	5,288	59	x	x	x	-	-	-
和歌山 (31)	172	-	-	874	4,066	1,341	x	x	x	-	-	-
鳥取 (32)	-	-	-	-	-	-	x	x	x	407	1,748	-
島根 (33)	-	-	-	-	-	-	x	x	x	-	-	148
岡山 (34)	289	-	-	210	14	6,367	x	x	x	188	-	4,656
広島 (35)	489	-	-	21	232	5,249	x	x	x	234	6,825	-
山口 (36)	110	-	-	-	-	-	x	x	x	48	-	2,513
徳島 (37)	-	-	-	-	177	1,559	x	x	x	-	-	-
香川 (38)	251	-	-	-	463	4,412	x	x	x	-	612	12
愛媛 (39)	177	-	-	-	-	-	x	x	x	48	263	12
高知 (40)	44	-	-	-	-	-	x	x	x	-	-	-
福岡 (41)	1,132	-	-	-	-	1,229	x	x	x	224	3,653	-
佐賀 (42)	-	-	-	-	-	-	x	x	x	-	-	-
長崎 (43)	143	-	-	-	-	-	x	x	x	-	-	-
熊本 (44)	220	-	-	-	-	208	x	x	x	-	-	-
大分 (45)	85	-	-	-	-	-	x	x	x	-	-	-
宮崎 (46)	-	-	-	-	-	32	x	x	x	-	-	-
鹿児島 (47)	254	-	-	-	-	58	x	x	x	-	-	-
沖縄 (48)	-	-	-	-	-	-	x	x	x	-	-	-

山口	徳島	香川	愛媛	高知	福岡	佐賀	長崎	熊本	大分	宮崎	鹿児島	沖縄	
x	x	x	x	x	87,531	15,184	2,557	66,798	766	18,168	328	-	(1)
x	x	x	x	x	-	-	-	12	-	-	-	-	(2)
x	x	x	x	x	-	-	-	7	-	-	-	-	(3)
x	x	x	x	x	-	-	-	4	-	-	-	-	(4)
x	x	x	x	x	-	-	-	21	-	-	-	-	(5)
x	x	x	x	x	-	-	-	-	-	-	-	-	(6)
x	x	x	x	x	-	-	-	12	-	-	-	-	(7)
x	x	x	x	x	-	-	-	15	-	-	-	-	(8)
x	x	x	x	x	-	-	-	27	-	-	-	-	(9)
x	x	x	x	x	-	-	-	26	-	-	-	-	(10)
x	x	x	x	x	-	-	-	50	-	-	-	-	(11)
x	x	x	x	x	-	362	-	526	-	-	-	-	(12)
x	x	x	x	x	-	-	-	198	-	-	-	-	(13)
x	x	x	x	x	-	-	-	5,136	-	115	-	-	(14)
x	x	x	x	x	-	-	-	544	-	-	-	-	(15)
x	x	x	x	x	-	-	-	25	-	-	-	-	(16)
x	x	x	x	x	-	-	-	17	-	-	-	-	(17)
x	x	x	x	x	-	-	-	57	-	-	-	-	(18)
x	x	x	x	x	-	-	-	24	-	-	-	-	(19)
x	x	x	x	x	-	-	-	9	-	-	-	-	(20)
x	x	x	x	x	-	-	-	38	-	-	-	-	(21)
x	x	x	x	x	-	497	-	23	-	-	-	-	(22)
x	x	x	x	x	-	-	-	99	-	-	-	-	(23)
x	x	x	x	x	456	-	-	3,012	-	-	-	-	(24)
x	x	x	x	x	-	-	-	22	-	-	-	-	(25)
x	x	x	x	x	-	-	-	1,099	-	-	-	-	(26)
x	x	x	x	x	17,674	-	-	91	-	-	-	-	(27)
x	x	x	x	x	17,296	1,197	-	1,521	-	466	-	-	(28)
x	x	x	x	x	1,147	-	-	11,856	2	-	-	-	(29)
x	x	x	x	x	-	-	-	24	-	-	-	-	(30)
x	x	x	x	x	-	-	-	34	-	-	-	-	(31)
x	x	x	x	x	-	-	-	107	-	-	-	-	(32)
x	x	x	x	x	-	-	-	45	-	-	-	-	(33)
x	x	x	x	x	5,133	-	-	215	-	-	-	-	(34)
x	x	x	x	x	10,505	3,027	-	3,931	-	-	-	-	(35)
x	x	x	x	x	1,165	113	-	160	-	-	-	-	(36)
x	x	x	x	x	-	-	-	14	-	-	-	-	(37)
x	x	x	x	x	610	-	-	41	-	-	-	-	(38)
x	x	x	x	x	-	-	-	300	-	-	-	-	(39)
x	x	x	x	x	-	-	-	51	-	-	-	-	(40)
x	x	x	x	x	-	5,146	1,419	22,089	764	2,191	94	-	(41)
x	x	x	x	x	11,301	-	1,089	259	-	-	-	-	(42)
x	x	x	x	x	5,855	1,089	-	4,217	-	194	-	-	(43)
x	x	x	x	x	6,789	1,541	-	-	-	139	-	-	(44)
x	x	x	x	x	2,778	543	49	1,881	-	-	-	-	(45)
x	x	x	x	x	1,913	-	-	157	-	-	234	-	(46)
x	x	x	x	x	4,106	1,622	-	7,991	-	14,897	-	-	(47)
x	x	x	x	x	803	47	-	811	-	166	-	-	(48)

(2)　1月分

入荷＼出荷	全国	北海道	青森	岩手	宮城	秋田	山形	福島	茨城	栃木	群馬
全　国 (1)	139,925	31,850	x	4,151	2,639	x	413	1,186	11,503	7,752	7,746
北 海 道 (2)	112	-	x	-	48	x	-	-	-	-	-
青　森 (3)	789	351	x	335	-	x	-	-	-	-	-
岩　手 (4)	410	156	x	-	114	x	-	6	-	-	-
宮　城 (5)	1,758	460	x	391	-	x	314	23	252	85	38
秋　田 (6)	853	380	x	348	29	x	65	-	-	-	-
山　形 (7)	187	5	x	2	147	x	-	1	-	20	-
福　島 (8)	572	20	x	-	231	x	32	-	92	79	72
茨　城 (9)	7,561	2,377	x	1	914	x	-	-	-	1,348	1,444
栃　木 (10)	1,345	154	x	17	7	x	-	3	869	-	123
群　馬 (11)	4,155	195	x	1	68	x	-	-	555	689	-
埼　玉 (12)	20,745	5,099	x	1,290	561	x	-	7	3,923	3,322	1,942
千　葉 (13)	5,876	2,250	x	4	-	x	-	-	2,202	86	37
東　京 (14)	23,188	6,397	x	92	499	x	-	1,146	1,877	159	2,663
神 奈 川 (15)	10,443	2,326	x	1,653	-	x	-	-	930	1,143	1,135
新　潟 (16)	1,145	447	x	-	21	x	2	-	42	-	111
富　山 (17)	831	10	x	-	-	x	-	-	-	-	-
石　川 (18)	512	48	x	-	-	x	-	-	-	-	-
福　井 (19)	1,733	42	x	-	-	x	-	-	-	-	-
山　梨 (20)	972	-	x	-	-	x	-	-	-	10	2
長　野 (21)	598	116	x	-	-	x	-	-	9	41	106
岐　阜 (22)	525	49	x	-	-	x	-	-	-	-	29
静　岡 (23)	3,171	65	x	17	-	x	-	-	752	365	8
愛　知 (24)	8,266	1,677	x	-	-	x	-	-	-	405	20
三　重 (25)	432	-	x	-	-	x	-	-	-	-	-
滋　賀 (26)	423	27	x	-	-	x	-	-	-	-	-
京　都 (27)	5,033	966	x	-	-	x	-	-	-	-	-
大　阪 (28)	17,007	8,073	x	-	-	x	-	-	-	-	16
兵　庫 (29)	2,928	117	x	-	-	x	-	-	-	-	-
奈　良 (30)	779	-	x	-	-	x	-	-	-	-	-
和 歌 山 (31)	539	-	x	-	-	x	-	-	-	-	-
鳥　取 (32)	204	-	x	-	-	x	-	-	-	-	-
島　根 (33)	78	-	x	-	-	x	-	-	-	-	-
岡　山 (34)	1,885	-	x	-	-	x	-	-	-	-	-
広　島 (35)	2,960	7	x	-	-	x	-	-	-	-	-
山　口 (36)	230	-	x	-	-	x	-	-	-	-	-
徳　島 (37)	473	-	x	-	-	x	-	-	-	-	-
香　川 (38)	471	-	x	-	-	x	-	-	-	-	-
愛　媛 (39)	462	-	x	-	-	x	-	-	-	-	-
高　知 (40)	373	-	x	-	-	x	-	-	-	-	-
福　岡 (41)	3,854	36	x	-	-	x	-	-	-	-	-
佐　賀 (42)	1,335	-	x	-	-	x	-	-	-	-	-
長　崎 (43)	875	-	x	-	-	x	-	-	-	-	-
熊　本 (44)	805	-	x	-	-	x	-	-	-	-	-
大　分 (45)	454	-	x	-	-	x	-	-	-	-	-
宮　崎 (46)	206	-	x	-	-	x	-	-	-	-	-
鹿 児 島 (47)	2,258	-	x	-	-	x	-	-	-	-	-
沖　縄 (48)	114	-	x	-	-	x	-	-	-	-	-

埼玉	千葉	東京	神奈川	新潟	富山	石川	福井	山梨	長野	岐阜	静岡	
5,395	6,208	3,280	6,676	550	x	1,639	x	-	4,294	4,236	1,780	(1)
-	28	-	-	-	x	-	x	-	-	-	-	(2)
-	2	-	-	-	x	-	x	-	-	-	-	(3)
-	-	1	-	69	x	-	x	-	-	-	-	(4)
-	14	135	-	-	x	-	x	-	-	-	-	(5)
-	-	6	-	25	x	-	x	-	-	-	-	(6)
-	-	-	-	11	x	-	x	-	-	-	-	(7)
-	3	29	-	3	x	-	x	-	-	-	-	(8)
313	829	146	131	2	x	-	x	-	-	-	1	(9)
-	5	145	-	-	x	-	x	-	-	-	-	(10)
1,774	362	157	-	240	x	-	x	-	40	-	-	(11)
-	1,177	748	2,195	-	x	-	x	-	119	-	36	(12)
-	-	571	579	45	x	-	x	-	-	6	15	(13)
2,728	3,345	-	2,125	-	x	-	x	-	1,289	184	110	(14)
63	335	826	-	-	x	-	x	-	1,296	12	334	(15)
-	94	50	71	-	x	-	x	-	293	-	-	(16)
-	-	-	-	107	x	534	x	-	134	35	-	(17)
-	-	-	-	-	x	-	x	-	-	17	-	(18)
-	-	-	-	-	x	411	x	-	-	5	-	(19)
157	1	59	107	-	x	-	x	-	469	-	153	(20)
137	-	118	-	48	x	-	x	-	-	-	1	(21)
-	-	11	10	-	x	-	x	-	-	-	-	(22)
-	-	35	1,212	-	x	-	x	-	120	14	-	(23)
-	-	243	32	-	x	90	x	-	436	1,848	1,130	(24)
-	-	-	-	-	x	-	x	-	-	208	-	(25)
-	-	-	-	-	x	-	x	-	-	9	-	(26)
-	2	-	-	-	x	192	x	-	-	216	-	(27)
223	3	-	119	-	x	278	x	-	98	1,641	-	(28)
-	4	-	95	-	x	134	x	-	-	26	-	(29)
-	-	-	-	-	x	-	x	-	-	7	-	(30)
-	-	-	-	-	x	-	x	-	-	8	-	(31)
-	-	-	-	-	x	-	x	-	-	-	-	(32)
-	-	-	-	-	x	-	x	-	-	-	-	(33)
-	2	-	-	-	x	-	x	-	-	-	-	(34)
-	2	-	-	-	x	-	x	-	-	-	-	(35)
-	-	-	-	-	x	-	x	-	-	-	-	(36)
-	-	-	-	-	x	-	x	-	-	-	-	(37)
-	-	-	-	-	x	-	x	-	-	-	-	(38)
-	-	-	-	-	x	-	x	-	-	-	-	(39)
-	-	-	-	-	x	-	x	-	-	-	-	(40)
-	-	-	-	-	x	-	x	-	-	-	-	(41)
-	-	-	-	-	x	-	x	-	-	-	-	(42)
-	-	-	-	-	x	-	x	-	-	-	-	(43)
-	-	-	-	-	x	-	x	-	-	-	-	(44)
-	-	-	-	-	x	-	x	-	-	-	-	(45)
-	-	-	-	-	x	-	x	-	-	-	-	(46)
-	-	-	-	-	x	-	x	-	-	-	-	(47)
-	-	-	-	-	x	-	x	-	-	-	-	(48)

(2) 1月分（続き）

入荷 ＼ 出荷	愛知	三重	滋賀	京都	大阪	兵庫	奈良	和歌山	鳥取	島根	岡山	広島
全　　国 (1)	3,953	569	589	2,838	1,674	5,079	x	x	x	329	3,586	590
北　海　道 (2)	35	-	-	-	-	-	x	x	x	-	-	-
青　　森 (3)	-	-	-	-	-	-	x	x	x	-	-	-
岩　　手 (4)	13	-	-	-	-	-	x	x	x	-	-	-
宮　　城 (5)	45	-	-	-	-	-	x	x	x	-	-	-
秋　　田 (6)	-	-	-	-	-	-	x	x	x	-	-	-
山　　形 (7)	-	-	-	-	-	-	x	x	x	-	-	-
福　　島 (8)	10	-	-	-	-	-	x	x	x	-	-	-
茨　　城 (9)	53	-	-	-	-	-	x	x	x	-	-	-
栃　　木 (10)	21	-	-	-	-	-	x	x	x	-	-	-
群　　馬 (11)	30	-	-	-	-	-	x	x	x	-	42	-
埼　　玉 (12)	115	1	-	-	-	-	x	x	x	-	149	-
千　　葉 (13)	65	-	-	-	-	-	x	x	x	-	-	-
東　　京 (14)	462	20	-	-	-	-	x	x	x	20	4	-
神　奈　川 (15)	142	14	-	-	-	-	x	x	x	-	194	-
新　　潟 (16)	10	-	-	-	-	-	x	x	x	-	-	-
富　　山 (17)	10	-	-	-	-	-	x	x	x	-	-	-
石　　川 (18)	391	-	3	9	-	16	x	x	x	-	21	-
福　　井 (19)	552	-	209	-	112	399	x	x	x	-	-	-
山　　梨 (20)	14	-	-	-	-	-	x	x	x	-	-	-
長　　野 (21)	20	-	-	-	-	-	x	x	x	-	-	-
岐　　阜 (22)	325	1	-	2	-	-	x	x	x	43	-	-
静　　岡 (23)	574	-	-	2	-	-	x	x	x	-	-	-
愛　　知 (24)	-	26	60	427	140	1,193	x	x	x	-	321	-
三　　重 (25)	126	-	37	49	11	-	x	x	x	-	-	-
滋　　賀 (26)	17	-	-	156	84	19	x	x	x	-	-	-
京　　都 (27)	136	-	85	-	54	870	x	x	x	10	367	-
大　　阪 (28)	355	324	195	1,342	-	872	x	x	x	137	1,371	-
兵　　庫 (29)	134	-	-	605	454	-	x	x	x	26	42	-
奈　　良 (30)	12	183	-	173	389	14	x	x	x	-	-	-
和　歌　山 (31)	14	-	-	58	358	99	x	x	x	-	-	-
鳥　　取 (32)	-	-	-	-	-	-	x	x	x	33	164	-
島　　根 (33)	-	-	-	-	-	-	x	x	x	-	-	14
岡　　山 (34)	24	-	-	14	2	502	x	x	x	16	-	457
広　　島 (35)	39	-	-	1	16	392	x	x	x	18	544	-
山　　口 (36)	10	-	-	-	-	-	x	x	x	4	-	117
徳　　島 (37)	-	-	-	-	16	130	x	x	x	-	-	-
香　　川 (38)	20	-	-	-	38	358	x	x	x	-	46	1
愛　　媛 (39)	14	-	-	-	-	-	x	x	x	4	21	1
高　　知 (40)	4	-	-	-	-	-	x	x	x	-	-	-
福　　岡 (41)	100	-	-	-	-	172	x	x	x	18	300	-
佐　　賀 (42)	-	-	-	-	-	-	x	x	x	-	-	-
長　　崎 (43)	9	-	-	-	-	-	x	x	x	-	-	-
熊　　本 (44)	19	-	-	-	-	30	x	x	x	-	-	-
大　　分 (45)	8	-	-	-	-	-	x	x	x	-	-	-
宮　　崎 (46)	-	-	-	-	-	3	x	x	x	-	-	-
鹿　児　島 (47)	25	-	-	-	-	10	x	x	x	-	-	-
沖　　縄 (48)	-	-	-	-	-	-	x	x	x	-	-	-

山口	徳島	香川	愛媛	高知	福岡	佐賀	長崎	熊本	大分	宮崎	鹿児島	沖縄	
x	x	x	x	x	6,994	1,389	222	4,930	65	1,437	29	-	(1)
x	x	x	x	x	-	-	-	1	-	-	-	-	(2)
x	x	x	x	x	-	-	-	-	-	-	-	-	(3)
x	x	x	x	x	-	-	-	1	-	-	-	-	(4)
x	x	x	x	x	-	-	-	-	-	-	-	-	(5)
x	x	x	x	x	-	-	-	1	-	-	-	-	(6)
x	x	x	x	x	-	-	-	1	-	-	-	-	(7)
x	x	x	x	x	-	-	-	2	-	-	-	-	(9)
x	x	x	x	x	-	-	-	1	-	-	-	-	(10)
x	x	x	x	x	-	-	-	2	-	-	-	-	(11)
x	x	x	x	x	-	24	-	37	-	-	-	-	(12)
x	x	x	x	x	-	-	-	16	-	-	-	-	(13)
x	x	x	x	x	-	-	-	62	-	6	-	-	(14)
x	x	x	x	x	-	-	-	40	-	-	-	-	(15)
x	x	x	x	x	-	-	-	4	-	-	-	-	(16)
x	x	x	x	x	-	-	-	1	-	-	-	-	(17)
x	x	x	x	x	-	-	-	2	-	-	-	-	(18)
x	x	x	x	x	-	-	-	1	-	-	-	-	(19)
x	x	x	x	x	-	-	-	-	-	-	-	-	(20)
x	x	x	x	x	-	-	-	2	-	-	-	-	(21)
x	x	x	x	x	-	54	-	1	-	-	-	-	(22)
x	x	x	x	x	-	-	-	7	-	-	-	-	(23)
x	x	x	x	x	-	-	-	213	-	-	-	-	(24)
x	x	x	x	x	-	-	-	1	-	-	-	-	(25)
x	x	x	x	x	-	-	-	111	-	-	-	-	(26)
x	x	x	x	x	1,371	-	-	5	-	-	-	-	(27)
x	x	x	x	x	1,189	101	-	121	-	27	-	-	(28)
x	x	x	x	x	101	-	-	952	1	-	-	-	(29)
x	x	x	x	x	-	-	-	1	-	-	-	-	(30)
x	x	x	x	x	-	-	-	2	-	-	-	-	(31)
x	x	x	x	x	-	-	-	7	-	-	-	-	(32)
x	x	x	x	x	-	-	-	1	-	-	-	-	(33)
x	x	x	x	x	394	-	-	15	-	-	-	-	(34)
x	x	x	x	x	916	285	-	476	-	-	-	-	(35)
x	x	x	x	x	86	4	-	9	-	-	-	-	(36)
x	x	x	x	x	-	-	-	1	-	-	-	-	(37)
x	x	x	x	x	3	-	-	5	-	-	-	-	(38)
x	x	x	x	x	-	-	-	13	-	-	-	-	(39)
x	x	x	x	x	-	-	-	4	-	-	-	-	(40)
x	x	x	x	x	-	485	115	1,838	64	174	8	-	(41)
x	x	x	x	x	1,196	-	102	18	-	-	-	-	(42)
x	x	x	x	x	490	93	-	231	-	15	-	-	(43)
x	x	x	x	x	528	143	-	-	-	11	-	-	(44)
x	x	x	x	x	227	46	5	131	-	-	-	-	(45)
x	x	x	x	x	155	-	-	8	-	-	21	-	(46)
x	x	x	x	x	301	148	-	529	-	1,189	-	-	(47)
x	x	x	x	x	37	6	-	56	-	15	-	-	(48)

(3) 2月分

出荷\入荷		全 国	北海道	青 森	岩 手	宮 城	秋 田	山 形	福 島	茨 城	栃 木	群 馬
全 国	(1)	129,523	29,466	x	3,870	2,235	x	379	821	10,745	7,039	7,125
北 海 道	(2)	103	-	x	-	42	x	-	-	-	-	-
青 森	(3)	778	328	x	346	-	x	-	-	-	-	-
岩 手	(4)	394	157	x	-	109	x	-	6	-	-	-
宮 城	(5)	1,597	440	x	310	-	x	285	21	235	85	32
秋 田	(6)	848	370	x	366	26	x	57	-	-	-	-
山 形	(7)	177	7	x	2	135	x	-	1	-	20	-
福 島	(8)	540	16	x	-	219	x	35	-	86	78	66
茨 城	(9)	6,887	2,237	x	1	707	x	-	-	-	1,265	1,287
栃 木	(10)	1,245	145	x	24	3	x	-	2	810	-	116
群 馬	(11)	3,344	151	x	1	54	x	-	-	519	609	-
埼 玉	(12)	19,116	4,739	x	1,204	456	x	-	7	3,707	3,095	1,667
千 葉	(13)	5,581	2,107	x	4	-	x	-	-	2,039	84	39
東 京	(14)	21,819	6,019	x	92	454	x	-	784	1,741	156	2,602
神 奈 川	(15)	9,821	2,336	x	1,506	8	x	-	-	861	929	1,039
新 潟	(16)	1,069	430	x	-	22	x	2	-	40	-	99
富 山	(17)	763	9	x	-	-	x	-	-	-	-	-
石 川	(18)	469	44	x	-	-	x	-	-	-	-	-
福 井	(19)	1,664	41	x	-	-	x	-	-	-	-	-
山 梨	(20)	993	-	x	-	-	x	-	-	1	10	3
長 野	(21)	469	52	x	-	-	x	-	-	8	41	99
岐 阜	(22)	484	46	x	-	-	x	-	-	-	-	26
静 岡	(23)	3,009	52	x	14	-	x	-	-	698	327	13
愛 知	(24)	7,538	1,540	x	-	-	x	-	-	-	340	22
三 重	(25)	428	-	x	-	-	x	-	-	-	-	-
滋 賀	(26)	358	29	x	-	-	x	-	-	-	-	-
京 都	(27)	4,714	854	x	-	-	x	-	-	-	-	-
大 阪	(28)	15,315	7,152	x	-	-	x	-	-	-	-	15
兵 庫	(29)	2,650	129	x	-	-	x	-	-	-	-	-
奈 良	(30)	742	-	x	-	-	x	-	-	-	-	-
和 歌 山	(31)	544	-	x	-	-	x	-	-	-	-	-
鳥 取	(32)	162	-	x	-	-	x	-	-	-	-	-
島 根	(33)	75	-	x	-	-	x	-	-	-	-	-
岡 山	(34)	1,683	-	x	-	-	x	-	-	-	-	-
広 島	(35)	2,607	7	x	-	-	x	-	-	-	-	-
山 口	(36)	222	-	x	-	-	x	-	-	-	-	-
徳 島	(37)	425	-	x	-	-	x	-	-	-	-	-
香 川	(38)	497	-	x	-	-	x	-	-	-	-	-
愛 媛	(39)	417	-	x	-	-	x	-	-	-	-	-
高 知	(40)	332	-	x	-	-	x	-	-	-	-	-
福 岡	(41)	3,771	29	x	-	-	x	-	-	-	-	-
佐 賀	(42)	1,379	-	x	-	-	x	-	-	-	-	-
長 崎	(43)	817	-	x	-	-	x	-	-	-	-	-
熊 本	(44)	799	-	x	-	-	x	-	-	-	-	-
大 分	(45)	428	-	x	-	-	x	-	-	-	-	-
宮 崎	(46)	178	-	x	-	-	x	-	-	-	-	-
鹿 児 島	(47)	2,150	-	x	-	-	x	-	-	-	-	-
沖 縄	(48)	122	-	x	-	-	x	-	-	-	-	-

埼 玉	千 葉	東 京	神奈川	新 潟	富 山	石 川	福 井	山 梨	長 野	岐 阜	静 岡	
4,607	6,005	3,313	6,394	498	x	1,442	x	–	4,147	3,909	1,724	(1)
–	26	–	–	–	x	–	x		–	–	–	(2)
–	1	–	–	–	x	–	x		–	–	–	(3)
–	–	1	–	60	x	–	x		–	–	–	(4)
–	13	132	–	–	x	–	x		–	–	–	(5)
–	–	6	–	23	x	–	x		–	–	–	(6)
–	–	–	–	12	x	–	x		–	–	–	(7)
–	3	28	–	1	x	–	x		–	–	–	(8)
283	798	145	112	2	x	–	x		–	–	–	(9)
–	4	118	–	–	x	–	x		–	–	–	(10)
1,205	330	139	–	228	x	–	x	–	39	–	–	(11)
–	1,073	755	1,919	–	x	–	x	–	117	–	74	(12)
–	–	619	557	43	x	–	x	–	–	6	14	(13)
2,589	3,314	–	2,149	–	x	–	x	–	1,241	23	108	(14)
60	343	811	–	–	x	–	x	–	1,244	11	306	(15)
–	86	44	62	–	x	–	x	–	274	–	–	(16)
–	–	–	–	120	x	422	x	–	168	33	–	(17)
–	–	–	–	–	x	–	x	–	–	17	–	(18)
–	–	–	–	–	x	401	x	–	–	5	–	(19)
143	2	91	98	–	x	–	x	–	465	–	166	(20)
125	–	112	–	9	x	–	x	–	–	–	1	(21)
–	–	15	–	–	x	–	x	–	–	–	–	(22)
–	–	37	1,204	–	x	–	x	–	109	14	–	(23)
–	–	260	62	–	x	112	x	–	393	1,750	1,055	(24)
–	–	–	–	–	x	–	x	–	–	211	–	(25)
–	–	–	–	–	x	–	x	–	–	14	–	(26)
–	2	–	–	–	x	142	x	–	–	218	–	(27)
202	3	–	130	–	x	237	x	–	97	1,568	–	(28)
–	4	–	101	–	x	128	x	–	–	24	–	(29)
–	–	–	–	–	x	–	x	–	–	7	–	(30)
–	–	–	–	–	x	–	x	–	–	8	–	(31)
–	–	–	–	–	x	–	x	–	–	–	–	(32)
–	–	–	–	–	x	–	x	–	–	–	–	(33)
–	2	–	–	–	x	–	x	–	–	–	–	(34)
–	1	–	–	–	x	–	x	–	–	–	–	(35)
–	–	–	–	–	x	–	x	–	–	–	–	(36)
–	–	–	–	–	x	–	x	–	–	–	–	(37)
–	–	–	–	–	x	x	x	–	–	–	–	(38)
–	–	–	–	–	x	x	x	–	–	–	–	(39)
–	–	–	–	–	x	x	x	–	–	–	–	(40)
–	–	–	–	–	x	–	x	–	–	–	–	(41)
–	–	–	–	–	x	–	x	–	–	–	–	(42)
–	–	–	–	–	x	–	x	–	–	–	–	(43)
–	–	–	–	–	x	–	x	–	–	–	–	(44)
–	–	–	–	–	x	–	x	–	–	–	–	(45)
–	–	–	–	–	x	–	x	–	–	–	–	(46)
–	–	–	–	–	x	–	x	–	–	–	–	(47)
–	–	–	–	–	x	–	x	–	–	–	–	(48)

14 飲用牛乳等入出荷量（都道府県別）（月別）（続き）

(3) ２月分（続き）

入荷＼出荷		愛知	三重	滋賀	京都	大阪	兵庫	奈良	和歌山	鳥取	島根	岡山	広島
全国	(1)	3,718	564	592	2,260	1,690	4,745	x	x	x	322	3,211	515
北海道	(2)	34	－	－	－	－	－	x	x	x	－	－	－
青森	(3)	－	－	－	－	－	－	x	x	x	－	－	－
岩手	(4)	10	－	－	－	－	－	x	x	x	－	－	－
宮城	(5)	43	－	－	－	－	－	x	x	x	－	－	－
秋田	(6)	－	－	－	－	－	－	x	x	x	－	－	－
山形	(7)	－	－	－	－	－	－	x	x	x	－	－	－
福島	(8)	7	－	－	－	－	－	x	x	x	－	－	－
茨城	(9)	48	－	－	－	－	－	x	x	x	－	－	－
栃木	(10)	22	－	－	－	－	－	x	x	x	－	－	－
群馬	(11)	27	－	－	－	－	－	x	x	x	－	39	－
埼玉	(12)	102	1	－	－	－	－	x	x	x	－	140	－
千葉	(13)	54	－	－	－	－	－	x	x	x	－	－	－
東京	(14)	447	18	－	－	－	－	x	x	x	19	3	－
神奈川	(15)	136	12	－	－	－	－	x	x	x	－	180	－
新潟	(16)	8	－	－	－	－	－	x	x	x	－	－	－
富山	(17)	10	－	－	－	－	－	x	x	x	－	－	－
石川	(18)	358	－	3	5	－	14	x	x	x	－	20	－
福井	(19)	529	－	208	－	113	364	x	x	x	－	－	－
山梨	(20)	13	－	－	－	－	－	x	x	x	－	－	－
長野	(21)	19	－	－	－	－	－	x	x	x	－	－	－
岐阜	(22)	304	1	－	1	－	－	x	x	x	38	－	－
静岡	(23)	532	－	－	2	－	－	x	x	x	－	－	－
愛知	(24)	－	24	58	231	135	1,099	x	x	x	－	294	－
三重	(25)	125	－	45	36	10	－	x	x	x	－	－	－
滋賀	(26)	16	－	－	114	84	17	x	x	x	－	－	－
京都	(27)	141	－	98	－	59	831	x	x	x	9	373	－
大阪	(28)	345	320	180	1,228	－	821	x	x	x	142	1,170	－
兵庫	(29)	124	－	－	449	457	－	x	x	x	24	39	－
奈良	(30)	11	188	－	126	394	14	x	x	x	－	－	－
和歌山	(31)	13	－	－	58	371	92	x	x	x	－	－	－
鳥取	(32)	－	－	－	－	－	－	x	x	x	32	125	－
島根	(33)	－	－	－	－	－	－	x	x	x	－	－	13
岡山	(34)	21	－	－	8	2	457	x	x	x	16	－	391
広島	(35)	34	－	－	2	15	368	x	x	x	17	490	－
山口	(36)	8	－	－	－	－	－	x	x	x	4	－	109
徳島	(37)	－	－	－	－	14	120	x	x	x	－	－	－
香川	(38)	17	－	－	－	36	363	x	x	x	－	40	1
愛媛	(39)	13	－	－	－	－	－	x	x	x	4	20	1
高知	(40)	4	－	－	－	－	－	x	x	x	－	－	－
福岡	(41)	88	－	－	－	－	145	x	x	x	17	278	－
佐賀	(42)	－	－	－	－	－	－	x	x	x	－	－	－
長崎	(43)	10	－	－	－	－	－	x	x	x	－	－	－
熊本	(44)	15	－	－	－	－	28	x	x	x	－	－	－
大分	(45)	7	－	－	－	－	－	x	x	x	－	－	－
宮崎	(46)	－	－	－	－	－	3	x	x	x	－	－	－
鹿児島	(47)	23	－	－	－	－	9	x	x	x	－	－	－
沖縄	(48)	－	－	－	－	－	－	x	x	x	－	－	－

山口	徳島	香川	愛媛	高知	福岡	佐賀	長崎	熊本	大分	宮崎	鹿児島	沖縄	
x	x	x	x	x	6,568	1,241	220	4,709	59	1,378	26	-	(1)
x	x	x	x	x	-	-	-	1	-	-	-	-	(2)
x	x	x	x	x	-	-	-	-	-	-	-	-	(3)
x	x	x	x	x	-	-	-	1	-	-	-	-	(4)
x	x	x	x	x	-	-	-	-	-	-	-	-	(5)
x	x	x	x	x	-	-	-	-	-	-	-	-	(6)
x	x	x	x	x	-	-	-	-	-	-	-	-	(7)
x	x	x	x	x	-	-	-	1	-	-	-	-	(8)
x	x	x	x	x	-	-	-	2	-	-	-	-	(9)
x	x	x	x	x	-	-	-	1	-	-	-	-	(10)
x	x	x	x	x	-	-	-	3	-	-	-	-	(11)
x	x	x	x	x	-	18	-	42	-	-	-	-	(12)
x	x	x	x	x	-	-	-	15	-	-	-	-	(13)
x	x	x	x	x	-	-	-	51	-	9	-	-	(14)
x	x	x	x	x	-	-	-	39	-	-	-	-	(15)
x	x	x	x	x	-	-	-	2	-	-	-	-	(16)
x	x	x	x	x	-	-	-	1	-	-	-	-	(17)
x	x	x	x	x	-	-	-	3	-	-	-	-	(18)
x	x	x	x	x	-	-	-	1	-	-	-	-	(19)
x	x	x	x	x	-	-	-	1	-	-	-	-	(20)
x	x	x	x	x	-	-	-	3	-	-	-	-	(21)
x	x	x	x	x	-	52	-	1	-	-	-	-	(22)
x	x	x	x	x	-	-	-	7	-	-	-	-	(23)
x	x	x	x	x	-	-	-	163	-	-	-	-	(24)
x	x	x	x	x	-	-	-	1	-	-	-	-	(25)
x	x	x	x	x	-	-	-	84	-	-	-	-	(26)
x	x	x	x	x	1,287	-	-	6	-	-	-	-	(27)
x	x	x	x	x	999	83	-	110	-	31	-	-	(28)
x	x	x	x	x	88	-	-	858	1	-	-	-	(29)
x	x	x	x	x	-	-	-	2	-	-	-	-	(30)
x	x	x	x	x	-	-	-	2	-	-	-	-	(31)
x	x	x	x	x	-	-	-	5	-	-	-	-	(32)
x	x	x	x	x	-	-	-	2	-	-	-	-	(33)
x	x	x	x	x	349	-	-	12	-	-	-	-	(34)
x	x	x	x	x	765	235	-	432	-	-	-	-	(35)
x	x	x	x	x	88	3	-	10	-	-	-	-	(36)
x	x	x	x	x	-	-	-	1	-	-	-	-	(37)
x	x	x	x	x	36	-	-	4	-	-	-	-	(38)
x	x	x	x	x	-	-	-	9	-	-	-	-	(39)
x	x	x	x	x	-	-	-	3	-	-	-	-	(40)
x	x	x	x	x	-	458	116	1,919	58	162	8	-	(41)
x	x	x	x	x	1,245	-	100	17	-	-	-	-	(42)
x	x	x	x	x	454	87	-	217	-	15	-	-	(43)
x	x	x	x	x	551	127	-	-	-	10	-	-	(44)
x	x	x	x	x	215	43	4	125	-	-	-	-	(45)
x	x	x	x	x	130	-	-	10	-	-	18	-	(46)
x	x	x	x	x	292	132	-	505	-	1,138	-	-	(47)
x	x	x	x	x	69	3	-	37	-	13	-	-	(48)

14　飲用牛乳等入出荷量（都道府県別）（月別）（続き）

(4)　3月分

入荷 ＼ 出荷	全　国	北海道	青　森	岩　手	宮　城	秋　田	山　形	福　島	茨　城	栃　木	群　馬
全　国　(1)	139,809	31,905	x	4,158	2,349	x	416	1,106	11,575	8,090	8,077
北　海　道　(2)	106	-	x	-	43	x	-	-	-	-	-
青　森　(3)	792	367	x	329	-	x	-	-	-	-	-
岩　手　(4)	440	173	x	-	123	x	-	7	-	-	-
宮　城　(5)	1,778	507	x	403	-	x	319	25	255	-	59
秋　田　(6)	887	403	x	363	28	x	61	-	-	-	-
山　形　(7)	182	8	x	3	134	x	-	1	-	21	-
福　島　(8)	578	22	x	-	235	x	35	-	93	81	71
茨　城　(9)	7,394	2,276	x	1	714	x	-	-	-	1,626	1,311
栃　木　(10)	1,347	154	x	21	5	x	-	3	876	-	132
群　馬　(11)	3,510	160	x	1	65	x	-	-	560	669	-
埼　玉　(12)	20,941	5,292	x	1,217	486	x	-	8	3,960	3,442	1,915
千　葉　(13)	6,155	2,349	x	5	-	x	-	-	2,208	87	41
東　京　(14)	23,151	6,543	x	97	492	x	-	1,062	1,866	170	2,911
神　奈　川　(15)	11,172	2,686	x	1,703	-	x	-	-	945	1,150	1,197
新　潟　(16)	1,211	496	x	-	24	x	1	-	43	-	113
富　山　(17)	907	11	x	-	-	x	-	-	-	-	-
石　川　(18)	546	54	x	-	-	x	-	-	-	-	-
福　井　(19)	1,710	45	x	-	-	x	-	-	-	-	-
山　梨　(20)	1,064	-	x	-	-	x	-	-	1	10	3
長　野　(21)	555	72	x	-	-	x	-	-	8	41	106
岐　阜　(22)	534	47	x	-	-	x	-	-	-	-	28
静　岡　(23)	3,215	72	x	15	-	x	-	-	760	388	7
愛　知　(24)	8,157	1,334	x	-	-	x	-	-	-	405	166
三　重　(25)	478	-	x	-	-	x	-	-	-	-	-
滋　賀　(26)	291	35	x	-	-	x	-	-	-	-	-
京　都　(27)	4,931	967	x	-	-	x	-	-	-	-	-
大　阪　(28)	16,480	7,633	x	-	-	x	-	-	-	-	17
兵　庫　(29)	2,794	130	x	-	-	x	-	-	-	-	-
奈　良　(30)	810	-	x	-	-	x	-	-	-	-	-
和　歌　山　(31)	537	20	x	-	-	x	-	-	-	-	-
鳥　取　(32)	176	-	x	-	-	x	-	-	-	-	-
島　根　(33)	84	-	x	-	-	x	-	-	-	-	-
岡　山　(34)	1,916	4	x	-	-	x	-	-	-	-	-
広　島　(35)	2,867	4	x	-	-	x	-	-	-	-	-
山　口　(36)	223	-	x	-	-	x	-	-	-	-	-
徳　島　(37)	442	-	x	-	-	x	-	-	-	-	-
香　川　(38)	496	-	x	-	-	x	-	-	-	-	-
愛　媛　(39)	426	1	x	-	-	x	-	-	-	-	-
高　知　(40)	339	-	x	-	-	x	-	-	-	-	-
福　岡　(41)	4,048	40	x	-	-	x	-	-	-	-	-
佐　賀　(42)	1,331	-	x	-	-	x	-	-	-	-	-
長　崎　(43)	868	-	x	-	-	x	-	-	-	-	-
熊　本　(44)	930	-	x	-	-	x	-	-	-	-	-
大　分　(45)	461	-	x	-	-	x	-	-	-	-	-
宮　崎　(46)	186	-	x	-	-	x	-	-	-	-	-
鹿　児　島　(47)	2,224	-	x	-	-	x	-	-	-	-	-
沖　縄　(48)	139	-	x	-	-	x	-	-	-	-	-

埼玉	千葉	東京	神奈川	新潟	富山	石川	福井	山梨	長野	岐阜	静岡	
4,738	6,007	3,707	6,318	572	x	1,506	x	−	4,529	4,161	1,598	(1)
−	27	−	−	−	x	−	x	−	−	−	−	(2)
−	2	−	−	−	x	−	x	−	−	−	−	(3)
−	−	1	−	77	x	−	x	−	−	−	−	(4)
−	14	139	−	−	x	−	x	−	−	−	−	(5)
−	−	7	−	25	x	−	x	−	−	−	−	(6)
−	−	−	−	14	x	−	x	−	−	−	−	(7)
−	3	27	−	1	x	−	x	−	−	−	−	(8)
303	813	181	124	2	x	−	x	−	−	−	−	(9)
−	4	126	1	−	x	−	x	−	−	−	−	(10)
1,176	345	169	−	251	x	−	x	−	42	−	−	(11)
−	1,143	852	2,153	−	x	−	x	−	125	−	26	(12)
−	−	743	576	47	x	−	x	−	−	6	13	(13)
2,683	3,175	−	2,075	−	x	−	x	−	1,291	24	97	(14)
62	376	912	−	−	x	−	x	−	1,414	12	329	(15)
−	90	50	72	−	x	−	x	−	309	−	−	(16)
−	−	−	−	102	x	584	x	−	161	36	−	(17)
−	−	−	−	−	x	−	x	−	−	19	−	(18)
−	−	−	−	−	x	362	x	−	−	6	−	(19)
155	2	91	111	−	x	−	x	−	535	−	137	(20)
136	−	112	−	53	x	−	x	−	−	−	1	(21)
−	−	14	−	−	x	−	x	−	−	−	−	(22)
−	−	32	1,197	−	x	−	x	−	120	14	−	(23)
−	−	251	2	−	x	67	x	−	430	1,871	995	(24)
−	−	−	−	−	x	−	x	−	−	252	−	(25)
−	−	−	−	−	x	−	x	−	−	23	−	(26)
−	2	−	−	−	x	143	x	−	−	228	−	(27)
223	3	−	5	−	x	206	x	−	102	1,629	−	(28)
−	4	−	2	−	x	144	x	−	−	26	−	(29)
−	−	−	−	−	x	−	x	−	−	7	−	(30)
−	−	−	−	−	x	−	x	−	−	8	−	(31)
−	−	−	−	−	x	−	x	−	−	−	−	(32)
−	−	−	−	−	x	−	x	−	−	−	−	(33)
−	2	−	−	−	x	−	x	−	−	−	−	(34)
−	2	−	−	−	x	−	x	−	−	−	−	(35)
−	−	−	−	−	x	−	x	−	−	−	−	(36)
−	−	−	−	−	x	−	x	−	−	−	−	(37)
−	−	−	−	−	x	−	x	−	−	−	−	(38)
−	−	−	−	−	x	−	x	−	−	−	−	(39)
−	−	−	−	−	x	−	x	−	−	−	−	(40)
−	−	−	−	−	x	−	x	−	−	−	−	(41)
−	−	−	−	−	x	−	x	−	−	−	−	(42)
−	−	−	−	−	x	−	x	−	−	−	−	(43)
−	−	−	−	−	x	−	x	−	−	−	−	(44)
−	−	−	−	−	x	−	x	−	−	−	−	(45)
−	−	−	−	−	x	−	x	−	−	−	−	(46)
−	−	−	−	−	x	−	x	−	−	−	−	(47)
−	−	−	−	−	x	−	x	−	−	−	−	(48)

14 飲用牛乳等入出荷量（都道府県別）（月別）（続き）

(4) 3月分（続き）

入荷＼出荷	愛知	三重	滋賀	京都	大阪	兵庫	奈良	和歌山	鳥取	島根	岡山	広島
全国 (1)	4,173	639	592	2,628	1,551	5,053	x	x	x	325	3,443	552
北海道 (2)	35	-	-	-	-	-	x	x	x	-	-	-
青森 (3)	-	-	-	-	-	-	x	x	x	-	-	-
岩手 (4)	12	-	-	-	-	-	x	x	x	-	-	-
宮城 (5)	55	-	-	-	-	-	x	x	x	-	-	-
秋田 (6)	-	-	-	-	-	-	x	x	x	-	-	-
山形 (7)	-	-	-	-	-	-	x	x	x	-	-	-
福島 (8)	9	-	-	-	-	-	x	x	x	-	-	-
茨城 (9)	41	-	-	-	-	-	x	x	x	-	-	-
栃木 (10)	23	-	-	-	-	-	x	x	x	-	-	-
群馬 (11)	29	-	-	-	-	-	x	x	x	-	39	-
埼玉 (12)	116	2	-	-	-	-	x	x	x	-	139	-
千葉 (13)	60	-	-	-	-	-	x	x	x	-	-	-
東京 (14)	545	19	-	-	-	-	x	x	x	22	4	-
神奈川 (15)	144	13	-	-	-	-	x	x	x	-	183	-
新潟 (16)	10	-	-	-	-	-	x	x	x	-	-	-
富山 (17)	11	-	-	-	-	-	x	x	x	-	-	-
石川 (18)	416	-	3	9	-	15	x	x	x	-	20	-
福井 (19)	575	-	210	-	87	421	x	x	x	-	-	-
山梨 (20)	18	-	-	-	-	-	x	x	x	-	-	-
長野 (21)	23	-	-	-	-	-	x	x	x	-	-	-
岐阜 (22)	330	1	-	2	-	-	x	x	x	41	-	-
静岡 (23)	598	-	-	2	-	-	x	x	x	-	-	-
愛知 (24)	-	26	63	438	142	1,230	x	x	x	-	523	-
三重 (25)	129	-	28	56	11	-	x	x	x	-	-	-
滋賀 (26)	20	-	-	14	73	18	x	x	x	-	-	-
京都 (27)	153	-	97	-	36	708	x	x	x	9	255	-
大阪 (28)	380	375	191	1,237	-	885	x	x	x	132	1,216	-
兵庫 (29)	148	-	-	577	436	-	x	x	x	25	41	-
奈良 (30)	14	203	-	196	384	4	x	x	x	-	-	-
和歌山 (31)	17	-	-	79	303	107	x	x	x	-	-	-
鳥取 (32)	-	-	-	-	-	-	x	x	x	35	135	-
島根 (33)	-	-	-	-	-	-	x	x	x	-	-	14
岡山 (34)	24	-	-	17	3	524	x	x	x	17	-	423
広島 (35)	42	-	-	1	23	401	x	x	x	18	526	-
山口 (36)	9	-	-	-	-	-	x	x	x	4	-	113
徳島 (37)	-	-	-	-	14	132	x	x	x	-	-	-
香川 (38)	20	-	-	-	39	365	x	x	x	-	47	1
愛媛 (39)	15	-	-	-	-	-	x	x	x	4	20	1
高知 (40)	4	-	-	-	-	-	x	x	x	-	-	-
福岡 (41)	93	-	-	-	-	202	x	x	x	18	295	-
佐賀 (42)	-	-	-	-	-	-	x	x	x	-	-	-
長崎 (43)	12	-	-	-	-	-	x	x	x	-	-	-
熊本 (44)	15	-	-	-	-	29	x	x	x	-	-	-
大分 (45)	7	-	-	-	-	-	x	x	x	-	-	-
宮崎 (46)	-	-	-	-	-	3	x	x	x	-	-	-
鹿児島 (47)	21	-	-	-	-	9	x	x	x	-	-	-
沖縄 (48)	-	-	-	-	-	-	x	x	x	-	-	-

山口	徳島	香川	愛媛	高知	福岡	佐賀	長崎	熊本	大分	宮崎	鹿児島	沖縄	
x	x	x	x	x	7,487	1,422	229	5,137	68	1,414	28	-	(1)
x	x	x	x	x	-	-	-	1	-	-	-	-	(2)
x	x	x	x	x	-	-	-	-	-	-	-	-	(3)
x	x	x	x	x	-	-	-	-	-	-	-	-	(4)
x	x	x	x	x	-	-	-	2	-	-	-	-	(5)
x	x	x	x	x	-	-	-	-	-	-	-	-	(6)
x	x	x	x	x	-	-	-	1	-	-	-	-	(7)
x	x	x	x	x	-	-	-	1	-	-	-	-	(8)
x	x	x	x	x	-	-	-	2	-	-	-	-	(9)
x	x	x	x	x	-	-	-	2	-	-	-	-	(10)
x	x	x	x	x	-	-	-	4	-	-	-	-	(11)
x	x	x	x	x	-	20	-	45	-	-	-	-	(12)
x	x	x	x	x	-	-	-	20	-	-	-	-	(13)
x	x	x	x	x	-	-	-	68	-	7	-	-	(14)
x	x	x	x	x	-	-	-	46	-	-	-	-	(15)
x	x	x	x	x	-	-	-	3	-	-	-	-	(16)
x	x	x	x	x	-	-	-	2	-	-	-	-	(17)
x	x	x	x	x	-	-	-	4	-	-	-	-	(18)
x	x	x	x	x	-	-	-	2	-	-	-	-	(19)
x	x	x	x	x	-	-	-	1	-	-	-	-	(20)
x	x	x	x	x	-	-	-	3	-	-	-	-	(21)
x	x	x	x	x	-	68	-	3	-	-	-	-	(22)
x	x	x	x	x	-	-	-	10	-	-	-	-	(23)
x	x	x	x	x	-	-	-	214	-	-	-	-	(24)
x	x	x	x	x	-	-	-	2	-	-	-	-	(25)
x	x	x	x	x	-	-	-	108	-	-	-	-	(26)
x	x	x	x	x	1,585	-	-	6	-	-	-	-	(27)
x	x	x	x	x	1,403	126	-	122	-	40	-	-	(28)
x	x	x	x	x	88	-	-	939	-	-	-	-	(29)
x	x	x	x	x	-	-	-	2	-	-	-	-	(30)
x	x	x	x	x	-	-	-	3	-	-	-	-	(31)
x	x	x	x	x	-	-	-	6	-	-	-	-	(32)
x	x	x	x	x	-	-	-	3	-	-	-	-	(33)
x	x	x	x	x	416	-	-	15	-	-	-	-	(34)
x	x	x	x	x	841	263	-	474	-	-	-	-	(35)
x	x	x	x	x	81	6	-	10	-	-	-	-	(36)
x	x	x	x	x	-	-	-	1	-	-	-	-	(37)
x	x	x	x	x	20	-	-	4	-	-	-	-	(38)
x	x	x	x	x	-	-	-	11	-	-	-	-	(39)
x	x	x	x	x	-	-	-	4	-	-	-	-	(40)
x	x	x	x	x	-	506	115	1,990	68	183	8	-	(41)
x	x	x	x	x	1,181	-	110	21	-	-	-	-	(42)
x	x	x	x	x	474	96	-	233	-	17	-	-	(43)
x	x	x	x	x	662	140	-	-	-	12	-	-	(44)
x	x	x	x	x	234	46	4	134	-	-	-	-	(45)
x	x	x	x	x	134	-	-	10	-	-	20	-	(46)
x	x	x	x	x	301	147	-	552	-	1,140	-	-	(47)
x	x	x	x	x	67	4	-	53	-	15	-	-	(48)

14 飲用牛乳等入出荷量（都道府県別）（月別）（続き）

(5) 4月分

入荷＼出荷		全　国	北海道	青　森	岩　手	宮　城	秋　田	山　形	福　島	茨　城	栃　木	群　馬
全　国	(1)	138,540	29,533	x	3,967	2,323	x	405	1,181	11,515	8,277	8,088
北　海　道	(2)	106	-	x	-	46	x	-	-	-	-	-
青　　森	(3)	788	327	x	360	-	x	-	-	-	-	-
岩　　手	(4)	548	306	x	-	102	x	-	7	-	-	-
宮　　城	(5)	1,637	445	x	366	-	x	312	27	247	-	36
秋　　田	(6)	874	387	x	373	26	x	62	-	-	-	-
山　　形	(7)	189	7	x	3	143	x	-	1	-	21	-
福　　島	(8)	535	23	x	-	206	x	30	-	90	85	69
茨　　城	(9)	7,109	1,523	x	1	771	x	-	-	-	1,917	1,371
栃　　木	(10)	1,297	157	x	18	11	x	-	3	855	-	130
群　　馬	(11)	3,727	164	x	16	65	x	-	-	545	491	-
埼　　玉	(12)	21,885	5,142	x	1,247	444	x	-	8	3,851	4,252	1,879
千　　葉	(13)	6,291	2,424	x	14	-	x	-	-	2,259	92	38
東　　京	(14)	23,525	6,434	x	80	499	x	-	1,135	1,935	168	2,978
神　奈　川	(15)	9,744	2,419	x	1,474	-	x	-	-	935	435	1,156
新　　潟	(16)	1,133	465	x	-	10	x	1	-	42	-	110
富　　山	(17)	898	55	x	-	-	x	-	-	-	-	-
石　　川	(18)	581	67	x	-	-	x	-	-	-	-	-
福　　井	(19)	1,753	46	x	-	-	x	-	-	-	-	-
山　　梨	(20)	1,090	-	x	-	-	x	-	-	-	10	4
長　　野	(21)	511	128	x	-	-	x	-	-	8	22	102
岐　　阜	(22)	575	51	x	-	-	x	-	-	-	-	29
静　　岡	(23)	3,730	39	x	15	-	x	-	-	748	382	9
愛　　知	(24)	7,806	1,026	x	-	-	x	-	-	-	392	162
三　　重	(25)	492	-	x	-	-	x	-	-	-	-	-
滋　　賀	(26)	391	30	x	-	-	x	-	-	-	-	-
京　　都	(27)	5,070	1,000	x	-	-	x	-	-	-	-	-
大　　阪	(28)	15,267	6,628	x	-	-	x	-	-	-	-	15
兵　　庫	(29)	2,787	160	x	-	-	x	-	-	-	10	-
奈　　良	(30)	826	-	x	-	-	x	-	-	-	-	-
和　歌　山	(31)	538	15	x	-	-	x	-	-	-	-	-
鳥　　取	(32)	183	-	x	-	-	x	-	-	-	-	-
島　　根	(33)	78	-	x	-	-	x	-	-	-	-	-
岡　　山	(34)	1,960	6	x	-	-	x	-	-	-	-	-
広　　島	(35)	2,916	4	x	-	-	x	-	-	-	-	-
山　　口	(36)	341	-	x	-	-	x	-	-	-	-	-
徳　　島	(37)	449	-	x	-	-	x	-	-	-	-	-
香　　川	(38)	379	-	x	-	-	x	-	-	-	-	-
愛　　媛	(39)	426	-	x	-	-	x	-	-	-	-	-
高　　知	(40)	351	-	x	-	-	x	-	-	-	-	-
福　　岡	(41)	3,463	55	x	-	-	x	-	-	-	-	-
佐　　賀	(42)	1,229	-	x	-	-	x	-	-	-	-	-
長　　崎	(43)	971	-	x	-	-	x	-	-	-	-	-
熊　　本	(44)	840	-	x	-	-	x	-	-	-	-	-
大　　分	(45)	458	-	x	-	-	x	-	-	-	-	-
宮　　崎	(46)	211	-	x	-	-	x	-	-	-	-	-
鹿　児　島	(47)	2,415	-	x	-	-	x	-	-	-	-	-
沖　　縄	(48)	167	-	x	-	-	x	-	-	-	-	-

埼　玉	千　葉	東　京	神奈川	新　潟	富　山	石　川	福　井	山　梨	長　野	岐　阜	静　岡	
4,973	6,257	3,287	7,339	610	x	1,344	x	–	4,083	4,306	1,576	(1)
–	26	–	–	–	x	–	x	–	–	–	–	(2)
–	1	–	–	–	x	–	x	–	–	–	–	(3)
–	–	–	–	72	x	–	x	–	–	–	–	(4)
–	13	83	–	46	x	–	x	–	–	–	–	(5)
–	–	2	–	24	x	–	x	–	–	–	–	(6)
–	–	–	–	13	x	–	x	–	–	–	–	(7)
–	3	14	–	1	x	–	x	–	–	–	–	(8)
304	834	169	172	2	x	–	x	–	–	–	7	(9)
–	4	87	–	–	x	–	x	–	–	–	–	(10)
1,521	342	225	2	241	x	–	x	–	40	–	–	(11)
–	1,238	928	2,417	–	x	–	x	–	122	–	7	(12)
–	–	623	696	42	x	–	x	–	–	6	12	(13)
2,570	3,307	–	2,021	–	x	–	x	–	1,154	24	87	(14)
66	377	877	–	–	x	–	x	–	1,249	12	308	(15)
–	88	33	68	–	x	–	x	–	303	–	–	(16)
–	–	–	–	111	x	620	x	–	65	34	–	(17)
–	–	–	–	–	x	–	x	–	–	15	–	(18)
–	–	–	–	–	x	339	x	–	–	5	–	(19)
158	12	92	94	–	x	–	x	–	527	–	174	(20)
138	–	33	–	52	x	–	x	–	–	–	1	(21)
–	–	5	39	–	x	–	x	–	–	–	–	(22)
–	–	34	1,783	–	x	–	x	–	103	13	–	(23)
–	–	81	30	6	x	67	x	–	416	1,972	978	(24)
–	–	–	–	–	x	–	x	–	–	247	–	(25)
–	–	–	–	–	x	–	x	–	–	23	1	(26)
–	2	–	–	–	x	102	x	–	–	246	1	(27)
216	3	1	7	–	x	213	x	–	104	1,672	1	(28)
–	4	–	10	–	x	3	x	–	–	24	–	(29)
–	–	–	–	–	x	–	x	–	–	6	–	(30)
–	–	–	–	–	x	–	x	–	–	7	–	(31)
–	–	–	–	–	x	–	x	–	–	–	–	(32)
–	–	–	–	–	x	–	x	–	–	–	–	(33)
–	2	–	–	–	x	–	x	–	–	–	–	(34)
–	1	–	–	–	x	–	x	–	–	–	–	(35)
–	–	–	–	–	x	–	x	–	–	–	–	(36)
–	–	–	–	–	x	–	x	–	–	–	–	(37)
–	–	–	–	–	x	–	x	–	–	–	–	(38)
–	–	–	–	–	x	–	x	–	–	–	–	(39)
–	–	–	–	–	x	–	x	–	–	–	–	(40)
–	–	–	–	–	x	–	x	–	–	–	–	(41)
–	–	–	–	–	x	–	x	–	–	–	–	(42)
–	–	–	–	–	x	–	x	–	–	–	–	(43)
–	–	–	–	–	x	–	x	–	–	–	–	(44)
–	–	–	–	–	x	–	x	–	–	–	–	(45)
–	–	–	–	–	x	–	x	–	–	–	–	(46)
–	–	–	–	–	x	–	x	–	–	–	–	(47)
–	–	–	–	–	x	–	x	–	–	–	–	(48)

14 飲用牛乳等入出荷量（都道府県別）（月別）（続き）

(5) 4月分（続き）

入荷＼出荷	愛知	三重	滋賀	京都	大阪	兵庫	奈良	和歌山	鳥取	島根	岡山	広島
全国 (1)	4,373	584	704	2,851	1,521	4,709	x	x	x	291	3,450	627
北海道 (2)	33	-	-	-	-	-	x	x	x	-	-	-
青森 (3)	-	-	-	-	-	-	x	x	x	-	-	-
岩手 (4)	12	-	-	-	-	-	x	x	x	-	-	-
宮城 (5)	60	-	-	-	-	-	x	x	x	-	-	-
秋田 (6)	-	-	-	-	-	-	x	x	x	-	-	-
山形 (7)	-	-	-	-	-	-	x	x	x	-	-	-
福島 (8)	12	-	-	-	-	-	x	x	x	-	-	-
茨城 (9)	35	-	-	-	-	-	x	x	x	-	-	-
栃木 (10)	25	-	-	-	-	-	x	x	x	-	-	-
群馬 (11)	32	-	-	-	-	-	x	x	x	-	39	-
埼玉 (12)	116	2	-	-	-	-	x	x	x	-	141	-
千葉 (13)	66	-	-	-	-	-	x	x	x	-	-	-
東京 (14)	540	18	-	-	-	-	x	x	x	23	4	-
神奈川 (15)	173	13	-	-	-	-	x	x	x	-	189	-
新潟 (16)	10	-	-	-	-	-	x	x	x	-	-	-
富山 (17)	11	-	-	-	-	-	x	x	x	-	-	-
石川 (18)	435	-	4	10	-	15	x	x	x	-	20	-
福井 (19)	573	-	313	-	47	425	x	x	x	-	-	-
山梨 (20)	18	-	-	-	-	-	x	x	x	-	-	-
長野 (21)	23	-	-	-	-	-	x	x	x	-	-	-
岐阜 (22)	347	1	-	11	-	-	x	x	x	42	-	-
静岡 (23)	591	-	-	3	-	-	x	x	x	-	-	-
愛知 (24)	-	26	52	472	207	1,165	x	x	x	-	499	-
三重 (25)	140	-	32	58	12	-	x	x	x	-	-	-
滋賀 (26)	20	-	-	105	89	19	x	x	x	-	-	-
京都 (27)	193	-	74	-	21	687	x	x	x	10	280	-
大阪 (28)	355	327	229	1,311	-	838	x	x	x	95	1,173	-
兵庫 (29)	234	-	-	576	403	-	x	x	x	26	39	-
奈良 (30)	13	197	-	203	401	3	x	x	x	-	-	-
和歌山 (31)	15	-	-	82	299	117	x	x	x	-	-	-
鳥取 (32)	-	-	-	-	-	-	x	x	x	32	143	-
島根 (33)	-	-	-	-	-	-	x	x	x	-	-	12
岡山 (34)	27	-	-	18	1	548	x	x	x	16	-	389
広島 (35)	46	-	-	2	16	430	x	x	x	20	563	-
山口 (36)	10	-	-	-	-	-	x	x	x	4	-	224
徳島 (37)	-	-	-	-	14	128	x	x	x	-	-	-
香川 (38)	24	-	-	-	11	288	x	x	x	-	49	1
愛媛 (39)	18	-	-	-	-	-	x	x	x	4	20	1
高知 (40)	4	-	-	-	-	-	x	x	x	-	-	-
福岡 (41)	97	-	-	-	-	29	x	x	x	19	291	-
佐賀 (42)	-	-	-	-	-	-	x	x	x	-	-	-
長崎 (43)	14	-	-	-	-	-	x	x	x	-	-	-
熊本 (44)	20	-	-	-	-	14	x	x	x	-	-	-
大分 (45)	8	-	-	-	-	-	x	x	x	-	-	-
宮崎 (46)	-	-	-	-	-	3	x	x	x	-	-	-
鹿児島 (47)	23	-	-	-	-	-	x	x	x	-	-	-
沖縄 (48)	-	-	-	-	-	-	x	x	x	-	-	-

単位：kl

山口	徳島	香川	愛媛	高知	福岡	佐賀	長崎	熊本	大分	宮崎	鹿児島	沖縄	
x	x	x	x	x	7,264	1,211	241	5,668	33	1,486	28	-	(1)
x	x	x	x	x	-	-	-	1	-	-	-	-	(2)
x	x	x	x	x	-	-	-	1	-	-	-	-	(3)
x	x	x	x	x	-	-	-	-	-	-	-	-	(4)
x	x	x	x	x	-	-	-	2	-	-	-	-	(5)
x	x	x	x	x	-	-	-	-	-	-	-	-	(6)
x	x	x	x	x	-	-	-	1	-	-	-	-	(7)
x	x	x	x	x	-	-	-	2	-	-	-	-	(8)
x	x	x	x	x	-	-	-	3	-	-	-	-	(9)
x	x	x	x	x	-	-	-	7	-	-	-	-	(10)
x	x	x	x	x	-	-	-	4	-	-	-	-	(11)
x	x	x	x	x	-	29	-	62	-	-	-	-	(12)
x	x	x	x	x	-	-	-	19	-	-	-	-	(13)
x	x	x	x	x	-	-	-	538	-	10	-	-	(14)
x	x	x	x	x	-	-	-	61	-	-	-	-	(15)
x	x	x	x	x	-	-	-	3	-	-	-	-	(16)
x	x	x	x	x	-	-	-	2	-	-	-	-	(17)
x	x	x	x	x	-	-	-	4	-	-	-	-	(18)
x	x	x	x	x	-	-	-	2	-	-	-	-	(19)
x	x	x	x	x	-	-	-	1	-	-	-	-	(20)
x	x	x	x	x	-	-	-	4	-	-	-	-	(21)
x	x	x	x	x	-	47	-	3	-	-	-	-	(22)
x	x	x	x	x	-	-	-	10	-	-	-	-	(23)
x	x	x	x	x	-	-	-	255	-	-	-	-	(24)
x	x	x	x	x	-	-	-	3	-	-	-	-	(25)
x	x	x	x	x	-	-	-	105	-	-	-	-	(26)
x	x	x	x	x	1,608	-	-	7	-	-	-	-	(27)
x	x	x	x	x	1,297	91	-	128	-	47	-	-	(28)
x	x	x	x	x	101	-	-	957	-	-	-	-	(29)
x	x	x	x	x	-	-	-	3	-	-	-	-	(30)
x	x	x	x	x	-	-	-	3	-	-	-	-	(31)
x	x	x	x	x	-	-	-	8	-	-	-	-	(32)
x	x	x	x	x	-	-	-	3	-	-	-	-	(33)
x	x	x	x	x	415	-	-	18	-	-	-	-	(34)
x	x	x	x	x	854	242	-	466	-	-	-	-	(35)
x	x	x	x	x	85	5	-	13	-	-	-	-	(36)
x	x	x	x	x	-	-	-	1	-	-	-	-	(37)
x	x	x	x	x	2	-	-	4	-	-	-	-	(38)
x	x	x	x	x	-	-	-	12	-	-	-	-	(39)
x	x	x	x	x	-	-	-	4	-	-	-	-	(40)
x	x	x	x	x	-	420	116	1,661	33	180	8	-	(41)
x	x	x	x	x	1,072	-	121	17	-	-	-	-	(42)
x	x	x	x	x	463	86	-	352	-	18	-	-	(43)
x	x	x	x	x	593	124	-	-	-	12	-	-	(44)
x	x	x	x	x	221	40	4	147	-	-	-	-	(45)
x	x	x	x	x	156	-	-	13	-	-	20	-	(46)
x	x	x	x	x	331	122	-	676	-	1,205	-	-	(47)
x	x	x	x	x	66	5	-	82	-	14	-	-	(48)

14 飲用牛乳等入出荷量（都道府県別）（月別）（続き）

(6) 5月分

入荷＼出荷		全国	北海道	青森	岩手	宮城	秋田	山形	福島	茨城	栃木	群馬
全　　国	(1)	145,917	30,382	x	4,347	2,448	x	428	1,209	12,006	8,830	8,541
北　海　道	(2)	106	-	x	-	48	x	-	-	-	-	-
青　　森	(3)	819	324	x	382	-	x	-	-	-	-	-
岩　　手	(4)	509	292	x	-	75	x	-	7	-	-	-
宮　　城	(5)	1,751	410	x	376	-	x	331	34	258	-	59
秋　　田	(6)	887	367	x	395	28	x	65	-	-	-	-
山　　形	(7)	195	8	x	2	147	x	-	1	-	21	-
福　　島	(8)	565	17	x	-	227	x	30	-	94	84	71
茨　　城	(9)	7,540	1,656	x	18	856	x	-	-	-	2,017	1,371
栃　　木	(10)	1,362	159	x	21	3	x	-	4	887	-	144
群　　馬	(11)	3,886	176	x	1	61	x	-	-	567	548	-
埼　　玉	(12)	23,328	5,409	x	1,336	465	x	-	8	4,022	4,623	2,004
千　　葉	(13)	6,346	2,479	x	2	-	x	-	-	2,316	91	42
東　　京	(14)	24,894	6,520	x	85	519	x	-	1,155	2,060	170	3,075
神　奈　川	(15)	10,278	2,503	x	1,713	-	x	-	-	972	439	1,337
新　　潟	(16)	1,245	481	x	-	19	x	2	-	44	-	117
富　　山	(17)	798	72	x	-	-	x	-	-	-	-	-
石　　川	(18)	584	66	x	-	-	x	-	-	-	-	-
福　　井	(19)	1,938	48	x	-	-	x	-	-	-	-	-
山　　梨	(20)	1,211	-	x	-	-	x	-	-	-	10	8
長　　野	(21)	604	87	x	-	-	x	-	-	9	18	104
岐　　阜	(22)	547	44	x	-	-	x	-	-	-	-	31
静　　岡	(23)	3,551	36	x	16	-	x	-	-	777	407	9
愛　　知	(24)	8,729	978	x	-	-	x	-	-	-	402	151
三　　重	(25)	520	-	x	-	-	x	-	-	-	-	-
滋　　賀	(26)	338	30	x	-	-	x	-	-	-	-	-
京　　都	(27)	5,384	1,104	x	-	-	x	-	-	-	-	-
大　　阪	(28)	16,173	6,952	x	-	-	x	-	-	-	-	18
兵　　庫	(29)	2,929	135	x	-	-	x	-	-	-	-	-
奈　　良	(30)	877	-	x	-	-	x	-	-	-	-	-
和　歌　山	(31)	604	-	x	-	-	x	-	-	-	-	-
鳥　　取	(32)	194	-	x	-	-	x	-	-	-	-	-
島　　根	(33)	84	-	x	-	-	x	-	-	-	-	-
岡　　山	(34)	2,048	4	x	-	-	x	-	-	-	-	-
広　　島	(35)	2,938	-	x	-	-	x	-	-	-	-	-
山　　口	(36)	388	-	x	-	-	x	-	-	-	-	-
徳　　島	(37)	499	-	x	-	-	x	-	-	-	-	-
香　　川	(38)	561	-	x	-	-	x	-	-	-	-	-
愛　　媛	(39)	492	1	x	-	-	x	-	-	-	-	-
高　　知	(40)	400	-	x	-	-	x	-	-	-	-	-
福　　岡	(41)	3,538	24	x	-	-	x	-	-	-	-	-
佐　　賀	(42)	1,052	-	x	-	-	x	-	-	-	-	-
長　　崎	(43)	1,045	-	x	-	-	x	-	-	-	-	-
熊　　本	(44)	744	-	x	-	-	x	-	-	-	-	-
大　　分	(45)	505	-	x	-	-	x	-	-	-	-	-
宮　　崎	(46)	225	-	x	-	-	x	-	-	-	-	-
鹿　児　島	(47)	2,560	-	x	-	-	x	-	-	-	-	-
沖　　縄	(48)	146	-	x	-	-	x	-	-	-	-	-

埼 玉	千 葉	東 京	神奈川	新 潟	富 山	石 川	福 井	山 梨	長 野	岐 阜	静 岡	
5,004	7,205	3,709	7,605	708	x	1,298	x	-	4,573	5,184	1,616	(1)
-	29	-	-	-	x	-	x	-	-	-	-	(2)
-	2	-	-	-	x	-	x	-	-	-	-	(3)
-	-	1	-	67	x	-	x	-	-	-	-	(4)
-	15	140	25	45	x	-	x	-	-	-	-	(5)
-	-	8	-	24	x	-	x	-	-	-	-	(6)
-	-	-	-	16	x	-	x	-	-	-	-	(7)
-	3	27	-	1	x	-	x	-	-	-	-	(8)
337	896	157	184	2	x	-	x	-	-	-	8	(9)
-	5	113	-	-	x	-	x	-	-	-	-	(10)
1,570	379	172	1	296	x	-	x	-	45	-	-	(11)
-	1,488	812	2,730	-	x	10	x	-	126	-	-	(12)
-	-	625	641	45	x	-	x	-	-	6	16	(13)
2,487	3,860	-	2,337	-	x	-	x	-	1,393	25	117	(14)
67	405	865	-	-	x	-	x	-	1,360	13	221	(15)
-	97	62	75	-	x	-	x	-	337	-	-	(16)
-	-	-	-	118	x	505	x	-	57	34	-	(17)
-	-	-	-	-	x	-	x	-	-	17	-	(18)
-	-	-	-	-	x	376	x	-	-	5	-	(19)
171	13	104	101	-	x	-	x	-	568	-	217	(20)
149	-	122	-	89	x	-	x	-	-	-	1	(21)
-	-	9	-	-	x	-	x	-	-	-	-	(22)
-	-	59	1,485	-	x	-	x	-	106	16	-	(23)
-	-	369	19	5	x	92	x	-	477	2,456	1,036	(24)
-	-	-	-	-	x	-	x	-	-	262	-	(25)
-	-	-	-	-	x	-	x	-	-	32	-	(26)
-	2	-	-	-	x	100	x	-	-	262	-	(27)
223	3	-	5	-	x	211	x	-	104	2,014	-	(28)
-	4	64	2	-	x	4	x	-	-	27	-	(29)
-	-	-	-	-	x	-	x	-	-	7	-	(30)
-	-	-	-	-	x	-	x	-	-	8	-	(31)
-	-	-	-	-	x	-	x	-	-	-	-	(32)
-	-	-	-	-	x	-	x	-	-	-	-	(33)
-	2	-	-	-	x	-	x	-	-	-	-	(34)
-	2	-	-	-	x	-	x	-	-	-	-	(35)
-	-	-	-	-	x	-	x	-	-	-	-	(36)
-	-	-	-	-	x	-	x	-	-	-	-	(37)
-	-	-	-	-	x	-	x	-	-	-	-	(38)
-	-	-	-	-	x	-	x	-	-	-	-	(39)
-	-	-	-	-	x	-	x	-	-	-	-	(40)
-	-	-	-	-	x	-	x	-	-	-	-	(41)
-	-	-	-	-	x	-	x	-	-	-	-	(42)
-	-	-	-	-	x	-	x	-	-	-	-	(43)
-	-	-	-	-	x	-	x	-	-	-	-	(44)
-	-	-	-	-	x	-	x	-	-	-	-	(45)
-	-	-	-	-	x	-	x	-	-	-	-	(46)
-	-	-	-	-	x	-	x	-	-	-	-	(47)
-	-	-	-	-	x	-	x	-	-	-	-	(48)

14 飲用牛乳等入出荷量（都道府県別）（月別）（続き）

(6) 5月分（続き）

入荷＼出荷	愛知	三重	滋賀	京都	大阪	兵庫	奈良	和歌山	鳥取	島根	岡山	広島
全国 (1)	4,244	616	856	2,928	1,753	5,297	x	x	x	305	3,403	572
北海道 (2)	28	-	-	-	-	-	x	x	x	-	-	-
青森 (3)	-	-	-	-	-	-	x	x	x	-	-	-
岩手 (4)	12	-	-	-	-	-	x	x	x	-	-	-
宮城 (5)	57	-	-	-	-	-	x	x	x	-	-	-
秋田 (6)	-	-	-	-	-	-	x	x	x	-	-	-
山形 (7)	-	-	-	-	-	-	x	x	x	-	-	-
福島 (8)	10	-	-	-	-	-	x	x	x	-	-	-
茨城 (9)	37	-	-	-	-	-	x	x	x	-	-	-
栃木 (10)	25	-	-	-	-	-	x	x	x	-	-	-
群馬 (11)	31	-	-	-	-	-	x	x	x	-	37	-
埼玉 (12)	103	2	-	-	-	-	x	x	x	-	132	-
千葉 (13)	62	-	-	-	-	-	x	x	x	-	-	-
東京 (14)	492	18	-	-	-	-	x	x	x	25	4	-
神奈川 (15)	152	13	-	-	-	-	x	x	x	-	177	-
新潟 (16)	10	-	-	-	-	-	x	x	x	-	-	-
富山 (17)	11	-	-	-	-	-	x	x	x	-	-	-
石川 (18)	438	-	4	10	-	15	x	x	x	-	19	-
福井 (19)	589	-	389	-	54	473	x	x	x	-	-	-
山梨 (20)	18	-	-	-	-	-	x	x	x	-	-	-
長野 (21)	23	-	-	-	-	-	x	x	x	-	-	-
岐阜 (22)	360	1	-	2	-	-	x	x	x	44	-	-
静岡 (23)	633	-	-	2	-	-	x	x	x	-	-	-
愛知 (24)	-	26	61	505	226	1,326	x	x	x	-	383	-
三重 (25)	145	-	44	56	12	-	x	x	x	-	-	-
滋賀 (26)	22	-	-	50	91	22	x	x	x	-	-	-
京都 (27)	174	-	89	-	25	738	x	x	x	12	321	-
大阪 (28)	320	355	269	1,315	-	825	x	x	x	99	1,168	-
兵庫 (29)	195	-	-	708	432	-	x	x	x	28	41	-
奈良 (30)	12	201	-	195	457	3	x	x	x	-	-	-
和歌山 (31)	15	-	-	63	371	144	x	x	x	-	-	-
鳥取 (32)	-	-	-	-	-	-	x	x	x	34	151	-
島根 (33)	-	-	-	-	-	-	x	x	x	-	-	13
岡山 (34)	23	-	-	19	1	643	x	x	x	16	-	308
広島 (35)	40	-	-	3	19	487	x	x	x	20	605	-
山口 (36)	9	-	-	-	-	-	x	x	x	4	-	249
徳島 (37)	-	-	-	-	15	135	x	x	x	-	-	-
香川 (38)	23	-	-	-	50	415	x	x	x	-	52	1
愛媛 (39)	16	-	-	-	-	-	x	x	x	4	19	1
高知 (40)	4	-	-	-	-	-	x	x	x	-	-	-
福岡 (41)	99	-	-	-	-	53	x	x	x	19	294	-
佐賀 (42)	-	-	-	-	-	-	x	x	x	-	-	-
長崎 (43)	12	-	-	-	-	-	x	x	x	-	-	-
熊本 (44)	16	-	-	-	-	15	x	x	x	-	-	-
大分 (45)	6	-	-	-	-	-	x	x	x	-	-	-
宮崎 (46)	-	-	-	-	-	3	x	x	x	-	-	-
鹿児島 (47)	22	-	-	-	-	-	x	x	x	-	-	-
沖縄 (48)	-	-	-	-	-	-	x	x	x	-	-	-

山 口	徳 島	香 川	愛 媛	高 知	福 岡	佐 賀	長 崎	熊 本	大 分	宮 崎	鹿児島	沖 縄	
x	x	x	x	x	7,523	1,318	247	5,385	77	1,572	28	-	(1)
x	x	x	x	x	-	-	-	1	-	-	-	-	(2)
x	x	x	x	x	-	-	-	1	-	-	-	-	(3)
x	x	x	x	x	-	-	-	-	-	-	-	-	(4)
x	x	x	x	x	-	-	-	1	-	-	-	-	(5)
x	x	x	x	x	-	-	-	-	-	-	-	-	(6)
x	x	x	x	x	-	-	-	-	-	-	-	-	(7)
x	x	x	x	x	-	-	-	1	-	-	-	-	(8)
x	x	x	x	x	-	-	-	1	-	-	-	-	(9)
x	x	x	x	x	-	-	-	1	-	-	-	-	(10)
x	x	x	x	x	-	-	-	2	-	-	-	-	(11)
x	x	x	x	x	-	34	-	24	-	-	-	-	(12)
x	x	x	x	x	-	-	-	21	-	-	-	-	(13)
x	x	x	x	x	-	-	-	544	-	8	-	-	(14)
x	x	x	x	x	-	-	-	41	-	-	-	-	(15)
x	x	x	x	x	-	-	-	1	-	-	-	-	(16)
x	x	x	x	x	-	-	-	1	-	-	-	-	(17)
x	x	x	x	x	-	-	-	3	-	-	-	-	(18)
x	x	x	x	x	-	-	-	1	-	-	-	-	(19)
x	x	x	x	x	-	-	-	1	-	-	-	-	(20)
x	x	x	x	x	-	-	-	2	-	-	-	-	(21)
x	x	x	x	x	-	55	-	1	-	-	-	-	(22)
x	x	x	x	x	-	-	-	5	-	-	-	-	(23)
x	x	x	x	x	-	-	-	217	-	-	-	-	(24)
x	x	x	x	x	-	-	-	1	-	-	-	-	(25)
x	x	x	x	x	-	-	-	91	-	-	-	-	(26)
x	x	x	x	x	1,679	-	-	3	-	-	-	-	(27)
x	x	x	x	x	1,470	110	-	120	-	31	-	-	(28)
x	x	x	x	x	101	-	-	948	-	-	-	-	(29)
x	x	x	x	x	-	-	-	2	-	-	-	-	(30)
x	x	x	x	x	-	-	-	3	-	-	-	-	(31)
x	x	x	x	x	-	-	-	9	-	-	-	-	(32)
x	x	x	x	x	-	-	-	3	-	-	-	-	(33)
x	x	x	x	x	456	-	-	19	-	-	-	-	(34)
x	x	x	x	x	952	278	-	241	-	-	-	-	(35)
x	x	x	x	x	105	10	-	11	-	-	-	-	(36)
x	x	x	x	x	-	-	-	1	-	-	-	-	(37)
x	x	x	x	x	17	-	-	3	-	-	-	-	(38)
x	x	x	x	x	-	-	-	31	-	-	-	-	(39)
x	x	x	x	x	-	-	-	5	-	-	-	-	(40)
x	x	x	x	x	-	427	119	1,698	77	185	8	-	(41)
x	x	x	x	x	890	-	124	20	-	-	-	-	(42)
x	x	x	x	x	503	94	-	382	-	18	-	-	(43)
x	x	x	x	x	496	133	-	-	-	12	-	-	(44)
x	x	x	x	x	251	45	4	163	-	-	-	-	(45)
x	x	x	x	x	172	-	-	12	-	-	20	-	(46)
x	x	x	x	x	361	129	-	691	-	1,303	-	-	(47)
x	x	x	x	x	70	3	-	58	-	15	-	-	(48)

14　飲用牛乳等入出荷量（都道府県別）（月別）（続き）

(7)　6月分

入荷＼出荷	全　国	北海道	青　森	岩　手	宮　城	秋　田	山　形	福　島	茨　城	栃　木	群　馬
全　国　(1)	144,035	31,188	x	4,253	2,341	x	397	1,064	11,827	8,384	8,382
北　海　道　(2)	103	－	x	－	46	x	－	－	－	－	－
青　森　(3)	798	322	x	356	－	x	－	－	－	－	－
岩　手　(4)	512	308	x	－	63	x	－	6	－	－	－
宮　城　(5)	1,605	446	x	294	－	x	310	30	253	－	36
秋　田　(6)	888	365	x	408	25	x	55	－	－	－	－
山　形　(7)	196	8	x	3	143	x	－	1	－	20	－
福　島　(8)	536	18	x	－	211	x	30	－	92	79	61
茨　城　(9)	7,502	1,911	x	15	792	x	－	－	－	1,827	1,365
栃　木　(10)	1,332	163	x	20	5	x	－	3	869	－	136
群　馬　(11)	4,010	157	x	28	66	x	－	－	554	517	－
埼　玉　(12)	22,703	5,525	x	1,384	436	x	－	7	3,978	4,396	1,834
千　葉　(13)	5,909	2,171	x	2	－	x	－	－	2,248	87	44
東　京　(14)	24,324	6,222	x	80	539	x	－	1,017	2,067	164	2,993
神　奈　川　(15)	10,012	2,430	x	1,645	－	x	－	－	952	418	1,493
新　潟　(16)	1,192	459	x	－	15	x	2	－	43	－	108
富　山　(17)	852	56	x	－	－	x	－	－	－	－	－
石　川　(18)	552	73	x	－	－	x	－	－	－	－	－
福　井　(19)	1,910	49	x	－	－	x	－	－	－	－	－
山　梨　(20)	1,111	－	x	－	－	x	－	－	－	14	5
長　野　(21)	536	85	x	－	－	x	－	－	9	18	85
岐　阜　(22)	546	54	x	－	－	x	－	－	－	－	29
静　岡　(23)	3,739	52	x	18	－	x	－	－	762	394	14
愛　知　(24)	9,110	1,385	x	－	－	x	－	－	－	450	163
三　重　(25)	483	－	x	－	－	x	－	－	－	－	－
滋　賀　(26)	266	28	x	－	－	x	－	－	－	－	－
京　都　(27)	5,211	1,447	x	－	－	x	－	－	－	－	－
大　阪　(28)	16,282	7,246	x	－	－	x	－	－	－	－	16
兵　庫　(29)	2,895	135	x	－	－	x	－	－	－	－	－
奈　良　(30)	907	－	x	－	－	x	－	－	－	－	－
和　歌　山　(31)	596	14	x	－	－	x	－	－	－	－	－
鳥　取　(32)	184	－	x	－	－	x	－	－	－	－	－
島　根　(33)	83	－	x	－	－	x	－	－	－	－	－
岡　山　(34)	1,990	3	x	－	－	x	－	－	－	－	－
広　島　(35)	2,899	－	x	－	－	x	－	－	－	－	－
山　口　(36)	401	－	x	－	－	x	－	－	－	－	－
徳　島　(37)	487	－	x	－	－	x	－	－	－	－	－
香　川　(38)	581	－	x	－	－	x	－	－	－	－	－
愛　媛　(39)	478	1	x	－	－	x	－	－	－	－	－
高　知　(40)	386	－	x	－	－	x	－	－	－	－	－
福　岡　(41)	3,622	55	x	－	－	x	－	－	－	－	－
佐　賀　(42)	973	－	x	－	－	x	－	－	－	－	－
長　崎　(43)	1,048	－	x	－	－	x	－	－	－	－	－
熊　本　(44)	764	－	x	－	－	x	－	－	－	－	－
大　分　(45)	505	－	x	－	－	x	－	－	－	－	－
宮　崎　(46)	230	－	x	－	－	x	－	－	－	－	－
鹿　児　島　(47)	2,609	－	x	－	－	x	－	－	－	－	－
沖　縄　(48)	177	－	x	－	－	x	－	－	－	－	－

埼　玉	千　葉	東　京	神奈川	新　潟	富　山	石　川	福　井	山　梨	長　野	岐　阜	静　岡	
5,113	7,123	3,492	7,579	644	x	1,311	x	−	4,546	5,025	1,341	(1)
−	29	−	−	−	x	−	x	−	−	−	−	(2)
−	2	−	−	−	x	−	x	−	−	−	−	(3)
−	−	1	−	67	x	−	x	−	−	−	−	(4)
−	15	106	4	53	x	−	x	−	−	−	−	(5)
−	−	8	−	27	x	−	x	−	−	−	−	(6)
−	−	−	−	21	x	−	x	−	−	−	−	(7)
−	3	28	−	5	x	−	x	−	−	−	−	(8)
329	886	148	178	2	x	−	x	−	−	−	8	(9)
−	5	111	−	−	x	−	x	−	−	−	−	(10)
1,777	377	173	1	253	x	−	x	−	44	−	−	(11)
−	1,383	803	2,506	−	x	−	x	−	130	−	5	(12)
−	−	584	634	49	x	−	x	−	−	6	16	(13)
2,410	3,897	−	2,396	−	x	−	x	−	1,418	25	115	(14)
68	402	833	−	−	x	−	x	−	1,345	13	47	(15)
−	97	57	70	−	x	−	x	−	330	−	−	(16)
−	−	−	−	104	x	544	x	−	100	36	−	(17)
−	−	−	−	−	x	−	x	−	−	17	−	(18)
−	−	−	−	−	x	374	x	−	−	6	−	(19)
167	14	102	95	−	x	−	x	−	533	−	164	(20)
146	−	113	−	57	x	−	x	−	−	−	1	(21)
−	−	28	−	−	x	−	x	−	−	−	−	(22)
−	−	65	1,672	−	x	−	x	−	106	16	−	(23)
−	−	332	16	6	x	80	x	−	432	2,387	982	(24)
−	−	−	−	−	x	−	x	−	−	229	−	(25)
−	−	−	−	−	x	−	x	−	−	29	−	(26)
−	2	−	−	−	x	93	x	−	−	252	−	(27)
216	3	−	5	−	x	216	x	−	108	1,968	3	(28)
−	4	−	2	−	x	4	x	−	−	26	−	(29)
−	−	−	−	−	x	−	x	−	−	7	−	(30)
−	−	−	−	−	x	−	x	−	−	8	−	(31)
−	−	−	−	−	x	−	x	−	−	−	−	(32)
−	−	−	−	−	x	−	x	−	−	−	−	(33)
−	2	−	−	−	x	−	x	−	−	−	−	(34)
−	2	−	−	−	x	−	x	−	−	−	−	(35)
−	−	−	−	−	x	−	x	−	−	−	−	(36)
−	−	−	−	−	x	−	x	−	−	−	−	(37)
−	−	−	−	−	x	−	x	−	−	−	−	(38)
−	−	−	−	−	x	−	x	−	−	−	−	(39)
−	−	−	−	−	x	−	x	−	−	−	−	(40)
−	−	−	−	−	x	−	x	−	−	−	−	(41)
−	−	−	−	−	x	−	x	−	−	−	−	(42)
−	−	−	−	−	x	−	x	−	−	−	−	(43)
−	−	−	−	−	x	−	x	−	−	−	−	(44)
−	−	−	−	−	x	−	x	−	−	−	−	(45)
−	−	−	−	−	x	−	x	−	−	−	−	(46)
−	−	−	−	−	x	−	x	−	−	−	−	(47)
−	−	−	−	−	x	−	x	−	−	−	−	(48)

14 飲用牛乳等入出荷量（都道府県別）（月別）（続き）

(7) 6月分（続き）

入荷 ＼ 出荷	愛知	三重	滋賀	京都	大阪	兵庫	奈良	和歌山	鳥取	島根	岡山	広島
全国 (1)	4,080	654	901	2,873	1,851	5,046	x	x	x	299	3,502	587
北海道 (2)	27	-	-	-	-	-	x	x	x	-	-	-
青森 (3)	-	-	-	-	-	-	x	x	x	-	-	-
岩手 (4)	9	-	-	-	-	-	x	x	x	-	-	-
宮城 (5)	56	-	-	-	-	-	x	x	x	-	-	-
秋田 (6)	-	-	-	-	-	-	x	x	x	-	-	-
山形 (7)	-	-	-	-	-	-	x	x	x	-	-	-
福島 (8)	8	-	-	-	-	-	x	x	x	-	-	-
茨城 (9)	39	-	-	-	-	-	x	x	x	-	-	-
栃木 (10)	19	-	-	-	-	-	x	x	x	-	-	-
群馬 (11)	25	-	-	-	-	-	x	x	x	-	36	-
埼玉 (12)	100	2	-	-	-	-	x	x	x	-	128	-
千葉 (13)	51	-	-	-	-	-	x	x	x	-	-	-
東京 (14)	479	17	-	-	-	-	x	x	x	22	4	-
神奈川 (15)	139	12	-	-	-	-	x	x	x	-	176	-
新潟 (16)	9	-	-	-	-	-	x	x	x	-	-	-
富山 (17)	10	-	-	-	-	-	x	x	x	-	-	-
石川 (18)	398	-	3	11	-	15	x	x	x	-	18	-
福井 (19)	571	-	406	-	51	447	x	x	x	-	-	-
山梨 (20)	16	-	-	-	-	-	x	x	x	-	-	-
長野 (21)	19	-	-	-	-	-	x	x	x	-	-	-
岐阜 (22)	356	1	-	2	-	-	x	x	x	45	-	-
静岡 (23)	629	-	-	2	-	-	x	x	x	-	-	-
愛知 (24)	-	26	61	509	237	1,245	x	x	x	-	586	-
三重 (25)	135	-	48	56	13	-	x	x	x	-	-	-
滋賀 (26)	16	-	-	2	87	25	x	x	x	-	-	-
京都 (27)	165	-	97	-	25	685	x	x	x	10	303	-
大阪 (28)	379	400	286	1,338	-	788	x	x	x	99	1,122	-
兵庫 (29)	180	-	-	672	458	-	x	x	x	26	38	-
奈良 (30)	10	196	-	197	492	3	x	x	x	-	-	-
和歌山 (31)	13	-	-	63	385	110	x	x	x	-	-	-
鳥取 (32)	-	-	-	-	-	-	x	x	x	34	141	-
島根 (33)	-	-	-	-	-	-	x	x	x	-	-	13
岡山 (34)	18	-	-	19	-	595	x	x	x	16	-	322
広島 (35)	35	-	-	2	19	519	x	x	x	20	591	-
山口 (36)	7	-	-	-	-	-	x	x	x	4	-	250
徳島 (37)	-	-	-	-	15	134	x	x	x	-	-	-
香川 (38)	19	-	-	-	69	434	x	x	x	-	51	1
愛媛 (39)	13	-	-	-	-	-	x	x	x	4	18	1
高知 (40)	3	-	-	-	-	-	x	x	x	-	-	-
福岡 (41)	79	-	-	-	-	30	x	x	x	19	290	-
佐賀 (42)	-	-	-	-	-	-	x	x	x	-	-	-
長崎 (43)	11	-	-	-	-	-	x	x	x	-	-	-
熊本 (44)	12	-	-	-	-	13	x	x	x	-	-	-
大分 (45)	7	-	-	-	-	-	x	x	x	-	-	-
宮崎 (46)	-	-	-	-	-	3	x	x	x	-	-	-
鹿児島 (47)	18	-	-	-	-	-	x	x	x	-	-	-
沖縄 (48)	-	-	-	-	-	-	x	x	x	-	-	-

山 口	徳 島	香 川	愛 媛	高 知	福 岡	佐 賀	長 崎	熊 本	大 分	宮 崎	鹿児島	沖 縄	
x	x	x	x	x	6,759	1,260	234	5,566	66	1,608	26	−	(1)
x	x	x	x	x	−	−	−	1	−	−	−	−	(2)
x	x	x	x	x	−	−	−	1	−	−	−	−	(3)
x	x	x	x	x	−	−	−	−	−	−	−	−	(4)
x	x	x	x	x	−	−	−	2	−	−	−	−	(5)
x	x	x	x	x	−	−	−	−	−	−	−	−	(6)
x	x	x	x	x	−	−	−	−	−	−	−	−	(7)
x	x	x	x	x	−	−	−	1	−	−	−	−	(8)
x	x	x	x	x	−	−	−	2	−	−	−	−	(9)
x	x	x	x	x	−	−	−	1	−	−	−	−	(10)
x	x	x	x	x	−	−	−	2	−	−	−	−	(11)
x	x	x	x	x	−	34	−	52	−	−	−	−	(12)
x	x	x	x	x	−	−	−	17	−	−	−	−	(13)
x	x	x	x	x	−	−	−	450	−	9	−	−	(14)
x	x	x	x	x	−	−	−	39	−	−	−	−	(15)
x	x	x	x	x	−	−	−	2	−	−	−	−	(16)
x	x	x	x	x	−	−	−	2	−	−	−	−	(17)
x	x	x	x	x	−	−	−	4	−	−	−	−	(18)
x	x	x	x	x	−	−	−	2	−	−	−	−	(19)
x	x	x	x	x	−	−	−	1	−	−	−	−	(20)
x	x	x	x	x	−	−	−	3	−	−	−	−	(21)
x	x	x	x	x	−	29	−	2	−	−	−	−	(22)
x	x	x	x	x	−	−	−	9	−	−	−	−	(23)
x	x	x	x	x	−	−	−	213	−	−	−	−	(24)
x	x	x	x	x	−	−	−	2	−	−	−	−	(25)
x	x	x	x	x	−	−	−	79	−	−	−	−	(26)
x	x	x	x	x	1,234	−	−	7	−	−	−	−	(27)
x	x	x	x	x	1,264	106	−	130	−	45	−	−	(28)
x	x	x	x	x	88	−	−	1,041	−	−	−	−	(29)
x	x	x	x	x	−	−	−	2	−	−	−	−	(30)
x	x	x	x	x	−	−	−	3	−	−	−	−	(31)
x	x	x	x	x	−	−	−	9	−	−	−	−	(32)
x	x	x	x	x	−	−	−	5	−	−	−	−	(33)
x	x	x	x	x	446	−	−	21	−	−	−	−	(34)
x	x	x	x	x	911	282	−	239	−	−	−	−	(35)
x	x	x	x	x	111	12	−	17	−	−	−	−	(36)
x	x	x	x	x	−	−	−	1	−	−	−	−	(37)
x	x	x	x	x	5	−	−	2	−	−	−	−	(38)
x	x	x	x	x	−	−	−	31	−	−	−	−	(39)
x	x	x	x	x	−	−	−	5	−	−	−	−	(40)
x	x	x	x	x	−	413	120	1,777	66	179	7	−	(41)
x	x	x	x	x	819	−	110	24	−	−	−	−	(42)
x	x	x	x	x	508	87	−	384	−	18	−	−	(43)
x	x	x	x	x	530	117	−	−	−	11	−	−	(44)
x	x	x	x	x	241	42	4	171	−	−	−	−	(45)
x	x	x	x	x	173	−	−	15	−	−	19	−	(46)
x	x	x	x	x	358	133	−	708	−	1,332	−	−	(47)
x	x	x	x	x	71	5	−	87	−	14	−	−	(48)

14 飲用牛乳等入出荷量（都道府県別）（月別）（続き）

(8) 7月分

入荷＼出荷		全　国	北海道	青森	岩手	宮城	秋田	山形	福島	茨城	栃木	群馬
全　国	(1)	145,437	33,431	x	4,179	2,591	x	311	968	11,684	7,721	8,813
北　海　道	(2)	111	-	x	-	49	x	-	-	-	-	-
青　森	(3)	772	343	x	322	-	x	-	-	-	-	-
岩　手	(4)	544	326	x	-	79	x	-	7	-	-	-
宮　城	(5)	1,794	542	x	362	-	x	263	28	250	-	49
秋　田	(6)	867	379	x	396	26	x	26	-	-	-	-
山　形	(7)	224	7	x	5	149	x	-	-	-	22	-
福　島	(8)	557	18	x	-	217	x	20	-	91	81	68
茨　城	(9)	7,680	2,494	x	1	880	x	-	-	-	1,335	1,449
栃　木	(10)	1,328	162	x	20	4	x	-	4	859	-	134
群　馬	(11)	3,502	146	x	16	63	x	-	-	548	561	-
埼　玉	(12)	22,871	5,782	x	1,291	561	x	-	8	3,931	4,150	1,974
千　葉	(13)	6,604	2,813	x	2	-	x	-	-	2,266	92	39
東　京	(14)	23,927	6,502	x	91	536	x	-	921	1,992	175	3,098
神　奈　川	(15)	10,160	2,518	x	1,659	-	x	-	-	942	411	1,535
新　潟	(16)	1,264	493	x	-	27	x	2	-	42	-	118
富　山	(17)	678	58	x	-	-	x	-	-	-	-	-
石　川	(18)	638	106	x	-	-	x	-	-	-	-	-
福　井	(19)	1,903	45	x	-	-	x	-	-	-	-	-
山　梨	(20)	1,134	-	x	-	-	x	-	-	-	15	12
長　野	(21)	525	81	x	-	-	x	-	-	9	20	113
岐　阜	(22)	568	52	x	-	-	x	-	-	-	-	31
静　岡	(23)	3,257	78	x	14	-	x	-	-	754	393	12
愛　知	(24)	9,141	1,496	x	-	-	x	-	-	-	383	166
三　重	(25)	483	1	x	-	-	x	-	-	-	-	-
滋　賀	(26)	305	39	x	-	-	x	-	-	-	-	-
京　都	(27)	5,434	1,497	x	-	-	x	-	-	-	-	-
大　阪	(28)	16,946	7,243	x	-	-	x	-	-	-	-	15
兵　庫	(29)	3,127	151	x	-	-	x	-	-	-	83	-
奈　良	(30)	892	-	x	-	-	x	-	-	-	-	-
和　歌　山	(31)	547	-	x	-	-	x	-	-	-	-	-
鳥　取	(32)	205	-	x	-	-	x	-	-	-	-	-
島　根	(33)	87	-	x	-	-	x	-	-	-	-	-
岡　山	(34)	2,045	1	x	-	-	x	-	-	-	-	-
広　島	(35)	2,944	-	x	-	-	x	-	-	-	-	-
山　口	(36)	400	-	x	-	-	x	-	-	-	-	-
徳　島	(37)	483	-	x	-	-	x	-	-	-	-	-
香　川	(38)	609	-	x	-	-	x	-	-	-	-	-
愛　媛	(39)	469	-	x	-	-	x	-	-	-	-	-
高　知	(40)	376	-	x	-	-	x	-	-	-	-	-
福　岡	(41)	3,786	58	x	-	-	x	-	-	-	-	-
佐　賀	(42)	900	-	x	-	-	x	-	-	-	-	-
長　崎	(43)	1,075	-	x	-	-	x	-	-	-	-	-
熊　本	(44)	772	-	x	-	-	x	-	-	-	-	-
大　分	(45)	515	-	x	-	-	x	-	-	-	-	-
宮　崎	(46)	231	-	x	-	-	x	-	-	-	-	-
鹿　児　島	(47)	2,569	-	x	-	-	x	-	-	-	-	-
沖　縄	(48)	188	-	x	-	-	x	-	-	-	-	-

単位：kl

埼玉	千葉	東京	神奈川	新潟	富山	石川	福井	山梨	長野	岐阜	静岡	
4,503	6,714	3,453	6,915	572	x	1,240	x	–	4,383	4,945	1,582	(1)
–	29	–	–	–	x	–	x	–	–	–	–	(2)
–	2	–	–	–	x	–	x	–	–	–	–	(3)
–	–	1	–	67	x	–	x	–	–	–	–	(4)
–	15	130	16	69	x	–	x	–	–	–	–	(5)
–	–	8	–	32	x	–	x	–	–	–	–	(6)
–	–	–	–	39	x	–	x	–	–	–	–	(7)
–	3	31	–	17	x	–	x	–	–	–	–	(8)
318	817	151	184	2	x	–	x	–	–	–	8	(9)
–	5	116	–	–	x	–	x	–	–	–	–	(10)
1,256	371	167	–	251	x	–	x	–	43	–	–	(11)
–	1,372	764	2,583	–	x	–	x	–	131	–	–	(12)
–	–	595	650	47	x	–	x	–	–	6	16	(13)
2,336	3,584	–	2,129	–	x	–	x	–	1,293	24	114	(14)
72	393	790	–	–	x	–	x	–	1,359	12	46	(15)
–	95	61	78	–	x	–	x	–	335	–	–	(16)
–	–	–	–	32	x	513	x	–	27	36	–	(17)
–	–	–	–	–	x	–	x	–	–	18	–	(18)
–	–	–	–	–	x	373	x	–	–	6	–	(19)
159	15	96	100	–	x	–	x	–	537	–	179	(20)
139	–	122	–	11	x	–	x	–	–	–	1	(21)
–	–	36	9	–	x	–	x	–	–	–	–	(22)
–	–	61	1,156	–	x	–	x	–	105	15	–	(23)
–	–	324	3	5	x	27	x	–	440	2,317	1,072	(24)
–	–	–	–	–	x	–	x	–	–	243	–	(25)
–	–	–	–	–	x	–	x	–	–	27	–	(26)
–	2	–	–	–	x	95	x	–	–	257	80	(27)
223	3	–	5	–	x	228	x	–	113	1,943	66	(28)
–	4	–	2	–	x	4	x	–	–	26	–	(29)
–	–	–	–	–	x	–	x	–	–	7	–	(30)
–	–	–	–	–	x	–	x	–	–	8	–	(31)
–	–	–	–	–	x	–	x	–	–	–	–	(32)
–	–	–	–	–	x	–	x	–	–	–	–	(33)
–	2	–	–	–	x	–	x	–	–	–	–	(34)
–	2	–	–	–	x	–	x	–	–	–	–	(35)
–	–	–	–	–	x	–	x	–	–	–	–	(36)
–	–	–	–	–	x	–	x	–	–	–	–	(37)
–	–	–	–	–	x	–	x	–	–	–	–	(38)
–	–	–	–	–	x	–	x	–	–	–	–	(39)
–	–	–	–	–	x	–	x	–	–	–	–	(40)
–	–	–	–	–	x	–	x	–	–	–	–	(41)
–	–	–	–	–	x	–	x	–	–	–	–	(42)
–	–	–	–	–	x	–	x	–	–	–	–	(43)
–	–	–	–	–	x	–	x	–	–	–	–	(44)
–	–	–	–	–	x	–	x	–	–	–	–	(45)
–	–	–	–	–	x	–	x	–	–	–	–	(46)
–	–	–	–	–	x	–	x	–	–	–	–	(47)
–	–	–	–	–	x	–	x	–	–	–	–	(48)

14 飲用牛乳等入出荷量（都道府県別）（月別）（続き）

(8) 7月分（続き）

入荷 ＼ 出荷	愛知	三重	滋賀	京都	大阪	兵庫	奈良	和歌山	鳥取	島根	岡山	広島
全国 (1)	4,452	689	743	2,875	1,757	5,142	x	x	x	316	3,451	547
北海道 (2)	32	-	-	-	-	-	x	x	x	-	-	-
青森 (3)	-	-	-	-	-	-	x	x	x	-	-	-
岩手 (4)	12	-	-	-	-	-	x	x	x	-	-	-
宮城 (5)	68	-	-	-	-	-	x	x	x	-	-	-
秋田 (6)	-	-	-	-	-	-	x	x	x	-	-	-
山形 (7)	-	-	-	-	-	-	x	x	x	-	-	-
福島 (8)	10	-	-	-	-	-	x	x	x	-	-	-
茨城 (9)	39	-	-	-	-	-	x	x	x	-	-	-
栃木 (10)	22	-	-	-	-	-	x	x	x	-	-	-
群馬 (11)	30	-	-	-	-	-	x	x	x	-	40	-
埼玉 (12)	105	2	-	-	-	-	x	x	x	-	142	-
千葉 (13)	61	-	-	-	-	-	x	x	x	-	-	-
東京 (14)	501	19	-	-	-	-	x	x	x	23	4	-
神奈川 (15)	165	13	-	-	-	-	x	x	x	-	193	-
新潟 (16)	11	-	-	-	-	-	x	x	x	-	-	-
富山 (17)	10	-	-	-	-	-	x	x	x	-	-	-
石川 (18)	446	-	2	12	-	16	x	x	x	-	20	-
福井 (19)	617	-	333	-	54	469	x	x	x	-	-	-
山梨 (20)	20	-	-	-	-	-	x	x	x	-	-	-
長野 (21)	24	-	-	-	-	-	x	x	x	-	-	-
岐阜 (22)	372	1	-	2	-	-	x	x	x	45	-	-
静岡 (23)	656	-	-	2	-	-	x	x	x	-	-	-
愛知 (24)	-	29	59	521	243	1,281	x	x	x	-	476	-
三重 (25)	143	-	27	51	16	-	x	x	x	-	-	-
滋賀 (26)	19	-	-	26	89	18	x	x	x	-	-	-
京都 (27)	207	-	88	-	26	682	x	x	x	11	230	-
大阪 (28)	413	400	234	1,288	-	741	x	x	x	108	1,152	-
兵庫 (29)	187	-	-	689	459	-	x	x	x	28	41	-
奈良 (30)	11	225	-	181	463	3	x	x	x	-	-	-
和歌山 (31)	15	-	-	81	319	121	x	x	x	-	-	-
鳥取 (32)	-	-	-	-	-	-	x	x	x	37	156	-
島根 (33)	-	-	-	-	-	-	x	x	x	-	-	12
岡山 (34)	22	-	-	20	1	627	x	x	x	16	-	284
広島 (35)	38	-	-	2	21	528	x	x	x	20	599	-
山口 (36)	10	-	-	-	-	-	x	x	x	4	-	249
徳島 (37)	-	-	-	-	16	137	x	x	x	-	-	-
香川 (38)	20	-	-	-	50	468	x	x	x	-	61	1
愛媛 (39)	16	-	-	-	-	-	x	x	x	4	20	1
高知 (40)	3	-	-	-	-	-	x	x	x	-	-	-
福岡 (41)	92	-	-	-	-	35	x	x	x	20	317	-
佐賀 (42)	-	-	-	-	-	-	x	x	x	-	-	-
長崎 (43)	14	-	-	-	-	-	x	x	x	-	-	-
熊本 (44)	15	-	-	-	-	13	x	x	x	-	-	-
大分 (45)	6	-	-	-	-	-	x	x	x	-	-	-
宮崎 (46)	-	-	-	-	-	3	x	x	x	-	-	-
鹿児島 (47)	20	-	-	-	-	-	x	x	x	-	-	-
沖縄 (48)	-	-	-	-	-	-	x	x	x	-	-	-

単位：kl

山口	徳島	香川	愛媛	高知	福岡	佐賀	長崎	熊本	大分	宮崎	鹿児島	沖縄	
x	x	x	x	x	7,580	1,234	201	6,114	66	1,564	28	-	(1)
x	x	x	x	x	-	-	-	1	-	-	-	-	(2)
x	x	x	x	x	-	-	-	1	-	-	-	-	(3)
x	x	x	x	x	-	-	-	-	-	-	-	-	(4)
x	x	x	x	x	-	-	-	2	-	-	-	-	(5)
x	x	x	x	x	-	-	-	-	-	-	-	-	(6)
x	x	x	x	x	-	-	-	2	-	-	-	-	(7)
x	x	x	x	x	-	-	-	1	-	-	-	-	(8)
x	x	x	x	x	-	-	-	2	-	-	-	-	(9)
x	x	x	x	x	-	-	-	2	-	-	-	-	(10)
x	x	x	x	x	-	-	-	10	-	-	-	-	(11)
x	x	x	x	x	-	28	-	47	-	-	-	-	(12)
x	x	x	x	x	-	-	-	17	-	-	-	-	(13)
x	x	x	x	x	-	-	-	573	-	12	-	-	(14)
x	x	x	x	x	-	-	-	52	-	-	-	-	(15)
x	x	x	x	x	-	-	-	2	-	-	-	-	(16)
x	x	x	x	x	-	-	-	2	-	-	-	-	(17)
x	x	x	x	x	-	-	-	5	-	-	-	-	(18)
x	x	x	x	x	-	-	-	2	-	-	-	-	(19)
x	x	x	x	x	-	-	-	1	-	-	-	-	(20)
x	x	x	x	x	-	-	-	5	-	-	-	-	(21)
x	x	x	x	x	-	18	-	2	-	-	-	-	(22)
x	x	x	x	x	-	-	-	11	-	-	-	-	(23)
x	x	x	x	x	-	-	-	299	-	-	-	-	(24)
x	x	x	x	x	-	-	-	2	-	-	-	-	(25)
x	x	x	x	x	-	-	-	87	-	-	-	-	(26)
x	x	x	x	x	1,346	-	-	9	-	-	-	-	(27)
x	x	x	x	x	1,911	98	-	143	-	44	-	-	(28)
x	x	x	x	x	101	-	-	1,113	-	-	-	-	(29)
x	x	x	x	x	-	-	-	2	-	-	-	-	(30)
x	x	x	x	x	-	-	-	3	-	-	-	-	(31)
x	x	x	x	x	-	-	-	12	-	-	-	-	(32)
x	x	x	x	x	-	-	-	5	-	-	-	-	(33)
x	x	x	x	x	467	-	-	21	-	-	-	-	(34)
x	x	x	x	x	938	261	-	247	-	-	-	-	(35)
x	x	x	x	x	107	13	-	17	-	-	-	-	(36)
x	x	x	x	x	-	-	-	2	-	-	-	-	(37)
x	x	x	x	x	6	-	-	3	-	-	-	-	(38)
x	x	x	x	x	-	-	-	31	-	-	-	-	(39)
x	x	x	x	x	-	-	-	4	-	-	-	-	(40)
x	x	x	x	x	-	430	118	1,917	66	208	8	-	(41)
x	x	x	x	x	775	-	79	28	-	-	-	-	(42)
x	x	x	x	x	500	94	-	416	-	16	-	-	(43)
x	x	x	x	x	537	125	-	-	-	12	-	-	(44)
x	x	x	x	x	253	43	4	174	-	-	-	-	(45)
x	x	x	x	x	173	-	-	17	-	-	20	-	(46)
x	x	x	x	x	384	119	-	736	-	1,257	-	-	(47)
x	x	x	x	x	82	5	-	86	-	15	-	-	(48)

14 飲用牛乳等入出荷量（都道府県別）（月別）（続き）

(9) 8月分

入荷 ＼ 出荷	全国	北海道	青森	岩手	宮城	秋田	山形	福島	茨城	栃木	群馬
全　国 (1)	147,612	34,135	x	4,347	2,737	x	310	1,089	11,098	8,224	9,264
北　海　道 (2)	111	–	x	–	54	x	–	–	–	–	–
青　森 (3)	734	336	x	301	–	x	–	–	–	–	–
岩　手 (4)	554	335	x	–	83	x	–	6	–	–	–
宮　城 (5)	2,147	715	x	559	–	x	252	25	234	–	84
秋　田 (6)	817	386	x	339	26	x	30	–	–	–	–
山　形 (7)	249	8	x	6	174	x	–	1	–	17	–
福　島 (8)	571	18	x	–	231	x	26	–	85	89	68
茨　城 (9)	7,645	2,517	x	16	825	x	–	–	–	1,488	1,480
栃　木 (10)	1,293	169	x	24	5	x	–	2	807	–	136
群　馬 (11)	3,983	304	x	1	69	x	–	–	513	612	–
埼　玉 (12)	23,161	6,351	x	1,323	647	x	–	7	3,644	4,176	1,919
千　葉 (13)	6,663	2,826	x	2	–	x	–	–	2,245	81	23
東　京 (14)	23,108	6,581	x	76	561	x	–	1,048	1,913	130	3,201
神　奈　川 (15)	10,152	2,577	x	1,687	–	x	–	–	896	382	1,483
新　潟 (16)	1,310	513	x	–	62	x	2	–	39	–	121
富　山 (17)	1,081	12	x	–	–	x	–	–	–	–	–
石　川 (18)	698	79	x	–	–	x	–	–	–	–	–
福　井 (19)	1,829	48	x	–	–	x	–	–	–	–	–
山　梨 (20)	1,029	–	x	–	–	x	–	–	–	14	13
長　野 (21)	519	47	x	–	–	x	–	–	8	14	117
岐　阜 (22)	578	54	x	–	–	x	–	–	–	–	32
静　岡 (23)	3,784	77	x	13	–	x	–	–	714	9	9
愛　知 (24)	10,014	1,893	x	–	–	x	–	–	–	20	566
三　重 (25)	513	1	x	–	–	x	–	–	–	–	–
滋　賀 (26)	298	31	x	–	–	x	–	–	–	–	–
京　都 (27)	5,561	1,070	x	–	–	x	–	–	–	474	–
大　阪 (28)	16,755	6,960	x	–	–	x	–	–	–	–	12
兵　庫 (29)	3,849	165	x	–	–	x	–	–	–	718	–
奈　良 (30)	815	–	x	–	–	x	–	–	–	–	–
和　歌　山 (31)	435	14	x	–	–	x	–	–	–	–	–
鳥　取 (32)	209	–	x	–	–	x	–	–	–	–	–
島　根 (33)	88	–	x	–	–	x	–	–	–	–	–
岡　山 (34)	2,110	–	x	–	–	x	–	–	–	–	–
広　島 (35)	3,056	–	x	–	–	x	–	–	–	–	–
山　口 (36)	377	–	x	–	–	x	–	–	–	–	–
徳　島 (37)	482	–	x	–	–	x	–	–	–	–	–
香　川 (38)	559	–	x	–	–	x	–	–	–	–	–
愛　媛 (39)	464	–	x	–	–	x	–	–	–	–	–
高　知 (40)	376	–	x	–	–	x	–	–	–	–	–
福　岡 (41)	3,651	48	x	–	–	x	–	–	–	–	–
佐　賀 (42)	919	–	x	–	–	x	–	–	–	–	–
長　崎 (43)	1,047	–	x	–	–	x	–	–	–	–	–
熊　本 (44)	763	–	x	–	–	x	–	–	–	–	–
大　分 (45)	499	–	x	–	–	x	–	–	–	–	–
宮　崎 (46)	210	–	x	–	–	x	–	–	–	–	–
鹿　児　島 (47)	2,415	–	x	–	–	x	–	–	–	–	–
沖　縄 (48)	131	–	x	–	–	x	–	–	–	–	–

埼玉	千葉	東京	神奈川	新潟	富山	石川	福井	山梨	長野	岐阜	静岡	
4,982	5,787	3,560	7,008	686	x	1,125	x	–	4,183	5,316	1,725	(1)
–	27	–	–	–	x	–	x		–	–	–	(2)
–	1	–	–	2	x	–	x		–	–	–	(3)
–	–	1	–	70	x	–	x		–	–	–	(4)
–	13	127	9	58	x	–	x		–	–	–	(5)
–	–	8	–	28	x	–	x		–	–	–	(6)
–	–	–	–	42	x	–	x		–	–	–	(7)
–	3	23	–	18	x	–	x		–	–	–	(8)
337	599	159	183	2	x	–	x		–	–	7	(9)
–	5	118	–	–	x	–	x		–	–	–	(10)
1,547	351	184	–	275	x	–	x	–	42	–	–	(11)
–	1,327	815	2,451	–	x	–	x	–	119	–	5	(12)
–	–	616	715	53	x	–	x	–	–	6	15	(13)
2,477	2,935	–	1,715	–	x	–	x	–	1,202	23	105	(14)
62	409	796	–	–	x	–	x	–	1,360	11	53	(15)
–	88	68	90	–	x	–	x	–	314	–	–	(16)
–	–	–	–	120	x	783	x	–	122	33	–	(17)
–	–	–	–	–	x	–	x	–	–	17	–	(18)
–	–	–	–	–	x	302	x	–	–	6	–	(19)
179	17	97	107	–	x	–	x	–	470	–	112	(20)
157	–	131	–	12	x	–	x	–	–	–	2	(21)
–	–	28	–	–	x	–	x	–	–	–	–	(22)
–	–	70	1,719	–	x	–	x	–	107	12	–	(23)
–	–	319	12	6	x	33	x	–	374	2,456	1,163	(24)
–	–	–	–	–	x	–	x	–	–	291	–	(25)
–	–	–	–	–	x	–	x	–	–	24	–	(26)
–	2	–	–	–	x	–	x	–	–	290	141	(27)
223	3	–	5	–	x	3	x	–	73	2,110	122	(28)
–	4	–	2	–	x	4	x	–	–	23	–	(29)
–	–	–	–	–	x	–	x	–	–	7	–	(30)
–	–	–	–	–	x	–	x	–	–	7	–	(31)
–	–	–	–	–	x	–	x	–	–	–	–	(32)
–	–	–	–	–	x	–	x	–	–	–	–	(33)
–	2	–	–	–	x	–	x	–	–	–	–	(34)
–	1	–	–	–	x	–	x	–	–	–	–	(35)
–	–	–	–	–	x	–	x	–	–	–	–	(36)
–	–	–	–	–	x	–	x	–	–	–	–	(37)
–	–	–	–	–	x	–	x	–	–	–	–	(38)
–	–	–	–	–	x	–	x	–	–	–	–	(39)
–	–	–	–	–	x	–	x	–	–	–	–	(40)
–	–	–	–	–	x	–	x	–	–	–	–	(41)
–	–	–	–	–	x	–	x	–	–	–	–	(42)
–	–	–	–	–	x	–	x	–	–	–	–	(43)
–	–	–	–	–	x	–	x	–	–	–	–	(44)
–	–	–	–	–	x	–	x	–	–	–	–	(45)
–	–	–	–	–	x	–	x	–	–	–	–	(46)
–	–	–	–	–	x	–	x	–	–	–	–	(47)
–	–	–	–	–	x	–	x	–	–	–	–	(48)

(9)　8月分（続き）

入荷 ＼ 出荷	愛知	三重	滋賀	京都	大阪	兵庫	奈良	和歌山	鳥取	島根	岡山	広島
全　国　(1)	4,917	539	584	3,338	1,507	5,266	x	x	x	318	3,640	531
北　海　道　(2)	29	-	-	-	-	-	x	x	x	-	-	-
青　　森　(3)	-	-	-	-	-	-	x	x	x	-	-	-
岩　　手　(4)	12	-	-	-	-	-	x	x	x	-	-	-
宮　　城　(5)	69	-	-	-	-	-	x	x	x	-	-	-
秋　　田　(6)	-	-	-	-	-	-	x	x	x	-	-	-
山　　形　(7)	-	-	-	-	-	-	x	x	x	-	-	-
福　　島　(8)	9	-	-	-	-	-	x	x	x	-	-	-
茨　　城　(9)	29	-	-	-	-	-	x	x	x	-	-	-
栃　　木　(10)	25	-	-	-	-	-	x	x	x	-	-	-
群　　馬　(11)	32	-	-	-	-	-	x	x	x	-	48	-
埼　　玉　(12)	133	1	-	-	-	-	x	x	x	-	170	-
千　　葉　(13)	65	-	-	-	-	-	x	x	x	-	-	-
東　　京　(14)	506	17	-	-	-	10	x	x	x	24	4	-
神　奈　川　(15)	158	11	-	-	-	-	x	x	x	-	224	-
新　　潟　(16)	11	-	-	-	-	-	x	x	x	-	-	-
富　　山　(17)	10	-	-	-	-	-	x	x	x	-	-	-
石　　川　(18)	528	-	2	12	-	15	x	x	x	-	24	-
福　　井　(19)	659	-	250	-	56	499	x	x	x	-	-	-
山　　梨　(20)	19	-	-	-	-	-	x	x	x	-	-	-
長　　野　(21)	28	-	-	-	-	-	x	x	x	-	-	-
岐　　阜　(22)	379	1	-	2	-	-	x	x	x	45	-	-
静　　岡　(23)	1,044	-	-	3	-	-	x	x	x	-	-	-
愛　　知　(24)	-	25	51	566	240	1,354	x	x	x	-	205	-
三　　重　(25)	137	-	1	66	15	-	x	x	x	-	-	-
滋　　賀　(26)	21	-	-	24	84	19	x	x	x	-	-	-
京　　都　(27)	147	-	78	-	24	644	x	x	x	11	269	-
大　　阪　(28)	365	309	202	1,525	-	763	x	x	x	110	1,431	-
兵　　庫　(29)	192	-	-	810	414	-	x	x	x	28	44	-
奈　　良　(30)	11	175	-	234	383	3	x	x	x	-	-	-
和　歌　山　(31)	16	-	-	75	204	116	x	x	x	-	-	-
鳥　　取　(32)	-	-	-	-	-	-	x	x	x	36	162	-
島　　根　(33)	-	-	-	-	-	-	x	x	x	-	-	11
岡　　山　(34)	27	-	-	19	2	647	x	x	x	17	-	274
広　　島　(35)	47	-	-	2	23	572	x	x	x	20	647	-
山　　口　(36)	9	-	-	-	-	-	x	x	x	4	-	244
徳　　島　(37)	-	-	-	-	15	140	x	x	x	-	-	-
香　　川　(38)	20	-	-	-	47	426	x	x	x	-	57	1
愛　　媛　(39)	13	-	-	-	-	-	x	x	x	4	24	1
高　　知　(40)	4	-	-	-	-	-	x	x	x	-	-	-
福　　岡　(41)	99	-	-	-	-	42	x	x	x	19	331	-
佐　　賀　(42)	-	-	-	-	-	-	x	x	x	-	-	-
長　　崎　(43)	13	-	-	-	-	-	x	x	x	-	-	-
熊　　本　(44)	21	-	-	-	-	13	x	x	x	-	-	-
大　　分　(45)	8	-	-	-	-	-	x	x	x	-	-	-
宮　　崎　(46)	-	-	-	-	-	3	x	x	x	-	-	-
鹿　児　島　(47)	22	-	-	-	-	-	x	x	x	-	-	-
沖　　縄　(48)	-	-	-	-	-	-	x	x	x	-	-	-

山口	徳島	香川	愛媛	高知	福岡	佐賀	長崎	熊本	大分	宮崎	鹿児島	沖縄	
x	x	x	x	x	7,981	1,257	214	5,911	62	1,389	28	－	(1)
x	x	x	x	x	－	－	－	1	－	－	－	－	(2)
x	x	x	x	x	－	－	－	－	－	－	－	－	(3)
x	x	x	x	x	－	－	－	2	－	－	－	－	(4)
x	x	x	x	x	－	－	－	－	－	－	－	－	(5)
x	x	x	x	x	－	－	－	1	－	－	－	－	(6)
x	x	x	x	x	－	－	－	1	－	－	－	－	(7)
x	x	x	x	x	－	－	－	1	－	－	－	－	(8)
x	x	x	x	x	－	－	－	3	－	－	－	－	(9)
x	x	x	x	x	－	－	－	2	－	－	－	－	(10)
x	x	x	x	x	－	－	－	5	－	－	－	－	(11)
x	x	x	x	x	－	32	－	41	－	－	－	－	(12)
x	x	x	x	x	－	－	－	16	－	－	－	－	(13)
x	x	x	x	x	－	－	－	570	－	10	－	－	(14)
x	x	x	x	x	－	－	－	43	－	－	－	－	(15)
x	x	x	x	x	－	－	－	2	－	－	－	－	(16)
x	x	x	x	x	－	－	－	1	－	－	－	－	(17)
x	x	x	x	x	－	－	－	7	－	－	－	－	(18)
x	x	x	x	x	－	－	－	5	－	－	－	－	(19)
x	x	x	x	x	－	－	－	1	－	－	－	－	(20)
x	x	x	x	x	－	－	－	3	－	－	－	－	(21)
x	x	x	x	x	－	35	－	2	－	－	－	－	(22)
x	x	x	x	x	－	－	－	7	－	－	－	－	(23)
x	x	x	x	x	456	－	－	275	－	－	－	－	(24)
x	x	x	x	x	－	－	－	2	－	－	－	－	(25)
x	x	x	x	x	－	－	－	95	－	－	－	－	(26)
x	x	x	x	x	1,612	－	－	13	－	－	－	－	(27)
x	x	x	x	x	1,669	108	－	126	－	32	－	－	(28)
x	x	x	x	x	101	－	－	1,105	－	－	－	－	(29)
x	x	x	x	x	－	－	－	2	－	－	－	－	(30)
x	x	x	x	x	－	－	－	3	－	－	－	－	(31)
x	x	x	x	x	－	－	－	11	－	－	－	－	(32)
x	x	x	x	x	－	－	－	5	－	－	－	－	(33)
x	x	x	x	x	485	－	－	18	－	－	－	－	(34)
x	x	x	x	x	953	258	－	242	－	－	－	－	(35)
x	x	x	x	x	95	11	－	14	－	－	－	－	(36)
x	x	x	x	x	－	－	－	1	－	－	－	－	(37)
x	x	x	x	x	5	－	－	3	－	－	－	－	(38)
x	x	x	x	x	－	－	－	32	－	－	－	－	(39)
x	x	x	x	x	－	－	－	5	－	－	－	－	(40)
x	x	x	x	x	－	417	119	1,822	62	189	8	－	(41)
x	x	x	x	x	789	－	91	23	－	－	－	－	(42)
x	x	x	x	x	479	92	－	416	－	15	－	－	(43)
x	x	x	x	x	528	125	－	－	－	13	－	－	(44)
x	x	x	x	x	237	44	4	174	－	－	－	－	(45)
x	x	x	x	x	155	－	－	16	－	－	20	－	(46)
x	x	x	x	x	357	131	－	742	－	1,116	－	－	(47)
x	x	x	x	x	60	4	－	53	－	14	－	－	(48)

14 飲用牛乳等入出荷量（都道府県別）（月別）（続き）

(10) 9月分

入荷＼出荷	全国	北海道	青森	岩手	宮城	秋田	山形	福島	茨城	栃木	群馬
全国 (1)	152,781	35,909	x	4,529	2,738	x	326	1,488	11,868	7,898	9,356
北海道 (2)	106	-	x	-	47	x	-	-	-	-	-
青森 (3)	788	327	x	348	-	x	-	-	-	-	-
岩手 (4)	494	272	x	-	80	x	-	6	-	-	-
宮城 (5)	2,143	761	x	548	-	x	274	23	250	-	39
秋田 (6)	875	381	x	403	24	x	26	-	-	-	-
山形 (7)	242	12	x	6	162	x	-	1	-	20	-
福島 (8)	576	18	x	-	232	x	24	-	91	87	61
茨城 (9)	8,600	3,964	x	1	619	x	-	-	-	963	1,584
栃木 (10)	1,356	180	x	22	4	x	-	3	862	-	139
群馬 (11)	4,539	277	x	11	70	x	-	-	549	604	-
埼玉 (12)	23,365	6,831	x	1,444	868	x	-	7	3,872	3,189	1,854
千葉 (13)	6,777	2,677	x	2	-	x	-	32	2,348	90	44
東京 (14)	25,899	7,024	x	89	562	x	-	1,416	2,135	161	3,271
神奈川 (15)	10,800	3,119	x	1,638	-	x	-	-	951	407	1,511
新潟 (16)	1,334	561	x	-	70	x	2	-	42	-	113
富山 (17)	1,081	31	x	-	-	x	-	-	-	-	-
石川 (18)	711	83	x	-	-	x	-	-	-	-	-
福井 (19)	1,894	40	x	-	-	x	-	-	-	-	-
山梨 (20)	1,197	-	x	-	-	x	-	-	-	15	10
長野 (21)	497	5	x	-	-	x	-	-	9	21	107
岐阜 (22)	604	63	x	-	-	x	-	-	-	-	31
静岡 (23)	3,448	148	x	17	-	x	-	-	759	367	19
愛知 (24)	9,933	666	x	-	-	x	-	-	-	1,562	560
三重 (25)	536	-	x	-	-	x	-	-	-	-	-
滋賀 (26)	289	36	x	-	-	x	-	-	-	-	-
京都 (27)	5,376	1,029	x	-	-	x	-	-	-	363	-
大阪 (28)	16,731	7,168	x	-	-	x	-	-	-	-	13
兵庫 (29)	3,058	173	x	-	-	x	-	-	-	49	-
奈良 (30)	974	-	x	-	-	x	-	-	-	-	-
和歌山 (31)	594	-	x	-	-	x	-	-	-	-	-
鳥取 (32)	197	-	x	-	-	x	-	-	-	-	-
島根 (33)	81	-	x	-	-	x	-	-	-	-	-
岡山 (34)	2,208	2	x	-	-	x	-	-	-	-	-
広島 (35)	2,840	-	x	-	-	x	-	-	-	-	-
山口 (36)	405	-	x	-	-	x	-	-	-	-	-
徳島 (37)	498	-	x	-	-	x	-	-	-	-	-
香川 (38)	582	-	x	-	-	x	-	-	-	-	-
愛媛 (39)	478	-	x	-	-	x	-	-	-	-	-
高知 (40)	401	-	x	-	-	x	-	-	-	-	-
福岡 (41)	3,856	61	x	-	-	x	-	-	-	-	-
佐賀 (42)	956	-	x	-	-	x	-	-	-	-	-
長崎 (43)	1,110	-	x	-	-	x	-	-	-	-	-
熊本 (44)	726	-	x	-	-	x	-	-	-	-	-
大分 (45)	509	-	x	-	-	x	-	-	-	-	-
宮崎 (46)	229	-	x	-	-	x	-	-	-	-	-
鹿児島 (47)	2,745										
沖縄 (48)	143	-	x	-	-	x	-	-	-	-	-

単位：kl

埼 玉	千 葉	東 京	神奈川	新 潟	富 山	石 川	福 井	山 梨	長 野	岐 阜	静 岡	
5,582	6,614	3,726	7,379	719	x	1,158	x	-	4,605	5,094	1,940	(1)
-	30	-	-	-	x	-	x	-	-	-	-	(2)
-	2	-	-	-	x	-	x	-	-	-	-	(3)
-	-	1	-	67	x	-	x	-	-	-	-	(4)
-	15	105	-	63	x	-	x	-	-	-	-	(5)
-	-	8	-	33	x	-	x	-	-	-	-	(6)
-	-	-	-	40	x	-	x	-	-	-	-	(7)
-	3	30	-	19	x	-	x	-	-	-	-	(8)
284	785	175	180	2	x	-	x	-	-	-	8	(9)
-	6	118	-	-	x	-	x	-	-	-	-	(10)
2,044	390	179	31	256	x	-	x	-	45	-	-	(11)
-	1,327	832	2,629	-	x	-	x	-	138	-	20	(12)
-	-	700	716	54	x	-	x	-	-	6	18	(13)
2,640	3,537	-	2,374	-	x	-	x	-	1,364	25	123	(14)
69	389	845	-	-	x	-	x	-	1,385	12	50	(15)
-	100	65	77	-	x	-	x	-	293	-	-	(16)
-	-	-	-	124	x	699	x	-	181	35	-	(17)
-	-	-	-	-	x	-	x	-	-	17	-	(18)
-	-	-	-	-	x	357	x	-	-	6	-	(19)
176	16	101	97	-	x	-	x	-	546	-	216	(20)
153	-	119	-	55	x	-	x	-	-	-	1	(21)
-	-	46	13	-	x	-	x	-	-	-	-	(22)
-	-	62	1,215	-	x	-	x	-	105	16	-	(23)
-	-	339	40	6	x	68	x	-	440	2,405	1,256	(24)
-	-	-	-	-	x	-	x	-	-	274	-	(25)
-	-	-	-	-	x	-	x	-	-	15	-	(26)
-	3	-	-	-	x	-	x	-	-	281	139	(27)
216	3	-	5	-	x	30	x	-	108	1,961	109	(28)
-	4	1	2	-	x	4	x	-	-	26	-	(29)
-	-	-	-	-	x	-	x	-	-	7	-	(30)
-	-	-	-	-	x	-	x	-	-	8	-	(31)
-	-	-	-	-	x	-	x	-	-	-	-	(32)
-	-	-	-	-	x	-	x	-	-	-	-	(33)
-	2	-	-	-	x	-	x	-	-	-	-	(34)
-	2	-	-	-	x	-	x	-	-	-	-	(35)
-	-	-	-	-	x	-	x	-	-	-	-	(36)
-	-	-	-	-	x	-	x	-	-	-	-	(37)
-	-	-	-	-	x	-	x	-	-	-	-	(38)
-	-	-	-	-	x	-	x	-	-	-	-	(39)
-	-	-	-	-	x	-	x	-	-	-	-	(40)
-	-	-	-	-	x	-	x	-	-	-	-	(41)
-	-	-	-	-	x	-	x	-	-	-	-	(42)
-	-	-	-	-	x	-	x	-	-	-	-	(43)
-	-	-	-	-	x	-	x	-	-	-	-	(44)
-	-	-	-	-	x	-	x	-	-	-	-	(45)
-	-	-	-	-	x	-	x	-	-	-	-	(46)
-	-	-	-	-	x	-	x	-	-	-	-	(47)
-	-	-	-	-	x	-	x	-	-	-	-	(48)

（10）　9月分（続き）

入荷＼出荷	愛知	三重	滋賀	京都	大阪	兵庫	奈良	和歌山	鳥取	島根	岡山	広島
全　国　(1)	4,403	656	872	3,071	1,894	5,245	x	x	x	303	3,504	741
北 海 道 (2)	28	－	－	－	－	－	x	x	x	－	－	－
青　森　(3)	－	－	－	－	－	－	x	x	x	－	－	－
岩　手　(4)	13	－	－	－	－	－	x	x	x	－	－	－
宮　城　(5)	63	－	－	－	－	－	x	x	x	－	－	－
秋　田　(6)	－	－	－	－	－	－	x	x	x	－	－	－
山　形　(7)	－	－	－	－	－	－	x	x	x	－	－	－
福　島　(8)	10	－	－	－	－	－	x	x	x	－	－	－
茨　城　(9)	34	－	－	－	－	－	x	x	x	－	－	－
栃　木　(10)	21	－	－	－	－	－	x	x	x	－	－	－
群　馬　(11)	29	－	－	－	－	－	x	x	x	－	49	－
埼　玉　(12)	108	3	－	－	－	－	x	x	x	－	173	－
千　葉　(13)	59	－	－	20	－	－	x	x	x	－	－	－
東　京　(14)	434	19	－	－	－	－	x	x	x	23	4	－
神 奈 川 (15)	141	12	－	－	－	－	x	x	x	－	229	－
新　潟　(16)	10	－	－	－	－	－	x	x	x	－	－	－
富　山　(17)	10	－	－	－	－	－	x	x	x	－	－	－
石　川　(18)	536	－	2	11	－	16	x	x	x	－	25	－
福　井　(19)	588	－	390	－	48	459	x	x	x	－	－	－
山　梨　(20)	20	－	－	－	－	－	x	x	x	－	－	－
長　野　(21)	24	－	－	－	－	－	x	x	x	－	－	－
岐　阜　(22)	372	1	－	2	－	－	x	x	x	43	－	－
静　岡　(23)	732	－	－	3	－	－	x	x	x	－	－	－
愛　知　(24)	－	27	58	548	246	1,259	x	x	x	－	200	－
三　重　(25)	141	－	42	62	15	－	x	x	x	－	－	－
滋　賀　(26)	19	－	－	49	82	19	x	x	x	－	－	－
京　都　(27)	162	－	89	－	40	738	x	x	x	10	265	－
大　阪　(28)	378	386	291	1,388	－	782	x	x	x	103	1,437	－
兵　庫　(29)	192	－	－	679	500	－	x	x	x	27	44	－
奈　良　(30)	9	208	－	219	526	3	x	x	x	－	－	－
和 歌 山 (31)	13	－	－	71	373	126	x	x	x	－	－	－
鳥　取　(32)	－	－	－	－	－	－	x	x	x	35	154	－
島　根　(33)	－	－	－	－	－	－	x	x	x	－	－	12
岡　山　(34)	24	－	－	18	－	612	x	x	x	15	－	469
広　島　(35)	40	－	－	1	20	565	x	x	x	20	521	－
山　口　(36)	9	－	－	－	－	－	x	x	x	4	－	258
徳　島　(37)	－	－	－	－	14	131	x	x	x	－	－	－
香　川　(38)	21	－	－	－	30	469	x	x	x	－	54	1
愛　媛　(39)	15	－	－	－	－	－	x	x	x	4	25	1
高　知　(40)	4	－	－	－	－	－	x	x	x	－	－	－
福　岡　(41)	83	－	－	－	－	50	x	x	x	19	324	－
佐　賀　(42)	－	－	－	－	－	－	x	x	x	－	－	－
長　崎　(43)	12	－	－	－	－	－	x	x	x	－	－	－
熊　本　(44)	23	－	－	－	－	13	x	x	x	－	－	－
大　分　(45)	6	－	－	－	－	－	x	x	x	－	－	－
宮　崎　(46)	－	－	－	－	－	3	x	x	x	－	－	－
鹿 児 島 (47)	20	－	－	－	－	－	x	x	x	－	－	－
沖　縄　(48)	－	－	－	－	－	－	x	x	x	－	－	－

山 口	徳 島	香 川	愛 媛	高 知	福 岡	佐 賀	長 崎	熊 本	大 分	宮 崎	鹿児島	沖 縄	
x	x	x	x	x	7,219	1,244	194	6,010	66	1,667	27	-	(1)
x	x	x	x	x	-	-	-	1	-	-	-	-	(2)
x	x	x	x	x	-	-	-	1	-	-	-	-	(3)
x	x	x	x	x	-	-	-	-	-	-	-	-	(4)
x	x	x	x	x	-	-	-	2	-	-	-	-	(5)
x	x	x	x	x	-	-	-	-	-	-	-	-	(6)
x	x	x	x	x	-	-	-	1	-	-	-	-	(7)
x	x	x	x	x	-	-	-	1	-	-	-	-	(8)
x	x	x	x	x	-	-	-	1	-	-	-	-	(9)
x	x	x	x	x	-	-	-	1	-	-	-	-	(10)
x	x	x	x	x	-	-	-	5	-	-	-	-	(11)
x	x	x	x	x	-	30	-	40	-	-	-	-	(12)
x	x	x	x	x	-	-	-	11	-	-	-	-	(13)
x	x	x	x	x	-	-	-	684	-	14	-	-	(14)
x	x	x	x	x	-	-	-	42	-	-	-	-	(15)
x	x	x	x	x	-	-	-	1	-	-	-	-	(16)
x	x	x	x	x	-	-	-	1	-	-	-	-	(17)
x	x	x	x	x	-	-	-	5	-	-	-	-	(18)
x	x	x	x	x	-	-	-	3	-	-	-	-	(19)
x	x	x	x	x	-	-	-	-	-	-	-	-	(20)
x	x	x	x	x	-	-	-	3	-	-	-	-	(21)
x	x	x	x	x	-	31	-	2	-	-	-	-	(22)
x	x	x	x	x	-	-	-	5	-	-	-	-	(23)
x	x	x	x	x	-	-	-	253	-	-	-	-	(24)
x	x	x	x	x	-	-	-	2	-	-	-	-	(25)
x	x	x	x	x	-	-	-	69	-	-	-	-	(26)
x	x	x	x	x	1,404	-	-	7	-	-	-	-	(27)
x	x	x	x	x	1,533	99	-	120	-	40	-	-	(28)
x	x	x	x	x	88	-	-	1,043	-	-	-	-	(29)
x	x	x	x	x	-	-	-	2	-	-	-	-	(30)
x	x	x	x	x	-	-	-	3	-	-	-	-	(31)
x	x	x	x	x	-	-	-	8	-	-	-	-	(32)
x	x	x	x	x	-	-	-	4	-	-	-	-	(33)
x	x	x	x	x	466	-	-	16	-	-	-	-	(34)
x	x	x	x	x	910	247	-	234	-	-	-	-	(35)
x	x	x	x	x	108	12	-	14	-	-	-	-	(36)
x	x	x	x	x	-	-	-	1	-	-	-	-	(37)
x	x	x	x	x	5	-	-	2	-	-	-	-	(38)
x	x	x	x	x	-	-	-	30	-	-	-	-	(39)
x	x	x	x	x	-	-	-	4	-	-	-	-	(40)
x	x	x	x	x	-	412	121	1,945	66	185	8	-	(41)
x	x	x	x	x	847	-	69	20	-	-	-	-	(42)
x	x	x	x	x	531	93	-	419	-	15	-	-	(43)
x	x	x	x	x	470	128	-	-	-	12	-	-	(44)
x	x	x	x	x	244	48	4	167	-	-	-	-	(45)
x	x	x	x	x	175	-	-	12	-	-	19	-	(46)
x	x	x	x	x	373	141	-	763	-	1,388	-	-	(47)
x	x	x	x	x	65	3	-	62	-	13	-	-	(48)

14 飲用牛乳等入出荷量（都道府県別）（月別）（続き）

(11) 10月分

入荷＼出荷	全国	北海道	青森	岩手	宮城	秋田	山形	福島	茨城	栃木	群馬
全国 (1)	152,622	36,413	x	4,293	2,575	x	324	1,212	11,630	7,672	9,204
北海道 (2)	107	-	x	-	48	x	-	-	-	-	-
青森 (3)	808	368	x	319	-	x	-	-	-	-	-
岩手 (4)	454	236	x	-	73	x	-	7	-	-	-
宮城 (5)	1,571	510	x	201	-	x	267	27	240	-	59
秋田 (6)	847	355	x	400	26	x	28	-	-	-	-
山形 (7)	251	8	x	6	175	x	-	-	-	21	-
福島 (8)	567	16	x	-	228	x	28	-	87	85	60
茨城 (9)	8,580	3,758	x	16	576	x	-	-	-	1,168	1,502
栃木 (10)	1,359	179	x	23	6	x	-	3	839	-	138
群馬 (11)	4,066	231	x	11	61	x	-	-	533	607	-
埼玉 (12)	23,027	6,897	x	1,502	732	x	-	7	3,766	2,943	1,993
千葉 (13)	6,778	2,686	x	17	-	x	-	18	2,319	94	42
東京 (14)	26,388	7,400	x	87	572	x	-	1,150	2,124	169	3,215
神奈川 (15)	11,055	3,198	x	1,697	-	x	-	-	931	433	1,452
新潟 (16)	1,347	572	x	-	78	x	1	-	41	-	108
富山 (17)	750	10	x	-	-	x	-	-	-	-	-
石川 (18)	719	86	x	-	-	x	-	-	-	-	-
福井 (19)	1,763	47	x	-	-	x	-	-	-	-	-
山梨 (20)	1,146	-	x	-	-	x	-	-	-	15	5
長野 (21)	498	6	x	-	-	x	-	-	8	19	113
岐阜 (22)	617	48	x	-	-	x	-	-	-	-	31
静岡 (23)	3,651	80	x	14	-	x	-	-	742	420	18
愛知 (24)	10,013	500	x	-	-	x	-	-	-	1,618	455
三重 (25)	548	-	x	-	-	x	-	-	-	-	-
滋賀 (26)	374	39	x	-	-	x	-	-	-	-	-
京都 (27)	5,309	1,138	x	-	-	x	-	-	-	31	-
大阪 (28)	17,367	7,717	x	-	-	x	-	-	-	-	13
兵庫 (29)	3,232	217	x	-	-	x	-	-	-	49	-
奈良 (30)	1,037	-	x	-	-	x	-	-	-	-	-
和歌山 (31)	678	70	x	-	-	x	-	-	-	-	-
鳥取 (32)	196	-	x	-	-	x	-	-	-	-	-
島根 (33)	85	-	x	-	-	x	-	-	-	-	-
岡山 (34)	1,947	1	x	-	-	x	-	-	-	-	-
広島 (35)	2,678	-	x	-	-	x	-	-	-	-	-
山口 (36)	393	-	x	-	-	x	-	-	-	-	-
徳島 (37)	393	-	x	-	-	x	-	-	-	-	-
香川 (38)	898	-	x	-	-	x	-	-	-	-	-
愛媛 (39)	405	-	x	-	-	x	-	-	-	-	-
高知 (40)	285	-	x	-	-	x	-	-	-	-	-
福岡 (41)	3,934	40	x	-	-	x	-	-	-	-	-
佐賀 (42)	891	-	x	-	-	x	-	-	-	-	-
長崎 (43)	1,093	-	x	-	-	x	-	-	-	-	-
熊本 (44)	840	-	x	-	-	x	-	-	-	-	-
大分 (45)	520	-	x	-	-	x	-	-	-	-	-
宮崎 (46)	236	-	x	-	-	x	-	-	-	-	-
鹿児島 (47)	2,749	-	x	-	-	x	-	-	-	-	-
沖縄 (48)	172	-	x	-	-	x	-	-	-	-	-

埼 玉	千 葉	東 京	神奈川	新 潟	富 山	石 川	福 井	山 梨	長 野	岐 阜	静 岡	
5,382	7,110	3,654	7,782	715	x	827	x	-	4,369	5,033	1,994	(1)
-	29	-	-	-	x	-	x	-	-	-	-	(2)
-	2	-	-	2	x	-	x	-	-	-	-	(3)
-	-	1	-	66	x	-	x	-	-	-	-	(4)
-	15	110	14	64	x	-	x	-	-	-	-	(5)
-	-	8	-	30	x	-	x	-	-	-	-	(6)
-	-	-	-	40	x	-	x	-	-	-	-	(7)
-	3	32	-	19	x	-	x	-	-	-	-	(8)
251	915	162	190	2	x	-	x	-	-	-	8	(9)
-	5	143	-	-	x	-	x	-	-	-	-	(10)
1,695	371	183	-	246	x	-	x	-	41	-	-	(11)
-	1,354	835	2,448	-	x	-	x	-	137	-	48	(12)
-	-	644	810	48	x	-	x	-	-	6	18	(13)
2,802	3,896	-	2,471	-	x	-	x	-	1,333	26	123	(14)
76	395	835	-	-	x	-	x	-	1,234	13	50	(15)
-	97	67	84	-	x	-	x	-	288	-	-	(16)
-	-	-	-	143	x	425	x	-	124	37	-	(17)
-	-	-	-	-	x	-	x	-	-	18	-	(18)
-	-	-	-	-	x	275	x	-	-	6	-	(19)
178	15	96	92	-	x	-	x	-	500	-	227	(20)
157	-	117	-	49	x	-	x	-	-	-	1	(21)
-	-	34	40	-	x	-	x	-	-	-	-	(22)
-	-	62	1,584	-	x	-	x	-	105	15	-	(23)
-	-	325	42	6	x	100	x	-	499	2,405	1,409	(24)
-	-	-	-	-	x	-	x	-	-	258	-	(25)
-	-	-	-	-	x	-	x	-	-	15	-	(26)
-	2	-	-	-	x	-	x	-	-	233	55	(27)
223	3	-	5	-	x	22	x	-	108	1,959	55	(28)
-	4	-	2	-	x	5	x	-	-	27	-	(29)
-	-	-	-	-	x	-	x	-	-	7	-	(30)
-	-	-	-	-	x	-	x	-	-	8	-	(31)
-	-	-	-	-	x	-	x	-	-	-	-	(32)
-	-	-	-	-	x	-	x	-	-	-	-	(33)
-	2	-	-	-	x	-	x	-	-	-	-	(34)
-	2	-	-	-	x	-	x	-	-	-	-	(35)
-	-	-	-	-	x	-	x	-	-	-	-	(36)
-	-	-	-	-	x	-	x	-	-	-	-	(37)
-	-	-	-	-	x	-	x	-	-	-	-	(38)
-	-	-	-	-	x	-	x	-	-	-	-	(39)
-	-	-	-	-	x	-	x	-	-	-	-	(40)
-	-	-	-	-	x	-	x	-	-	-	-	(41)
-	-	-	-	-	x	-	x	-	-	-	-	(42)
-	-	-	-	-	x	-	x	-	-	-	-	(43)
-	-	-	-	-	x	-	x	-	-	-	-	(44)
-	-	-	-	-	x	-	x	-	-	-	-	(45)
-	-	-	-	-	x	-	x	-	-	-	-	(46)
-	-	-	-	-	x	-	x	-	-	-	-	(47)
-	-	-	-	-	x	-	x	-	-	-	-	(48)

14 飲用牛乳等入出荷量（都道府県別）（月別）（続き）

(11) 10月分（続き）

入荷＼出荷		愛知	三重	滋賀	京都	大阪	兵庫	奈良	和歌山	鳥取	島根	岡山	広島
全 国	(1)	4,587	685	886	3,557	1,891	4,492	x	x	x	301	3,870	710
北 海 道	(2)	29	-	-	-	-	-	x	x	x	-	-	-
青 森	(3)	-	-	-	-	-	-	x	x	x	-	-	-
岩 手	(4)	12	-	-	-	-	-	x	x	x	-	-	-
宮 城	(5)	62	-	-	-	-	-	x	x	x	-	-	-
秋 田	(6)	-	-	-	-	-	-	x	x	x	-	-	-
山 形	(7)	-	-	-	-	-	-	x	x	x	-	-	-
福 島	(8)	8	-	-	-	-	-	x	x	x	-	-	-
茨 城	(9)	31	-	-	-	-	-	x	x	x	-	-	-
栃 木	(10)	21	-	-	-	-	-	x	x	x	-	-	-
群 馬	(11)	30	-	-	-	-	-	x	x	x	-	51	-
埼 玉	(12)	96	3	-	-	-	-	x	x	x	-	180	-
千 葉	(13)	61	-	-	-	-	-	x	x	x	-	-	-
東 京	(14)	451	21	-	-	-	-	x	x	x	24	4	-
神 奈 川	(15)	442	14	-	-	-	-	x	x	x	-	232	-
新 潟	(16)	10	-	-	-	-	-	x	x	x	-	-	-
富 山	(17)	10	-	-	-	-	-	x	x	x	-	-	-
石 川	(18)	543	-	3	10	-	15	x	x	x	-	25	-
福 井	(19)	620	-	384	-	48	376	x	x	x	-	-	-
山 梨	(20)	18	-	-	-	-	-	x	x	x	-	-	-
長 野	(21)	25	-	-	-	-	-	x	x	x	-	-	-
岐 阜	(22)	375	1	-	3	-	-	x	x	x	43	-	-
静 岡	(23)	601	-	-	3	-	-	x	x	x	-	-	-
愛 知	(24)	-	29	59	561	231	1,259	x	x	x	-	205	-
三 重	(25)	148	-	48	80	13	-	x	x	x	-	-	-
滋 賀	(26)	23	-	-	103	102	19	x	x	x	-	-	-
京 都	(27)	157	-	92	-	41	646	x	x	x	10	438	-
大 阪	(28)	326	393	300	1,553	-	832	x	x	x	100	1,487	-
兵 庫	(29)	190	-	-	852	490	-	x	x	x	27	49	-
奈 良	(30)	11	224	-	280	510	3	x	x	x	-	-	-
和 歌 山	(31)	12	-	-	90	381	114	x	x	x	-	-	-
鳥 取	(32)	-	-	-	-	-	-	x	x	x	34	152	-
島 根	(33)	-	-	-	-	-	-	x	x	x	-	-	12
岡 山	(34)	25	-	-	20	1	375	x	x	x	15	-	448
広 島	(35)	42	-	-	2	21	328	x	x	x	21	621	-
山 口	(36)	9	-	-	-	-	-	x	x	x	4	-	248
徳 島	(37)	-	-	-	-	16	131	x	x	x	-	-	-
香 川	(38)	22	-	-	-	37	315	x	x	x	-	60	1
愛 媛	(39)	15	-	-	-	-	-	x	x	x	4	25	1
高 知	(40)	3	-	-	-	-	-	x	x	x	-	-	-
福 岡	(41)	96	-	-	-	-	64	x	x	x	19	341	-
佐 賀	(42)	-	-	-	-	-	-	x	x	x	-	-	-
長 崎	(43)	12	-	-	-	-	-	x	x	x	-	-	-
熊 本	(44)	24	-	-	-	-	12	x	x	x	-	-	-
大 分	(45)	6	-	-	-	-	-	x	x	x	-	-	-
宮 崎	(46)	-	-	-	-	-	3	x	x	x	-	-	-
鹿 児 島	(47)	21	-	-	-	-	-	x	x	x	-	-	-
沖 縄	(48)	-	-	-	-	-	-	x	x	x	-	-	-

山口	徳島	香川	愛媛	高知	福岡	佐賀	長崎	熊本	大分	宮崎	鹿児島	沖縄	
x	x	x	x	x	7,731	1,287	180	5,883	72	1,671	27	—	(1)
x	x	x	x	x	—	—	—	1	—	—	—	—	(2)
x	x	x	x	x	—	—	—	1	—	—	—	—	(3)
x	x	x	x	x	—	—	—	1	—	—	—	—	(4)
x	x	x	x	x	—	—	—	2	—	—	—	—	(5)
x	x	x	x	x	—	—	—	—	—	—	—	—	(6)
x	x	x	x	x	—	—	—	1	—	—	—	—	(7)
x	x	x	x	x	—	—	—	1	—	—	—	—	(8)
x	x	x	x	x	—	—	—	1	—	—	—	—	(9)
x	x	x	x	x	—	—	—	2	—	—	—	—	(10)
x	x	x	x	x	—	—	—	6	—	—	—	—	(11)
x	x	x	x	x	—	43	—	43	—	—	—	—	(12)
x	x	x	x	x	—	—	—	15	—	—	—	—	(13)
x	x	x	x	x	—	—	—	509	—	11	—	—	(14)
x	x	x	x	x	—	—	—	53	—	—	—	—	(15)
x	x	x	x	x	—	—	—	1	—	—	—	—	(16)
x	x	x	x	x	—	—	—	1	—	—	—	—	(17)
x	x	x	x	x	—	—	—	6	—	—	—	—	(18)
x	x	x	x	x	—	—	—	2	—	—	—	—	(19)
x	x	x	x	x	—	—	—	—	—	—	—	—	(20)
x	x	x	x	x	—	—	—	3	—	—	—	—	(21)
x	x	x	x	x	—	40	—	2	—	—	—	—	(22)
x	x	x	x	x	—	—	—	7	—	—	—	—	(23)
x	x	x	x	x	—	—	—	310	—	—	—	—	(24)
x	x	x	x	x	—	—	—	1	—	—	—	—	(25)
x	x	x	x	x	—	—	—	73	—	—	—	—	(26)
x	x	x	x	x	1,558	—	—	8	—	—	—	—	(27)
x	x	x	x	x	1,429	106	—	128	—	38	—	—	(28)
x	x	x	x	x	101	—	—	976	—	—	—	—	(29)
x	x	x	x	x	—	—	—	2	—	—	—	—	(30)
x	x	x	x	x	—	—	—	3	—	—	—	—	(31)
x	x	x	x	x	—	—	—	10	—	—	—	—	(32)
x	x	x	x	x	—	—	—	5	—	—	—	—	(33)
x	x	x	x	x	450	—	—	21	—	—	—	—	(34)
x	x	x	x	x	860	248	—	242	—	—	—	—	(35)
x	x	x	x	x	105	13	—	14	—	—	—	—	(36)
x	x	x	x	x	—	—	—	1	—	—	—	—	(37)
x	x	x	x	x	460	—	—	3	—	—	—	—	(38)
x	x	x	x	x	—	—	—	33	—	—	—	—	(39)
x	x	x	x	x	—	—	—	4	—	—	—	—	(40)
x	x	x	x	x	—	411	120	1,934	72	197	8	—	(41)
x	x	x	x	x	792	—	56	22	—	—	—	—	(42)
x	x	x	x	x	522	89	—	413	—	16	—	—	(43)
x	x	x	x	x	577	133	—	—	—	12	—	—	(44)
x	x	x	x	x	246	50	4	173	—	—	—	—	(45)
x	x	x	x	x	178	—	—	15	—	—	19	—	(46)
x	x	x	x	x	373	150	—	760	—	1,383	—	—	(47)
x	x	x	x	x	80	4	—	74	—	14	—	—	(48)

(12)　11月分

入荷 ＼ 出荷	全　国	北海道	青　森	岩　手	宮　城	秋　田	山　形	福　島	茨　城	栃　木	群　馬
全　　国　(1)	140,747	30,982	x	3,956	2,437	x	273	1,044	11,244	7,820	8,694
北　海　道　(2)	100	-	x	-	44	x	-	-	-	-	-
青　　森　(3)	750	333	x	307	-	x	-	-	-	-	-
岩　　手　(4)	493	288	x	-	67	x	-	6	-	-	-
宮　　城　(5)	1,750	541	x	293	-	x	224	25	231	83	61
秋　　田　(6)	809	336	x	389	24	x	24	-	-	-	-
山　　形　(7)	253	8	x	6	177	x	-	1	-	21	-
福　　島　(8)	515	17	x	-	200	x	24	-	84	77	55
茨　　城　(9)	7,238	2,447	x	61	660	x	-	-	-	1,265	1,364
栃　　木　(10)	1,294	162	x	19	8	x	-	3	801	-	133
群　　馬　(11)	3,810	166	x	1	53	x	-	-	510	502	-
埼　　玉　(12)	21,633	5,763	x	1,257	655	x	-	7	3,746	3,371	1,871
千　　葉　(13)	6,375	2,641	x	2	-	x	-	-	2,226	87	42
東　　京　(14)	24,828	6,634	x	81	497	x	-	1,002	1,999	165	3,094
神　奈　川　(15)	9,955	2,556	x	1,529	-	x	-	-	891	379	1,379
新　　潟　(16)	1,228	499	x	-	52	x	1	-	39	-	97
富　　山　(17)	733	54	x	-	-	x	-	-	-	-	-
石　　川　(18)	670	77	x	-	-	x	-	-	-	-	-
福　　井　(19)	1,637	46	x	-	-	x	-	-	-	-	-
山　　梨　(20)	1,091	-	x	-	-	x	-	-	-	14	4
長　　野　(21)	454	5	x	-	-	x	-	-	8	18	98
岐　　阜　(22)	546	43	x	-	-	x	-	-	-	-	28
静　　岡　(23)	3,223	42	x	11	-	x	-	-	709	379	8
愛　　知　(24)	9,300	508	x	-	-	x	-	-	-	1,459	448
三　　重　(25)	489	1	x	-	-	x	-	-	-	-	-
滋　　賀　(26)	327	33	x	-	-	x	-	-	-	-	-
京　　都　(27)	4,876	1,126	x	-	-	x	-	-	-	-	-
大　　阪　(28)	15,841	6,450	x	-	-	x	-	-	-	-	12
兵　　庫　(29)	2,889	159	x	-	-	x	-	-	-	-	-
奈　　良　(30)	885	-	x	-	-	x	-	-	-	-	-
和　歌　山　(31)	565	-	x	-	-	x	-	-	-	-	-
鳥　　取　(32)	177	-	x	-	-	x	-	-	-	-	-
島　　根　(33)	82	-	x	-	-	x	-	-	-	-	-
岡　　山　(34)	1,796	1	x	-	-	x	-	-	-	-	-
広　　島　(35)	2,494	-	x	-	-	x	-	-	-	-	-
山　　口　(36)	369	-	x	-	-	x	-	-	-	-	-
徳　　島　(37)	448	-	x	-	-	x	-	-	-	-	-
香　　川　(38)	441	-	x	-	-	x	-	-	-	-	-
愛　　媛　(39)	463	-	x	-	-	x	-	-	-	-	-
高　　知　(40)	365	-	x	-	-	x	-	-	-	-	-
福　　岡　(41)	3,538	46	x	-	-	x	-	-	-	-	-
佐　　賀　(42)	850	-	x	-	-	x	-	-	-	-	-
長　　崎　(43)	1,003	-	x	-	-	x	-	-	-	-	-
熊　　本　(44)	851	-	x	-	-	x	-	-	-	-	-
大　　分　(45)	456	-	x	-	-	x	-	-	-	-	-
宮　　崎　(46)	215	-	x	-	-	x	-	-	-	-	-
鹿　児　島　(47)	2,470	-	x	-	-	x	-	-	-	-	-
沖　　縄　(48)	172	-	x	-	-	x	-	-	-	-	-

埼玉	千葉	東京	神奈川	新潟	富山	石川	福井	山梨	長野	岐阜	静岡	
5,284	6,779	3,463	6,917	672	x	698	x	−	4,372	4,555	2,037	(1)
−	29	−	−	−	x	−	x		−	−	−	(2)
−	2	−	−	−	x	−	x		−	−	−	(3)
−	−	1	−	61	x	−	x		−	−	−	(4)
−	14	84	4	126	x	−	x		−	−	−	(5)
−	−	8	−	28	x	−	x		−	−	−	(6)
−	−	−	−	38	x	−	x		−	−	−	(7)
−	3	26	−	18	x	−	x		−	−	−	(8)
223	840	158	176	3	x	−	x	−	−	−	7	(9)
−	5	136	−	−	x	−	x	−	−	−	−	(10)
1,708	359	167	−	224	x	−	x	−	39	−	−	(11)
−	1,276	795	2,329	−	x	−	x	−	125	−	76	(12)
−	−	629	606	46	x	−	x	−	−	6	17	(13)
2,779	3,768	−	2,349	−	x	−	x	−	1,313	24	115	(14)
60	362	786	−	−	x	−	x	−	1,259	12	46	(15)
−	95	62	66	−	x	−	x	−	306	−	−	(16)
−	−	−	−	79	x	410	x	−	144	34	−	(17)
−	−	−	−	−	x	−	x	−	−	17	−	(18)
−	−	−	−	−	x	277	x	−	−	5	−	(19)
159	13	90	87	−	x	−	x	−	493	−	212	(20)
139	−	113	−	44	x	−	x	−	−	−	1	(21)
−	−	42	−	−	x	−	x	−	−	−	−	(22)
−	−	56	1,291	−	x	−	x	−	110	16	−	(23)
−	−	310	2	5	x	7	x	−	487	2,241	1,442	(24)
−	−	−	−	−	x	−	x	−	−	218	−	(25)
−	−	−	−	−	x	−	x	−	−	11	−	(26)
−	2	−	−	−	x	−	x	−	−	201	55	(27)
216	3	−	5	−	x	−	x	−	96	1,730	66	(28)
−	4	−	2	−	x	4	x	−	−	25	−	(29)
−	−	−	−	−	x	−	x	−	−	7	−	(30)
−	−	−	−	−	x	−	x	−	−	8	−	(31)
−	−	−	−	−	x	−	x	−	−	−	−	(32)
−	−	−	−	−	x	−	x	−	−	−	−	(33)
−	2	−	−	−	x	−	x	−	−	−	−	(34)
−	2	−	−	−	x	−	x	−	−	−	−	(35)
−	−	−	−	−	x	−	x	−	−	−	−	(36)
−	−	−	−	−	x	−	x	−	−	−	−	(37)
−	−	−	−	−	x	−	x	−	−	−	−	(38)
−	−	−	−	−	x	−	x	−	−	−	−	(39)
−	−	−	−	−	x	−	x	−	−	−	−	(40)
−	−	−	−	−	x	−	x	−	−	−	−	(41)
−	−	−	−	−	x	−	x	−	−	−	−	(42)
					x		x					(43)
					x		x					(44)
					x		x					(45)
					x		x					(46)
					x		x					(47)
−	−	−	−	−	x	−	x	−	−	−	−	(48)

（12） 11月分（続き）

入荷＼出荷	愛知	三重	滋賀	京都	大阪	兵庫	奈良	和歌山	鳥取	島根	岡山	広島
全　国 (1)	4,331	588	856	3,211	1,713	4,114	x	x	x	297	3,712	642
北 海 道 (2)	26	-	-	-	-	-	x	x	x	-	-	-
青　森 (3)	-	-	-	-	-	-	x	x	x	-	-	-
岩　手 (4)	14	-	-	-	-	-	x	x	x	-	-	-
宮　城 (5)	62	-	-	-	-	-	x	x	x	-	-	-
秋　田 (6)	-	-	-	-	-	-	x	x	x	-	-	-
山　形 (7)	-	-	-	-	-	-	x	x	x	-	-	-
福　島 (8)	9	-	-	-	-	-	x	x	x	-	-	-
茨　城 (9)	30	-	-	-	-	-	x	x	x	-	-	-
栃　木 (10)	24	-	-	-	-	-	x	x	x	-	-	-
群　馬 (11)	28	-	-	-	-	-	x	x	x	-	50	-
埼　玉 (12)	94	1	-	-	-	-	x	x	x	-	178	-
千　葉 (13)	59	-	-	-	-	-	x	x	x	-	-	-
東　京 (14)	426	19	-	-	-	-	x	x	x	24	3	-
神 奈 川 (15)	410	13	-	-	-	-	x	x	x	-	234	-
新　潟 (16)	9	-	-	-	-	-	x	x	x	-	-	-
富　山 (17)	10	-	-	-	-	-	x	x	x	-	-	-
石　川 (18)	506	-	2	10	-	14	x	x	x	-	25	-
福　井 (19)	515	-	388	-	41	359	x	x	x	-	-	-
山　梨 (20)	18	-	-	-	-	-	x	x	x	-	-	-
長　野 (21)	25	-	-	-	-	-	x	x	x	-	-	-
岐　阜 (22)	348	1	-	2	-	-	x	x	x	42	-	-
静　岡 (23)	589	-	-	3	-	-	x	x	x	-	-	-
愛　知 (24)	-	25	57	521	222	1,116	x	x	x	-	142	-
三　重 (25)	144	-	46	64	13	-	x	x	x	-	-	-
滋　賀 (26)	24	-	-	59	86	19	x	x	x	-	-	-
京　都 (27)	133	-	96	-	41	569	x	x	x	8	376	-
大　阪 (28)	343	348	267	1,491	-	689	x	x	x	102	1,596	-
兵　庫 (29)	186	-	-	742	429	-	x	x	x	27	46	-
奈　良 (30)	12	181	-	226	453	3	x	x	x	-	-	-
和 歌 山 (31)	14	-	-	73	368	99	x	x	x	-	-	-
鳥　取 (32)	-	-	-	-	-	-	x	x	x	34	131	-
島　根 (33)	-	-	-	-	-	-	x	x	x	-	-	11
岡　山 (34)	25	-	-	19	-	418	x	x	x	14	-	402
広　島 (35)	42	-	-	1	20	346	x	x	x	20	569	-
山　口 (36)	10	-	-	-	-	-	x	x	x	4	-	227
徳　島 (37)	-	-	-	-	14	117	x	x	x	-	-	-
香　川 (38)	21	-	-	-	26	294	x	x	x	-	47	1
愛　媛 (39)	14	-	-	-	-	-	x	x	x	4	25	1
高　知 (40)	3	-	-	-	-	-	x	x	x	-	-	-
福　岡 (41)	98	-	-	-	-	45	x	x	x	18	290	-
佐　賀 (42)	-	-	-	-	-	-	x	x	x	-	-	-
長　崎 (43)	12	-	-	-	-	-	x	x	x	-	-	-
熊　本 (44)	21	-	-	-	-	12	x	x	x	-	-	-
大　分 (45)	8	-	-	-	-	-	x	x	x	-	-	-
宮　崎 (46)	-	-	-	-	-	2	x	x	x	-	-	-
鹿 児 島 (47)	19	-	-	-	-	12	x	x	x	-	-	-
沖　縄 (48)	-	-	-	-	-	-	x	x	x	-	-	-

単位：kl

山 口	徳 島	香 川	愛 媛	高 知	福 岡	佐 賀	長 崎	熊 本	大 分	宮 崎	鹿児島	沖 縄	
x	x	x	x	x	7,079	1,160	189	5,697	66	1,497	26	-	(1)
x	x	x	x	x	-	-	-	1	-	-	-	-	(2)
x	x	x	x	x	-	-	-	-	-	-	-	-	(3)
x	x	x	x	x	-	-	-	2	-	-	-	-	(4)
x	x	x	x	x	-	-	-	2	-	-	-	-	(5)
x	x	x	x	x	-	-	-	-	-	-	-	-	(6)
x	x	x	x	x	-	-	-	2	-	-	-	-	(7)
x	x	x	x	x	-	-	-	2	-	-	-	-	(8)
x	x	x	x	x	-	-	-	4	-	-	-	-	(9)
x	x	x	x	x	-	-	-	3	-	-	-	-	(10)
x	x	x	x	x	-	-	-	3	-	-	-	-	(11)
x	x	x	x	x	-	44	-	45	-	-	-	-	(12)
x	x	x	x	x	-	-	-	14	-	-	-	-	(13)
x	x	x	x	x	-	-	-	527	-	9	-	-	(14)
x	x	x	x	x	-	-	-	39	-	-	-	-	(15)
x	x	x	x	x	-	-	-	2	-	-	-	-	(16)
x	x	x	x	x	-	-	-	2	-	-	-	-	(17)
x	x	x	x	x	-	-	-	8	-	-	-	-	(18)
x	x	x	x	x	-	-	-	2	-	-	-	-	(19)
x	x	x	x	x	-	-	-	1	-	-	-	-	(20)
x	x	x	x	x	-	-	-	3	-	-	-	-	(21)
x	x	x	x	x	-	38	-	2	-	-	-	-	(22)
x	x	x	x	x	-	-	-	9	-	-	-	-	(23)
x	x	x	x	x	-	-	-	308	-	-	-	-	(24)
x	x	x	x	x	-	-	-	3	-	-	-	-	(25)
x	x	x	x	x	-	-	-	95	-	-	-	-	(26)
x	x	x	x	x	1,445	-	-	10	-	-	-	-	(27)
x	x	x	x	x	1,661	73	-	143	-	35	-	-	(28)
x	x	x	x	x	88	-	-	943	-	-	-	-	(29)
x	x	x	x	x	-	-	-	3	-	-	-	-	(30)
x	x	x	x	x	-	-	-	3	-	-	-	-	(31)
x	x	x	x	x	-	-	-	12	-	-	-	-	(32)
x	x	x	x	x	-	-	-	5	-	-	-	-	(33)
x	x	x	x	x	383	-	-	21	-	-	-	-	(34)
x	x	x	x	x	768	219	-	244	-	-	-	-	(35)
x	x	x	x	x	100	11	-	17	-	-	-	-	(36)
x	x	x	x	x	-	-	-	2	-	-	-	-	(37)
x	x	x	x	x	47	-	-	5	-	-	-	-	(38)
x	x	x	x	x	-	-	-	35	-	-	-	-	(39)
x	x	x	x	x	-	-	-	5	-	-	-	-	(40)
x	x	x	x	x	-	378	119	1,806	66	174	8	-	(41)
x	x	x	x	x	741	-	66	26	-	-	-	-	(42)
x	x	x	x	x	471	89	-	383	-	15	-	-	(43)
x	x	x	x	x	618	123	-	-	-	11	-	-	(44)
x	x	x	x	x	201	48	4	162	-	-	-	-	(45)
x	x	x	x	x	162	-	-	16	-	-	18	-	(46)
x	x	x	x	x	323	134	-	692	-	1,240	-	-	(47)
x	x	x	x	x	71	3	-	85	-	13	-	-	(48)

14 飲用牛乳等入出荷量（都道府県別）（月別）（続き）

(13) 12月分

入荷 ＼ 出荷		全　国	北海道	青　森	岩　手	宮　城	秋　田	山　形	福　島	茨　城	栃　木	群　馬
全　国	(1)	139,897	29,192	x	4,040	2,597	x	290	1,161	11,000	7,915	8,701
北 海 道	(2)	110	-	x	-	46	x	-	-	-	-	-
青　森	(3)	740	340	x	290	-	x	-	-	-	-	-
岩　手	(4)	486	279	x	-	66	x	-	7	-	-	-
宮　城	(5)	1,706	406	x	461	-	x	232	23	233	-	38
秋　田	(6)	841	352	x	397	26	x	26	-	-	-	-
山　形	(7)	255	9	x	5	182	x	-	-	-	19	-
福　島	(8)	522	22	x	-	200	x	31	-	85	78	51
茨　城	(9)	7,333	2,147	x	1	901	x	-	-	-	1,456	1,429
栃　木	(10)	1,265	156	x	21	6	x	-	3	803	-	117
群　馬	(11)	3,333	201	x	1	56	x	-	-	511	342	-
埼　玉	(12)	21,285	5,192	x	1,154	619	x	-	8	3,620	4,087	1,825
千　葉	(13)	6,276	2,412	x	2	-	x	-	-	2,204	82	39
東　京	(14)	24,314	6,348	x	95	476	x	-	1,120	1,897	150	3,149
神 奈 川	(15)	9,469	2,107	x	1,602	-	x	-	-	890	382	1,369
新　潟	(16)	1,160	460	x	-	19	x	1	-	39	-	97
富　山	(17)	844	53	x	-	-	x	-	-	-	-	-
石　川	(18)	627	117	x	-	-	x	-	-	-	-	-
福　井	(19)	1,592	49	x	-	-	x	-	-	-	-	-
山　梨	(20)	1,083	-	x	-	-	x	-	-	-	13	2
長　野	(21)	451	7	x	-	-	x	-	-	8	16	97
岐　阜	(22)	545	38	x	-	-	x	-	-	-	-	28
静　岡	(23)	3,316	51	x	11	-	x	-	-	710	352	8
愛　知	(24)	9,419	891	x	-	-	x	-	-	-	938	441
三　重	(25)	524	-	x	-	-	x	-	-	-	-	-
滋　賀	(26)	313	-	x	-	-	x	-	-	-	-	-
京　都	(27)	5,140	1,081	x	-	-	x	-	-	-	-	-
大　阪	(28)	15,658	6,256	x	-	-	x	-	-	-	-	11
兵　庫	(29)	2,969	181	x	-	-	x	-	-	-	-	-
奈　良	(30)	884	-	x	-	-	x	-	-	-	-	-
和 歌 山	(31)	536	-	x	-	-	x	-	-	-	-	-
鳥　取	(32)	175	-	x	-	-	x	-	-	-	-	-
島　根	(33)	80	-	x	-	-	x	-	-	-	-	-
岡　山	(34)	1,928	-	x	-	-	x	-	-	-	-	-
広　島	(35)	2,657	-	x	-	-	x	-	-	-	-	-
山　口	(36)	360	-	x	-	-	x	-	-	-	-	-
徳　島	(37)	438	-	x	-	-	x	-	-	-	-	-
香　川	(38)	327	-	x	-	-	x	-	-	-	-	-
愛　媛	(39)	441	-	x	-	-	x	-	-	-	-	-
高　知	(40)	343	-	x	-	-	x	-	-	-	-	-
福　岡	(41)	3,915	37	x	-	-	x	-	-	-	-	-
佐　賀	(42)	1,057	-	x	-	-	x	-	-	-	-	-
長　崎	(43)	986	-	x	-	-	x	-	-	-	-	-
熊　本	(44)	944	-	x	-	-	x	-	-	-	-	-
大　分	(45)	466	-	x	-	-	x	-	-	-	-	-
宮　崎	(46)	202	-	x	-	-	x	-	-	-	-	-
鹿 児 島	(47)	2,426	-	x	-	-	x	-	-	-	-	-
沖　縄	(48)	156	-	x	-	-	x	-	-	-	-	-

埼玉	千葉	東京	神奈川	新潟	富山	石川	福井	山梨	長野	岐阜	静岡	
5,007	6,437	3,553	6,872	730	x	884	x	–	4,246	4,646	2,015	(1)
–	28	–	–	–	x	–	x	–	–	–	–	(2)
–	2	–	–	1	x	–	x	–	–	–	–	(3)
–	–	1	–	65	x	–	x	–	–	–	–	(4)
–	14	99	2	138	x	–	x	–	–	–	–	(5)
–	–	8	–	32	x	–	x	–	–	–	–	(6)
–	–	–	–	38	x	–	x	–	–	–	–	(7)
–	3	25	–	18	x	–	x	–	–	–	–	(8)
215	777	187	166	2	x	–	x	–	–	–	7	(9)
–	4	129	–	–	x	–	x	–	–	–	–	(10)
1,375	353	140	2	227	x	–	x	–	39	–	–	(11)
–	1,238	709	2,289	–	x	–	x	–	124	–	48	(12)
–	–	772	617	46	x	–	x	–	–	6	16	(13)
2,850	3,545	–	2,153	–	x	–	x	–	1,310	24	110	(14)
72	355	767	–	–	x	–	x	–	1,187	12	44	(15)
–	92	60	68	–	x	–	x	–	311	–	–	(16)
–	–	–	–	107	x	560	x	–	78	35	–	(17)
–	–	–	–	–	x	–	x	–	–	17	–	(18)
–	–	–	–	–	x	259	x	–	–	5	–	(19)
151	13	87	86	–	x	–	x	–	505	–	203	(20)
133	–	113	–	51	x	–	x	–	–	–	1	(21)
–	–	31	33	–	x	–	x	–	–	–	–	(22)
–	–	59	1,397	–	x	–	x	–	117	14	–	(23)
–	–	311	52	5	x	45	x	–	475	2,258	1,469	(24)
–	–	–	–	–	x	–	x	–	–	264	–	(25)
–	–	–	–	–	x	–	x	–	–	14	–	(26)
–	2	7	–	–	x	–	x	–	–	217	57	(27)
211	3	7	5	–	x	16	x	–	100	1,742	60	(28)
–	4	41	2	–	x	4	x	–	–	25	–	(29)
–	–	–	–	–	x	–	x	–	–	6	–	(30)
–	–	–	–	–	x	–	x	–	–	7	–	(31)
–	–	–	–	–	x	–	x	–	–	–	–	(32)
–	–	–	–	–	x	–	x	–	–	–	–	(33)
–	2	–	–	–	x	–	x	–	–	–	–	(34)
–	2	–	–	–	x	–	x	–	–	–	–	(35)
–	–	–	–	–	x	–	x	–	–	–	–	(36)
–	–	–	–	–	x	–	x	–	–	–	–	(37)
–	–	–	–	–	x	–	x	–	–	–	–	(38)
–	–	–	–	–	x	–	x	–	–	–	–	(39)
–	–	–	–	–	x	–	x	–	–	–	–	(40)
–	–	–	–	–	x	–	x	–	–	–	–	(41)
–	–	–	–	–	x	–	x	–	–	–	–	(42)
–	–	–	–	–	x	–	x	–	–	–	–	(43)
–	–	–	–	–	x	–	x	–	–	–	–	(44)
–	–	–	–	–	x	–	x	–	–	–	–	(45)
–	–	–	–	–	x	–	x	–	–	–	–	(46)
–	–	–	–	–	x	–	x	–	–	–	–	(47)
–	–	–	–	–	x	–	x	–	–	–	–	(48)

14 飲用牛乳等入出荷量（都道府県別）（月別）（続き）

(13) 12月分（続き）

入荷 ＼ 出荷	愛知	三重	滋賀	京都	大阪	兵庫	奈良	和歌山	鳥取	島根	岡山	広島
全　国 (1)	4,359	639	772	3,129	1,663	4,616	x	x	x	286	3,881	727
北海道 (2)	35	-	-	-	-	-	x	x	x	-	-	-
青　森 (3)	-	-	-	-	-	-	x	x	x	-	-	-
岩　手 (4)	14	-	-	-	-	-	x	x	x	-	-	-
宮　城 (5)	58	-	-	-	-	-	x	x	x	-	-	-
秋　田 (6)	-	-	-	-	-	-	x	x	x	-	-	-
山　形 (7)	-	-	-	-	-	-	x	x	x	-	-	-
福　島 (8)	7	-	-	-	-	-	x	x	x	-	-	-
茨　城 (9)	41	-	-	-	-	-	x	x	x	-	-	-
栃　木 (10)	23	-	-	-	-	-	x	x	x	-	-	-
群　馬 (11)	30	-	-	-	-	-	x	x	x	-	52	-
埼　玉 (12)	112	2	-	-	-	-	x	x	x	-	184	-
千　葉 (13)	63	-	-	-	-	-	x	x	x	-	-	-
東　京 (14)	440	21	-	-	-	29	x	x	x	23	4	-
神奈川 (15)	380	14	-	-	-	-	x	x	x	-	239	-
新　潟 (16)	11	-	-	-	-	-	x	x	x	-	-	-
富　山 (17)	10	-	-	-	-	-	x	x	x	-	-	-
石　川 (18)	425	-	2	9	-	14	x	x	x	-	26	-
福　井 (19)	533	-	322	-	42	378	x	x	x	-	-	-
山　梨 (20)	22	-	-	-	-	-	x	x	x	-	-	-
長　野 (21)	21	-	-	-	-	-	x	x	x	-	-	-
岐　阜 (22)	337	1	-	2	-	-	x	x	x	43	-	-
静　岡 (23)	582	-	-	3	-	-	x	x	x	-	-	-
愛　知 (24)	-	27	57	554	226	1,226	x	x	x	-	147	-
三　重 (25)	143	-	38	63	14	-	x	x	x	-	-	-
滋　賀 (26)	20	-	-	86	75	16	x	x	x	-	-	-
京　都 (27)	146	-	80	-	38	622	x	x	x	8	478	-
大　阪 (28)	387	369	273	1,409	-	763	x	x	x	95	1,646	-
兵　庫 (29)	198	-	-	681	434	-	x	x	x	25	46	-
奈　良 (30)	13	205	-	220	436	3	x	x	x	-	-	-
和歌山 (31)	15	-	-	81	334	96	x	x	x	-	-	-
鳥　取 (32)	-	-	-	-	-	-	x	x	x	31	134	-
島　根 (33)	-	-	-	-	-	-	x	x	x	-	-	11
岡　山 (34)	29	-	-	19	1	419	x	x	x	14	-	489
広　島 (35)	44	-	-	2	19	313	x	x	x	20	549	-
山　口 (36)	10	-	-	-	-	-	x	x	x	4	-	225
徳　島 (37)	-	-	-	-	14	124	x	x	x	-	-	-
香　川 (38)	24	-	-	-	30	217	x	x	x	-	48	1
愛　媛 (39)	15	-	-	-	-	-	x	x	x	4	26	1
高　知 (40)	4	-	-	-	-	-	x	x	x	-	-	-
福　岡 (41)	108	-	-	-	-	362	x	x	x	19	302	-
佐　賀 (42)	-	-	-	-	-	-	x	x	x	-	-	-
長　崎 (43)	12	-	-	-	-	-	x	x	x	-	-	-
熊　本 (44)	19	-	-	-	-	16	x	x	x	-	-	-
大　分 (45)	8	-	-	-	-	-	x	x	x	-	-	-
宮　崎 (46)	-	-	-	-	-	-	x	x	x	-	-	-
鹿児島 (47)	20	-	-	-	-	18	x	x	x	-	-	-
沖　縄 (48)	-	-	-	-	-	-	x	x	x	-	-	-

山口	徳島	香川	愛媛	高知	福岡	佐賀	長崎	熊本	大分	宮崎	鹿児島	沖縄	
x	x	x	x	x	7,346	1,161	186	5,788	66	1,485	27	-	(1)
x	x	x	x	x	-	-	-	1	-	-	-	-	(2)
x	x	x	x	x	-	-	-	1	-	-	-	-	(3)
x	x	x	x	x	-	-	-	1	-	-	-	-	(4)
x	x	x	x	x	-	-	-	2	-	-	-	-	(5)
x	x	x	x	x	-	-	-	-	-	-	-	-	(6)
x	x	x	x	x	-	-	-	2	-	-	-	-	(7)
x	x	x	x	x	-	-	-	2	-	-	-	-	(8)
x	x	x	x	x	-	-	-	4	-	-	-	-	(9)
x	x	x	x	x	-	-	-	3	-	-	-	-	(10)
x	x	x	x	x	-	-	-	4	-	-	-	-	(11)
x	x	x	x	x	-	26	-	48	-	-	-	-	(12)
x	x	x	x	x	-	-	-	17	-	-	-	-	(13)
x	x	x	x	x	-	-	-	560	-	10	-	-	(14)
x	x	x	x	x	-	-	-	49	-	-	-	-	(15)
x	x	x	x	x	-	-	-	2	-	-	-	-	(16)
x	x	x	x	x	-	-	-	1	-	-	-	-	(17)
x	x	x	x	x	-	-	-	6	-	-	-	-	(18)
x	x	x	x	x	-	-	-	1	-	-	-	-	(19)
x	x	x	x	x	-	-	-	1	-	-	-	-	(20)
x	x	x	x	x	-	-	-	4	-	-	-	-	(21)
x	x	x	x	x	-	30	-	2	-	-	-	-	(22)
x	x	x	x	x	-	-	-	12	-	-	-	-	(23)
x	x	x	x	x	-	-	-	292	-	-	-	-	(24)
x	x	x	x	x	-	-	-	2	-	-	-	-	(25)
x	x	x	x	x	-	-	-	102	-	-	-	-	(26)
x	x	x	x	x	1,545	-	-	10	-	-	-	-	(27)
x	x	x	x	x	1,471	96	-	130	-	56	-	-	(28)
x	x	x	x	x	101	-	-	981	-	-	-	-	(29)
x	x	x	x	x	-	-	-	1	-	-	-	-	(30)
x	x	x	x	x	-	-	-	3	-	-	-	-	(31)
x	x	x	x	x	-	-	-	10	-	-	-	-	(32)
x	x	x	x	x	-	-	-	4	-	-	-	-	(33)
x	x	x	x	x	406	-	-	18	-	-	-	-	(34)
x	x	x	x	x	837	209	-	394	-	-	-	-	(35)
x	x	x	x	x	94	13	-	14	-	-	-	-	(36)
x	x	x	x	x	-	-	-	1	-	-	-	-	(37)
x	x	x	x	x	4	-	-	3	-	-	-	-	(38)
x	x	x	x	x	-	-	-	32	-	-	-	-	(39)
x	x	x	x	x	-	-	-	4	-	-	-	-	(40)
x	x	x	x	x	-	389	121	1,782	66	175	7	-	(41)
x	x	x	x	x	954	-	61	23	-	-	-	-	(42)
x	x	x	x	x	460	89	-	371	-	16	-	-	(43)
x	x	x	x	x	699	123	-	-	-	11	-	-	(44)
x	x	x	x	x	208	48	4	160	-	-	-	-	(45)
x	x	x	x	x	150	-	-	13	-	-	20	-	(46)
x	x	x	x	x	352	136	-	637	-	1,206	-	-	(47)
x	x	x	x	x	65	2	-	78	-	11	-	-	(48)

15 乳製品生産量（全国・北海道・都府県）（月別）

種　類		単位	年　計		1 月	2	3	4
			実　数	対前年比				
				%				
全国								
全粉乳	(1)	t	9,994	102.0	1,108	978	1,063	877
脱脂粉乳	(2)	〃	124,900	104.1	10,984	9,720	12,762	12,226
調製粉乳	(3)	〃	27,336	98.4	2,156	2,290	2,295	2,024
ホエイパウダー	(4)	〃	19,371	100.0	1,734	1,642	1,914	1,623
うち、タンパク質含有量25%未満	(5)	〃	19,332	100.1	1,728	1,639	1,914	1,622
タンパク質含有量25%以上45%未満	(6)	〃	39	69.6	6	3	-	1
バター	(7)	〃	62,441	104.9	6,111	4,953	6,448	6,071
クリーム	(8)	〃	116,297	100.1	9,326	9,125	10,204	10,166
チーズ	(9)	〃	155,991	99.4	12,061	12,169	13,445	14,165
うち直接消費用ナチュラルチーズ	(10)	〃	24,989	103.5	2,096	1,895	2,111	2,045
加糖れん乳	(11)	〃	34,203	105.5	3,556	3,446	3,585	3,390
無糖れん乳	(12)	〃	419	90.9	34	29	29	36
脱脂加糖れん乳	(13)	〃	3,831	99.6	362	324	290	331
アイスクリーム	(14)	kl	146,909	99.1	9,344	9,957	12,570	15,012
北海道								
全粉乳	(15)	t	8,800	102.8	978	882	849	673
脱脂粉乳	(16)	〃	111,727	104.7	9,456	8,633	10,369	10,567
調製粉乳	(17)	〃	-	nc	-	-	-	-
ホエイパウダー	(18)	〃	19,371	100.0	1,734	1,642	1,914	1,623
うち、タンパク質含有量25%未満	(19)	〃	19,332	100.1	1,728	1,639	1,914	1,622
タンパク質含有量25%以上45%未満	(20)	〃	39	69.6	6	3	-	1
バター	(21)	〃	54,839	105.3	5,222	4,363	5,186	5,140
クリーム	(22)	〃	105,401	100.7	8,433	8,222	9,242	9,227
チーズ	(23)	〃	23,336	105.0	1,954	1,736	1,966	1,862
うち直接消費用ナチュラルチーズ	(24)	〃	22,174	104.6	1,885	1,684	1,855	1,774
加糖れん乳	(25)	〃	16,498	117.6	1,481	1,669	1,575	1,482
無糖れん乳	(26)	〃	4	6.3	4	-	-	-
脱脂加糖れん乳	(27)	〃	1,858	99.6	144	95	163	241
アイスクリーム	(28)	kl	735	92.7	70	68	75	59
都府県								
全粉乳	(29)	t	1,194	96.7	131	96	213	205
脱脂粉乳	(30)	〃	13,173	99.1	1,528	1,087	2,393	1,659
調製粉乳	(31)	〃	27,336	98.4	2,156	2,290	2,295	2,024
ホエイパウダー	(32)	〃	-	nc	-	-	-	-
うち、タンパク質含有量25%未満	(33)	〃	-	nc	-	-	-	-
タンパク質含有量25%以上45%未満	(34)	〃	-	nc	-	-	-	-
バター	(35)	〃	7,601	102.5	889	590	1,262	932
クリーム	(36)	〃	10,897	94.5	892	903	962	939
チーズ	(37)	〃	132,654	98.4	10,106	10,433	11,479	12,303
うち直接消費用ナチュラルチーズ	(38)	〃	2,815	95.6	211	211	256	271
加糖れん乳	(39)	〃	17,705	96.3	2,075	1,777	2,010	1,909
無糖れん乳	(40)	〃	415	104.5	30	29	29	36
脱脂加糖れん乳	(41)	〃	1,973	99.6	218	230	127	90
アイスクリーム	(42)	kl	146,174	99.1	9,274	9,889	12,495	14,953

注：表示単位未満を四捨五入したため、計と内訳が一致しない場合がある。

5	6	7	8	9	10	11	12	
1,001	739	851	839	396	551	695	896	(1)
11,591	9,749	10,439	9,099	7,837	8,493	9,218	12,783	(2)
2,421	2,613	2,196	1,469	2,032	2,787	2,878	2,175	(3)
1,745	1,633	1,621	1,480	1,418	1,445	1,513	1,603	(4)
1,741	1,629	1,617	1,475	1,414	1,444	1,511	1,599	(5)
4	4	4	5	4	1	3	4	(6)
5,974	4,999	5,465	4,721	3,833	3,978	4,108	5,780	(7)
9,388	9,056	9,442	9,117	9,049	9,972	10,449	11,004	(8)
12,735	12,740	13,503	12,167	11,811	13,820	13,914	13,461	(9)
2,079	1,956	2,088	2,059	1,982	2,179	2,257	2,240	(10)
3,318	2,362	2,752	2,836	1,415	1,743	2,548	3,253	(11)
29	40	47	30	40	36	33	36	(12)
399	243	508	415	208	194	272	284	(13)
12,076	13,307	14,027	13,573	11,955	14,092	12,055	8,941	(14)
905	711	762	722	396	520	660	743	(15)
10,562	9,191	9,593	8,438	7,571	8,058	8,565	10,724	(16)
–	–	–	–	–	–	–	–	(17)
1,745	1,633	1,621	1,480	1,418	1,445	1,513	1,603	(18)
1,741	1,629	1,617	1,475	1,414	1,444	1,511	1,599	(19)
4	4	4	5	4	1	3	4	(20)
5,337	4,626	4,783	4,343	3,680	3,702	3,698	4,760	(21)
8,496	8,223	8,580	8,263	8,217	9,106	9,508	9,883	(22)
1,953	1,878	1,952	1,933	1,894	2,013	2,066	2,129	(23)
1,855	1,759	1,851	1,837	1,793	1,907	1,969	2,005	(24)
1,675	1,075	1,451	1,422	856	899	1,267	1,648	(25)
–	–	–	–	–	–	–	–	(26)
157	150	164	222	109	105	177	132	(27)
48	53	79	60	60	52	58	53	(28)
97	28	89	117	–	31	35	152	(29)
1,030	558	846	661	265	435	653	2,058	(30)
2,421	2,613	2,196	1,469	2,032	2,787	2,878	2,175	(31)
–	–	–	–	–	–	–	–	(32)
–	–	–	–	–	–	–	–	(33)
–	–	–	–	–	–	–	–	(34)
638	374	682	378	153	276	409	1,019	(35)
892	832	863	854	832	866	941	1,121	(36)
10,782	10,862	11,551	10,234	9,917	11,807	11,848	11,332	(37)
224	197	237	222	190	272	288	235	(38)
1,643	1,287	1,301	1,414	559	843	1,281	1,605	(39)
29	40	47	30	40	36	33	36	(40)
242	94	344	193	99	89	96	152	(41)
12,028	13,254	13,948	13,513	11,895	14,040	11,997	8,888	(42)

16 乳製品在庫量（全国）（月別）

単位：t

月別	全粉乳	脱脂粉乳			バター		
		計	国産	輸入	計	国産	輸入
1月	1,935	63,972	53,194	10,778	22,027	19,358	2,669
2	2,194	64,189	54,156	10,033	22,072	19,394	2,678
3	2,156	65,558	55,863	9,695	22,654	19,821	2,833
4	2,348	68,339	59,649	8,690	23,611	20,933	2,678
5	2,690	70,782	63,489	7,293	25,211	22,494	2,717
6	2,757	71,184	64,977	6,206	25,963	22,852	3,111
7	2,857	71,720	65,654	6,065	27,736	23,605	4,131
8	3,044	70,640	65,870	4,770	28,673	23,846	4,827
9	2,646	67,895	64,202	3,693	27,267	22,755	4,512
10	2,355	66,331	63,512	2,818	26,268	21,700	4,568
11	2,086	65,901	63,346	2,555	24,619	20,196	4,423
12	2,044	69,337	66,871	2,466	23,591	19,212	4,380

月別	ホエイパウダー			タンパク質含有量25％未満			タンパク質含有量25％以上45％未満		
	計	国産	輸入	小計	国産	輸入	小計	国産	輸入
1月	16,484	12,905	3,579	15,810	12,857	2,954	667	48	619
2	16,942	13,383	3,559	16,285	13,334	2,951	651	50	601
3	17,479	13,822	3,657	16,924	13,766	3,158	550	56	494
4	17,548	14,292	3,257	17,049	14,231	2,819	491	61	430
5	17,717	14,798	2,919	17,232	14,726	2,506	479	72	406
6	18,048	15,140	2,907	17,547	15,075	2,471	494	65	429
7	18,288	15,403	2,885	17,692	15,339	2,353	590	64	526
8	18,256	15,548	2,708	17,686	15,480	2,206	563	68	496
9	18,455	15,635	2,820	17,901	15,565	2,337	547	70	477
10	18,619	15,682	2,938	17,709	15,608	2,102	903	74	829
11	18,648	15,697	2,951	17,710	15,622	2,088	932	75	856
12	18,997	15,882	3,115	17,863	15,788	2,075	1,128	94	1,033

注：1　在庫量は各月末時点のものである。
　　2　表示単位未満を四捨五入したため、計と内訳が一致しない場合がある。

17 牛乳処理場及び乳製品工場数

（1）経営組織別・生乳処理量規模別工場処理場数（全国農業地域別・都道府県別）（令和元年12月末日現在）

単位：工場

全国農業地域・都道府県	計	経営組織			12 月 の 生 乳 処 理 量 規 模（1日当たり）							生乳を処理しない乳製品工場数	生乳を処理しないアイスクリーム工場数
		会社	農業協同組合	個人・その他	2t未満	2 t 以 上							
						小計	2～4	4～10	10～20	20～40	40t以上		
全 国	563	444	34	85	274	233	26	28	36	32	111	56	26
（全国農業地域）													
北 海 道	119	90	5	24	77	39	4	1	3	2	29	3	1
東 北	59	45	2	12	31	26	1	4	8	4	9	2	1
北 陸	33	21	-	12	19	11	3	-	5	1	2	3	3
関 東	114	98	8	8	34	56	5	9	8	10	24	24	8
東 山	30	26	1	3	19	8	2	2	-	1	3	3	1
東 海	50	38	7	5	23	22	3	2	1	4	12	5	3
近 畿	57	43	-	14	26	21	2	3	2	2	12	10	3
中 国	33	27	4	2	15	18	1	3	3	3	8	-	-
四 国	9	7	-	2	5	4	-	-	-	2	2	-	-
九 州	52	42	7	3	22	24	5	2	5	2	10	6	6
沖 縄	7	7	-	-	3	4	-	2	1	1	-	-	-
（都道府県）													
北 海 道	119	90	5	24	77	39	4	1	3	2	29	3	1
青 森	5	4	-	1	4	1	-	-	1	-	-	-	-
岩 手	18	16	1	1	8	10	1	1	2	3	3	-	-
宮 城	9	7	-	2	3	6	-	1	-	2	3	-	-
秋 田	8	5	-	3	7	1	-	-	1	-	-	-	-
山 形	11	5	1	5	6	4	-	1	2	1	-	1	-
福 島	8	8	-	-	3	4	-	1	-	-	3	1	1
茨 城	14	12	1	1	4	8	-	-	-	5	3	2	-
栃 木	21	19	1	1	10	7	1	1	2	1	2	4	2
群 馬	21	17	2	2	9	11	1	4	1	2	3	1	1
埼 玉	19	17	2	-	3	9	2	2	2	1	2	7	2
千 葉	14	11	2	1	3	8	1	1	1	1	4	3	1
東 京	12	9	-	3	5	4	-	-	1	-	3	3	1
神 奈 川	13	13	-	-	-	9	-	1	1	-	7	4	1
新 潟	14	9	-	5	7	6	1	-	3	1	1	1	1
富 山	10	7	-	3	6	3	2	-	1	-	-	1	1
石 川	7	5	-	2	4	2	-	-	1	-	1	1	1
福 井	2	-	-	2	2	-	-	-	-	-	-	-	-
山 梨	7	7	-	-	4	2	1	1	-	-	-	1	1
長 野	23	19	1	3	15	6	1	1	-	1	3	2	-
岐 阜	12	9	2	1	7	4	-	-	1	1	2	1	1
静 岡	18	13	3	2	7	9	2	2	-	2	3	2	2
愛 知	12	12	-	-	3	7	1	-	-	-	6	2	-
三 重	8	4	2	2	6	2	-	-	-	1	1	-	-
滋 賀	14	11	-	3	11	2	-	-	-	-	1	1	1
京 都	8	8	-	-	2	5	-	1	-	1	3	1	1
大 阪	12	10	-	2	2	7	-	2	1	1	3	3	1
兵 庫	14	13	-	1	2	7	1	-	1	-	5	5	1
奈 良	3	-	-	3	3	-	-	-	-	-	-	-	-
和 歌 山	6	1	-	5	6	-	-	-	-	-	-	-	-
鳥 取	2	-	2	-	1	1	-	-	-	-	1	-	-
島 根	5	5	-	-	2	3	-	1	2	-	-	-	-
岡 山	13	10	2	1	7	6	-	2	-	-	4	-	-
広 島	7	7	-	-	1	6	1	-	1	2	2	-	-
山 口	6	5	-	1	4	2	-	-	-	1	1	-	-
徳 島	1	1	-	-	-	1	-	-	-	1	-	-	-
香 川	3	2	-	1	2	1	-	-	-	-	1	-	-
愛 媛	2	2	-	-	1	1	-	-	-	-	1	-	-
高 知	3	2	-	1	2	1	-	-	-	1	-	-	-
福 岡	13	12	-	1	4	5	-	-	1	1	3	4	4
佐 賀	4	3	-	1	1	2	1	-	-	1	-	1	1
長 崎	4	1	2	1	2	2	-	2	-	-	-	-	-
熊 本	14	10	4	-	8	6	-	1	1	-	4	-	-
大 分	5	4	1	-	2	3	2	-	-	-	1	-	-
宮 崎	8	8	-	-	4	4	2	-	1	-	1	-	-
鹿 児 島	4	4	-	-	1	2	-	-	1	-	1	1	1
沖 縄	7	7	-	-	3	4	-	2	1	1	-	-	-

（2） 牛乳等製造工場処理場数（全国農業地域別・都道府県別）（令和元年12月末日現在）

単位：工場

全国農業地域・都道府県	飲用牛乳等							乳飲料	はっ酵乳	乳酸菌飲料
	計	牛乳	業務用	学校給食用	加工乳・成分調整牛乳	業務用	成分調整牛乳			
全　　国	366	364	162	194	106	15	60	211	262	37
（全国農業地域）										
北　海　道	51	50	27	15	16	2	13	21	35	3
東　　北	48	47	18	27	12	2	10	21	36	2
北　　陸	28	28	7	14	9	-	2	20	14	-
関　　東	59	59	31	38	20	4	12	33	56	11
東　　山	17	17	6	8	-	-	-	6	17	-
東　　海	38	38	17	21	13	1	5	29	24	3
近　　畿	44	44	19	24	8	1	2	26	20	4
中　　国	25	25	12	12	8	2	8	17	21	1
四　　国	8	8	3	6	4	-	2	6	4	2
九　　州	41	41	20	24	12	2	6	27	33	7
沖　　縄	7	7	2	5	4	1	-	5	2	4
（都道府県）										
北　海　道	51	50	27	15	16	2	13	21	35	3
青　　森	3	3	-	1	-	-	-	-	5	-
岩　　手	15	14	6	10	5	2	5	6	13	-
宮　　城	9	9	5	4	3	-	3	6	7	1
秋　　田	6	6	1	2	1	-	1	2	3	1
山　　形	9	9	3	5	1	-	-	2	2	-
福　　島	6	6	3	5	2	-	1	5	6	-
茨　　城	6	6	4	3	2	-	2	4	8	1
栃　　木	12	12	5	6	3	1	1	7	11	2
群　　馬	8	8	5	4	3	-	2	4	12	2
埼　　玉	7	7	2	6	2	1	1	4	7	1
千　　葉	11	11	6	9	3	-	2	5	7	2
東　　京	7	7	4	3	2	1	2	3	6	2
神　奈　川	8	8	5	7	5	1	2	6	5	1
新　　潟	12	12	4	6	6	-	2	11	7	-
富　　山	9	9	1	6	3	-	-	7	2	-
石　　川	5	5	2	2	-	-	-	2	5	-
福　　井	2	2	-	-	-	-	-	-	-	-
山　　梨	3	3	2	-	-	-	-	-	3	-
長　　野	14	14	4	8	-	-	-	6	14	-
岐　　阜	9	9	5	8	2	-	-	9	6	-
静　　岡	12	12	4	6	4	1	1	7	8	1
愛　　知	9	9	5	5	4	-	2	8	4	1
三　　重	8	8	3	2	3	-	2	5	6	1
滋　　賀	12	12	2	5	-	-	-	7	5	1
京　　都	6	6	4	3	1	-	-	5	4	1
大　　阪	9	9	5	9	4	1	-	5	4	1
兵　　庫	9	9	6	6	3	-	2	6	5	1
奈　　良	2	2	2	1	-	-	-	-	2	-
和　歌　山	6	6	-	-	-	-	-	3	-	-
鳥　　取	1	1	-	1	1	-	1	1	2	-
島　　根	4	4	2	3	1	-	1	3	5	-
岡　　山	9	9	3	2	3	2	3	5	6	1
広　　島	5	5	3	4	1	-	1	4	5	-
山　　口	6	6	4	2	2	-	2	4	3	-
徳　　島	1	1	1	1	-	-	-	1	2	-
香　　川	3	3	-	1	-	-	-	1	-	-
愛　　媛	1	1	1	1	1	-	1	1	1	1
高　　知	3	3	1	3	3	-	1	3	1	1
福　　岡	7	7	4	5	2	2	1	6	5	-
佐　　賀	3	3	2	2	1	-	-	1	3	2
長　　崎	4	4	1	3	-	-	-	3	3	1
熊　　本	13	13	7	6	4	-	2	7	10	1
大　　分	5	5	3	3	1	-	1	2	5	1
宮　　崎	6	6	3	4	2	-	1	4	6	2
鹿　児　島	-	-	-	-	-	-	-	-	2	2
沖　　縄	7	7	2	5	4	1	-	5	2	4

注：「計」は各製品を製造した工場数であり、計と内訳は一致しない。

(3) 乳製品種類別製造工場処理場数（全国農業地域別・都道府県別）（令和元年12月末日現在）

単位：工場

全国農業地域・都道府県	乳製品の生産を行った工場	粉乳 全粉乳	粉乳 脱脂粉乳	粉乳 調製粉乳	ホエイパウダー	バター	クリーム	チーズ	直接消費用ナチュラルチーズ	れん乳 加糖れん乳	れん乳 無糖れん乳	れん乳 脱脂加糖れん乳	乳脂肪分8％以上のアイスクリーム
全　　　　国	322	9	26	5	6	70	75	177	157	22	3	10	122
（全国農業地域）													
北　海　道	104	5	14	－	6	30	24	77	77	5	1	4	21
東　　　北	32	－	3	－	－	6	8	15	14	2	－	1	19
北　　　陸	12	－	－	－	－	3	4	3	3	4	1	－	6
関東・東山	62	－	4	4	－	10	11	30	20	2	1	1	21
東　　　山	15	－	－	－	－	1	1	10	8	－	－	－	7
東　　　海	25	2	1	－	－	6	7	10	9	2	－	－	12
近　　　畿	25	－	－	1	－	2	3	14	8	1	－	－	9
中　　　国	16	1	1	－	－	5	7	5	5	2	－	1	9
四　　　国	4	－	1	－	－	1	2	3	3	－	－	－	2
九　　　州	27	1	2	－	－	6	8	10	10	4	－	3	16
沖　　　縄	－	－	－	－	－	－	－	－	－	－	－	－	－
（都道府県）													
北　海　道	104	5	14	－	6	30	24	77	77	5	1	4	21
青　　　森	4	－	－	－	－	1	－	1	1	－	－	－	4
岩　　　手	14	－	2	－	－	3	4	7	7	1	－	－	6
宮　　　城	4	－	－	－	－	1	3	1	1	－	－	－	2
秋　　　田	5	－	－	－	－	－	－	4	4	－	－	－	3
山　　　形	1	－	－	－	－	－	－	1	－	－	－	－	－
福　　　島	4	－	1	－	－	1	1	1	1	1	－	1	4
茨　　　城	9	－	1	－	－	1	2	4	2	2	1	1	2
栃　　　木	13	－	－	1	－	3	2	7	6	－	－	－	6
群　　　馬	13	－	2	1	－	4	3	6	6	－	－	－	4
埼　　　玉	9	－	－	1	－	－	－	4	2	－	－	－	4
千　　　葉	5	－	－	－	－	－	－	3	2	－	－	－	3
東　　　京	7	－	1	1	－	2	2	3	3	－	－	－	1
神　奈　川	6	－	－	－	－	－	2	3	－	－	－	－	1
新　　　潟	8	－	－	－	－	2	3	2	2	4	1	－	4
富　　　山	2	－	－	－	－	－	1	－	－	－	－	－	1
石　　　川	2	－	－	－	－	1	－	1	1	－	1	－	1
福　　　井	－	－	－	－	－	－	－	－	－	－	－	－	－
山　　　梨	5	－	－	－	－	－	－	2	2	－	－	－	3
長　　　野	10	－	－	－	－	1	1	8	6	－	－	－	4
岐　　　阜	5	－	－	－	－	－	1	3	3	－	－	－	3
静　　　岡	10	1	1	－	－	2	2	5	5	1	－	－	3
愛　　　知	6	1	－	－	－	1	1	1	1	－	－	－	4
三　　　重	4	－	－	－	－	3	3	1	1	1	－	－	2
滋　　　賀	5	－	－	－	－	1	－	3	2	－	－	－	2
京　　　都	3	－	－	－	－	1	1	2	2	1	－	－	1
大　　　阪	4	－	－	－	－	－	1	2	－	－	－	－	1
兵　　　庫	10	－	－	1	－	－	1	6	3	－	－	－	2
奈　　　良	2	－	－	－	－	－	－	1	1	－	－	－	2
和　歌　山	1	－	－	－	－	－	－	－	－	－	－	－	1
鳥　　　取	1	1	1	－	－	1	1	－	－	1	－	1	1
島　　　根	3	－	－	－	－	1	1	1	1	1	－	－	2
岡　　　山	7	－	－	－	－	2	2	3	3	－	－	－	3
広　　　島	3	－	－	－	－	－	1	－	－	－	－	－	2
山　　　口	2	－	－	－	－	1	2	1	1	－	－	－	1
徳　　　島	－	－	－	－	－	－	－	－	－	－	－	－	－
香　　　川	1	－	－	－	－	－	－	1	1	－	－	－	1
愛　　　媛	2	－	1	－	－	1	1	2	2	－	－	－	1
高　　　知	1	－	－	－	－	－	1	－	－	－	－	－	1
福　　　岡	7	－	－	－	－	－	1	2	2	－	－	－	5
佐　　　賀	3	－	－	－	－	－	1	1	1	－	－	－	2
長　　　崎	1	－	－	－	－	－	－	－	－	－	－	－	1
熊　　　本	7	－	1	－	－	3	4	3	3	2	－	1	4
大　　　分	2	－	－	－	－	2	－	1	1	－	－	－	1
宮　　　崎	4	1	1	－	－	1	1	2	2	1	－	1	2
鹿　児　島	3	－	－	－	－	－	1	1	1	1	－	1	1
沖　　　縄	－	－	－	－	－	－	－	－	－	－	－	－	－

注：「乳製品の生産を行った工場」は、各製品を製造した工場数であり、計と内訳は一致しない。

17 牛乳処理場及び乳製品工場数（続き）

(4) 生乳処理量規模別工場処理場数（全国農業地域別・都道府県別）（令和元年12月末日現在）

全国農業地域・都道府県	計	牛乳処理場数（牛乳等向け≧乳製品向け） 小 計	2 t 未満	2 〜 4	4 〜 10	10 〜 20	20 〜 40	40 t 以上
全　　　国 (1)	563	368	173	23	27	34	26	85
（全国農業地域）								
北　海　道 (2)	119	41	27	2	1	2	－	9
東　　北 (3)	59	48	24	1	4	8	4	7
北　　陸 (4)	33	28	17	3	－	5	1	2
関　　東 (5)	114	71	19	5	9	7	8	23
東　　山 (6)	30	18	11	1	2	－	1	3
東　　海 (7)	50	39	18	3	2	1	3	12
近　　畿 (8)	57	42	21	2	3	2	2	12
中　　国 (9)	33	30	13	1	2	3	3	8
四　　国 (10)	9	8	4	－	－	－	2	2
九　　州 (11)	52	36	16	5	2	5	1	7
沖　　縄 (12)	7	7	3	－	2	1	1	－
（都道府県）								
北　海　道 (13)	119	41	27	2	1	2	－	9
青　　森 (14)	5	4	3	－	－	1	－	－
岩　　手 (15)	18	14	5	1	1	2	3	2
宮　　城 (16)	9	8	2	－	1	2	－	3
秋　　田 (17)	8	6	5	－	－	1	－	－
山　　形 (18)	11	10	6	－	1	2	1	－
福　　島 (19)	8	6	3	－	1	－	－	2
茨　　城 (20)	14	9	3	－	－	－	4	2
栃　　木 (21)	21	12	5	1	1	2	1	2
群　　馬 (22)	21	14	5	1	4	－	1	3
埼　　玉 (23)	19	10	1	2	2	2	1	2
千　　葉 (24)	14	10	2	1	1	1	1	4
東　　京 (25)	12	7	3	－	－	1	－	3
神　奈　川 (26)	13	9	－	－	1	1	－	7
新　　潟 (27)	14	12	6	1	－	3	1	1
富　　山 (28)	10	9	6	2	－	1	－	－
石　　川 (29)	7	5	3	－	－	1	－	1
福　　井 (30)	2	2	2	－	－	－	－	－
山　　梨 (31)	7	2	1	－	1	－	－	－
長　　野 (32)	23	16	10	1	1	－	1	3
岐　　阜 (33)	12	10	6	－	－	1	1	2
静　　岡 (34)	18	13	5	2	2	－	1	3
愛　　知 (35)	12	9	2	1	－	－	－	6
三　　重 (36)	8	7	5	－	－	－	1	1
滋　　賀 (37)	14	11	9	1	－	－	－	1
京　　都 (38)	8	6	1	－	1	－	1	3
大　　阪 (39)	12	9	2	－	2	1	1	3
兵　　庫 (40)	14	7	－	1	－	1	－	5
奈　　良 (41)	3	3	3	－	－	－	－	－
和　歌　山 (42)	6	6	6	－	－	－	－	－
鳥　　取 (43)	2	2	1	－	－	－	－	1
島　　根 (44)	5	5	2	－	1	2	－	－
岡　　山 (45)	13	10	5	－	1	－	－	4
広　　島 (46)	7	7	1	1	－	1	2	2
山　　口 (47)	6	6	4	－	－	－	1	1
徳　　島 (48)	1	1	－	－	－	－	1	－
香　　川 (49)	3	3	2	－	－	－	－	1
愛　　媛 (50)	2	1	－	－	－	－	－	1
高　　知 (51)	3	3	2	－	－	－	1	－
福　　岡 (52)	13	7	3	－	－	1	－	3
佐　　賀 (53)	4	3	1	1	－	－	1	－
長　　崎 (54)	4	3	1	－	－	2	－	－
熊　　本 (55)	14	10	6	－	1	1	－	2
大　　分 (56)	5	5	2	2	－	－	－	1
宮　　崎 (57)	8	6	3	2	1	－	－	－
鹿　児　島 (58)	4	2	－	－	－	1	－	1
沖　　縄 (59)	7	7	3	－	2	1	1	－

注：1　生乳処理量規模別は、12月における１日当たりの生乳の平均処理量を基に区分した。
　　2　本統計表では、生乳を処理した工場の分類として、生乳を主として牛乳等の生産に仕向けた工場を「牛乳処理場」、主として乳製品の生産に仕向けた工場を「乳製品工場」としている。

乳製品工場数（牛乳等向け＜乳製品向け）							生乳を処理しない乳製品工場数	生乳を処理しないアイスクリーム工場数	
小　計	2 t未満	2 ～ 4	4 ～ 10	10 ～ 20	20 ～ 40	40 t以上			
139	101	3	1	2	6	26	56	26	(1)
75	50	2	-	1	2	20	3	1	(2)
9	7	-	-	-	-	2	2	1	(3)
2	2	-	-	-	-	-	3	3	(4)
19	15	-	-	1	2	1	24	8	(5)
9	8	1	-	-	-	-	3	1	(6)
6	5	-	-	-	1	-	5	3	(7)
5	5	-	-	-	-	-	10	3	(8)
3	2	-	1	-	-	-	-	-	(9)
1	1	-	-	-	-	-	-	-	(10)
10	6	-	-	-	1	3	6	6	(11)
-	-	-	-	-	-	-	-	-	(12)
75	50	2	-	1	2	20	3	1	(13)
1	1	-	-	-	-	-	-	-	(14)
4	3	-	-	-	-	1	-	-	(15)
1	1	-	-	-	-	-	-	-	(16)
2	2	-	-	-	-	-	-	-	(17)
-	-	-	-	-	-	-	1	-	(18)
1	-	-	-	-	-	1	1	1	(19)
3	1	-	-	-	1	1	2	-	(20)
5	5	-	-	-	-	-	4	2	(21)
6	4	-	-	1	1	-	1	1	(22)
2	2	-	-	-	-	-	7	2	(23)
1	1	-	-	-	-	-	3	1	(24)
2	2	-	-	-	-	-	3	1	(25)
-	-	-	-	-	-	-	4	1	(26)
1	1	-	-	-	-	-	1	1	(27)
-	-	-	-	-	-	-	1	1	(28)
1	1	-	-	-	-	-	1	1	(29)
-	-	-	-	-	-	-	-	-	(30)
4	3	1	-	-	-	-	1	1	(31)
5	5	-	-	-	-	-	2	-	(32)
1	1	-	-	-	-	-	1	1	(33)
3	2	-	-	-	1	-	2	2	(34)
1	1	-	-	-	-	-	2	-	(35)
1	1	-	-	-	-	-	-	-	(36)
2	2	-	-	-	-	-	1	-	(37)
1	1	-	-	-	-	-	1	1	(38)
-	-	-	-	-	-	-	3	1	(39)
2	2	-	-	-	-	-	5	1	(40)
-	-	-	-	-	-	-	-	-	(41)
-	-	-	-	-	-	-	-	-	(42)
-	-	-	-	-	-	-	-	-	(43)
-	-	-	-	-	-	-	-	-	(44)
3	2	-	1	-	-	-	-	-	(45)
-	-	-	-	-	-	-	-	-	(46)
-	-	-	-	-	-	-	-	-	(47)
-	-	-	-	-	-	-	-	-	(48)
-	-	-	-	-	-	-	-	-	(49)
1	1	-	-	-	-	-	-	-	(50)
-	-	-	-	-	-	-	-	-	(51)
2	1	-	-	-	1	-	4	4	(52)
-	-	-	-	-	-	-	1	1	(53)
1	1	-	-	-	-	-	-	-	(54)
4	2	-	-	-	-	2	-	-	(55)
-	-	-	-	-	-	-	-	-	(56)
2	1	-	-	-	-	1	-	-	(57)
1	1	-	-	-	-	-	1	1	(58)
-	-	-	-	-	-	-	-	-	(59)

17 牛乳処理場及び乳製品工場数（続き）

(5) 常用従業者規模別工場処理場数（全国農業地域別・都道府県別）（令和元年12月末日現在）

単位：工場

全国農業地域・都道府県	計	1～4人	5～9	10～19	20～29	30人以上
全 国	563	117	85	77	35	249
（全国農業地域）						
北 海 道	119	37	22	15	4	41
東 北	59	11	6	15	6	21
北 陸	33	12	4	6	3	8
関 東	114	13	13	10	8	70
東 山	30	6	6	5	2	11
東 海	50	4	12	5	3	26
近 畿	57	15	7	7	1	27
中 国	33	4	8	2	5	14
四 国	9	3	1	1	-	4
九 州	52	12	6	7	3	24
沖 縄	7	-	-	4	-	3
（都道府県）						
北 海 道	119	37	22	15	4	41
青 森	5	2	1	1	-	1
岩 手	18	1	1	6	2	8
宮 城	9	-	1	2	1	5
秋 田	8	5	-	2	-	1
山 形	11	3	2	3	1	4
福 島	8	-	1	1	2	4
茨 城	14	2	1	2	-	9
栃 木	21	3	4	2	2	10
群 馬	21	5	2	2	2	10
埼 玉	19	-	1	2	2	14
千 葉	14	1	1	1	2	9
東 京	12	2	4	-	-	6
神 奈 川	13	-	-	1	-	12
新 潟	14	4	2	2	2	4
富 山	10	2	2	4	1	1
石 川	7	4	-	-	-	3
福 井	2	2	-	-	-	-
山 梨	7	-	-	2	-	5
長 野	23	6	6	3	2	6
岐 阜	12	-	3	1	2	6
静 岡	18	3	3	4	1	7
愛 知	12	1	1	-	-	10
三 重	8	-	5	-	-	3
滋 賀	14	8	2	2	-	2
京 都	8	-	1	1	1	5
大 阪	12	-	2	1	-	9
兵 庫	14	1	-	2	-	11
奈 良	3	2	1	-	-	-
和 歌 山	6	4	1	1	-	-
鳥 取	2	1	-	-	-	1
島 根	5	-	1	1	1	2
岡 山	13	3	3	-	2	5
広 島	7	-	1	-	2	4
山 口	6	-	3	1	-	2
徳 島	1	-	-	-	-	1
香 川	3	1	1	-	-	1
愛 媛	2	1	-	-	-	1
高 知	3	1	-	1	-	1
福 岡	13	2	-	1	1	9
佐 賀	4	-	1	1	-	2
長 崎	4	-	2	-	-	2
熊 本	14	4	2	3	-	5
大 分	5	2	1	1	-	1
宮 崎	8	3	-	1	2	2
鹿 児 島	4	1	-	-	-	3
沖 縄	7	-	-	4	-	3

18 生産能力（全国農業地域別・都道府県別）（令和元年12月末日現在）

全国農業地域・都道府県	生乳の貯乳能力	飲用牛乳等	はっ酵乳	粉乳	バター		クリーム	チーズ		れん乳
					連続式	バッチ式		連続式	バッチ式	
	t	1/h	1/h	kg/h	kg/h	1/バット	kg/h	kg/h	1/バット	kg/バット
全　　　　国	66,626	2,942,774	724,744	101,315	54,554	18,535	241,871	60,241	297,340	76,976
（全国農業地域）										
北　海　道	27,231	305,562	28,617	69,022	40,000	5,811	87,089	8,950	251,912	13,625
東　　北	4,535	207,154	34,219	5,088	5,950	405	32,900	－	16,900	8,010
北　　陸	852	104,134	16,035	－	x	265	6,840	－	740	14,017
関　東・東山	13,749	862,180	310,811	21,230	4,224	1,260	42,485	27,401	10,618	x
東　　山	1,039	76,722	14,627	－	－	x	x	x	4,670	－
東　　海	4,278	282,520	62,486	x	－	1,598	13,120	x	2,620	11,450
近　　畿	5,035	335,607	128,765	x	－	234	2,083	14,890	3,170	x
中　　国	2,995	254,695	41,170	x	x	3,010	13,135	－	3,280	x
四　　国	925	72,825	x	x	x	x	1,104	－	1,260	－
九　　州	5,759	403,135	71,459	x	3,000	5,736	42,175	x	2,170	14,223
沖　　縄	228	38,240	x	－	－	－	x	－	－	－
（都道府県）										
北　海　道	27,231	305,562	28,617	69,022	40,000	5,811	87,089	8,950	251,912	13,625
青　　森	x	x	x	x	x	x	x	x	x	x
岩　　手	1,803	68,553	11,582	x	x	x	27,650	－	3,070	x
宮　　城	1,165	70,146	14,376	－	－	x	2,050	－	x	x
秋　　田	x	x	x	－	x	x	x	x	x	x
山　　形	189	24,930	x	－	－	－	－	－	x	x
福　　島	1,154	24,300	5,420	x	－	－	x	－	x	x
茨　　城	2,997	134,900	64,295	x	x	－	x	x	2,551	x
栃　　木	1,353	89,800	7,972	x	x	610	560	－	2,942	－
群　　馬	2,021	82,068	52,075	x	x	x	4,810	－	3,420	x
埼　　玉	967	47,040	51,658	x	－	－	x	4,600	x	x
千　　葉	1,415	186,260	29,180	－	－	－	－	x	x	x
東　　京	1,576	126,798	43,261	x	x	x	x	x	x	x
神　奈　川	3,420	195,314	62,370	－	－	x	28,000	x	x	x
新　　潟	489	55,592	13,585	－	x	x	6,740	－	x	14,017
富　　山	x	x	x	x	x	x	x	x	x	x
石　　川	198	24,120	2,000	－	－	x	x	－	x	x
福　　井	x	x	x	x	x	x	x	x	x	x
山　　梨	83	302	2,612	－	－	－	－	－	x	－
長　　野	956	76,420	12,015	－	－	x	x	x	4,090	－
岐　　阜	889	67,180	15,418	－	－	－	1,410	－	780	－
静　　岡	859	66,220	7,720	x	－	x	5,910	－	1,290	x
愛　　知	2,193	118,782	33,153	x	－	x	x	x	x	x
三　　重	337	30,338	6,195	－	－	443	800	－	x	x
滋　　賀	183	18,592	3,810	－	－	x	x	x	x	－
京　　都	1,106	58,200	62,967	－	－	x	x	－	x	x
大　　阪	1,224	96,637	32,242	－	－	x	x	x	x	－
兵　　庫	2,505	158,820	29,346	x	－	－	x	14,190	2,480	－
奈　　良	x	x	x	x	x	x	x	x	x	x
和　歌　山	x	x	x	x	x	x	x	x	x	x
鳥　　取	x	x	x	x	x	x	x	x	x	x
島　　根	237	21,730	3,220	－	－	x	x	－	x	x
岡　　山	1,158	96,445	9,560	－	x	x	9,900	－	660	－
広　　島	724	58,740	18,410	－	－	－	x	－	x	－
山　　口	x	x	x	x	x	x	x	x	x	x
徳　　島	x	x	x	x	x	x	x	x	x	x
香　　川	x	x	x	x	x	x	x	x	x	x
愛　　媛	x	x	x	x	x	x	x	x	x	x
高　　知	x	x	x	x	x	x	x	x	x	x
福　　岡	1,588	110,197	21,039	－	－	－	x	x	x	－
佐　　賀	118	61,500	x	－	－	－	x	－	x	－
長　　崎	162	21,940	1,410	－	－	－	－	－	x	－
熊　　本	2,585	100,221	19,970	x	x	4,216	5,180	－	900	x
大　　分	543	53,275	4,430	－	x	x	x	－	x	x
宮　　崎	491	41,860	7,000	x	x	x	x	－	x	x
鹿　児　島	272	14,142	x	x	x	x	x	－	x	x
沖　　縄	228	38,240	x	－	－	－	x	－	－	－

19 容器容量別牛乳生産量割合（全国農業地域別・都道府県別）（令和元年10月）

全国農業地域・都道府県	計		ガラスびん 500 ml 未満		ガラスびん 500 ml 以上		紙製容器 500 ml 未満		紙製容器 500 ml 以上		その他	
	生産量	生産量割合	生産量	生産量割合	生産量	生産量割合	生産量	生産量割合	生産量	生産量割合	生産量	生産量割合
	kl	%	kl	%	kl	%	kl	%	kl	%	kl	%
全　　　　国	283,090	100.0	8,661	3.1	2,724	1.0	48,870	17.3	198,036	70.0	24,799	8.8
（全国農業地域）												
北　海　道	42,361	100.0	30	0.1	43	0.1	3,508	8.3	34,786	82.1	3,994	9.4
東　　　北	19,776	100.0	456	2.3	74	0.4	3,427	17.3	13,645	69.0	2,174	11.0
北　　　陸	6,243	100.0	81	1.3	52	0.8	1,875	30.0	3,669	58.8	566	9.1
関　　　東	82,859	100.0	1,559	1.9	681	0.8	13,516	16.3	61,011	73.6	6,092	7.4
東　　　山	9,787	100.0	861	8.8	314	3.2	207	2.1	7,320	74.8	1,085	11.1
東　　　海	29,950	100.0	2,331	7.8	196	0.7	9,202	30.7	15,339	51.2	2,882	9.6
近　　　畿	32,933	100.0	1,491	4.5	20	0.1	6,063	18.4	21,237	64.5	4,122	12.5
中　　　国	20,771	100.0	1,018	4.9	594	2.9	2,375	11.4	15,322	73.8	1,462	7.0
四　　　国	6,724	100.0	324	4.8	−	−	1,556	23.1	4,053	60.3	791	11.8
九　　　州	30,082	100.0	503	1.7	750	2.5	6,398	21.3	20,801	69.1	1,630	5.4
沖　　　縄	1,604	100.0	7	0.4	−	−	743	46.3	853	53.2	1	0.1
（都道府県）												
北　海　道	42,361	100.0	30	0.1	43	0.1	3,508	8.3	34,786	82.1	3,994	9.4
青　　　森	x	x	x	x	x	x	x	x	x	x	x	x
岩　　　手	6,298	100.0	82	1.3	10	0.2	703	11.2	4,797	76.2	706	11.2
宮　　　城	7,535	100.0	305	4.0	4	0.1	1,184	15.7	5,825	77.3	217	2.9
秋　　　田	x	x	x	x	x	x	x	x	x	x	x	x
山　　　形	1,850	100.0	32	1.7	−	−	292	15.8	1,420	76.8	106	5.7
福　　　島	3,020	100.0	28	0.9	54	1.8	727	24.1	1,071	35.5	1,140	37.7
茨　　　城	14,622	100.0	80	0.5	48	0.3	1,566	10.7	12,593	86.1	335	2.3
栃　　　木	11,938	100.0	8	0.1	576	4.8	1,010	8.5	9,734	81.5	610	5.1
群　　　馬	10,802	100.0	151	1.4	45	0.4	1,019	9.4	9,144	84.7	443	4.1
埼　　　玉	7,065	100.0	12	0.2	2	0.0	2,355	33.3	3,234	45.8	1,462	20.7
千　　　葉	14,148	100.0	266	1.9	3	0.0	3,294	23.3	10,384	73.4	201	1.4
東　　　京	4,424	100.0	161	3.6	7	0.2	1,043	23.6	2,093	47.3	1,120	25.3
神　奈　川	19,860	100.0	881	4.4	−	−	3,229	16.3	13,829	69.6	1,921	9.7
新　　　潟	3,225	100.0	43	1.3	17	0.5	883	27.4	2,129	66.0	153	4.7
富　　　山	x	x	x	x	x	x	x	x	x	x	x	x
石　　　川	2,184	100.0	23	1.1	30	1.4	535	24.5	1,183	54.2	413	18.9
福　　　井	x	x	x	x	x	x	x	x	x	x	x	x
山　　　梨	147	100.0	−	−	−	−	−	−	−	−	147	100.0
長　　　野	9,640	100.0	861	8.9	314	3.3	207	2.1	7,320	75.9	938	9.7
岐　　　阜	7,153	100.0	83	1.2	134	1.9	5,893	82.4	978	13.7	65	0.9
静　　　岡	6,354	100.0	108	1.7	35	0.6	942	14.8	4,485	70.6	784	12.3
愛　　　知	14,304	100.0	2,100	14.7	2	0.0	1,797	12.6	8,372	58.5	2,033	14.2
三　　　重	2,139	100.0	40	1.9	25	1.2	570	26.6	1,504	70.3	−	−
滋　　　賀	1,921	100.0	18	0.9	9	0.5	826	43.0	1,067	55.5	1	0.1
京　　　都	8,980	100.0	−	−	5	0.1	884	9.8	5,758	64.1	2,333	26.0
大　　　阪	9,094	100.0	1,260	13.9	−	−	1,946	21.4	5,596	61.5	292	3.2
兵　　　庫	12,900	100.0	197	1.5	2	0.0	2,407	18.7	8,800	68.2	1,494	11.6
奈　　　良	x	x	x	x	x	x	x	x	x	x	x	x
和　歌　山	x	x	x	x	x	x	x	x	x	x	x	x
鳥　　　取	x	x	x	x	x	x	x	x	x	x	x	x
島　　　根	1,175	100.0	25	2.1	37	3.1	289	24.6	765	65.1	59	5.0
岡　　　山	10,198	100.0	486	4.8	4	0.0	431	4.2	9,268	90.9	9	0.1
広　　　島	4,094	100.0	4	0.1	82	2.0	1,105	27.0	2,748	67.1	155	3.8
山　　　口	x	x	x	x	x	x	x	x	x	x	x	x
徳　　　島	x	x	x	x	x	x	x	x	x	x	x	x
香　　　川	x	x	x	x	x	x	x	x	x	x	x	x
愛　　　媛	x	x	x	x	x	x	x	x	x	x	x	x
高　　　知	x	x	x	x	x	x	x	x	x	x	x	x
福　　　岡	12,462	100.0	356	2.9	611	4.9	2,495	20.0	8,803	70.6	197	1.6
佐　　　賀	1,069	100.0	36	3.4	−	−	328	30.7	702	65.7	3	0.3
長　　　崎	1,061	100.0	6	0.6	17	1.6	528	49.8	505	47.6	5	0.5
熊　　　本	8,572	100.0	49	0.6	53	0.6	1,310	15.3	6,196	72.3	964	11.2
大　　　分	3,664	100.0	28	0.8	41	1.1	571	15.6	2,727	74.4	297	8.1
宮　　　崎	2,315	100.0	2	0.1	1	0.0	935	40.4	1,215	52.5	162	7.0
鹿　児　島	939	100.0	26	2.8	27	2.9	231	24.6	653	69.5	2	0.2
沖　　　縄	1,604	100.0	7	0.4	−	−	743	46.3	853	53.2	1	0.1

注：1　生産量は、10月における1か月間の牛乳の生産量である。
　　2　生産量割合については、表示単位未満を四捨五入しているため、計と内訳の合計が一致しない場合がある。

20 容器容量別加工乳・成分調整牛乳生産量割合（全国農業地域別・都道府県別）（令和元年10月）

全国農業地域・都道府県	計		ガラスびん 500 ml 未満		ガラスびん 500 ml 以上		紙製容器 500 ml 未満		紙製容器 500 ml 以上		その他	
	生産量	生産量割合	生産量	生産量割合	生産量	生産量割合	生産量	生産量割合	生産量	生産量割合	生産量	生産量割合
	kl	%	kl	%	kl	%	kl	%	kl	%	kl	%
全　　　国	35,034	100.0	233	0.7	42	0.1	1,590	4.5	30,974	88.4	2,195	6.3
（全国農業地域）												
北　海　道	8,115	100.0	-	-	-	-	167	2.1	7,893	97.3	55	0.7
東　　　北	1,233	100.0	32	2.6	-	-	4	0.3	1,186	96.2	11	0.9
北　　　陸	171	100.0	20	11.7	-	-	8	4.7	143	83.6	-	-
関　　　東	11,717	100.0	44	0.4	3	0.0	915	7.8	9,342	79.7	1,413	12.1
東　　　山	-	-	-	-	-	-	-	-	-	-	-	-
東　　　海	3,749	100.0	20	0.5	2	0.1	39	1.0	3,688	98.4	-	-
近　　　畿	2,488	100.0	40	1.6	-	-	83	3.3	2,365	95.1	-	-
中　　　国	2,490	100.0	51	2.0	34	1.4	144	5.8	2,236	89.8	25	1.0
四　　　国	238	100.0	16	6.7	-	-	15	6.3	207	87.0	-	-
九　　　州	4,376	100.0	10	0.2	3	0.1	67	1.5	3,605	82.4	691	15.8
沖　　　縄	457	100.0	-	-	-	-	148	32.4	309	67.6	-	-
（都道府県）												
北　海　道	8,115	100.0	-	-	-	-	167	2.1	7,893	97.3	55	0.7
青　　　森	x	x	x	x	x	x	x	x	x	x	x	x
岩　　　手	591	100.0	27	4.6	-	-	-	-	553	93.6	11	1.9
宮　　　城	256	100.0	-	-	-	-	-	-	256	100.0	-	-
秋　　　田	x	x	x	x	x	x	x	x	x	x	x	x
山　　　形	214	100.0	-	-	-	-	-	-	214	100.0	-	-
福　　　島	9	100.0	5	55.6	-	-	4	44.4	-	-	-	-
茨　　　城	429	100.0	-	-	-	-	-	-	408	95.1	21	4.9
栃　　　木	1,003	100.0	5	0.5	-	-	2	0.2	93	9.3	903	90.0
群　　　馬	940	100.0	-	-	3	0.3	-	-	937	99.7	-	-
埼　　　玉	1,127	100.0	-	-	-	-	16	1.4	1,111	98.6	-	-
千　　　葉	162	100.0	30	18.5	-	-	-	-	132	81.5	-	-
東　　　京	2,294	100.0	-	-	-	-	897	39.1	908	39.6	489	21.3
神　奈　川	5,762	100.0	9	0.2	-	-	-	-	5,753	99.8	-	-
新　　　潟	158	100.0	18	11.4	-	-	-	-	140	88.6	-	-
富　　　山	x	x	x	x	x	x	x	x	x	x	x	x
石　　　川	-	-	-	-	-	-	-	-	-	-	-	-
福　　　井	x	x	x	x	x	x	x	x	x	x	x	x
山　　　梨	-	-	-	-	-	-	-	-	-	-	-	-
長　　　野	-	-	-	-	-	-	-	-	-	-	-	-
岐　　　阜	13	100.0	7	53.8	-	-	-	-	6	46.2	-	-
静　　　岡	525	100.0	9	1.7	1	0.2	4	0.8	511	97.3	-	-
愛　　　知	2,936	100.0	-	-	-	-	35	1.2	2,901	98.8	-	-
三　　　重	275	100.0	4	1.5	1	0.4	-	-	270	98.2	-	-
滋　　　賀	-	-	-	-	-	-	-	-	-	-	-	-
京　　　都	7	100.0	-	-	-	-	-	-	7	100.0	-	-
大　　　阪	759	100.0	40	5.3	-	-	6	0.8	713	93.9	-	-
兵　　　庫	1,722	100.0	-	-	-	-	77	4.5	1,645	95.5	-	-
奈　　　良	x	x	x	x	x	x	x	x	x	x	x	x
和　歌　山	x	x	x	x	x	x	x	x	x	x	x	x
鳥　　　取	x	x	x	x	x	x	x	x	x	x	x	x
島　　　根	12	100.0	-	-	-	-	-	-	12	100.0	-	-
岡　　　山	1,929	100.0	41	2.1	6	0.3	137	7.1	1,722	89.3	23	1.2
広　　　島	210	100.0	-	-	-	-	-	-	210	100.0	-	-
山　　　口	x	x	x	x	x	x	x	x	x	x	x	x
徳　　　島	x	x	x	x	x	x	x	x	x	x	x	x
香　　　川	x	x	x	x	x	x	x	x	x	x	x	x
愛　　　媛	x	x	x	x	x	x	x	x	x	x	x	x
高　　　知	x	x	x	x	x	x	x	x	x	x	x	x
福　　　岡	977	100.0	-	-	-	-	-	-	290	29.7	687	70.3
佐　　　賀	-	-	-	-	-	-	-	-	-	-	-	-
長　　　崎	-	-	-	-	-	-	-	-	-	-	-	-
熊　　　本	2,098	100.0	-	-	-	-	27	1.3	2,067	98.5	4	0.2
大　　　分	380	100.0	-	-	3	0.8	-	-	377	99.2	-	-
宮　　　崎	911	100.0	-	-	-	-	40	4.4	871	95.6	-	-
鹿　児　島	10	100.0	10	100.0	-	-	-	-	-	-	-	-
沖　　　縄	457	100.0	-	-	-	-	148	32.4	309	67.6	-	-

注：1　生産量は、10月における1か月間の加工乳及び成分調整牛乳の生産量である。
　　2　生産量割合については、表示単位未満を四捨五入しているため、計と内訳の合計が一致しない場合がある。

参考　飲用牛乳等の容器容量別工場数（全国）（令和元年10月）

単位：工場

区分	計	ガラスびん		紙 製 容 器		その他
		500 ml 未満	500 ml 以上	500 ml 未満	500 ml 以上	
牛乳	357	149	97	190	220	133
加工乳・成分調整牛乳	101	30	8	26	78	10

注：1　工場数は、10月末日における工場数である

　　2　「計」は牛乳又は加工乳・成分調整牛乳を製造した工場であり、計と内訳（容器容量別の工場数）は一致しない。

Ⅲ　累年統計表

1　生乳生産量及び用途別処理量（全国）

年次・年度		生乳生産量			処 理					乳 製			チーズ向け	
					牛乳等向け			業務用向け						
		実数	1日当たり平均	対前年比	実数	対前年比	用途別割合	実数	対前年比	実数	対前年比	用途別割合	実数	対前年比
		t	t	%	t	%	%	t	%	t	%	%	t	%
平成7年	(1)	8,382,162	22,965	99.9	(5,143,381)	(98.2)	(61.4)	…	nc	(3,105,877)	(103.6)	(37.1)	…	nc
8	(2)	8,656,929	23,653	103.3	(5,186,482)	(100.8)	(59.9)	…	nc	(3,351,084)	(107.9)	(38.7)	…	nc
9	(3)	8,645,455	23,686	99.9	(5,156,663)	(99.4)	(59.6)	…	nc	(3,375,030)	(100.7)	(39.0)	…	nc
10	(4)	8,572,421	23,486	99.2	(5,046,669)	(97.9)	(58.9)	…	nc	(3,420,380)	(101.3)	(39.9)	…	nc
11	(5)	8,459,694	23,177	98.7	(4,950,069)	(98.1)	(58.5)	…	nc	(3,406,545)	(99.6)	(40.3)	…	nc
12	(6)	8,497,278	23,217	100.4	(4,970,310)	(100.4)	(58.5)	…	nc	(3,420,517)	(100.4)	(40.3)	…	nc
13	(7)	8,300,488	22,741	97.7	(4,941,499)	(99.4)	(59.5)	…	nc	(3,266,303)	(95.5)	(39.4)	…	nc
14	(8)	8,385,280	22,973	101.0	(5,002,265)	(101.2)	(59.7)	…	nc	(3,293,367)	(100.8)	(39.3)	…	nc
15	(9)	8,400,073	23,014	100.2	(4,974,103)	(99.4)	(59.2)	…	nc	(3,339,775)	(101.4)	(39.8)	…	nc
16	(10)	8,328,951	22,757	99.2	4,954,710	nc	59.5	296,843	nc	3,292,397	nc	39.5	…	nc
17	(11)	8,285,215	22,699	99.5	4,775,335	96.4	57.6	303,396	102.2	3,429,456	104.2	41.4	…	nc
18	(12)	8,137,512	22,295	98.2	4,648,191	97.3	57.1	309,036	101.9	3,408,095	99.4	41.9	…	nc
19	(13)	8,007,417	21,938	98.4	4,520,740	97.3	56.5	326,223	105.6	3,402,339	99.8	42.5	(387,813)	nc
20	(14)	7,982,030	21,809	99.7	4,442,561	98.3	55.7	335,676	102.9	3,457,962	101.6	43.3	(479,140)	(123.5)
21	(15)	7,910,413	21,672	99.1	4,264,106	96.0	53.9	336,403	100.2	3,570,453	103.3	45.1	(450,464)	(94.0)
22	(16)	7,720,456	21,152	97.6	4,149,598	97.3	53.7	316,382	94.0	3,498,582	98.0	45.3	(484,152)	(107.5)
23	(17)	7,474,309	20,478	96.8	4,058,062	97.8	54.3	298,192	94.3	3,350,909	95.8	44.8	(492,236)	(101.7)
24	(18)	7,630,418	20,848	102.1	4,043,870	99.7	53.0	313,883	105.3	3,527,910	105.3	46.2	(504,063)	(102.4)
25	(19)	7,508,261	20,571	98.4	3,974,526	98.3	52.9	306,715	97.7	3,476,528	98.5	46.3	(486,429)	(96.5)
26	(20)	7,334,264	20,094	97.7	3,910,940	98.4	53.3	305,470	99.6	3,364,492	96.8	45.9	(498,474)	(102.5)
27	(21)	7,379,234	20,217	100.6	3,932,861	100.6	53.3	311,867	102.1	3,389,838	100.8	45.9	(466,069)	(93.5)
28	(22)	7,393,717	20,201	100.2	3,991,966	101.5	54.0	308,202	98.8	3,349,178	98.8	45.3	(439,076)	(94.2)
29	(23)	7,276,523	19,936	98.4	3,986,478	99.9	54.8	322,564	104.7	3,240,814	96.8	44.5	434,567	nc
30	(24)	7,289,227	19,970	100.2	3,999,805	100.3	54.9	350,351	108.6	3,243,275	100.1	44.5	431,267	99.2
令和元年	(25)	7,313,530	20,037	100.3	3,999,655	100.0	54.7	346,127	98.8	3,269,669	100.8	44.7	425,778	98.7
平成7年度	(26)	8,466,898	23,134	100.9	(5,151,566)	(97.9)	(60.8)	…	nc	(3,185,868)	(106.8)	(37.6)	…	nc
8	(27)	8,658,858	23,723	102.3	(5,188,157)	(100.7)	(59.9)	…	nc	(3,350,682)	(105.2)	(38.7)	…	nc
9	(28)	8,628,863	23,641	99.7	(5,122,340)	(98.7)	(59.4)	…	nc	(3,395,895)	(101.3)	(39.4)	…	nc
10	(29)	8,549,404	23,423	99.1	(5,025,951)	(98.1)	(58.8)	…	nc	(3,419,499)	(100.7)	(40.0)	…	nc
11	(30)	8,513,035	23,260	99.6	(4,939,127)	(98.3)	(58.0)	…	nc	(3,470,407)	(101.5)	(40.8)	…	nc
12	(31)	8,414,523	23,053	98.8	(5,003,240)	(101.3)	(59.5)	…	nc	(3,307,294)	(95.3)	(39.3)	…	nc
13	(32)	8,311,848	22,772	98.8	(4,903,260)	(98.0)	(59.0)	…	nc	(3,316,630)	(100.3)	(39.9)	…	nc
14	(33)	8,379,969	22,959	100.8	(5,046,042)	(102.9)	(60.2)	…	nc	(3,245,423)	(97.9)	(38.7)	…	nc
15	(34)	8,404,999	22,964	100.3	5,017,971	nc	59.7	287,402	nc	3,301,744	nc	39.3	…	nc
16	(35)	8,284,746	22,698	98.6	4,902,004	97.7	59.2	302,217	105.2	3,301,434	100.0	39.8	…	nc
17	(36)	8,292,696	22,720	100.1	4,738,677	96.7	57.1	304,707	100.8	3,472,231	105.2	41.9	…	nc
18	(37)	8,090,754	22,166	97.6	4,620,222	97.5	57.1	310,125	101.8	3,388,983	97.6	41.9	…	nc
19	(38)	8,024,247	21,924	99.2	4,508,210	97.6	56.2	329,589	106.3	3,433,061	101.3	42.8	(410,679)	nc
20	(39)	7,945,110	21,767	99.0	4,414,770	97.9	55.6	338,715	102.8	3,450,730	100.5	43.4	(473,637)	(115.3)
21	(40)	7,881,390	21,593	99.2	4,218,563	95.6	53.5	332,833	98.3	3,586,821	103.9	45.5	(465,357)	(98.3)
22	(41)	7,631,304	20,908	96.8	4,109,761	97.4	53.9	300,719	90.4	3,451,217	96.2	45.2	(497,614)	(106.9)
23	(42)	7,533,851	20,584	98.7	4,082,898	99.3	54.2	311,362	103.5	3,387,330	98.1	45.0	(496,106)	(99.7)
24	(43)	7,607,356	20,842	101.0	4,010,692	98.2	52.7	308,052	98.9	3,538,102	104.5	46.5	(484,989)	(97.8)
25	(44)	7,447,032	20,403	97.9	3,964,647	98.9	53.2	308,848	100.3	3,425,551	96.8	46.0	(501,691)	(103.4)
26	(45)	7,330,871	20,085	98.4	3,910,165	98.6	53.3	303,229	98.2	3,361,201	98.1	45.8	(485,976)	(96.9)
27	(46)	7,407,326	20,239	101.0	3,953,352	101.1	53.4	313,351	103.3	3,398,469	101.1	45.9	(454,709)	(93.6)
28	(47)	7,342,475	20,116	99.1	3,989,455	100.9	54.3	310,676	99.1	3,301,787	97.2	45.0	(444,196)	nc
29	(48)	7,290,458	19,974	99.3	3,983,712	99.9	54.6	330,415	106.4	3,257,947	98.7	44.7	437,783	nc
30	(49)	7,282,255	19,951	99.9	4,006,039	100.6	55.0	348,977	105.6	3,231,140	99.2	44.4	423,134	96.7

注：1　平成15年4月調査より、牛乳等向けのうち「業務用向け」の調査項目を追加した。また、「牛乳等向け」及び「乳製品向け」の調査定義を変更したため、平成16年及び平成15年度の
　　　　　対前年比を計算不能（nc）とした。
　　　　　なお、調査定義変更前の数値は、（　）書きで表示した。
　　　2　平成19年1月調査より、乳製品向けのうち「チーズ向け」、「クリーム等向け」及びその他のうち「欠減」の調査項目を追加した。

内					訳						
品		向		け		その他向け			欠減		
クリーム向け		脱脂濃縮乳向け		濃縮乳向け							
実数	対前年比	実数	対前年比	実数	対前年比	実数	対前年比	用途別割合	実数	対前年比	
t	%	t	%	t	%	t	%	%	t	%	
...	nc	...	nc	...	nc	132,904	86.3	1.6	...	nc	(1)
...	nc	...	nc	...	nc	119,363	89.8	1.4	...	nc	(2)
...	nc	...	nc	...	nc	113,762	95.3	1.3	...	nc	(3)
...	nc	...	nc	...	nc	105,372	92.6	1.2	...	nc	(4)
...	nc	...	nc	...	nc	103,080	97.8	1.2	...	nc	(5)
...	nc	...	nc	...	nc	106,451	103.3	1.3	...	nc	(6)
...	nc	...	nc	...	nc	92,686	87.1	1.1	...	nc	(7)
...	nc	...	nc	...	nc	89,648	96.7	1.1	...	nc	(8)
...	nc	...	nc	...	nc	86,195	96.1	1.0	...	nc	(9)
...	nc	...	nc	...	nc	81,844	95.0	1.0	...	nc	(10)
...	nc	...	nc	...	nc	80,424	98.3	1.0	...	nc	(11)
...	nc	...	nc	...	nc	81,226	101.0	1.0	...	nc	(12)
...	nc	...	nc	...	nc	84,338	103.8	1.1	20,632	nc	(13)
...	nc	...	nc	...	nc	81,507	96.6	1.0	20,677	100.2	(14)
...	nc	...	nc	...	nc	75,854	93.1	1.0	18,472	89.3	(15)
...	nc	...	nc	...	nc	72,276	95.3	0.9	19,363	104.8	(16)
...	nc	...	nc	...	nc	65,338	90.4	0.9	13,022	67.3	(17)
...	nc	...	nc	...	nc	58,638	89.7	0.8	12,443	95.6	(18)
...	nc	...	nc	...	nc	57,207	97.6	0.8	11,040	88.7	(19)
...	nc	...	nc	...	nc	58,832	102.8	0.8	10,392	94.1	(20)
...	nc	...	nc	...	nc	56,535	96.1	0.8	10,748	103.4	(21)
...	nc	...	nc	...	nc	52,573	93.0	0.7	11,218	104.4	(22)
753,215	nc	533,348	nc	7,997	nc	49,231	93.6	0.7	9,214	82.1	(23)
769,219	102.1	543,495	101.9	7,889	98.6	46,147	93.7	0.6	9,918	107.6	(24)
710,369	92.3	550,379	101.3	6,999	88.7	44,206	95.8	0.6	10,258	103.4	(25)
...	nc	...	nc	...	nc	129,464	91.1	1.5	...	nc	(26)
...	nc	...	nc	...	nc	120,019	92.7	1.4	...	nc	(27)
...	nc	...	nc	...	nc	110,628	92.2	1.3	...	nc	(28)
...	nc	...	nc	...	nc	103,954	94.0	1.2	...	nc	(29)
...	nc	...	nc	...	nc	103,501	99.6	1.2	...	nc	(30)
...	nc	...	nc	...	nc	103,989	100.5	1.2	...	nc	(31)
...	nc	...	nc	...	nc	91,958	88.4	1.1	...	nc	(32)
...	nc	...	nc	...	nc	88,504	96.2	1.1	...	nc	(33)
...	nc	...	nc	...	nc	85,284	96.4	1.0	...	nc	(34)
...	nc	...	nc	...	nc	81,308	95.3	1.0	...	nc	(35)
...	nc	...	nc	...	nc	81,788	100.6	1.0	...	nc	(36)
...	nc	...	nc	...	nc	81,549	99.7	1.0	...	nc	(37)
...	nc	...	nc	...	nc	82,976	101.7	1.0	20,603	nc	(38)
...	nc	...	nc	...	nc	79,610	95.9	1.0	19,643	95.3	(39)
...	nc	...	nc	...	nc	76,006	95.5	1.0	19,187	97.7	(40)
...	nc	...	nc	...	nc	70,326	92.5	0.9	18,028	94.0	(41)
...	nc	...	nc	...	nc	63,623	90.5	0.8	12,533	69.5	(42)
...	nc	...	nc	...	nc	58,562	92.0	0.8	12,390	98.9	(43)
...	nc	...	nc	...	nc	56,834	97.0	0.8	10,687	86.3	(44)
...	nc	...	nc	...	nc	59,505	104.7	0.8	10,195	95.4	(45)
...	nc	...	nc	...	nc	55,505	93.3	0.7	10,957	107.5	(46)
...	nc	...	nc	...	nc	51,233	92.3	0.7	10,932	99.8	(47)
763,867	nc	536,498	nc	8,047	nc	48,799	95.2	0.7	9,155	83.7	(48)
756,969	99.1	546,354	101.8	7,778	96.7	45,076	92.4	0.6	10,108	110.4	(49)

3　平成29年1月調査より、乳製品向けのうち「クリーム等向け」を「クリーム向け」、「脱脂濃縮乳向け」及び「濃縮乳向け」に区分し、また、「クリーム向け」及び「チーズ向け」の調査定義を変更したため、平成29年（各月）及び平成28年度の対前年比を計算不能（nc）とした。
　なお、調査定義変更前の数値は、（　）書きで表示した。

年次・月別	生乳生産量 実数	1日当たり平均	対前年比	牛乳等向け 実数	対前年比	用途別割合	業務用向け 実数	対前年比	乳製 実数	対前年比	用途別割合	チーズ向け 実数	対前年比
	t	t	%	t	%	%	t	%	t	%	%	t	%
平成28年1月 (50)	627,189	20,232	100.6	317,381	100.9	50.6	23,714	95.9	305,251	100.3	48.7	(38,600)	(93.7)
2 (51)	595,311	20,528	103.9	313,584	105.0	52.7	24,292	110.5	277,208	103.0	46.6	(34,794)	(86.8)
3 (52)	644,087	20,777	100.3	321,193	100.8	49.9	26,083	100.8	318,288	99.9	49.4	(39,154)	(91.9)
4 (53)	630,407	21,014	100.9	323,343	100.3	51.3	24,888	97.2	302,617	101.6	48.0	(36,972)	(100.7)
5 (54)	653,358	21,076	100.7	350,093	100.8	53.6	26,017	103.9	298,934	100.7	45.8	(38,991)	(104.5)
6 (55)	626,344	20,878	100.3	350,395	100.4	55.9	23,871	97.3	271,736	100.3	43.4	(38,373)	(100.0)
7 (56)	631,311	20,365	100.4	345,246	102.1	54.7	24,030	97.1	281,816	98.6	44.6	(38,897)	(91.4)
8 (57)	610,407	19,691	100.3	328,818	101.9	53.9	24,563	100.5	277,316	98.6	45.4	(39,740)	(96.9)
9 (58)	585,529	19,518	98.8	349,140	103.3	59.6	27,245	99.3	232,045	92.7	39.6	(34,914)	(96.3)
10 (59)	600,456	19,370	99.5	350,372	101.9	58.4	27,603	92.9	245,507	96.3	40.9	(35,701)	(97.1)
11 (60)	579,383	19,313	98.4	330,258	100.5	57.0	28,622	96.5	244,881	95.9	42.3	(30,845)	(85.3)
12 (61)	609,935	19,675	98.3	312,143	100.3	51.2	27,274	97.2	293,579	96.4	48.1	(32,095)	(86.6)
29年1月 (62)	614,927	19,836	98.0	321,459	101.3	52.3	25,963	109.5	289,266	94.8	47.0	36,832	nc
2 (63)	566,474	20,231	95.2	306,000	97.6	54.0	23,452	96.5	256,412	92.5	45.3	37,202	nc
3 (64)	633,944	20,450	98.4	322,188	100.3	50.8	27,148	104.1	307,678	96.7	48.5	43,634	nc
4 (65)	616,303	20,543	97.8	327,112	101.2	53.1	26,501	106.5	285,126	94.2	46.3	36,796	nc
5 (66)	644,976	20,806	98.7	346,983	99.1	53.8	26,165	100.6	293,857	98.3	45.6	36,633	nc
6 (67)	614,343	20,478	98.1	346,235	98.8	56.4	24,511	102.7	264,159	97.2	43.0	36,800	nc
7 (68)	610,166	19,683	96.7	346,146	100.3	56.7	25,166	104.7	259,905	92.2	42.6	36,363	nc
8 (69)	600,537	19,372	98.4	327,538	99.6	54.5	26,209	106.7	268,912	97.0	44.8	35,896	nc
9 (70)	580,703	19,357	99.2	349,672	100.2	60.2	27,173	99.7	226,917	97.8	39.1	34,365	nc
10 (71)	600,676	19,377	100.0	347,372	99.1	57.8	31,050	112.5	249,086	101.5	41.5	30,974	nc
11 (72)	582,570	19,419	100.6	329,697	99.8	56.6	30,229	105.6	248,740	101.6	42.7	31,849	nc
12 (73)	610,904	19,707	100.2	316,076	101.3	51.7	28,997	106.3	290,756	99.0	47.6	37,223	nc
30年1月 (74)	621,288	20,042	101.0	324,296	100.9	52.2	28,101	108.2	292,995	101.3	47.2	38,560	104.7
2 (75)	568,874	20,317	100.4	303,308	99.1	53.3	27,022	115.2	261,628	102.0	46.0	38,696	104.0
3 (76)	639,118	20,617	100.8	319,277	99.1	50.0	29,291	107.9	315,866	102.7	49.4	43,628	100.0
4 (77)	623,312	20,777	101.1	324,152	99.1	52.0	28,307	106.8	295,369	103.6	47.4	36,433	99.0
5 (78)	647,555	20,889	100.4	351,840	101.4	54.3	29,555	113.0	291,917	99.3	45.1	36,296	99.1
6 (79)	620,517	20,684	101.0	351,414	101.5	56.6	28,210	115.1	265,348	100.5	42.8	35,323	96.0
7 (80)	616,231	19,878	101.0	350,381	101.2	56.9	26,853	106.7	261,977	100.8	42.5	37,166	102.2
8 (81)	606,470	19,564	101.0	333,318	101.8	55.0	28,568	109.0	269,323	100.2	44.4	35,162	98.0
9 (82)	560,308	18,677	96.5	339,380	97.1	60.6	28,386	104.5	217,091	95.7	38.7	27,846	81.0
10 (83)	596,228	19,233	99.3	354,844	102.2	59.5	34,192	110.1	237,565	95.4	39.8	31,958	103.2
11 (84)	579,820	19,327	99.5	332,984	101.0	57.4	32,328	106.9	243,016	97.7	41.9	31,979	100.4
12 (85)	609,506	19,661	99.8	314,611	99.5	51.6	29,538	101.9	291,180	100.1	47.8	38,220	102.7
31年1月 (86)	615,920	19,868	99.1	325,861	100.5	52.9	28,509	101.5	286,198	97.7	46.5	37,684	97.7
2 (87)	567,072	20,253	99.7	305,411	100.7	53.9	26,369	97.6	258,297	98.7	45.5	35,716	92.3
3 (88)	639,316	20,623	100.0	321,843	100.8	50.3	28,162	96.1	313,859	99.4	49.1	39,351	90.2
4 (89)	622,418	20,747	99.9	323,425	99.8	52.0	29,797	105.3	295,369	100.0	47.5	35,441	97.3
令和元年5月 (90)	644,183	20,780	99.5	347,893	98.9	54.0	28,954	98.0	292,634	100.2	45.4	37,843	104.3
6 (91)	618,867	20,629	99.7	349,677	99.5	56.5	28,020	99.3	265,471	100.0	42.9	36,006	101.9
7 (92)	623,259	20,105	101.1	339,492	96.9	54.5	25,650	95.5	280,019	106.9	44.9	34,646	93.2
8 (93)	595,598	19,213	98.2	331,514	99.5	55.7	28,271	99.0	260,327	96.7	43.7	33,723	95.9
9 (94)	583,513	19,450	104.1	349,598	103.0	59.9	30,432	107.2	230,154	106.0	39.4	32,322	116.1
10 (95)	601,947	19,418	101.0	356,019	100.3	59.1	32,097	93.9	242,190	101.9	40.2	32,925	103.0
11 (96)	585,432	19,514	101.0	331,531	99.6	56.6	30,123	93.2	250,143	102.9	42.7	33,837	105.8
12 (97)	616,005	19,871	101.1	317,391	100.9	51.5	29,743	100.7	295,008	101.3	47.9	36,284	94.9

内						訳					
品		向		け		その他向け			欠減		
クリーム向け		脱脂濃縮乳向け		濃縮乳向け							
実数	対前年比	実数	対前年比	実数	対前年比	実数	対前年比	用途別割合	実数	対前年比	
t	%	t	%	t	%	t	%	%	t	%	
…	nc	…	nc	…	nc	4,557	92.9	0.7	861	108.4	(50)
…	nc	…	nc	…	nc	4,519	92.8	0.8	836	107.7	(51)
…	nc	…	nc	…	nc	4,606	93.3	0.7	910	109.9	(52)
…	nc	…	nc	…	nc	4,447	96.7	0.7	1,078	122.4	(53)
…	nc	…	nc	…	nc	4,331	92.2	0.7	972	98.4	(54)
…	nc	…	nc	…	nc	4,213	90.9	0.7	852	91.8	(55)
…	nc	…	nc	…	nc	4,249	89.1	0.7	874	85.1	(56)
…	nc	…	nc	…	nc	4,273	93.5	0.7	908	107.1	(57)
…	nc	…	nc	…	nc	4,344	92.8	0.7	969	100.8	(58)
…	nc	…	nc	…	nc	4,577	99.6	0.8	1,209	140.6	(59)
…	nc	…	nc	…	nc	4,244	92.0	0.7	888	99.6	(60)
…	nc	…	nc	…	nc	4,213	90.3	0.7	861	89.2	(61)
57,982	nc	43,294	nc	591	nc	4,202	92.2	0.7	835	97.0	(62)
54,592	nc	38,590	nc	461	nc	4,062	89.9	0.7	721	86.2	(63)
63,846	nc	48,413	nc	642	nc	4,078	88.5	0.6	765	84.1	(64)
60,239	nc	45,196	nc	698	nc	4,065	91.4	0.7	719	66.7	(65)
61,952	nc	47,400	nc	626	nc	4,136	95.5	0.6	799	82.2	(66)
61,861	nc	44,250	nc	751	nc	3,949	93.7	0.6	809	95.0	(67)
64,519	nc	47,521	nc	678	nc	4,115	96.8	0.7	747	85.5	(68)
62,902	nc	47,443	nc	708	nc	4,087	95.6	0.7	718	79.1	(69)
62,586	nc	44,871	nc	705	nc	4,114	94.7	0.7	751	77.5	(70)
65,291	nc	43,981	nc	694	nc	4,218	92.2	0.7	837	69.2	(71)
66,985	nc	42,203	nc	849	nc	4,133	97.4	0.7	775	87.3	(72)
70,460	nc	40,186	nc	594	nc	4,072	96.7	0.7	738	85.7	(73)
61,565	106.2	44,087	101.8	529	89.5	3,997	95.1	0.6	781	93.5	(74)
58,155	106.5	41,558	107.7	579	125.6	3,938	96.9	0.7	722	100.1	(75)
67,352	105.5	47,802	98.7	636	99.1	3,975	97.5	0.6	759	99.2	(76)
64,365	106.8	47,144	104.3	724	103.7	3,791	93.3	0.6	799	111.1	(77)
64,581	104.2	48,206	101.7	622	99.4	3,798	91.8	0.6	811	101.5	(78)
64,076	103.6	46,380	104.8	722	96.1	3,755	95.1	0.6	765	94.6	(79)
62,891	97.5	47,844	100.7	784	115.6	3,873	94.1	0.6	870	116.5	(80)
63,084	100.3	46,593	98.2	803	113.4	3,829	93.7	0.6	824	114.8	(81)
60,823	97.2	42,100	93.8	503	71.3	3,837	93.3	0.7	1,237	164.7	(82)
64,468	98.7	47,005	106.9	634	91.4	3,819	90.5	0.6	811	96.9	(83)
68,635	102.5	44,445	105.3	769	90.6	3,820	92.4	0.7	824	106.3	(84)
69,224	98.2	40,331	100.4	584	98.3	3,715	91.2	0.6	715	96.9	(85)
56,646	92.0	46,022	104.4	496	93.8	3,861	96.6	0.6	866	110.9	(86)
55,195	94.9	42,034	101.1	443	76.5	3,364	85.4	0.6	769	106.5	(87)
62,981	93.5	48,250	100.9	694	109.1	3,614	90.9	0.6	817	107.6	(88)
61,223	95.1	46,664	99.0	702	97.0	3,624	95.6	0.6	825	103.3	(89)
57,728	89.4	46,955	97.4	733	117.8	3,656	96.3	0.6	856	105.5	(90)
56,864	88.7	46,541	100.3	539	74.7	3,719	99.0	0.6	869	113.6	(91)
59,524	94.6	48,398	101.2	546	69.6	3,748	96.8	0.6	892	102.5	(92)
57,115	90.5	47,634	102.2	521	64.9	3,757	98.1	0.6	906	110.0	(93)
56,008	92.1	45,235	107.4	568	112.9	3,761	98.0	0.6	909	73.5	(94)
60,328	93.6	45,697	97.2	632	99.7	3,738	97.9	0.6	884	109.0	(95)
62,228	90.7	43,550	98.0	603	78.4	3,758	98.4	0.6	906	110.0	(96)
64,529	93.2	43,399	107.6	522	89.4	3,606	97.1	0.6	759	106.2	(97)
クリーム向け		脱脂濃縮乳向け		濃縮乳向け		その他向け			欠減		
実数	対前年比	実数	対前年比	実数	対前年比	実数	対前年比	用途別割合	実数	対前年比	

2 生乳生産量及び用途別処理量（全国農業地域別）

全国農業地域・用途別処理内訳	年次					年度				
	平成27年	28	29	30	令和元年	平成26年度	27	28	29	30
全国										
生乳生産量	7,379,234	7,393,717	7,276,523	7,289,227	7,313,530	7,330,871	7,407,326	7,342,475	7,290,458	7,282,255
処理量	7,379,234	7,393,717	7,276,523	7,289,227	7,313,530	7,330,871	7,407,326	7,342,475	7,290,458	7,282,255
牛乳等向け	3,932,861	3,991,966	3,986,478	3,999,805	3,999,655	3,910,165	3,953,352	3,989,455	3,983,712	4,006,039
うち、業務用向け	311,867	308,202	322,564	350,351	346,127	303,229	313,351	310,676	330,415	348,977
乳製品向け	3,389,838	3,349,178	3,240,814	3,243,275	3,269,669	3,361,201	3,398,469	3,301,787	3,257,947	3,231,140
うち、チーズ向け	(466,069)	(439,076)	434,567	431,267	425,778	(485,976)	(454,709)	(444,196)	437,783	423,134
クリーム向け	…	…	753,215	769,219	710,369	…	…	…	763,867	756,969
脱脂濃縮乳向け	…	…	533,348	543,495	550,379	…	…	…	536,498	546,354
濃縮乳向け	…	…	7,997	7,889	6,999	…	…	…	8,047	7,778
その他	56,535	52,573	49,231	46,147	44,206	59,505	55,505	51,233	48,799	45,076
うち、欠減	10,748	11,218	9,214	9,918	10,258	10,195	10,957	10,932	9,155	10,108
北海道										
生乳生産量	3,881,200	3,934,183	3,892,895	3,965,193	4,048,197	3,821,571	3,911,711	3,904,628	3,922,023	3,967,129
処理量	3,552,048	3,549,555	3,449,089	3,475,926	3,518,650	3,497,673	3,573,219	3,504,555	3,469,556	3,474,598
牛乳等向け	560,405	573,044	548,156	554,893	556,498	546,229	565,124	565,039	546,681	560,384
うち、業務用向け	70,548	71,539	71,188	73,495	74,069	65,602	71,086	71,609	71,596	74,934
乳製品向け	2,964,403	2,952,739	2,878,104	2,897,634	2,939,035	2,920,085	2,982,198	2,916,410	2,900,484	2,890,524
うち、チーズ向け	(458,454)	(431,820)	427,620	425,033	419,702	(478,478)	(447,061)	(436,990)	431,036	416,912
クリーム向け	…	…	663,380	682,903	631,305	…	…	…	673,730	673,180
脱脂濃縮乳向け	…	…	529,037	539,319	545,635	…	…	…	532,369	541,901
濃縮乳向け	…	…	7,624	7,517	6,639	…	…	…	7,675	7,411
その他	27,240	23,772	22,829	23,399	23,117	31,359	25,897	23,106	22,391	23,690
うち、欠減	485	639	553	1,012	554	876	451	709	512	1,039
東北										
生乳生産量	576,382	572,790	564,863	556,714	548,641	576,825	576,704	570,303	562,277	555,860
処理量	410,741	403,035	384,390	384,370	378,418	428,759	404,309	398,858	384,388	384,112
牛乳等向け	290,387	296,219	289,064	296,198	290,549	293,483	289,622	294,509	291,535	296,104
うち、業務用向け	20,851	22,613	23,951	23,570	24,342	23,013	20,563	23,427	23,501	24,021
乳製品向け	115,476	102,080	90,763	84,504	84,817	130,544	109,763	99,693	88,287	84,680
うち、チーズ向け	(2,927)	(2,408)	2,418	2,045	1,882	(3,138)	(2,791)	(2,369)	2,371	2,029
クリーム向け	…	…	7,271	6,941	7,853	…	…	…	7,015	7,255
脱脂濃縮乳向け	…	…	576	580	644	…	…	…	543	614
濃縮乳向け	…	…	－	－	－	…	…	…	－	－
その他	4,878	4,736	4,563	3,668	3,052	4,732	4,924	4,656	4,566	3,328
うち、欠減	366	374	310	317	376	364	364	360	313	335
北陸										
生乳生産量	91,743	88,146	83,338	79,301	75,347	93,666	91,119	86,807	82,343	78,302
処理量	98,528	98,082	100,386	97,657	92,694	98,692	98,890	98,813	98,839	98,077
牛乳等向け	95,512	95,120	97,477	94,812	89,606	95,660	95,844	95,990	95,900	95,164
うち、業務用向け	4,836	4,324	4,831	5,503	6,403	5,014	4,970	4,419	4,887	5,512
乳製品向け	2,420	2,380	2,351	2,223	2,493	2,440	2,446	2,233	2,347	2,336
うち、チーズ向け	(66)	(64)	64	74	78	(63)	(67)	(62)	69	76
クリーム向け	…	…	1,286	1,470	1,488	…	…	…	1,431	1,484
脱脂濃縮乳向け	…	…	46	17	73	…	…	…	45	41
濃縮乳向け	…	…	6	3	－	…	…	…	3	－
その他	596	582	558	622	595	592	600	590	592	577
うち、欠減	110	111	96	190	298	88	120	122	130	163
関東										
生乳生産量	1,046,924	1,048,064	1,036,338	1,012,647	991,738	1,053,181	1,048,928	1,043,942	1,030,087	1,011,507
処理量	1,320,836	1,339,350	1,343,075	1,339,489	1,340,890	1,313,370	1,329,403	1,337,672	1,340,951	1,341,370
牛乳等向け	1,207,444	1,235,875	1,233,870	1,237,256	1,246,596	1,194,765	1,220,119	1,233,239	1,234,578	1,241,509
うち、業務用向け	99,118	92,503	91,252	110,759	103,856	97,787	99,015	90,306	96,651	110,657
乳製品向け	101,636	91,193	98,644	93,550	86,061	107,660	97,262	92,478	95,910	91,738
うち、チーズ向け	(486)	(424)	494	456	481	(454)	(500)	(411)	496	462
クリーム向け	…	…	33,730	33,553	29,145	…	…	…	33,232	32,613
脱脂濃縮乳向け	…	…	－	－	－	…	…	…	－	－
濃縮乳向け	…	…	－	－	－	…	…	…	－	－
その他	11,756	12,282	10,561	8,683	8,233	10,945	12,022	11,955	10,463	8,123
うち、欠減	4,910	5,628	4,028	3,889	4,145	4,225	5,134	5,379	3,930	3,966
東山										
生乳生産量	124,574	120,454	114,780	110,965	107,128	126,085	123,578	119,004	114,240	110,044
処理量	145,255	145,683	140,006	136,388	131,949	142,275	145,627	145,054	138,523	135,902
牛乳等向け	137,817	137,462	135,130	132,000	126,815	135,418	137,843	137,550	133,978	131,279
うち、業務用向け	4,416	4,036	5,086	5,474	5,718	4,415	4,165	4,345	5,221	5,520
乳製品向け	6,145	6,890	3,439	3,032	3,840	5,632	6,496	6,104	3,122	3,259
うち、チーズ向け	(1,591)	(1,937)	1,636	1,347	1,288	(1,456)	(1,687)	(2,004)	1,488	1,339
クリーム向け	…	…	446	422	1,285	…	…	…	338	647
脱脂濃縮乳向け	…	…	－	－	－	…	…	…	－	－
濃縮乳向け	…	…	－	－	－	…	…	…	－	－
その他	1,293	1,331	1,437	1,356	1,294	1,225	1,288	1,400	1,423	1,364
うち、欠減	483	542	663	792	834	433	472	620	649	878

注： 平成29年1月調査より、乳製品向けのうち「クリーム等向け」を「クリーム向け」、「脱脂濃縮乳向け」及び「濃縮乳向け」に区分し、また、「クリーム向け」及び「チーズ向け」の調査定義を変更した。
　　 なお、調査定義変更前の数値は、（　）書きで表示した。

全国農業地域・用途別処理内訳	年次					年度				
	平成27年	28	29	30	令和元年	平成26年度	27	28	29	30
東海										
生乳生産量	368,579	365,290	358,267	345,716	339,838	375,987	367,261	363,425	356,675	343,731
処理量	411,124	415,050	420,051	421,640	427,858	406,386	413,402	416,192	421,189	420,209
牛乳等向け	383,406	387,418	392,049	393,027	399,705	379,655	385,502	388,940	392,895	391,735
うち、業務用向け	31,257	29,559	31,604	37,517	36,787	29,818	30,770	29,828	33,271	37,093
乳製品向け	24,780	25,043	25,503	26,125	25,628	23,882	24,974	24,753	25,740	26,029
うち、チーズ向け	(215)	(202)	208	187	255	(221)	(212)	(200)	203	193
クリーム向け	...	...	1,356	1,532	1,373	...	...	...	1,400	1,465
脱脂濃縮乳向け	...	...	1	–	–	...	...	...	–	–
濃縮乳向け	...	...	367	369	360	...	...	...	369	367
その他	2,938	2,589	2,499	2,488	2,525	2,849	2,926	2,499	2,554	2,445
うち、欠減	1,642	1,299	1,246	1,366	1,425	1,589	1,618	1,238	1,278	1,385
近畿										
生乳生産量	182,156	179,333	172,554	163,192	158,520	184,745	181,708	177,658	170,391	161,933
処理量	446,604	454,830	458,141	450,308	442,432	459,921	449,020	453,096	459,896	445,143
牛乳等向け	426,257	433,426	447,983	442,146	436,697	442,540	427,599	433,758	450,148	437,865
うち、業務用向け	32,627	36,006	35,293	31,779	37,125	31,104	34,501	36,093	34,243	31,482
乳製品向け	19,201	20,264	8,942	6,975	4,417	16,298	20,234	18,205	8,523	6,139
うち、チーズ向け	(125)	(122)	112	132	138	(148)	(124)	(116)	110	141
クリーム向け	...	...	8,745	6,560	4,136	...	...	...	8,320	5,704
脱脂濃縮乳向け	...	...	–	–	–	...	...	...	–	–
濃縮乳向け	...	...	–	–	–	...	...	...	–	–
その他	1,146	1,140	1,216	1,187	1,318	1,083	1,187	1,133	1,225	1,139
うち、欠減	444	435	529	536	846	471	455	438	537	511
中国										
生乳生産量	291,144	288,954	282,106	288,914	293,199	288,162	291,705	286,374	283,843	289,763
処理量	337,089	340,928	342,480	340,123	337,179	336,755	337,866	343,380	341,323	338,974
牛乳等向け	305,274	308,864	314,232	313,215	311,165	304,615	306,306	312,409	312,828	312,138
うち、業務用向け	13,980	13,517	19,649	19,218	17,795	13,784	14,493	14,883	19,368	17,783
乳製品向け	29,078	29,197	25,571	24,530	23,776	29,573	28,764	28,133	25,791	24,574
うち、チーズ向け	(944)	(745)	635	647	606	(823)	(996)	(647)	645	636
クリーム向け	...	...	5,987	5,089	4,819	...	...	...	6,030	4,972
脱脂濃縮乳向け	...	...	–	–	–	...	...	...	–	–
濃縮乳向け	...	...	–	–	–	...	...	...	–	–
その他	2,737	2,867	2,677	2,378	2,238	2,567	2,796	2,838	2,704	2,262
うち、欠減	1,168	1,358	1,195	1,142	1,062	1,007	1,224	1,350	1,222	1,116
四国										
生乳生産量	127,192	125,357	121,322	116,136	113,137	127,128	127,419	124,127	120,118	115,575
処理量	95,619	94,312	93,349	94,073	93,837	94,319	94,325	95,660	90,061	95,640
牛乳等向け	84,991	88,277	89,662	90,784	91,553	83,754	84,119	91,678	86,388	92,633
うち、業務用向け	8,805	8,697	9,912	10,812	8,918	8,864	7,914	9,370	10,483	9,698
乳製品向け	8,579	4,534	2,422	2,497	1,909	8,446	8,193	2,661	2,407	2,407
うち、チーズ向け	(80)	(79)	83	84	87	(81)	(88)	(80)	77	86
クリーム向け	...	...	1,917	2,018	1,510	...	...	...	2,009	1,995
脱脂濃縮乳向け	...	...	–	–	–	...	...	...	–	–
濃縮乳向け	...	...	–	–	–	...	...	...	–	–
その他	2,049	1,501	1,265	792	375	2,119	2,013	1,321	1,266	600
うち、欠減	468	166	32	36	64	475	453	61	33	39
九州										
生乳生産量	662,658	645,334	625,302	626,603	614,605	656,839	660,493	640,495	624,112	624,946
処理量	533,874	526,315	520,048	524,404	525,662	525,753	533,663	522,802	520,481	523,728
牛乳等向け	413,972	409,786	413,415	420,676	426,555	407,188	413,795	410,046	413,589	422,773
うち、業務用向け	23,908	23,982	28,399	30,750	29,659	22,345	24,328	25,043	29,765	30,805
乳製品向け	118,118	114,856	105,075	102,205	97,693	116,639	118,135	111,117	105,336	99,454
うち、チーズ向け	(1,181)	(1,275)	1,297	1,262	1,261	(1,114)	(1,183)	(1,317)	1,288	1,260
クリーム向け	...	...	29,097	28,731	27,455	...	...	...	30,362	27,654
脱脂濃縮乳向け	...	...	3,688	3,579	4,027	...	...	...	3,541	3,798
濃縮乳向け	...	...	–	–	–	...	...	...	–	–
その他	1,784	1,673	1,558	1,523	1,414	1,926	1,733	1,639	1,556	1,501
うち、欠減	614	617	541	626	642	619	607	607	539	664
沖縄										
生乳生産量	26,682	25,812	24,758	23,846	23,180	26,682	26,700	25,712	24,349	23,465
処理量	27,516	26,577	25,508	24,849	23,961	26,968	27,602	26,393	25,251	24,502
牛乳等向け	27,396	26,475	25,440	24,798	23,916	26,858	27,479	26,297	25,192	24,455
うち、業務用向け	1,521	1,426	1,399	1,474	1,455	1,483	1,546	1,353	1,429	1,472
乳製品向け	2	2	–	–	–	2	4	–	–	–
うち、チーズ向け	(-)	(-)	–	–	–	(-)	(-)	(-)	–	–
クリーム向け	...	...	–	–	–	...	...	...	–	–
脱脂濃縮乳向け	...	...	–	–	–	...	...	...	–	–
濃縮乳向け	...	...	–	–	–	...	...	...	–	–
その他	118	100	68	51	45	108	119	96	59	47
うち、欠減	58	49	21	12	12	48	59	48	12	12

3　生乳生産量及び用途別処理量（地方農政局別）

単位：t

地方農政局・用途別処理内訳	年次					年度				
	平成27年	28	29	30	令和元年	平成26年度	27	28	29	30
関東農政局										
生乳生産量	1,261,013	1,259,443	1,241,506	1,211,861	1,188,225	1,270,163	1,262,242	1,253,949	1,234,403	1,209,469
処理量	1,554,391	1,574,913	1,569,729	1,563,073	1,560,909	1,532,782	1,563,781	1,572,860	1,565,509	1,564,237
牛乳等向け	1,421,583	1,451,287	1,443,838	1,443,837	1,447,958	1,395,616	1,435,063	1,449,090	1,442,704	1,446,703
うち、業務用向け	112,958	105,461	105,613	130,860	124,862	111,231	112,489	103,832	112,174	131,088
乳製品向け	119,175	109,686	113,570	108,916	103,128	124,409	114,921	110,091	110,596	107,782
うち、チーズ向け	(2,148)	(2,435)	2,203	1,884	1,841	(1,996)	(2,258)	(2,488)	2,060	1,880
クリーム向け	…	…	34,957	34,725	31,118	…	…	…	34,336	33,992
脱脂濃縮乳向け	…	…	－	－	－	…	…	…	－	－
濃縮乳向け	…	…	360	360	360	…	…	…	360	360
その他	13,633	13,940	12,321	10,320	9,823	12,757	13,797	13,679	12,209	9,752
うち、欠減	5,644	6,170	4,691	4,683	4,979	4,921	5,757	5,999	4,579	4,846
東海農政局										
生乳生産量	279,064	274,365	267,879	257,467	250,479	285,090	277,525	272,422	266,599	255,813
処理量	322,824	325,170	333,403	334,444	339,788	329,249	324,651	326,058	335,154	333,244
牛乳等向け	307,084	309,468	317,211	318,446	325,158	314,222	308,401	310,639	318,747	317,820
うち、業務用向け	21,833	20,637	22,329	22,890	21,499	20,789	21,461	20,647	22,969	22,182
乳製品向け	13,386	13,440	14,016	13,791	12,401	12,765	13,811	13,244	14,176	13,244
うち、チーズ向け	(144)	(128)	135	106	183	(135)	(141)	(127)	127	114
クリーム向け	…	…	575	782	685	…	…	…	634	733
脱脂濃縮乳向け	…	…	1	－	－	…	…	…	－	－
濃縮乳向け	…	…	7	9	9	…	…	…	9	7
その他	2,354	2,262	2,176	2,207	2,229	2,262	2,439	2,175	2,231	2,180
うち、欠減	1,391	1,299	1,246	1,364	1,425	1,326	1,467	1,238	1,278	1,383
中国四国農政局										
生乳生産量	418,336	414,311	403,428	405,050	406,336	415,290	419,124	410,501	403,961	405,338
処理量	432,708	435,240	435,829	434,196	431,016	431,074	432,191	439,040	431,384	434,614
牛乳等向け	390,265	397,141	403,894	403,999	402,718	388,369	390,425	404,087	399,216	404,771
うち、業務用向け	22,785	22,214	29,561	30,030	26,713	22,648	22,407	24,253	29,851	27,481
乳製品向け	37,657	33,731	27,993	27,027	25,685	38,019	36,957	30,794	28,198	26,981
うち、チーズ向け	(1,024)	(824)	718	731	693	(904)	(1,084)	(727)	722	722
クリーム向け	…	…	7,904	7,107	6,329	…	…	…	8,039	6,967
脱脂濃縮乳向け	…	…	－	－	－	…	…	…	－	－
濃縮乳向け	…	…	－	－	－	…	…	…	－	－
その他	4,786	4,368	3,942	3,170	2,613	4,686	4,809	4,159	3,970	2,862
うち、欠減	1,636	1,524	1,227	1,178	1,126	1,482	1,677	1,411	1,255	1,155

注：1　全国農業地域と区分が違う地方農政局の集計結果を掲載した。なお、本統計表に掲載していない地方農政局の集計結果は、前ページ「2　生乳生産量及び用途別処理量（全国農業地域別）」に掲載しており、東北農政局は「東北」、北陸農政局は「北陸」、近畿農政局は「近畿」、九州農政局は「九州」の集計結果と同じである。
　　2　平成29年1月調査より、乳製品向けのうち「クリーム等向け」を「クリーム向け」、「脱脂濃縮乳向け」及び「濃縮乳向け」に区分し、また、「クリーム向け」及び「チーズ向け」の調査定義を変更した。
　　　　なお、調査定義変更前の数値は、（　）書きで表示した。

4 牛乳等生産量（全国）

年次・年度		計		牛乳			飲用牛乳等 業務用		学校給食用	
		実数 (A)	対前年比	実数 (B)	対前年比	(B)／(A)	実数	対前年比	実数	対前年比
		kl	%	kl	%	%	kl	%	kl	%
平成7年	(1)	(5,039,320)	(98.0)	(4,249,653)	(98.0)	(84.3)	…	nc	…	nc
8	(2)	(5,048,740)	(100.2)	(4,222,023)	(99.3)	(83.6)	…	nc	…	nc
9	(3)	(4,941,205)	(97.9)	(4,106,059)	(97.3)	(83.1)	…	nc	…	nc
10	(4)	(4,792,512)	(97.0)	(3,995,644)	(97.3)	(83.4)	…	nc	…	nc
11	(5)	(4,665,994)	(97.4)	(3,897,435)	(97.5)	(83.5)	…	nc	…	nc
12	(6)	(4,571,305)	(98.0)	(3,894,563)	(99.9)	(85.2)	…	nc	…	nc
13	(7)	(4,450,902)	(97.4)	(3,875,298)	(99.5)	(87.1)	…	nc	…	nc
14	(8)	(4,399,302)	(98.8)	(3,919,824)	(101.1)	(89.1)	…	nc	…	nc
15	(9)	(4,362,144)	(99.2)	(3,946,191)	(100.7)	(90.5)	…	nc	…	nc
16	(10)	4,454,157	nc	3,971,177	nc	89.2	283,978	nc	…	nc
17	(11)	4,289,629	96.3	3,822,690	96.3	89.1	288,485	101.6	…	nc
18	(12)	4,150,372	96.8	3,701,774	96.8	89.2	294,758	102.2	…	nc
19	(13)	4,038,605	97.3	3,592,408	97.0	89.0	307,771	104.4	378,939	nc
20	(14)	3,950,584	97.8	3,508,968	97.7	88.8	317,101	103.0	376,265	99.3
21	(15)	3,804,487	96.3	3,179,987	90.6	83.6	311,700	98.3	373,475	99.3
22	(16)	3,746,938	98.5	3,069,268	96.5	81.9	289,226	92.8	382,572	102.4
23	(17)	3,653,095	97.5	3,064,197	99.8	83.9	281,733	97.4	367,510	96.1
24	(18)	3,585,876	98.2	3,068,253	100.1	85.6	294,079	104.4	375,835	102.3
25	(19)	3,506,587	97.8	3,030,519	98.8	86.4	286,883	97.6	369,211	98.2
26	(20)	3,456,269	98.6	2,988,742	98.6	86.5	284,777	99.3	366,220	99.2
27	(21)	3,456,311	100.0	3,005,406	100.6	87.0	290,258	101.9	363,527	99.3
28	(22)	3,488,163	100.9	3,049,421	101.5	87.4	292,833	100.9	361,083	99.3
29	(23)	3,538,986	101.5	3,090,779	101.4	87.3	299,317	102.2	361,811	100.2
30	(24)	3,556,019	100.5	3,141,688	101.6	88.3	326,726	109.2	355,736	98.3
令和元年	(25)	3,571,543	100.4	3,160,464	100.6	88.5	322,321	98.7	351,062	98.7
平成7年度	(26)	(5,054,594)	(98.0)	(4,256,151)	(97.8)	(84.2)	…	nc	…	nc
8	(27)	(5,016,979)	(99.3)	(4,185,258)	(98.3)	(83.4)	…	nc	…	nc
9	(28)	(4,908,738)	(97.8)	(4,080,946)	(97.5)	(83.1)	…	nc	…	nc
10	(29)	(4,759,327)	(97.0)	(3,970,778)	(97.3)	(83.4)	…	nc	…	nc
11	(30)	(4,644,732)	(97.6)	(3,883,362)	(97.8)	(83.6)	…	nc	…	nc
12	(31)	(4,565,110)	(98.3)	(3,923,514)	(101.0)	(85.9)	…	nc	…	nc
13	(32)	(4,402,203)	(96.4)	(3,840,122)	(97.9)	(87.2)	…	nc	…	nc
14	(33)	(4,430,271)	(100.6)	(3,976,636)	(103.6)	(89.8)	…	nc	…	nc
15	(34)	4,478,913	nc	4,020,871	nc	89.8	275,718	nc	…	nc
16	(35)	4,404,370	98.3	3,926,680	97.7	89.2	288,011	104.5	…	nc
17	(36)	4,262,336	96.8	3,792,626	96.6	89.0	290,121	100.7	…	nc
18	(37)	4,125,286	96.8	3,679,015	97.0	89.2	294,818	101.6	…	nc
19	(38)	4,022,544	97.5	3,578,008	97.3	88.9	311,790	105.8	378,787	nc
20	(39)	3,917,985	97.4	3,462,463	96.8	88.4	317,304	101.8	374,818	99.0
21	(40)	3,779,089	96.5	3,116,850	90.0	82.5	308,637	97.3	377,375	100.7
22	(41)	3,717,134	98.4	3,048,024	97.8	82.0	276,046	89.4	375,308	99.5
23	(42)	3,659,182	98.4	3,085,641	101.2	84.3	293,383	106.3	372,509	99.3
24	(43)	3,547,021	96.9	3,047,409	98.8	85.9	288,659	98.4	372,267	99.9
25	(44)	3,502,069	98.7	3,026,176	99.3	86.4	288,345	99.9	368,911	99.1
26	(45)	3,455,305	98.7	2,994,450	99.0	86.7	282,735	98.1	367,769	99.7
27	(46)	3,464,092	100.3	3,013,922	100.7	87.0	292,936	103.6	361,941	98.4
28	(47)	3,502,873	101.1	3,059,798	101.5	87.4	293,900	100.3	361,848	100.0
29	(48)	3,534,985	100.9	3,094,479	101.1	87.5	306,935	104.4	358,210	99.0
30	(49)	3,566,591	100.9	3,154,165	101.9	88.4	325,103	105.9	356,063	99.4

注：1 平成15年4月調査から、牛乳のうち「業務用」、加工乳・成分調整牛乳のうち「業務用」及び「成分調整牛乳」の調査項目を追加した。また、「牛乳」及び「加工乳・成分調整牛乳」の調査定義を変更したため、平成16年計及び平成15年度計の対前年比を計算不能（nc）とした。
なお、調査定義変更前の数値は、（ ）書きで表示した。

2 平成19年1月調査から、牛乳のうち「学校給食用」の調査項目を追加した。

加工乳・成分調整牛乳		業務用		成分調整牛乳		乳　飲　料		はっ酵乳		乳酸菌飲料		
実数	対前年比	実数	対前年比	実数	対前年比	実数	対前年比	実数	対前年比	実数	対前年比	
kl	%	kl	%	kl	%	kl	%	kl	%	kl	%	
(789,667)	(97.9)	…	nc	…	nc	920,872	99.1	487,482	104.9	207,798	87.3	(1)
(826,717)	(104.7)	…	nc	…	nc	1,027,759	111.6	534,931	109.7	207,582	99.9	(2)
(835,146)	(101.0)	…	nc	…	nc	1,155,460	112.4	603,240	112.8	184,135	88.7	(3)
(796,868)	(95.4)	…	nc	…	nc	1,191,507	103.1	643,042	106.6	179,755	97.6	(4)
(768,559)	(96.4)	…	nc	…	nc	1,259,554	105.7	719,486	111.9	176,993	98.5	(5)
(676,742)	(88.1)	…	nc	…	nc	1,216,225	96.6	695,268	96.6	173,159	97.8	(6)
(575,604)	(85.1)	…	nc	…	nc	1,232,180	101.3	685,411	98.6	176,105	101.7	(7)
(479,478)	(83.3)	…	nc	…	nc	1,186,886	96.3	785,742	114.6	181,992	103.3	(8)
(415,953)	(86.8)	…	nc	…	nc	1,163,588	98.0	792,216	100.8	183,901	101.0	(9)
482,980	nc	16,118	nc	181,545	nc	1,189,388	102.2	777,548	98.1	174,060	94.6	(10)
466,939	96.7	17,780	110.3	189,113	104.2	1,203,215	101.2	799,936	102.9	173,629	99.8	(11)
448,598	96.1	19,813	111.4	180,872	95.6	1,242,044	103.2	839,324	104.9	166,014	95.6	(12)
446,197	99.5	28,015	141.4	196,718	108.8	1,312,075	105.6	844,343	100.6	172,770	104.1	(13)
441,616	99.0	19,181	68.5	241,842	122.9	1,241,363	94.6	813,404	96.3	178,850	103.5	(14)
624,500	141.4	13,555	70.7	421,921	174.5	1,179,669	95.0	821,389	101.0	198,640	111.1	(15)
677,670	108.5	25,527	188.3	435,915	103.3	1,209,946	102.6	840,988	102.4	183,835	92.5	(16)
588,898	86.9	31,153	122.0	386,827	88.7	1,278,500	105.7	842,820	100.2	178,357	97.0	(17)
517,623	87.9	34,036	109.3	367,468	95.0	1,331,279	104.1	983,566	116.7	163,477	91.7	(18)
476,068	92.0	35,251	103.6	347,371	94.5	1,366,555	102.6	1,003,238	102.0	157,298	96.2	(19)
467,527	98.2	38,910	110.4	346,348	99.7	1,330,001	97.3	1,001,289	99.8	145,640	92.6	(20)
450,905	96.4	40,535	104.2	346,660	100.1	1,306,315	98.2	1,054,932	105.4	148,340	101.9	(21)
438,742	97.3	42,685	105.3	339,727	98.0	1,238,828	94.8	1,104,917	104.7	140,011	94.4	(22)
448,207	102.2	53,573	125.5	352,642	103.8	1,177,800	95.1	1,072,051	97.0	124,495	88.9	(23)
414,331	92.4	49,866	93.1	317,415	90.0	1,129,372	95.9	1,067,820	99.6	125,563	100.9	(24)
411,079	99.2	58,478	117.3	288,215	90.8	1,127,879	99.9	1,029,592	96.4	115,992	92.4	(25)
(798,443)	(98.8)	…	nc	…	nc	929,798	99.3	501,342	106.5	204,516	84.2	(26)
(831,721)	(104.2)	…	nc	…	nc	1,061,183	114.1	552,261	110.2	205,495	100.5	(27)
(827,792)	(99.5)	…	nc	…	nc	1,173,865	110.6	599,716	108.6	180,417	87.8	(28)
(788,549)	(95.3)	…	nc	…	nc	1,197,908	102.0	673,450	112.3	179,821	99.7	(29)
(761,370)	(96.6)	…	nc	…	nc	1,283,024	107.1	721,403	107.1	175,828	97.8	(30)
(641,596)	(84.3)	…	nc	…	nc	1,198,228	93.4	684,425	94.9	173,993	99.0	(31)
(562,081)	(87.6)	…	nc	…	nc	1,225,693	102.3	698,142	102.0	174,697	100.4	(32)
(453,635)	(80.7)	…	nc	…	nc	1,173,306	95.7	798,915	114.4	185,271	106.1	(33)
458,042	nc	17,083	nc	156,094	nc	1,174,909	100.1	793,335	99.3	180,076	97.2	(34)
477,690	104.3	16,420	96.1	182,454	116.9	1,185,274	100.9	782,036	98.6	172,662	95.9	(35)
469,710	98.3	18,092	110.2	191,954	105.2	1,207,356	101.9	801,837	102.5	172,279	99.8	(36)
446,271	95.0	22,915	126.7	181,401	94.5	1,260,541	104.4	849,741	106.0	169,354	98.3	(37)
444,536	99.6	25,989	113.4	202,655	111.7	1,320,240	104.7	838,881	98.7	172,568	101.9	(38)
455,522	102.5	16,308	62.7	263,418	130.0	1,207,926	91.5	805,239	96.0	186,495	108.1	(39)
662,239	145.4	14,414	88.4	452,858	171.9	1,181,741	97.8	819,252	101.7	194,245	104.2	(40)
669,110	101.0	29,406	204.0	425,758	94.0	1,215,410	102.8	836,922	102.2	179,776	92.6	(41)
573,541	85.7	32,476	110.4	383,437	90.1	1,297,212	106.7	895,755	107.0	179,944	100.1	(42)
499,612	87.1	34,351	105.8	359,201	93.7	1,345,290	103.7	987,772	110.3	162,429	90.3	(43)
475,893	95.3	35,851	104.4	348,295	97.0	1,366,061	101.5	1,005,659	101.8	152,052	93.6	(44)
460,855	96.8	40,040	111.7	343,019	98.5	1,322,360	96.8	1,005,530	100.0	146,888	96.6	(45)
450,170	97.7	40,006	99.9	349,209	101.8	1,293,705	97.8	1,081,270	107.5	145,327	98.9	(46)
443,075	98.4	47,075	117.7	342,619	98.1	1,226,322	94.8	1,090,542	100.9	138,568	95.3	(47)
440,506	99.4	51,720	109.9	347,524	101.4	1,166,007	95.1	1,074,902	98.6	125,979	90.9	(48)
412,426	93.6	51,855	100.3	311,254	89.6	1,120,651	96.1	1,063,141	98.9	124,287	98.7	(49)

年次・月別	計		牛乳			飲 用 牛 乳 等			
						業務用		学校給食用	
	実数（A）	対前年比	実数（B）	対前年比	(B)／(A)	実数	対前年比	実数	対前年比
	kl	%	kl	%	%	kl	%	kl	%
平成28年1月 (50)	276,782	99.7	241,107	100.0	87.1	22,255	97.4	29,404	95.5
2 (51)	276,352	104.2	242,188	104.5	87.6	23,057	113.7	37,379	103.2
3 (52)	278,069	99.1	242,127	99.2	87.1	24,658	102.1	24,613	94.7
4 (53)	280,513	99.5	245,034	99.9	87.4	23,700	100.0	27,338	92.5
5 (54)	303,598	101.2	266,380	102.0	87.7	24,816	108.3	35,476	105.4
6 (55)	302,571	99.7	266,395	100.4	88.0	22,589	99.4	40,398	98.6
7 (56)	297,613	101.0	259,271	101.7	87.1	22,763	98.3	23,703	100.4
8 (57)	286,779	102.8	247,557	103.6	86.3	23,415	103.6	5,496	105.2
9 (58)	304,889	101.6	267,319	102.2	87.7	25,740	99.8	35,142	101.2
10 (59)	308,778	101.0	271,518	101.7	87.9	26,387	94.4	37,296	100.3
11 (60)	291,913	101.0	256,430	101.6	87.8	27,184	98.2	36,846	102.1
12 (61)	280,306	100.6	244,095	100.9	87.1	26,269	99.3	27,992	94.9
29年1月 (62)	288,026	104.1	250,206	103.8	86.9	24,230	108.9	30,599	104.1
2 (63)	273,292	98.9	238,617	98.5	87.3	21,686	94.1	37,535	100.4
3 (64)	284,595	102.3	246,976	102.0	86.8	25,121	101.9	24,027	97.6
4 (65)	287,012	102.3	249,817	102.0	87.0	23,695	100.0	27,867	101.9
5 (66)	306,396	100.9	268,142	100.7	87.5	24,226	97.6	36,129	101.8
6 (67)	304,923	100.8	267,054	100.2	87.6	22,561	99.9	39,216	97.1
7 (68)	305,869	102.8	266,007	102.6	87.0	23,139	101.7	23,432	98.9
8 (69)	286,259	99.8	246,967	99.8	86.3	24,034	102.6	5,323	96.9
9 (70)	309,190	101.4	271,763	101.7	87.9	25,234	98.0	36,141	102.8
10 (71)	311,680	100.9	274,720	101.2	88.1	29,535	111.9	37,339	100.1
11 (72)	296,517	101.6	261,143	101.8	88.1	28,497	104.8	36,081	97.9
12 (73)	285,227	101.8	249,367	102.2	87.4	27,359	104.1	28,122	100.5
30年1月 (74)	288,320	100.1	253,517	101.3	87.9	26,281	108.5	31,127	101.7
2 (75)	271,189	99.2	239,075	100.2	88.2	25,148	116.0	35,083	93.5
3 (76)	282,403	99.2	246,907	100.0	87.4	27,226	108.4	22,350	93.0
4 (77)	286,905	100.0	252,349	101.0	88.0	26,435	111.6	26,921	96.6
5 (78)	313,450	102.3	277,971	103.7	88.7	27,727	114.5	37,528	103.9
6 (79)	309,690	101.6	275,493	103.2	89.0	26,128	115.8	38,004	96.9
7 (80)	310,524	101.5	273,921	103.0	88.2	25,083	108.4	24,050	102.6
8 (81)	290,527	101.5	253,856	102.8	87.4	26,474	110.2	5,393	101.3
9 (82)	300,744	97.3	269,418	99.1	89.6	26,414	104.7	32,488	89.9
10 (83)	318,042	102.0	283,044	103.0	89.0	32,104	108.7	38,777	103.9
11 (84)	298,494	100.7	264,751	101.4	88.7	30,001	105.3	36,848	102.1
12 (85)	285,731	100.2	251,386	100.8	88.0	27,705	101.3	27,167	96.6
31年1月 (86)	290,682	100.8	256,463	101.2	88.2	26,268	100.0	31,588	101.5
2 (87)	275,417	101.6	243,660	101.9	88.5	24,627	97.9	35,164	100.2
3 (88)	286,385	101.4	251,853	102.0	87.9	26,137	96.0	22,135	99.0
4 (89)	286,524	99.9	252,896	100.2	88.3	27,754	105.0	24,449	90.8
令和元年5月 (90)	310,880	99.2	276,117	99.3	88.8	27,079	97.7	34,630	92.3
6 (91)	308,045	99.5	274,453	99.6	89.1	26,081	99.8	37,206	97.9
7 (92)	302,327	97.4	267,240	97.6	88.4	23,747	94.7	24,502	101.9
8 (93)	291,749	100.4	256,031	100.9	87.8	26,183	98.9	5,874	108.9
9 (94)	314,690	104.6	279,390	103.7	88.8	28,678	108.6	33,663	103.6
10 (95)	318,455	100.1	283,435	100.1	89.0	29,910	93.2	36,530	94.2
11 (96)	297,722	99.7	264,261	99.8	88.8	28,120	93.7	35,801	97.2
12 (97)	288,667	101.0	254,665	101.3	88.2	27,737	100.1	29,520	108.7

加工乳・成分調整牛乳		業務用		成分調整牛乳		乳　飲　料		は　っ　酵　乳		乳酸菌飲料		
実数	対前年比	実数	対前年比	実数	対前年比	実数	対前年比	実数	対前年比	実数	対前年比	
kl	%	kl	%	kl	%	kl	%	kl	%	kl	%	
35,675	98.2	3,451	95.0	27,521	102.7	93,992	96.0	91,457	109.9	10,008	91.5	(50)
34,164	101.5	3,249	91.9	26,252	105.9	87,707	96.1	89,038	115.1	9,866	93.1	(51)
35,942	98.5	3,604	98.3	27,549	101.3	98,262	95.0	95,643	107.1	10,472	88.6	(52)
35,479	97.3	3,342	106.5	27,471	97.4	102,290	95.4	96,700	108.6	13,582	93.0	(53)
37,218	95.5	3,558	114.9	28,954	94.4	109,427	93.0	99,223	107.3	13,221	87.9	(54)
36,176	94.7	2,780	96.8	28,926	95.7	108,482	93.8	94,805	101.1	12,900	88.1	(55)
38,342	96.3	3,233	117.5	30,458	95.6	117,035	95.0	92,912	100.4	13,374	92.9	(56)
39,222	97.7	3,361	118.8	31,136	97.3	117,634	96.4	90,880	104.9	13,549	107.5	(57)
37,570	97.0	3,468	100.9	29,482	97.1	112,584	96.0	89,767	101.1	11,349	101.9	(58)
37,260	96.1	3,549	98.5	29,023	96.0	107,682	93.2	92,328	99.3	11,162	101.0	(59)
35,483	97.3	4,171	114.7	26,606	96.9	92,719	92.1	87,334	102.2	10,425	93.7	(60)
36,211	98.3	4,919	113.4	26,349	98.0	91,014	96.2	84,830	101.7	10,103	97.3	(61)
37,820	106.0	4,750	137.6	28,818	104.7	89,995	95.7	87,297	95.5	8,829	88.2	(62)
34,675	101.5	4,608	141.8	26,458	100.8	82,658	94.2	82,417	92.6	9,089	92.1	(63)
37,619	104.7	5,336	148.1	28,938	105.0	94,802	96.5	92,049	96.2	10,985	104.9	(64)
37,195	104.8	5,436	162.7	29,239	106.4	96,950	94.8	91,138	94.2	11,364	83.7	(65)
38,254	102.8	4,341	122.0	30,278	104.6	105,159	96.1	95,165	95.9	12,285	92.9	(66)
37,869	104.7	4,179	150.3	30,321	104.8	104,414	96.3	92,730	97.8	12,045	93.4	(67)
39,862	104.0	4,084	126.3	32,387	106.3	112,475	96.1	92,405	99.5	11,931	89.2	(68)
39,292	100.2	4,102	122.0	31,735	101.9	112,708	95.8	88,973	97.9	10,618	78.4	(69)
37,427	99.6	3,726	107.4	30,218	102.5	107,116	95.1	90,719	101.1	9,721	85.7	(70)
36,960	99.2	3,639	102.5	29,786	102.6	97,830	90.9	89,407	96.8	9,387	84.1	(71)
35,374	99.7	4,411	105.8	27,323	102.7	88,621	95.6	85,474	97.9	9,257	88.8	(72)
35,860	99.0	4,961	100.9	27,141	103.0	85,072	93.5	84,277	99.3	8,984	88.9	(73)
34,803	92.0	4,197	88.4	27,179	94.3	85,247	94.7	88,456	101.3	10,423	118.1	(74)
32,114	92.6	3,993	86.7	24,801	93.7	78,498	95.0	82,588	100.2	9,020	99.2	(75)
35,496	94.4	4,651	87.2	27,116	93.7	91,917	97.0	93,570	101.7	10,944	99.6	(76)
34,556	92.9	4,004	73.7	27,209	93.1	93,586	96.5	92,690	101.7	11,187	98.4	(77)
35,479	92.7	3,949	91.0	27,997	92.5	97,567	92.8	95,397	100.2	11,428	93.0	(78)
34,197	90.3	3,721	89.0	27,258	89.9	96,488	92.4	93,021	100.3	11,638	96.6	(79)
36,603	91.8	3,278	80.3	29,621	91.5	104,433	92.8	92,234	99.8	11,366	95.3	(80)
36,671	93.3	3,629	88.5	28,920	91.1	104,256	92.5	89,052	100.1	10,802	101.7	(81)
31,326	83.7	3,878	104.1	22,748	75.3	105,097	98.1	86,931	95.8	9,946	102.3	(82)
34,998	94.7	4,284	117.7	25,976	87.2	100,764	103.0	89,251	99.8	9,614	102.4	(83)
33,743	95.4	4,906	111.2	24,254	88.8	88,454	99.8	83,650	97.9	9,229	99.7	(84)
34,345	95.8	5,376	108.4	24,336	89.7	83,065	97.6	80,980	96.1	9,966	110.9	(85)
34,219	98.3	4,982	118.7	24,789	91.2	82,346	96.6	87,855	99.3	9,452	90.7	(86)
31,757	98.9	4,820	120.7	23,002	92.7	76,162	97.0	81,984	99.3	9,282	102.9	(87)
34,532	97.3	5,028	108.1	25,144	92.7	88,433	96.2	90,096	96.3	10,377	94.8	(88)
33,628	97.3	4,811	120.2	23,056	84.7	91,503	97.8	89,294	96.3	9,946	88.9	(89)
34,763	98.0	4,357	110.3	24,458	87.4	99,527	102.0	89,472	93.8	10,810	94.6	(90)
33,592	98.2	3,883	104.4	23,959	87.9	97,790	101.3	87,311	93.9	9,942	85.4	(91)
35,087	95.9	4,323	131.9	24,948	84.2	102,279	97.9	86,784	94.1	10,257	90.2	(92)
35,718	97.4	4,732	130.4	25,181	87.1	105,288	101.0	83,118	93.3	9,384	86.9	(93)
35,300	112.7	4,570	117.8	24,856	109.3	108,232	103.0	85,723	98.6	8,831	88.8	(94)
35,020	100.1	5,017	117.1	23,930	92.1	102,267	101.5	83,954	94.1	10,423	108.4	(95)
33,461	99.2	5,672	115.6	22,506	92.8	88,759	100.3	83,624	100.0	10,023	108.6	(96)
34,002	99.0	6,283	116.9	22,386	92.0	85,293	102.7	80,377	99.3	7,265	72.9	(97)

単位：kl

全国農業地域・牛乳等内訳	年次					年度				
	平成27年	28	29	30	令和元年	平成26年度	27	28	29	30
全国										
飲用牛乳等	3,456,311	3,488,163	3,538,986	3,556,019	3,571,543	3,455,305	3,464,092	3,502,873	3,534,985	3,566,591
牛乳	3,005,406	3,049,421	3,090,779	3,141,688	3,160,464	2,994,450	3,013,922	3,059,798	3,094,479	3,154,165
うち、業務用	290,258	292,833	299,317	326,726	322,321	282,735	292,936	293,900	306,935	325,103
学校給食用	363,527	361,083	361,811	355,736	351,062	367,769	361,941	361,848	358,210	356,063
加工乳・成分調整牛乳	450,905	438,742	448,207	414,331	411,079	460,855	450,170	443,075	440,506	412,426
うち、業務用	40,535	42,685	53,573	49,866	58,478	40,040	40,006	47,075	51,720	51,855
成分調整牛乳	346,660	339,727	352,642	317,415	288,215	343,019	349,209	342,619	347,524	311,254
乳飲料	1,306,315	1,238,828	1,177,800	1,129,372	1,127,879	1,322,360	1,293,705	1,226,322	1,166,007	1,120,651
はっ酵乳	1,054,932	1,104,917	1,072,051	1,067,820	1,029,592	1,005,530	1,081,270	1,090,542	1,074,902	1,063,141
乳酸菌飲料	148,340	140,011	124,495	125,563	115,992	146,888	145,327	138,568	125,979	124,287
北海道										
飲用牛乳等	534,902	545,463	547,655	553,875	546,980	521,566	538,250	545,854	545,231	559,169
牛乳	405,002	418,875	418,499	428,005	444,812	394,766	408,121	418,764	417,346	433,609
うち、業務用	67,480	68,518	67,965	69,962	69,485	62,630	67,953	68,640	68,279	71,271
学校給食用	16,483	16,272	16,257	15,589	15,524	16,538	16,533	16,262	15,953	15,631
加工乳・成分調整牛乳	129,900	126,588	129,156	125,870	102,168	126,800	130,129	127,090	127,885	125,560
うち、業務用	1,207	1,140	1,281	1,392	2,679	1,104	1,231	1,155	1,303	1,426
成分調整牛乳	126,155	123,175	126,753	123,172	97,123	123,366	126,319	124,021	125,443	122,307
乳飲料	26,990	26,095	21,847	24,959	25,824	27,632	26,956	24,681	23,182	25,074
はっ酵乳	23,441	23,714	23,179	22,898	24,775	22,554	23,806	23,453	23,125	22,765
乳酸菌飲料	7,675	7,286	5,109	4,681	4,926	7,863	7,892	6,567	4,936	4,875
東北										
飲用牛乳等	242,231	242,976	240,591	247,141	241,314	249,340	238,889	243,085	242,807	246,718
牛乳	227,543	228,554	224,689	231,774	227,116	234,923	223,894	228,437	226,641	231,995
うち、業務用	20,428	22,125	23,543	22,853	23,736	22,565	20,147	22,955	23,119	23,151
学校給食用	27,192	27,253	27,101	26,273	25,525	27,630	27,054	27,450	26,643	26,196
加工乳・成分調整牛乳	14,688	14,422	15,902	15,367	14,198	14,417	14,995	14,648	16,166	14,723
うち、業務用	1	2	40	68	99	-	3	4	49	74
成分調整牛乳	9,179	9,560	13,410	12,397	11,309	8,827	9,531	9,965	13,927	11,777
乳飲料	79,713	76,495	71,810	66,853	65,881	74,690	79,925	75,274	71,043	65,669
はっ酵乳	48,002	48,648	45,562	45,840	46,908	42,213	49,516	47,255	45,599	45,853
乳酸菌飲料	5,446	5,123	4,864	4,712	4,342	5,685	5,415	5,065	4,834	4,674
北陸										
飲用牛乳等	82,222	81,273	83,237	81,410	77,129	84,096	82,289	81,971	81,909	81,650
牛乳	79,817	79,062	81,128	79,474	75,177	80,908	79,909	79,785	79,877	79,730
うち、業務用	4,660	4,196	4,620	5,333	6,195	4,839	4,812	4,287	4,680	5,331
学校給食用	14,756	14,501	14,408	13,716	12,993	14,959	14,747	14,510	14,130	13,610
加工乳・成分調整牛乳	2,405	2,211	2,109	1,936	1,952	3,188	2,380	2,186	2,032	1,920
うち、業務用	-	-	-	-	-	-	-	-	-	-
成分調整牛乳	838	824	751	712	855	790	856	807	716	729
乳飲料	19,268	18,339	17,449	14,949	9,569	16,031	18,955	18,125	16,866	14,513
はっ酵乳	13,613	15,110	14,242	14,187	14,616	12,687	14,027	15,037	14,125	14,320
乳酸菌飲料	16,534	17,079	16,818	17,483	15,810	16,643	16,636	16,958	17,223	17,562
関東										
飲用牛乳等	1,026,757	1,043,864	1,056,434	1,056,671	1,079,126	1,022,497	1,033,144	1,048,807	1,053,396	1,063,760
牛乳	878,683	900,055	918,880	936,000	941,005	866,109	886,784	904,051	921,039	940,473
うち、業務用	86,259	85,513	82,838	101,759	96,048	84,934	87,455	83,384	88,013	101,626
学校給食用	111,288	111,887	111,739	112,076	109,073	111,337	111,197	111,954	111,150	112,322
加工乳・成分調整牛乳	148,074	143,809	137,554	120,671	138,121	156,388	146,360	144,756	132,357	123,287
うち、業務用	25,842	27,799	27,201	23,997	26,189	28,853	24,659	29,120	25,764	25,050
成分調整牛乳	88,851	86,664	80,970	66,330	72,250	88,447	89,735	85,760	77,977	66,036
乳飲料	492,030	498,043	476,634	458,562	456,905	483,561	494,395	496,043	471,243	456,226
はっ酵乳	550,526	573,807	591,119	595,115	582,647	551,701	557,657	574,409	595,960	593,313
乳酸菌飲料	67,018	65,776	53,968	50,434	51,517	64,667	65,104	64,853	54,979	50,164
東山										
飲用牛乳等	124,543	125,989	123,222	119,936	116,235	122,863	124,773	126,284	121,876	119,526
牛乳	124,543	125,989	123,222	119,936	116,235	122,863	124,773	126,284	121,876	119,526
うち、業務用	4,266	3,918	4,995	5,364	5,570	4,260	4,029	4,237	5,122	5,399
学校給食用	9,517	9,180	8,845	8,408	7,976	10,000	9,367	9,128	8,682	8,323
加工乳・成分調整牛乳	-	-	-	-	-	-	-	-	-	-
うち、業務用	-	-	-	-	-	-	-	-	-	-
成分調整牛乳	-	-	-	-	-	-	-	-	-	-
乳飲料	10,489	10,309	10,694	10,784	11,174	10,703	10,456	10,442	10,639	10,812
はっ酵乳	22,999	25,718	24,961	26,063	28,190	18,860	24,741	25,144	25,430	26,870
乳酸菌飲料	-	-	-	-	-	-	-	-	-	-

全国農業地域・牛乳等内訳	年次 平成27年	28	29	30	令和元年	年度 平成26年度	27	28	29	30
東海										
飲用牛乳等	336,173	337,335	347,673	354,262	366,343	335,549	336,947	339,509	350,064	353,765
牛乳	299,654	301,889	312,496	322,194	325,841	298,564	300,324	303,672	315,617	322,357
うち、業務用	28,605	27,231	29,207	35,270	34,653	27,825	28,099	27,421	30,974	34,934
学校給食用	48,441	48,905	48,498	46,371	46,533	48,904	48,313	49,029	47,850	46,289
加工乳・成分調整牛乳	36,519	35,446	35,177	32,068	40,502	36,985	36,623	35,837	34,447	31,408
うち、業務用	3,408	3,696	4,598	4,517	4,638	1,536	3,545	4,287	4,142	4,588
成分調整牛乳	30,344	28,905	27,781	24,882	23,387	30,391	30,342	28,622	27,596	23,939
乳飲料	176,592	166,656	151,513	158,004	156,704	189,447	174,913	162,034	153,208	156,875
はっ酵乳	81,531	119,362	108,184	93,143	88,056	51,016	97,342	118,099	103,619	92,457
乳酸菌飲料	17,092	16,845	20,740	19,234	19,970	19,890	16,781	17,782	20,341	19,006
近畿										
飲用牛乳等	387,777	392,234	397,606	394,306	389,919	403,401	388,920	390,941	398,932	391,847
牛乳	350,900	355,022	360,407	361,005	360,595	364,599	351,969	353,348	362,325	360,134
うち、業務用	31,829	35,185	34,438	30,938	36,070	30,427	33,638	35,266	33,414	30,629
学校給食用	52,828	51,302	52,063	51,659	52,165	53,732	52,406	51,216	51,810	51,860
加工乳・成分調整牛乳	36,877	37,212	37,199	33,301	29,324	38,802	36,951	37,593	36,607	31,713
うち、業務用	52	43	41	35	30	59	50	40	44	29
成分調整牛乳	29,325	31,618	32,345	25,796	20,967	27,539	30,451	32,236	31,770	23,664
乳飲料	209,563	164,549	164,321	163,233	164,483	230,525	201,441	162,282	166,400	160,203
はっ酵乳	149,420	139,266	121,628	132,359	108,010	144,651	147,223	132,925	124,650	130,112
乳酸菌飲料	4,099	3,925	3,470	3,264	1,005	4,486	4,049	3,841	3,424	3,222
中国										
飲用牛乳等	243,662	248,697	261,924	261,106	261,675	244,018	244,688	253,432	261,516	260,145
牛乳	214,557	221,056	233,102	235,791	235,468	213,544	215,750	225,546	232,959	235,824
うち、業務用	13,338	13,002	18,457	18,634	17,174	13,234	13,854	14,311	18,190	17,243
学校給食用	22,832	22,235	22,529	21,666	21,837	23,432	22,566	22,231	22,376	21,705
加工乳・成分調整牛乳	29,105	27,641	28,822	25,315	26,207	30,474	28,938	27,886	28,557	24,321
うち、業務用	9,838	9,807	11,418	10,855	12,919	8,311	10,326	10,005	11,452	10,863
成分調整牛乳	18,505	17,422	17,681	14,151	13,084	19,887	18,118	17,472	17,399	13,165
乳飲料	144,797	134,120	126,714	105,073	99,066	148,639	140,346	133,576	122,817	100,069
はっ酵乳	87,257	79,712	71,560	70,248	70,675	86,402	87,749	75,996	71,394	70,504
乳酸菌飲料	15,644	9,811	6,053	11,222	5,165	13,407	14,837	9,126	6,819	9,895
四国										
飲用牛乳等	77,740	78,488	78,895	80,378	81,348	78,435	76,651	80,945	75,957	82,041
牛乳	73,486	74,559	75,261	76,981	78,580	73,709	72,478	77,114	72,378	78,730
うち、業務用	8,773	8,572	9,631	10,493	8,667	8,919	7,889	9,199	10,193	9,402
学校給食用	9,904	9,982	10,432	10,246	10,210	10,371	9,825	10,190	10,275	10,300
加工乳・成分調整牛乳	4,254	3,929	3,634	3,397	2,768	4,726	4,173	3,831	3,579	3,311
うち、業務用	－	－	－	－	－	－	－	－	－	－
成分調整牛乳	3,341	3,199	2,989	2,870	2,427	3,565	3,308	3,132	2,959	2,825
乳飲料	32,347	33,853	29,672	20,649	21,906	22,794	33,365	34,020	26,344	21,137
はっ酵乳	7,016	7,884	6,950	7,099	6,655	6,797	7,216	7,841	6,906	7,036
乳酸菌飲料	2,722	2,841	2,896	2,753	2,516	2,736	2,773	2,849	2,873	2,721
九州										
飲用牛乳等	371,156	363,497	374,032	380,314	386,049	364,864	370,324	363,699	375,965	381,648
牛乳	327,960	322,004	321,304	329,447	335,175	321,593	326,639	320,474	322,928	330,940
うち、業務用	23,157	23,215	22,275	24,725	23,365	21,681	23,571	22,906	23,586	24,721
学校給食用	43,732	43,032	43,446	43,293	42,978	44,229	43,351	43,375	43,051	43,372
加工乳・成分調整牛乳	43,196	41,493	52,728	50,867	50,874	43,271	43,685	43,225	53,037	50,708
うち、業務用	－	－	8,828	8,756	11,668	－	－	2,270	8,787	9,571
成分調整牛乳	40,122	38,360	49,962	47,105	46,813	40,207	40,549	40,604	49,737	46,812
乳飲料	103,785	100,168	96,396	95,773	106,150	107,301	102,383	99,509	93,529	99,557
はっ酵乳	69,474	68,779	62,674	58,988	57,637	67,905	70,047	67,486	62,117	58,188
乳酸菌飲料	8,617	7,894	7,383	8,829	8,155	7,954	8,381	8,113	7,396	9,259
沖縄										
飲用牛乳等	29,148	28,347	27,717	26,620	25,425	28,676	29,217	28,346	27,332	26,322
牛乳	23,261	22,356	21,791	21,081	20,460	22,872	23,281	22,323	21,493	20,847
うち、業務用	1,463	1,358	1,348	1,395	1,358	1,421	1,489	1,294	1,365	1,396
学校給食用	6,554	6,534	6,493	6,439	6,248	6,637	6,582	6,503	6,390	6,455
加工乳・成分調整牛乳	5,887	5,991	5,926	5,539	4,965	5,804	5,936	6,023	5,839	5,475
うち、業務用	187	198	166	246	256	177	192	194	179	254
成分調整牛乳	－	－	－	－	－	－	－	－	－	－
乳飲料	10,741	10,201	10,750	10,533	10,217	11,037	10,570	10,336	10,736	10,516
はっ酵乳	1,653	2,917	1,992	1,880	1,423	744	1,946	2,897	1,977	1,723
乳酸菌飲料	3,493	3,431	3,194	2,951	2,586	3,557	3,459	3,414	3,154	2,909

6　牛乳等生産量（地方農政局別）

単位：kl

地方農政局・牛乳等内訳	年次 平成27年	28	29	30	令和元年	年度 平成26年度	27	28	29	30
関東農政局										
飲用牛乳等	1,222,947	1,243,010	1,251,999	1,249,170	1,267,723	1,204,974	1,230,453	1,249,153	1,246,808	1,255,580
牛乳	1,070,153	1,094,085	1,108,480	1,122,854	1,123,921	1,045,860	1,079,197	1,098,640	1,109,008	1,126,639
うち、業務用	97,869	96,559	95,275	120,102	115,331	96,759	98,664	94,938	101,735	120,329
学校給食用	132,639	132,813	132,202	130,875	127,704	133,074	132,411	132,761	131,276	130,735
加工乳・成分調整牛乳	152,794	148,925	143,519	126,316	143,802	159,114	151,256	150,513	137,800	128,941
うち、業務用	29,250	31,495	31,799	28,514	30,827	30,389	28,204	33,407	29,906	29,638
成分調整牛乳	89,649	87,564	81,975	67,147	72,980	89,086	90,580	86,695	78,969	66,791
乳飲料	530,247	539,076	515,196	494,845	495,546	516,604	532,542	538,062	508,588	491,988
はっ酵乳	578,766	606,624	623,560	627,495	616,627	576,267	587,771	607,133	628,569	626,404
乳酸菌飲料	68,434	66,900	54,999	51,422	52,446	66,308	66,431	65,946	55,998	51,138
東海農政局										
飲用牛乳等	264,526	264,178	275,330	281,699	293,981	275,935	264,411	265,447	278,528	281,471
牛乳	232,727	233,848	246,118	255,276	259,160	241,676	232,684	235,367	249,524	255,717
うち、業務用	21,261	20,103	21,765	22,291	20,940	20,260	20,919	20,104	22,374	21,630
学校給食用	36,607	37,159	36,880	35,980	35,878	37,167	36,466	37,350	36,306	36,199
加工乳・成分調整牛乳	31,799	30,330	29,212	26,423	34,821	34,259	31,727	30,080	29,004	25,754
うち、業務用	－	－	－	－	－	－	－	－	－	－
成分調整牛乳	29,546	28,005	26,776	24,065	22,657	29,752	29,497	27,687	26,604	23,184
乳飲料	148,864	135,932	123,645	132,505	129,237	167,107	147,222	130,457	126,502	131,925
はっ酵乳	76,290	112,263	100,704	86,826	82,266	45,310	91,969	110,519	96,440	86,236
乳酸菌飲料	15,676	15,721	19,709	18,246	19,041	18,249	15,454	16,689	19,322	18,032
中国四国農政局										
飲用牛乳等	321,402	327,185	340,819	341,484	343,023	322,453	321,339	334,377	337,473	342,186
牛乳	288,043	295,615	308,363	312,772	314,048	287,253	288,228	302,660	305,337	314,554
うち、業務用	22,111	21,574	28,088	29,127	25,841	22,153	21,743	23,510	28,383	26,645
学校給食用	32,736	32,217	32,961	31,912	32,047	33,803	32,391	32,421	32,651	32,005
加工乳・成分調整牛乳	33,359	31,570	32,456	28,712	28,975	35,200	33,111	31,717	32,136	27,632
うち、業務用	9,838	9,807	11,418	10,855	12,919	8,311	10,326	10,005	11,452	10,863
成分調整牛乳	21,846	20,621	20,670	17,021	15,511	23,452	21,426	20,604	20,358	15,990
乳飲料	177,144	167,973	156,386	125,722	120,972	171,433	173,711	167,596	149,161	121,206
はっ酵乳	94,273	87,596	78,510	77,347	77,330	93,199	94,965	83,837	78,300	77,540
乳酸菌飲料	18,366	12,652	8,949	13,975	7,681	16,143	17,610	11,975	9,692	12,616

注：　全国農業地域と区分が違う地方農政局の集計結果を掲載した。なお、本統計表に掲載していない地方農政局の集計結果は、前ページ「5　牛乳等生産量（全国農業地域別）」に掲載しており、東北農政局は「東北」、北陸農政局は「北陸」、近畿農政局は「近畿」、九州農政局は「九州」の集計結果と同じである。

7 乳製品生産量（全国）

年 次 年 度		全粉乳	脱脂粉乳	調製粉乳	ホエイパウダー	タンパク質含有量 25%未満	タンパク質含有量 25%以上45%未満	バター
		t	t	t	t	t	t	t
平成7年	(1)	30,561	190,405	41,241	…	…	…	80,340
8	(2)	23,656	200,335	37,688	…	…	…	86,330
9	(3)	18,890	199,853	37,635	…	…	…	87,192
10	(4)	18,665	201,770	34,470	…	…	…	88,931
11	(5)	17,833	191,119	35,864	…	…	…	85,349
12	(6)	18,331	193,758	33,584	…	…	…	87,579
13	(7)	17,803	175,071	33,465	…	…	…	79,537
14	(8)	16,580	182,518	37,318	…	…	…	82,744
15	(9)	16,136	182,618	36,957	…	…	…	80,079
16	(10)	14,942	182,657	34,758	…	…	…	80,097
17	(11)	14,366	186,766	32,037	…	…	…	84,070
18	(12)	13,794	180,750	31,189	…	…	…	80,476
19	(13)	14,027	172,545	30,039	…	…	…	75,058
20	(14)	13,543	158,179	30,197	…	…	…	71,698
21	(15)	12,565	167,256	34,914	…	…	…	80,998
22	(16)	13,250	155,625	32,942	…	…	…	73,621
23	(17)	14,302	137,141	27,559	…	…	…	62,845
24	(18)	12,451	138,598	23,914	…	…	…	68,984
25	(19)	10,765	136,354	22,915	…	…	…	68,303
26	(20)	12,077	119,844	26,659	…	…	…	60,762
27	(21)	11,862	128,610	26,309	…	…	…	64,810
28	(22)	11,505	127,598	27,657	…	…	…	66,210
29	(23)	9,415	121,063	26,728	19,008	18,956	53	59,808
30	(24)	9,795	120,004	27,771	19,367	19,311	56	59,499
令和元年	(25)	9,994	124,900	27,336	19,371	19,332	39	62,441
平成7年度	(26)	29,097	194,641	39,063	…	…	…	83,026
8	(27)	21,808	200,357	37,752	…	…	…	85,958
9	(28)	18,378	201,997	37,146	…	…	…	87,618
10	(29)	18,524	198,088	34,615	…	…	…	88,111
11	(30)	18,215	196,556	34,859	…	…	…	89,562
12	(31)	17,989	184,650	34,625	…	…	…	79,929
13	(32)	17,456	177,855	34,006	…	…	…	83,172
14	(33)	17,021	178,905	36,876	…	…	…	79,598
15	(34)	15,010	184,372	36,427	…	…	…	81,566
16	(35)	14,659	182,656	35,269	…	…	…	80,555
17	(36)	14,523	189,737	31,225	…	…	…	85,467
18	(37)	13,882	177,036	29,740	…	…	…	78,001
19	(38)	13,825	171,441	30,561	…	…	…	75,058
20	(39)	13,573	155,282	30,591	…	…	…	71,898
21	(40)	12,010	170,179	35,829	…	…	…	81,972
22	(41)	14,242	148,786	32,015	…	…	…	70,119
23	(42)	13,166	134,912	24,830	…	…	…	63,071
24	(43)	12,307	141,431	24,742	…	…	…	70,118
25	(44)	11,016	128,818	24,344	…	…	…	64,302
26	(45)	11,604	120,922	25,609	…	…	…	61,652
27	(46)	12,526	130,184	27,101	…	…	…	66,295
28	(47)	10,382	123,500	27,739	…	…	…	63,583
29	(48)	9,866	121,581	26,963	19,615	19,565	50	59,996
30	(49)	9,623	120,065	27,445	18,965	18,911	53	59,828

注： 平成29年1月分から、「ホエイパウダー」の調査項目を追加し、また、「クリーム」の調査定義を変更した。
　　なお、調査定義変更前の数値は、（　）書きで表示した。

クリーム	チーズ	直接消費用 ナチュラル チ ー ズ	加糖れん乳	無糖れん乳	脱脂加糖 れ ん 乳	乳脂肪分8% 以上のアイス ク リ ー ム	
t	t	t	t	t	t	kl	
(52, 073)	105, 339	11, 721	46, 414	1, 680	10, 807	151, 186	(1)
(63, 609)	108, 954	11, 821	41, 908	1, 707	9, 192	152, 955	(2)
(67, 999)	114, 041	13, 064	35, 408	2, 158	8, 089	117, 655	(3)
(70, 659)	123, 815	14, 539	33, 764	2, 149	7, 750	105, 653	(4)
(74, 723)	123, 538	15, 562	34, 961	1, 597	6, 448	109, 801	(5)
(73, 370)	121, 936	15, 228	34, 452	1, 641	5, 353	107, 539	(6)
(86, 663)	118, 723	14, 386	32, 117	1, 855	5, 644	108, 710	(7)
(91, 308)	116, 564	13, 692	30, 453	2, 452	5, 068	99, 765	(8)
(93, 228)	118, 778	13, 635	33, 921	1, 738	6, 453	103, 433	(9)
(91, 496)	119, 572	12, 323	34, 599	1, 649	5, 658	112, 622	(10)
(90, 985)	122, 549	13, 471	34, 366	1, 256	6, 737	116, 320	(11)
(95, 567)	124, 886	15, 770	34, 384	1, 137	5, 961	128, 585	(12)
(103, 109)	125, 392	17, 486	37, 458	1, 041	6, 349	134, 035	(13)
(107, 535)	118, 347	20, 649	36, 956	1, 016	6, 094	126, 179	(14)
(104, 898)	122, 129	19, 506	39, 203	943	5, 307	128, 614	(15)
(107, 441)	124, 964	19, 176	36, 314	921	4, 498	130, 589	(16)
(111, 681)	131, 329	20, 422	36, 463	820	4, 791	137, 072	(17)
(112, 995)	135, 715	21, 856	37, 800	723	4, 836	138, 046	(18)
(113, 502)	135, 093	22, 358	34, 553	679	3, 981	143, 433	(19)
(116, 911)	134, 713	22, 846	33, 829	677	4, 661	144, 724	(20)
(113, 796)	145, 338	21, 942	34, 722	635	4, 402	134, 093	(21)
(111, 029)	148, 611	23, 119	35, 323	601	4, 117	141, 767	(22)
115, 848	149, 586	24, 047	34, 635	470	3, 985	147, 708	(23)
116, 190	156, 998	24, 147	32, 412	461	3, 845	148, 253	(24)
116, 297	155, 991	24, 989	34, 203	419	3, 831	146, 909	(25)
(54, 128)	106, 427	11, 690	43, 763	1, 695	10, 324	151, 000	(26)
(65, 061)	109, 377	11, 723	40, 762	1, 746	8, 938	149, 673	(27)
(69, 306)	117, 081	13, 812	34, 754	2, 118	8, 241	111, 898	(28)
(72, 928)	123, 729	14, 827	33, 697	2, 034	7, 557	109, 369	(29)
(72, 396)	124, 941	15, 978	34, 756	1, 627	6, 073	116, 204	(30)
(79, 961)	120, 557	14, 628	34, 293	1, 674	4, 901	98, 366	(31)
(85, 695)	116, 362	14, 159	31, 899	1, 778	5, 806	105, 875	(32)
(92, 100)	118, 779	13, 448	31, 911	2, 573	5, 395	102, 427	(33)
(91, 915)	119, 342	13, 773	33, 106	1, 645	6, 047	103, 921	(34)
(91, 273)	119, 496	12, 104	35, 253	1, 528	5, 933	112, 622	(35)
(92, 053)	123, 170	13, 941	32, 282	1, 269	6, 723	119, 793	(36)
(97, 928)	124, 186	16, 267	36, 112	1, 106	6, 053	132, 290	(37)
(104, 156)	125, 763	18, 276	36, 453	1, 006	6, 140	132, 092	(38)
(107, 521)	116, 877	20, 204	38, 340	1, 016	6, 119	123, 569	(39)
(103, 663)	122, 997	19, 729	37, 730	944	4, 913	127, 632	(40)
(107, 984)	127, 029	19, 856	36, 254	882	4, 614	131, 875	(41)
(114, 211)	134, 305	20, 680	38, 081	795	4, 941	139, 426	(42)
(112, 897)	133, 326	21, 454	36, 110	695	4, 561	138, 737	(43)
(114, 508)	136, 378	22, 917	35, 697	700	4, 108	144, 898	(44)
(116, 176)	136, 223	22, 523	33, 653	689	4, 603	143, 075	(45)
(113, 142)	145, 202	21, 814	34, 560	647	4, 468	135, 660	(46)
(111, 884)	150, 412	23, 959	34, 851	586	4, 131	144, 186	(47)
116, 179	146, 671	23, 727	35, 339	415	3, 962	148, 960	(48)
116, 109	157, 545	24, 533	32, 217	441	3, 721	147, 301	(49)

7 乳製品生産量（全国）（続き）

年次 月　別	全粉乳	脱脂粉乳	調製粉乳	ホエイパウダー	タンパク質含有量 25%未満	タンパク質含有量 25%以上45%未満	バター
	t	t	t	t	t	t	t
平成28年1月 (50)	1,475	12,614	1,884	…	…	…	6,805
2 (51)	1,282	10,964	2,194	…	…	…	5,938
3 (52)	1,237	13,407	2,671	…	…	…	6,879
4 (53)	932	12,480	2,739	…	…	…	6,505
5 (54)	981	11,486	2,385	…	…	…	6,437
6 (55)	812	9,608	2,381	…	…	…	5,393
7 (56)	804	10,033	2,600	…	…	…	5,443
8 (57)	772	9,850	2,477	…	…	…	5,353
9 (58)	694	7,330	2,089	…	…	…	3,584
10 (59)	757	7,915	2,429	…	…	…	4,018
11 (60)	747	8,828	1,989	…	…	…	4,161
12 (61)	1,012	13,084	1,816	…	…	…	5,695
29年1月 (62)	1,135	11,154	2,272	1,279	1,270	9	6,030
2 (63)	755	9,425	2,316	1,700	1,697	3	4,883
3 (64)	981	12,308	2,243	2,106	2,103	2	6,082
4 (65)	565	11,637	2,518	1,628	1,623	6	5,718
5 (66)	774	11,555	2,264	1,639	1,632	7	6,190
6 (67)	769	9,452	2,319	1,633	1,626	7	4,854
7 (68)	716	8,605	2,249	1,571	1,567	4	4,307
8 (69)	915	9,593	1,348	1,599	1,595	4	4,961
9 (70)	523	7,074	2,258	1,547	1,541	6	3,330
10 (71)	766	8,917	2,271	1,309	1,308	1	4,170
11 (72)	770	9,002	2,565	1,363	1,362	1	3,989
12 (73)	748	12,342	2,105	1,634	1,630	4	5,295
30年1月 (74)	1,037	11,466	1,965	1,805	1,803	2	5,884
2 (75)	961	9,667	2,484	1,815	1,808	7	5,000
3 (76)	1,324	12,273	2,617	2,071	2,069	3	6,299
4 (77)	844	11,666	2,099	1,715	1,711	4	5,986
5 (78)	940	11,046	2,361	1,674	1,671	2	5,804
6 (79)	860	9,391	2,708	1,614	1,610	4	4,823
7 (80)	710	8,650	2,058	1,603	1,595	9	4,687
8 (81)	857	9,581	2,097	1,567	1,562	5	4,932
9 (82)	477	7,278	1,786	1,150	1,143	7	3,117
10 (83)	479	7,811	2,644	1,312	1,308	4	3,760
11 (84)	536	8,584	2,609	1,367	1,363	4	3,747
12 (85)	770	12,592	2,345	1,672	1,668	4	5,460
31年1月 (86)	1,108	10,984	2,156	1,734	1,728	6	6,111
2 (87)	978	9,720	2,290	1,642	1,639	3	4,953
3 (88)	1,063	12,762	2,295	1,914	1,914	-	6,448
4 (89)	877	12,226	2,024	1,623	1,622	1	6,071
令和元年5月 (90)	1,001	11,591	2,421	1,745	1,741	4	5,974
6 (91)	739	9,749	2,613	1,633	1,629	4	4,999
7 (92)	851	10,439	2,196	1,621	1,617	4	5,465
8 (93)	839	9,099	1,469	1,480	1,475	5	4,721
9 (94)	396	7,837	2,032	1,418	1,414	4	3,833
10 (95)	551	8,493	2,787	1,445	1,444	1	3,978
11 (96)	695	9,218	2,878	1,513	1,511	3	4,108
12 (97)	896	12,783	2,175	1,603	1,599	4	5,780

クリーム	チーズ	直接消費用ナチュラルチーズ	加糖れん乳	無糖れん乳	脱脂加糖れん乳	乳脂肪分8％以上のアイスクリーム	
t	t	t	t	t	t	kl	
(8,879)	10,481	1,835	3,690	27	475	7,131	(50)
(8,847)	11,169	1,622	3,053	62	366	10,228	(51)
(9,825)	12,254	1,741	3,806	94	268	11,793	(52)
(9,381)	12,830	1,917	2,875	46	240	12,750	(53)
(8,700)	12,067	1,962	3,509	40	477	11,097	(54)
(8,393)	12,898	1,897	2,945	66	355	13,977	(55)
(9,001)	12,613	1,998	2,763	31	403	14,148	(56)
(8,610)	12,664	2,078	2,654	45	361	13,660	(57)
(8,958)	12,201	1,939	1,749	50	208	13,136	(58)
(9,648)	12,710	2,035	2,207	44	279	13,716	(59)
(10,111)	13,781	2,050	2,205	57	345	11,852	(60)
(10,677)	12,943	2,046	3,867	39	339	8,279	(61)
9,280	11,599	2,063	3,718	63	334	8,881	(62)
8,852	11,677	1,985	2,944	45	420	10,816	(63)
10,273	12,429	1,989	3,415	60	370	11,874	(64)
9,806	12,551	2,070	3,406	33	312	13,659	(65)
9,175	12,045	1,916	3,281	24	397	13,559	(66)
9,094	12,779	2,027	3,194	23	339	14,305	(67)
9,269	12,196	1,958	2,255	56	369	14,545	(68)
9,310	11,948	1,961	2,266	30	319	13,284	(69)
9,311	12,060	1,991	1,494	25	271	12,782	(70)
9,992	13,142	1,921	2,724	40	244	13,249	(71)
10,312	13,644	2,025	2,564	34	288	12,637	(72)
11,173	13,516	2,140	3,374	37	321	8,117	(73)
9,278	11,736	1,872	3,827	55	373	9,277	(74)
9,146	11,869	1,817	3,299	46	435	10,769	(75)
10,312	13,522	2,027	3,654	12	292	12,777	(76)
9,814	13,760	2,040	3,629	46	263	13,277	(77)
9,722	12,736	2,004	2,710	29	397	14,631	(78)
9,139	13,252	1,871	2,618	57	279	14,746	(79)
9,154	13,424	2,022	2,101	54	481	14,451	(80)
9,212	12,405	2,017	2,476	49	344	14,051	(81)
9,268	11,590	1,792	1,369	36	253	10,976	(82)
9,833	14,459	2,203	1,693	24	245	14,400	(83)
10,534	14,493	2,195	2,029	46	195	11,358	(84)
10,777	13,750	2,285	3,006	8	286	7,540	(85)
9,326	12,061	2,096	3,556	34	362	9,344	(86)
9,125	12,169	1,895	3,446	29	324	9,957	(87)
10,204	13,445	2,111	3,585	29	290	12,570	(88)
10,166	14,165	2,045	3,390	36	331	15,012	(89)
9,388	12,735	2,079	3,318	29	399	12,076	(90)
9,056	12,740	1,956	2,362	40	243	13,307	(91)
9,442	13,503	2,088	2,752	47	508	14,027	(92)
9,117	12,167	2,059	2,836	30	415	13,573	(93)
9,049	11,811	1,982	1,415	40	208	11,955	(94)
9,972	13,820	2,179	1,743	36	194	14,092	(95)
10,449	13,914	2,257	2,548	33	272	12,055	(96)
11,004	13,461	2,240	3,253	36	284	8,941	(97)

参考1　乳用牛の年次別飼養戸数及び頭数（2月1日現在）

年次	飼養戸数	飼養頭数（めす）						2歳未満	搾乳牛頭数割合	2歳未満頭数割合	1戸当たり飼養頭数	対前年比	
		合計	2歳以上	経産牛			未経産牛					飼養戸数	飼養頭数
			計	小計	搾乳牛	乾乳牛							
	千戸	千頭	千頭	千頭	千頭	千頭	千頭	千頭	％	％	頭	％	％
平成7年	44.3	1,951.0	1,342.0	1,213.0	1,034.0	178.7	129.2	609.7	85.2	31.3	44.0	93.1	96.7
8	41.6	1,927.0	1,334.0	1,211.0	1,035.0	175.8	123.2	593.3	85.5	30.8	46.3	93.9	98.8
9	39.4	1,899.0	1,320.0	1,205.0	1,032.0	172.6	115.3	578.4	85.6	30.5	48.2	94.7	98.5
10	37.4	1,860.0	1,301.0	1,190.0	1,022.0	168.1	111.0	558.6	85.9	30.0	49.7	94.9	97.9
11	35.4	1,816.0	1,279.0	1,171.0	1,008.0	163.5	107.2	537.4	86.1	29.6	51.3	94.7	97.6
12	33.6	1,764.0	1,251.0	1,150.0	991.8	157.9	101.4	513.2	86.2	29.1	52.5	94.9	97.1
13	32.2	1,725.0	1,221.0	1,124.0	971.3	153.1	96.2	504.7	86.4	29.3	53.6	95.8	97.8
14	31.0	1,726.0	1,219.0	1,126.0	966.1	160.3	92.7	506.7	85.8	29.4	55.7	96.3	100.1
15	29.8	1,719.0	1,210.0	1,120.0	964.2	156.0	89.4	509.2	86.1	29.6	57.7	96.1	99.6
16	28.8	1,690.0	1,180.0	1,088.0	935.8	152.0	92.1	510.5	86.0	30.2	58.7	96.6	98.3
17	27.7	1,655.0	1,145.0	1,055.0	910.1	144.9	89.8	510.2	86.3	30.8	59.7	96.2	97.9
18	26.6	1,636.0	1,131.0	1,046.0	900.0	146.1	84.6	505.3	86.0	30.9	61.5	96.0	98.9
19	25.4	1,592.0	1,093.0	1,011.0	871.2	140.1	81.2	499.6	86.2	31.4	62.7	95.5	97.3
20	24.4	1,533.0	1,075.0	998.2	861.5	136.7	76.5	458.0	86.3	29.9	62.8	96.1	96.3
21	23.1	1,500.0	1,055.0	985.2	848.0	137.2	69.6	445.1	86.1	29.7	64.9	94.7	97.8
22	21.9	1,484.0	1,029.0	963.8	829.7	134.1	65.6	454.9	86.1	30.7	67.8	94.8	98.9
23	21.0	1,467.0	999.6	932.9	804.7	128.2	66.7	467.8	86.3	31.9	69.9	95.9	98.9
24	20.1	1,449.0	1,012.0	942.6	812.7	129.9	69.7	436.7	86.2	30.1	72.1	95.7	98.8
25	19.4	1,423.0	992.1	923.4	798.3	125.1	68.7	431.3	86.5	30.3	73.4	96.5	98.2
26	18.6	1,395.0	957.8	893.4	772.5	121.0	64.4	436.8	86.5	31.3	75.0	95.9	98.0
27	17.7	1,371.0	934.1	869.7	750.1	119.6	64.4	437.2	86.2	31.9	77.5	95.2	98.3
28	17.0	1,345.0	936.7	871.0	751.7	119.3	65.8	408.3	86.3	30.4	79.1	96.0	98.1
29	16.4	1,323.0	913.8	852.1	735.2	116.9	61.7	409.3	86.3	30.9	80.7	96.5	98.4
30	15.7	1,328.0	906.9	847.2	731.1	116.1	59.7	421.1	86.3	31.7	84.6	95.7	100.4
31	15.0	1,332.0	900.5	839.2	729.5	109.7	61.3	431.1	86.9	32.4	88.8	95.5	100.3
31 （参考値）	14.9	1,339.0	903.7	840.7	717.0	123.7	63.0	435.7	85.3	32.5	89.9	nc	nc
令和2年	14.4	1,352.0	900.3	838.9	715.4	123.5	61.4	452.0	85.3	33.4	93.9	96.6	101.0

注：1　この統計表は、「畜産統計」（農林水産省統計部）によるものである（ただし、平成7、12年は畜産予察調査及び情報収集等による。）。
　　2　表示単位未満を四捨五入している関係で内訳の計は必ずしも総数に一致しない。
　　3　平成31年（参考値）及び令和2年の数値は、牛個体識別全国データベース等の行政記録情報を用いて集計した加工統計である。
　　4　令和2年の対前年比は、平成31年（参考値）との比較である。

参考2　経産牛1頭当たり搾乳量

単位：kg

年度	全国	北海道	都府県
平成7年度	6,986	7,195	6,850
8	7,168	7,256	7,109
9	7,206	7,309	7,134
10	7,242	7,392	7,132
11	7,336	7,433	7,263
12	7,401	7,380	7,416
13	7,388	7,481	7,312
14	7,462	7,630	7,325
15	7,613	7,729	7,518
16	7,732	7,753	7,714
17	7,894	7,931	7,861
18	7,867	7,849	7,879
19	7,988	8,032	7,945
20	8,012	8,046	7,977
21	8,088	8,027	8,149
22	8,047	8,046	8,048
23	8,034	7,988	8,083
24	8,154	8,017	8,306
25	8,198	8,056	8,356
26	8,316	8,218	8,425
27	8,511	8,407	8,631
28	8,522	8,394	8,674
29	8,581	8,518	8,655
30	8,636	8,568	8,719

単位：kg

年度	全国	北海道	都府県
令和元年度	8,767	8,945	8,554

注：この統計表は、「牛乳乳製品統計調査」及び「畜産統計」（農林水産省統計部）の結果を用いて、次の計算式により算出した。

$$\frac{年度生乳生産量}{（当該年経産牛頭数＋翌年経産牛頭数）×1／2}$$

なお、令和元年度の算出に使用した「令和元年度（平成31年4月～令和2年3月）の生乳生産量」は概数値である。
また、令和元年度の算出に使用した経産牛頭数の数値は、牛個体識別全国データベース等の行政記録情報を用いて集計した加工統計である。

付　表
調査票

別記様式第1号（第5条関係）

秘
農林水産省

統計法に基づく基幹統計
牛乳乳製品統計

令和　年　牛乳乳製品統計調査

基礎調査票

政府統計

統計法に基づく国の統計調査です。調査票情報の秘密の保護に万全を期します。

調査年	都道府県	管理番号	分類符号	工　場

・網掛け部分は記入の必要はありません。

記入者氏名

2 常用従業者数（12月31日現在）　　人

1 経営組織
1：会社・協同組合
2：農業協同組合
3：個人・その他

3 生乳の送受乳量及び処理内訳（12月の月間）　　単位：t

区　分	受　乳　量					生乳の処理内訳					欠　減
	計	生産者・集乳所から		他工場・処理場から		他工場・処理場への送乳量	総処理量	牛乳等向け	乳製品向け		
		県　内	県　外	県　内	県　外				うち、チーズ向け	うち、クリーム向け	うち、脱脂濃縮乳向け	うち、濃縮乳向け
12月の月間											

4 牛乳等の生産量及び出荷状況（1月～12月）　　単位：kl

区　分	計	飲用牛乳等生産量				乳酸菌飲料	はっ酵乳	乳飲料	
		牛乳	うち、業務用	うち、学校給食用	加工乳・成分調整牛乳				うち、成分調整牛乳
1月～12月									うち、業務用

5 飲用牛乳等の容器容量別生産量（10月の月間）　　単位：kl

区　分	計	ガラスびん		紙製容器		その他
		500ml以上	500ml未満	500ml以上	500ml未満	
牛　乳　（10月の月間）						
加工乳・成分調整牛乳　（10月の月間）						

6 生産能力（12月31日現在）

区　分	生乳の貯乳能力（t）	飲用牛乳等（l/h）	はっ酵乳（l/h）	粉乳（kg/h）	バター		クリーム	チーズ		れん乳
					連続式（kg/h）	バッチ式（1/バッチ）	連続式（kg/h）	連続式（kg/h）	バッチ式（1/バッチ）	（kg/バッチ）
生産能力（12月31日現在）										

飲用牛乳等の県外出荷の実績又は予定の有無（1月～12月）
有り：1　無し：2　□

7 乳製品の生産量（1月～12月）及び年末在庫量（12月31日現在）　　単位：kg

区　分	全粉乳	脱脂粉乳	調製粉乳	ホエイパウダー	バター		クリーム	チーズ		れん乳			
					うち、ﾊﾞﾀｰ脂肪含有率25%未満	うち、ﾊﾞﾀｰ脂肪含有率25～45%		うち、直接消費用ﾅﾁｭﾗﾙﾁｰｽﾞ		加糖れん乳	無糖れん乳	脱脂加糖れん乳	乳脂肪分8%以上のアイスクリーム（単位：kl）
生産量（1月～12月）													
在庫量（合計）（12月31日現在）													
在庫量（国産）（12月31日現在）													
在庫量（輸入）（12月31日現在）													

注：年末在庫量については、本社が複数の工場・倉庫分を一括で把握している場合は記入する

SAMPLE

別記様式第2号（第5条関係）

| 5 | 1 | 3 | 1 |

牛乳乳製品統計調査
月別調査票 （牛乳処理場・乳製品工場用）
（令和　　年　　月分）

秘
農林水産省

統計法に基づく基幹統計
牛乳乳製品統計

・記載は、1枠1文字で記入してください。
・網掛け部分は記入の必要はありません。
・この調査票は、直接機械で読みとりますので、汚したりしないでください。
　また、数字の記入に当たっては以下の記入見本を参考にして黒い鉛筆を使用し、間違えた場合には消しゴムできれいに消してください。

| 記入見本 | 0 | 1 | 2 | 3 | 4 | 5 | 6 | 7 | 8 | 9 |

調査年	調査月	都道府県	管理番号	工場		記入者氏名

1　生乳の送受乳量及び繰越、繰入量 （トン単位で記入してください。）
単位：t

生産者・集乳所からの受乳量		他工場・処理場からの受乳量		他工場・処理場への送乳量		先月からの繰入量（キ）	翌月への繰越量（ク）
県内から（ア）	県外から（イ）	県内から（ウ）	県外から（エ）	県内へ（オ）	県外へ（カ）		

（イ）の内訳		単位：t	（エ）の内訳			単位：t	（カ）の内訳			単位：t
都道府県名	受乳量		都道府県名	工場・処理場名	受乳量		都道府県名	工場・処理場名	送乳量	

2　生乳の処理量 （トン単位で記入してください。）
単位：t

生乳処理量 （ア）+（イ）+（ウ）+（エ）-（オ）-（カ）+（キ）-（ク）	処理内訳							欠減
	牛乳等向け	うち、業務用向け	乳製品向け	うち、チーズ向け	うち、クリーム向け	うち、脱脂濃縮乳向け	うち、濃縮乳向け	

3　牛乳等の生産量 （キロリットル単位で記入してください。）
単位：kl

計 （ケ）+（コ）	飲用牛乳等							乳飲料	はっ酵乳	乳酸菌飲料
	牛乳（ケ）	うち、業務用	うち、学校給食用	加工乳・成分調整牛乳（コ）	うち、業務用	うち、成分調整牛乳				

4　飲用牛乳等の都道府県別出荷量 （キロリットル単位で記入してください。）
単位：kl

番号	都道府県名	自県											
出荷量													

番号	都道府県名												
出荷量													

5　乳製品の生産量及び月末在庫量 （キログラム単位で記入してください。ただし、アイスクリームはキロリットル単位で記入してください。）
単位：kg

区分	全粉乳	脱脂粉乳	調製粉乳	ホエイパウダー	うち、タンパク質含有量25%未満	うち、タンパク質含有量25〜45%
生産量						
在庫量（合計）						
在庫量（国産）						
在庫量（輸入）						

区分	バター	クリーム	チーズ	うち、直接消費用ナチュラルチーズ	加糖れん乳	無糖れん乳
生産量						
在庫量（合計）						
在庫量（国産）						
在庫量（輸入）						

区分	脱脂加糖れん乳	乳脂肪分8%以上のアイスクリーム（単位：kl）
生産量		

注：月末在庫量については、本社が複数の工場・倉庫分を一括で把握している場合は記入する必要はありません。

別記様式第3号（第5条関係）

`5 1 4 1`

秘
農林水産省

統計法に基づく基幹統計
牛乳乳製品統計

牛乳乳製品統計調査

月別調査票（本社用）

（令和　　年　　月分）

政府統計

全方位に調査票情報の秘密の保護に万全
を期します。統計調査票は、統計法に基づく国の統計
調査です。

・記載は、1枠1文字で記入してください。
・網掛け部分は記入の必要はありません。
・この調査票は、直接機械で読みとりますので、汚したり折りたりしないでください。間違えた場合には消しゴムできれいに消してください。
また、数字の記入に当たっては以下の記入見本を使用し、黒い鉛筆を使用して黒い記入見本を参考にして記入してください。

	0	1	2	3	4	5	6	7	8	9
記入見本										

調査年	調査月	都道府県	管理番号	工　場
：：：	：：：	：：：：	：：：：	：：：

記入者氏名

乳製品の月末在庫量（キログラム単位で記入してください。）

単位：kg

区　分	全　粉　乳	脱脂粉乳	バター
在庫量（合計）	：：：：	：：：：	：：：：
在庫量（国産）	：：：：	：：：：	：：：：
在庫量（輸入）	：：：：	：：：：	：：：：

区　分	ホエイパウダー	うち、タンパク質含有量25％未満	うち、タンパク質含有量25〜45％
在庫量（合計）	：：：：	：：：：	：：：：
在庫量（国産）	：：：：	：：：：	：：：：
在庫量（輸入）	：：：：	：：：：	：：：：

注：　月末現在で、倉庫に在庫として存在している乳製品の実数量を記入してください。
帳簿上の動きではなく、実際の荷動きについて記入してください。

令和元年　牛乳乳製品統計

令和3年5月　発行　　　　　　　　　定価は表紙に表示してあります。

編集　〒100-8950　東京都千代田区霞が関1－2－1
　　　　　農 林 水 産 省 大 臣 官 房 統 計 部

発 行　〒141-0031　東京都品川区西五反田7-22-17　TOCビル
　　　　　一般財団法人　農 林 統 計 協 会
　　　　　振替　00190-5-70255　TEL 03(3492)2987

ISBN978-4-541-04328-3　C3061